化学工业出版社"十四五"普通高等教育规划教材

环境影响评价

沈连峰 吴 娟 苏彩丽 主编

化学工业出版社

·北京·

内 容 简 介

《环境影响评价》教材结合国家环境影响评价全新导则、法律法规、环境标准、产业政策和技术方法，依据《建设项目环境影响评价技术导则 总纲》对环境影响评价报告书主要编制内容的要求而编写。主要内容包括绪论、环境影响评价法律法规体系、环境影响评价标准体系、前言与总则、工程分析、环境现状调查与评价、环境影响预测与评价、建设项目环境风险评价、环保措施及其技术经济论证、环境影响经济损益分析、环境管理与监测计划、环境影响评价结论、规划环境影响评价等。本教材语言精练，理论与实际结合，突出先进性和实用性。

本教材适合作为高等院校环境科学、环境工程专业师生的教材，也可供从事环境影响评价的工作人员参考使用。

图书在版编目（CIP）数据

环境影响评价/沈连峰，吴娟，苏彩丽主编．—北京：化学工业出版社，2023.12
化学工业出版社"十四五"普通高等教育规划教材
ISBN 978-7-122-44061-7

Ⅰ.①环⋯　Ⅱ.①沈⋯②吴⋯③苏⋯　Ⅲ.①环境影响-评价-高等学校-教材　Ⅳ.①X820.3

中国国家版本馆CIP数据核字（2023）第161372号

责任编辑：尤彩霞　　　　　　　　　　文字编辑：丁海蓉
责任校对：王　静　　　　　　　　　　装帧设计：韩　飞

出版发行：化学工业出版社（北京市东城区青年湖南街13号　邮政编码100011）
印　　装：河北延风印务有限公司
787mm×1092mm　1/16　印张20　字数494千字　2025年1月北京第1版第1次印刷

购书咨询：010-64518888　　　　　　　售后服务：010-64518899
网　　址：http://www.cip.com.cn
凡购买本书，如有缺损质量问题，本社销售中心负责调换。

定　价：69.00元　　　　　　　　　　　　　　　　　　　　版权所有　违者必究

本书编写人员名单

主　编：沈连峰　吴　娟　苏彩丽

副主编：周　军　李　聪　孙金华　乌　德　周震峰

编　者（按姓氏笔画排序）：

马　丽（河南农业大学）
王　顼（中赟国际工程有限公司）
乌　德（太原科技大学）
刘　春（郑州市荥阳生态环境监测站）
刘　强（中赟国际工程有限公司）
孙金华（河南农业大学）
苏彩丽（华北水利水电大学）
李小利（河南工业大学）
李淑红（河南省郑州生态环境监测中心）
李　聪（郑州市气象局）
吴众伟（中赟国际工程有限公司）
吴　娟（青岛农业大学）
沈连峰（河南农业大学）
陈荣平（南京林业大学）
苗　蕾（河南农业大学）
周　军（郑州轻工业大学）
周震峰（青岛农业大学）
郑龙辉（河南农业大学）
赵　兵（郑州航空工业管理学院）
赵晓辉（郑州航空工业管理学院）
桂　新（河南农业大学）

前言

近年来，随着生态文明建设和绿水青山就是金山银山理念的推进，环境保护工作在我国日益受到重视，环境影响评价作为环境保护工作的重要组成部分，越来越发挥着重要作用。环境影响评价是在规划和建设项目实施后对可能产生的环境影响进行科学分析、预测和评估，提出预防或者减轻不良环境影响的对策和措施，以期促进经济、社会、环境的协调发展。从1973年环境影响评价的概念在我国首次提出，到1989年《环境保护法》和1998年《建设项目环境保护管理条例》的颁布，再到2003年《环境影响评价法》的实施和2018年的再次修订，环境影响评价工作逐渐在我国得到重视和推广。

目前我国大多高等院校环境类专业都开设了环境影响评价课程。为适应我国环境管理的要求，体现最新环保技术成果，更新环境影响评价教学内容，组织河南农业大学、青岛农业大学、华北水利水电大学、郑州轻工业大学、太原科技大学、南京林业大学、郑州航空工业管理学院、郑州市气象局和中赟国际工程有限公司等单位的专业教师、环境影响评价从业人员，共同编写了本书。编写过程中结合了编者多年讲授环境影响评价和从事环境影响评价、评估工作的经验，参透了各环境要素最新环境法律法规和环境影响评价技术导则，参考了众多教材和技术资料。内容设置上依据《建设项目环境影响评价技术导则 总纲》对环境影响评价报告书编写要求，突出其实用性和可操作性。本书可用于高等院校环境类相关专业师生教材，也可作为环境影响评价从业人员参考用书。

参编人员及分工：沈连峰（第7.2.5～7.2.6节，第9章）；吴娟（第7.1～7.2.3节）；苏彩丽（第6.1～6.5节，第6.7节）；周军（第3～4章，第7.3节）；孙金华（第1章，第8章）；乌德（第12章）；周震峰（第13章）；马丽（第6.6节，第7.4～7.5.3节，第11.2～11.3节）；陈荣平（第7.2.4节）；苗蕾（第2章，第6.8节，第7.7节）；郑龙辉（第7.5.4节，第7.6节，第10章）；桂新（第5章，第11.1节）。王顼、刘春、刘强、吴众伟、李小利、李聪、李淑红、赵兵、赵晓辉等参与了部分章节的校对。全书由沈连峰、吴娟、苏彩丽统稿。

由于作者水平有限，收集资料不够全面，编写时间仓促，教材中难免有遗漏和不妥之处，恳请广大读者不吝赐教，以使本教材内容日趋丰富、完善。

编者

2022年7月

目 录

第1章 绪 论　　　　　　　　　　　　　　　　　　　　　　　　　　1

1.1 环境影响评价概念和作用 / 1
1.2 环境影响评价类型 / 1
　1.2.1 建设项目环境影响评价 / 2
　1.2.2 规划环境影响评价 / 2
　1.2.3 建设项目环境影响后评价 / 2
　1.2.4 规划环境影响跟踪评价 / 2
1.3 环境影响评价文件 / 3
1.4 环境影响评价程序 / 3
　1.4.1 环境影响评价工作程序 / 3
　1.4.2 环境影响评价管理程序 / 3
1.5 环境影响评价的内容与方法 / 5
1.6 环境影响评价发展历程 / 5
　1.6.1 国外环境影响评价发展概况 / 5
1.6.2 国内环境影响评价发展概况 / 6
1.7 环境影响评价的制度特点 / 9
　1.7.1 法律强制性 / 9
　1.7.2 纳入基本建设程序 / 9
　1.7.3 分类管理 / 9
　1.7.4 分级审批 / 10
　1.7.5 环境影响评价工程师职业资格制度 / 10
1.8 环境影响评价的法律责任 / 12
1.9 环境影响评价报告的质量控制 / 12
　1.9.1 建立内部审核制度 / 12
　1.9.2 注重附图和附表的绘制 / 13

第2章 环境影响评价法律法规体系　　　　　　　　　　　　　　　14

2.1 环境法规的构成 / 14
　2.1.1 法律 / 14
　2.1.2 环境保护行政法规 / 16
　2.1.3 环境保护部门规章 / 16
　2.1.4 地方性法规和地方性规章 / 16
　2.1.5 环境标准 / 17
　2.1.6 环境保护国际公约 / 17
2.2 环境法规的相互关系 / 17
2.3 环境影响评价中的重要法律法规 / 18
　2.3.1 中华人民共和国环境影响评价法 / 18
　2.3.2 建设项目环境保护管理条例 / 18
　2.3.3 规划环境影响评价条例 / 19
2.4 环境政策 / 19

第3章 环境影响评价标准体系　　　　　　　　　　　　　　　　　20

3.1 环境评价标准分类与分级 / 20
3.2 环境质量标准 / 21
 3.2.1 环境空气质量标准 / 21
 3.2.2 水环境质量标准 / 23
 3.2.3 声环境质量标准 / 26
 3.2.4 土壤环境质量标准 / 27
3.3 污染物排放（控制）标准 / 29
 3.3.1 综合排放标准 / 29
 3.3.2 行业排放标准 / 33
 3.3.3 污染控制标准 / 37
3.4 环境监测方法标准 / 38
3.5 环境标准样品标准 / 38
3.6 环境基础标准 / 39
3.7 地方环境标准 / 39
3.8 国家环境保护行业标准 / 39

第4章 前言与总则   41

4.1 前言 / 41
4.2 总则 / 41
 4.2.1 编制依据 / 41
 4.2.2 评价因子与评价标准 / 43
 4.2.3 评价工作等级与评价重点 / 46
 4.2.4 评价范围与环境敏感区 / 52
 4.2.5 相关规划及环境功能区划 / 56

第5章 工程分析   57

5.1 工程分析概述 / 57
 5.1.1 工程分析在环评报告书中的任务和作用 / 57
 5.1.2 工程分析应遵循的技术原则 / 58
 5.1.3 工程分析与可行性研究报告及工程设计的关系 / 58
 5.1.4 工程分析的重点 / 58
 5.1.5 工程分析的阶段 / 58
5.2 污染型项目工程分析 / 59
 5.2.1 工程分析的基本要求 / 59
 5.2.2 工程分析方法 / 59
 5.2.3 工程分析内容 / 60
5.3 生态影响型项目工程分析 / 71
 5.3.1 生态影响型项目工程分析的基本内容 / 71
 5.3.2 生态影响型项目工程分析重点 / 71
 5.3.3 生态影响型项目工程分析的技术要点 / 71
5.4 污染源强计算 / 73
 5.4.1 污染物排放量的计算方法 / 73
 5.4.2 燃料燃烧过程中主要污染物排放量的估算 / 75
 5.4.3 工艺尾气污染源强和排放参数的确定 / 77
5.5 清洁生产分析 / 79
 5.5.1 清洁生产的内容 / 79
 5.5.2 清洁生产水平分析 / 80
 5.5.3 清洁生产指标分析 / 82

第6章 环境现状调查与评价   84

6.1 环境现状调查的基本要求与方法 / 84
6.2 自然环境调查 / 85
 6.2.1 自然环境调查的基本内容与技术要求 / 85

6.2.2 环境保护目标调查内容 / 87
6.3 大气环境现状调查与评价 / 87
　6.3.1 大气污染源调查与分析 / 87
　6.3.2 大气环境质量现状调查与评价 / 89
　6.3.3 气象观测资料调查 / 92
6.4 地表水环境现状调查与评价 / 94
　6.4.1 调查范围 / 94
　6.4.2 调查时间 / 94
　6.4.3 水文情势调查 / 95
　6.4.4 水资源开发利用状况调查 / 95
　6.4.5 污染源调查 / 96
　6.4.6 水质调查 / 98
　6.4.7 地表水环境质量现状评价 / 99
6.5 地下水环境现状调查与评价 / 102
　6.5.1 调查任务 / 102
　6.5.2 调查方法 / 103
　6.5.3 调查内容 / 103
　6.5.4 地下水环境现状监测 / 109
　6.5.5 地下水环境现状评价 / 111
6.6 土壤环境现状调查与评价 / 112
　6.6.1 土壤学的基本知识 / 112
　6.6.2 土壤环境现状调查内容和方法 / 115
　6.6.3 土壤环境现状监测 / 118
　6.6.4 土壤环境质量现状评价 / 120
6.7 声环境现状调查与评价 / 121
　6.7.1 调查内容与调查方法 / 121
　6.7.2 声环境评价量的含义和应用 / 122
　6.7.3 环境噪声现状测量 / 125
　6.7.4 声环境质量现状监测的布点要求 / 126
　6.7.5 声环境现状评价 / 126
6.8 生态环境现状调查与评价 / 127
　6.8.1 总体要求 / 127
　6.8.2 生态现状调查内容 / 127
　6.8.3 调查方法 / 129
　6.8.4 生态现状调查要求 / 130
　6.8.5 陆生维管植物调查 / 130
　6.8.6 陆生动物调查 / 131
　6.8.7 水生生物调查 / 131
　6.8.8 生态现状评价 / 131

第7章 环境影响预测与评价　136

7.1 大气环境影响预测与评价 / 136
　7.1.1 大气环境影响预测方法与内容 / 136
　7.1.2 大气环境影响预测与评价 / 141
　7.1.3 大气污染物扩散点源扩散模式 / 143
　7.1.4 非点源扩散模式 / 153
　7.1.5 大气环境影响预测模型中参数的选择与计算 / 157
　7.1.6 大气环境影响评价 / 166
7.2 地表水环境影响预测与评价 / 167
　7.2.1 水体中污染物的迁移与转化 / 167
　7.2.2 预测方法的选择 / 172
　7.2.3 预测条件的确定 / 173
　7.2.4 模型概化 / 176
　7.2.5 预测模型 / 177
　7.2.6 地表水环境影响评价 / 182
7.3 地下水环境影响预测与评价 / 183
　7.3.1 地下水环境影响预测 / 183
　7.3.2 地下水环境影响评价 / 185
7.4 土壤环境影响预测与评价 / 185
　7.4.1 预测评价范围与因子 / 186
　7.4.2 预测与评价方法 / 186
7.5 声环境影响预测与评价 / 188
　7.5.1 声环境评价任务与步骤 / 188
　7.5.2 声环境影响预测评价 / 189
　7.5.3 户外声传播的衰减计算 / 190
　7.5.4 典型行业噪声预测模型 / 200
7.6 固体废物环境影响评价 / 204
　7.6.1 固体废物的分类 / 204
　7.6.2 固体废物环境影响评价 / 206
7.7 生态环境影响预测与评价 / 209
　7.7.1 生态影响预测与评价方法 / 209

7.7.2 生态影响预测与评价 / 213

第 8 章 建设项目环境风险评价 216

8.1 概述 / 216
    8.1.1 环境风险 / 216
    8.1.2 环境风险评价 / 217
    8.1.3 环境风险评价与其他评价的区别 / 217
8.2 环境风险评价程序与内容 / 218
8.3 环境风险评价方法 / 221
    8.3.1 环境风险潜势级别划分方法 / 221
    8.3.2 风险识别方法 / 224
    8.3.3 源项分析方法 / 224
    8.3.4 事故源强计算方法 / 226
    8.3.5 环境风险预测方法 / 231
    8.3.6 环境风险评价 / 233
8.4 环境风险管理 / 234
    8.4.1 环境风险管理目标 / 234
    8.4.2 环境风险防范措施 / 234
    8.4.3 突发环境事件应急预案编制要求 / 234
8.5 环境风险评价结论与建议 / 235
    8.5.1 项目危险因素 / 235
    8.5.2 环境敏感性及事故环境影响 / 235
    8.5.3 环境风险防范措施和应急预案 / 235
    8.5.4 环境风险评价结论与建议 / 235

第 9 章 环境保护措施及其技术经济论证 236

9.1 大气污染防治措施 / 236
    9.1.1 大气污染物的分类 / 236
    9.1.2 颗粒物污染防治技术 / 237
    9.1.3 气态污染物防治技术 / 237
    9.1.4 主要气态污染物的治理工艺 / 239
9.2 地表水污染防治措施 / 244
    9.2.1 地表水污染的分类及污水处理工艺 / 244
    9.2.2 废水的物理处理技术 / 245
    9.2.3 废水的化学处理技术 / 247
    9.2.4 废水的物理化学处理技术 / 248
    9.2.5 废水的生物处理技术 / 249
    9.2.6 污泥的处理处置 / 252
9.3 地下水污染防治措施 / 253
    9.3.1 地下水污染原因、来源 / 253
    9.3.2 地下水污染预防措施 / 254
    9.3.3 地下水污染控制和修复措施 / 255
9.4 土壤污染防治与保护措施 / 256
    9.4.1 土壤污染的主要途径 / 256
    9.4.2 土壤污染防治相关法律法规要求 / 256
    9.4.3 土壤环境污染防治措施 / 257
    9.4.4 土壤环境生态影响保护措施 / 258
9.5 噪声污染防治措施 / 260
    9.5.1 噪声污染防治的基本方法及确定原则 / 260
    9.5.2 环境噪声污染防治的工程措施 / 261
9.6 固体废物处理处置措施 / 262
    9.6.1 固体废物处理与处置技术 / 262
    9.6.2 固体废物的收集和运输 / 264
9.7 生态保护措施 / 265
    9.7.1 生态保护措施的基本要求及应遵守的原则 / 265
    9.7.2 生态影响防护措施 / 265
    9.7.3 生态监理与监测 / 266
    9.7.4 绿化 / 267

9.7.5 生态影响的补偿 / 267
9.8 环境风险防范措施 / 267
    9.8.1 环境风险的防范与减缓措施 / 267
9.8.2 环境风险事故应急预案 / 268
9.9 环保投资和竣工环保验收 / 269
    9.9.1 环保投资 / 269
    9.9.2 竣工环保验收 / 269

第10章 环境影响经济损益分析   271

10.1 环境影响的经济评价概述 / 271
    10.1.1 环境影响经济评价的必要性 / 271
    10.1.2 建设项目环境影响经济损益分析 / 271
10.2 环境经济评价方法 / 272
    10.2.1 环境价值 / 272
    10.2.2 环境价值评估方法 / 272
10.3 费用效益分析 / 272
    10.3.1 费用效益分析与财务分析的差别 / 273
    10.3.2 费用效益分析的步骤 / 273
    10.3.3 环境影响经济损益分析的步骤 / 274

第11章 环境管理与监测计划   276

11.1 环境管理 / 276
    11.1.1 环境管理的目的 / 276
    11.1.2 环境管理的必要性 / 276
    11.1.3 环境管理机构及职责 / 277
    11.1.4 环境管理制度 / 277
11.2 环境监测计划 / 280
    11.2.1 施工期环境监测计划 / 281
    11.2.2 运行期环境监测计划 / 281
    11.2.3 退役环境监测计划 / 282
    11.2.4 应急监测计划 / 283
11.3 污染物排放管理要求 / 284
    11.3.1 污染物排放管理的依据 / 284
    11.3.2 排污口管理 / 287
    11.3.3 环境信息公开 / 287

第12章 环境影响评价结论   289

12.1 评价结论编制要求 / 289
12.2 评价结论编制内容 / 289
12.3 评价结论专题小结与建议 / 289

第13章 规划环境影响评价   293

13.1 基本概念 / 293
13.2 评价原则和方法 / 294
    13.2.1 评价目的 / 294
    13.2.2 评价原则 / 294
    13.2.3 评价范围 / 294
    13.2.4 评价流程 / 294
    13.2.5 评价方法 / 296
13.3 规划环境影响评价内容 / 296

13.3.1 规划分析 / 296
13.3.2 现状调查与评价 / 297
13.3.3 环境影响识别与评价指标体系构建 / 299
13.3.4 环境影响预测与评价 / 300
13.3.5 规划方案综合论证和优化调整建议 / 301
13.3.6 环境影响减缓对策和措施 / 303
13.3.7 规划所包含建设项目环评要求 / 304
13.3.8 环境影响跟踪评价计划 / 304
13.3.9 公众参与和会商意见处理 / 304
13.3.10 评价结论 / 304

13.4 规划环境影响评价文件的编制要求 / 305
13.4.1 环境影响报告书的主要内容 / 305
13.4.2 环境影响报告书中图件的要求 / 306
13.4.3 规划环境影响篇章（或说明）的主要内容 / 307

思考题　　**308**

参考文献 　　**309**

第 1 章

绪 论

1.1 环境影响评价概念和作用

环境影响评价（environmental impact assessment，EIA）是指对拟议中的政策、规划、计划、发展战略、开发建设项目（活动）等可能对环境产生的物理性、化学性、生物性的作用及其造成的环境变化和对人类健康与福利的可能影响进行系统的分析和评价，并从经济、技术、管理、社会等各方面提出减缓、避免这些影响的对策措施和方法。在《中华人民共和国环境影响评价法》（2003年9月1日起开始施行，2018年12月29日，第十三届全国人民代表大会常务委员会第七次会议第二次修正）中明确指出，本法所称的环境影响评价，是指对规划和建设项目实施后可能造成的环境影响进行分析、预测和评估，提出预防或者减轻不良环境影响的对策和措施，进行跟踪监测的方法与制度。

环境影响评价来自环境质量评价，其实质就是环境质量评价中的环境质量预断评价。随着环境影响评价的不断发展，目前已经逐步形成了完整的理论和方法体系，并在许多国家的环境管理工作中以制度化的形式固定下来。

环境影响评价具有4种基本功能，分别是判断功能、预测功能、选择功能和导向功能。

① 评价的判断功能　指以人为中心，以人的需要为尺度，判断评价目标引起环境状态的改变是否影响人类的需求和发展的要求。

② 评价的预测功能　由于评价的对象为拟议中的政策、规划、计划、发展战略、开发建设项目（活动）等，因此评价的结果也就具有了预测的功能，其实是对人类活动可能造成的环境影响的一种预测。

③ 评价的选择功能　其实质就是通过评价帮助人们对各种预案或活动做出取舍，从而以人的需要为尺度选择最有利的结果。

④ 评价的导向功能　是环境影响评价最重要的一种功能，导向功能主要表现在价值导向功能和行为导向功能等方面，是建立在前3种功能的基础上，对拟议中的活动进行的导向和调控。

1.2 环境影响评价类型

按照评价对象，环境影响评价可以分为建设项目环境影响评价和规划环境影响评价；按照环境要素和专题,环境影响评价可以分为大气环境影响评价、地表水环境影响评价、地下水环境影响评价、声环境影响评价、生态环境影响评价、固体废物环境影响评价、土壤环境影响评价和建设项目环境风险评价等;按照时间顺序,环境影响评价可以分为环境质量现状评价、环境影响预测评价、建设项目环境影响后评价和规划环境影响跟踪评价。最常见的几种类型的环境影响评价内容如下。

1.2.1　建设项目环境影响评价

建设项目环境影响评价广义上是指对拟建项目可能造成的环境影响(包括环境污染和生态破坏,也包括对环境的有利影响)进行分析、论证的全过程,并在此基础上提出并采取的防治措施和对策。狭义上指拟议中的建设项目在兴建前即可行性研究阶段,对其选址、设计、施工等过程,特别是运营和生产阶段可能带来的环境影响进行预测和分析,提出相应的防治措施,为项目选址、设计及建成投产后的环境管理提供科学依据。

1.2.2　规划环境影响评价

规划环境影响评价是指在规划编制阶段,对规划实施可能造成的环境影响进行分析、预测和评价,并提出预防或者减轻不良环境影响的对策和措施的过程。这一过程具有结构化、系统性和综合性的特点,规划应有多个可替代的方案。通过评价将结论融入拟制定的规划中或提出单独的报告,并将成果体现在决策中。

1.2.3　建设项目环境影响后评价

建设项目环境影响后评价,是指编制环境影响报告书的建设项目在通过环境保护设施竣工验收且稳定运行一定时期后,对其实际产生的环境影响以及污染防治、生态保护和风险防范措施的有效性进行跟踪监测和验证评价,并提出补救方案或者改进措施,提高环境影响评价有效性的方法与制度。

环境影响后评价是指在开发建设活动正式实施后,以环境影响评价工作为基础,以建设项目投入使用等开发活动完成后的实际情况为依据,通过评估开发建设活动实施前后污染物排放及周围环境质量变化,全面反映建设项目对环境的实际影响和环境补偿措施的有效性,分析项目实施前一系列预测和决策的准确性和合理性,找出问题和出现误差的原因,评价预测结果的正确性,提高决策水平,为改进建设项目管理和环境管理提供科学依据,是提高环境管理和环境决策的一种技术手段。

1.2.4　规划环境影响跟踪评价

规划环境影响跟踪评价是在规划或开发建设活动实施后,对环境的实际影响程度进行系统调查和评估,检查减少环境影响措施的落实程度和效果,验证环境影响评价结论的正确性和可靠性,判断评价提出的环保措施的有效性,对一些评价时尚未认识到的影响进行分析研究,并采取补救措施,消除不利影响。《环境影响评价法》提出了要加强环境影响的跟踪评价和有效监督,因在项目建设、运行过程中,有可能产生不符合经审批的环境影响评价文件的情形,也有可能项目投产或使用后造成严重的环境污染或生态破坏,损害公众的环境权益,必须及时调整防治对策和改进措施。

现行的环境影响评价监督措施主要是配套实施"三同时"制度,但"三同时"制度一般只注重形式上的监督检查，只注重对污染治理设施和污染情况的监督检查，对环境资源要素、区域生态环境的影响等方面的监督检查一直缺乏有效的措施。环境影响评价制度本身存在主观和客观方面的问题，同时在执行中可能会出现一些考虑不到的情况，致使环境影响评价不能达到预期的效果，导致评价的最终结果可能出现较大的偏差甚至错误。当然作为一种预测性评价机制，出现一定程度的偏差是正常的，也是不可避免的，这就要求加强对环境影响评价工作的监督，以减小偏差并避免错误的出现。

因此，为改进评价方式、方法，应根据情况的变化采取新的预防或者减轻不良环境影响的对策和措施，总结经验教训，避免同类错误的再次发生。综合考虑区域经济建设、资源利用与环境保护的关系，协调区划环境功能与发展目标，满足可持续发展的战略需求，都需要建立一种环境影响效果评价的制度来进行监督、检测和评价。

1.3 环境影响评价文件

我国《环境影响评价法》规定，国家根据建设项目对环境的影响程度，对建设项目的环境影响评价实行分类管理：可能造成重大环境影响的，应当编制环境影响报告书，对产生的环境影响进行全面评价；可能造成轻度环境影响的，应当编制环境影响报告表，对产生的环境影响进行分析或者专项评价；对环境影响很小、不需要进行环境影响评价的，应当填报环境影响登记表。建设项目的环境影响评价分类管理名录，由国务院生态环境主管部门制定并公布。

《环境影响评价法》第二十四条规定："建设项目的环境影响评价文件经批准后，建设项目的性质、规模、地点、采用的生产工艺或者防治污染、防止生态破坏的措施发生重大变动的，建设单位应当重新报批建设项目的环境影响评价文件。""建设项目的环境影响评价文件自批准之日起超过五年，方决定该项目开工建设的，其环境影响评价文件应当报原审批部门重新审核；原审批部门应当自收到建设项目环境影响评价文件之日起十日内，将审核意见书面通知建设单位。"

1.4 环境影响评价程序

环境影响评价程序是指按一定的顺序或步骤指导完成环境影响评价工作的过程。一般可分为工作程序和管理程序。

1.4.1 环境影响评价工作程序

依据《建设项目环境影响评价技术导则 总纲》（HJ 2.1—2016），环境影响评价工作程序一般分为3个阶段，即前期准备、调查分析和工作方案制定阶段，分析论证和预测评价阶段以及环境影响报告书（表）编制阶段，具体流程见图1-4-1。

1.4.2 环境影响评价管理程序

一般说来，建设单位可以委托技术单位对其建设项目开展环境影响评价，编制建设项目环境影响报告书、环境影响报告表；建设单位具备环境影响评价技术能力的，可以自行对其建设项目开展环境影响评价，编制建设项目环境影响报告书、环境影响报告表。任何单位和

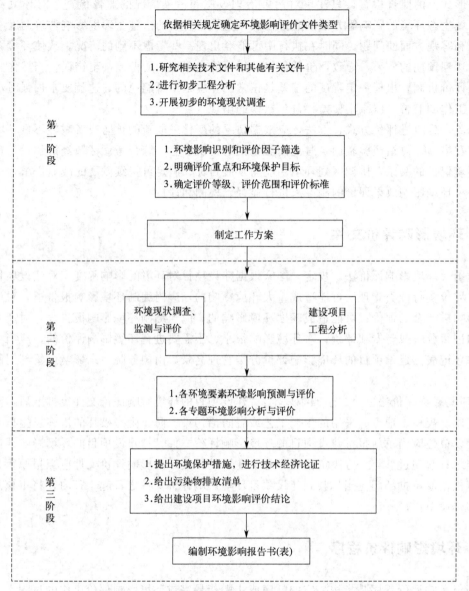

图 1-4-1 建设项目环境影响评价工作程序

个人不得为建设单位指定编制建设项目环境影响报告书、环境影响报告表的技术单位。

技术单位在研读评价任务的可行性文件和现场初步勘察的基础上，根据评价任务工作量大小和难易程度，与客户就环境影响评价费用进行协商，进而签订委托书和技术合同，此后技术单位按环境影响评价工作程序开展工作。

编制建设项目环境影响报告书、环境影响报告表应当遵守国家有关环境影响评价标准、技术规范等规定。国务院生态环境主管部门应当制定建设项目环境影响报告书、环境影响报告表编制的能力建设指南和监管办法。设区的市级以上人民政府生态环境主管部门应当加强对建设项目环境影响报告书、环境影响报告表编制单位的监督管理和质量考核。

建设项目的环境影响报告书、报告表，由建设单位按照国务院的规定报给有审批权的生态环境主管部门审批。海洋工程建设项目的海洋环境影响报告书的审批，依照《中华人民共和国海洋环境保护法》的规定办理。负责审批建设项目环境影响报告书、环境影响报告表的生态环境主管部门应当将编制单位、编制主持人和主要编制人员的相关违法信息记入社会诚信档案，并纳入全国信用信息共享平台和国家企业信用信息公示系统向社会公布。

1.5 环境影响评价的内容与方法

环境影响评价是强化环境管理的有效手段，可以为开发建设活动的决策提供依据，为经济建设的合理布局提供指导，为确定某一地区的经济发展方向和规模、制定区域经济发展规划及相应的环保规划提供导向，为制定环境保护对策和进行环境管理提供科学依据。

规划环境影响评价，根据《环境影响评价法》和《规划环境影响评价条例》的规定，国务院有关部门、设区的市级以上地方人民政府及其有关部门，对其组织编制的土地利用的有关规划和区域、流域、海域的建设、开发利用规划，以及工业、农业、畜牧业、林业、能源、水利、交通、城市建设、旅游、自然资源开发的有关专项规划，应当进行环境影响评价。根据《规划环境影响评价条例》的规定，规划环境影响评价应当分析、预测和评估以下内容：第一，规划实施可能对相关区域、流域、海域生态系统产生的整体影响；第二，规划实施可能对环境和人群健康产生的长远影响；第三，规划实施的经济效益、社会效益与环境效益之间以及当前利益与长远利益之间的关系。对规划环境影响评价来说，对环境有重大影响的规划实施后，规划编制机关应当及时组织规划环境影响的跟踪评价，将评价结果报告规划审批机关并通报生态环境部等有关部门。

建设项目的环境影响评价，根据《环境影响评价法》和《建设项目环境保护管理条例》的规定，在中华人民共和国领域和中华人民共和国管辖的其他海域内建设对环境有影响的项目，应当进行环境影响评价。评价内容主要依据《建设项目环境保护管理条例》的有关规定，建设项目环境影响报告书应当包括建设项目概况，建设项目周围环境现状，建设项目对环境可能造成影响的分析和预测，环境保护措施及其经济、技术论证，环境影响经济损益分析，对建设项目实施环境监测的建议和环境影响评价的结论。环境影响评价是综合性的评价，应当综合考虑规划和建设项目对各种环境因素及其所构成的生态系统可能造成的影响，兼顾正面影响和负面影响，科学衡量利弊得失，为政府决策提供科学依据。对建设项目环境影响评价来说，在项目建设、运行过程中产生不符合经审批的环境影响评价文件中情形的，建设单位应当组织环境影响的后评价，采取改进措施，并报原环境影响评价文件审批部门备案。

1.6 环境影响评价发展历程

1.6.1 国外环境影响评价发展概况

环境影响评价的概念最早是由英国学者 N. Lee、C. Wood、F. Walsh 等提出的，并于1964 年在加拿大召开的一次国际环境质量评价的学术会议上得到了多数人的认可。而环境影响评价作为一项正式的法律制度则首创于美国，1969 年美国《国家环境政策法》(National Environmental Policy Act，NEPA) 把环境影响评价定为联邦政府管理中必须遵循的一项制度。根据该法第一章第二节的规定，美国联邦政府机关在制定对环境具有重大影响的立法议案和采取对环境有重大影响的行动时，应由负责官员提供一份详细的环境影响评价报告书。到 20 世纪 70 年代末美国绝大多数州相继建立了各种形式的环境影响评价制度。1977年，纽约州还制定了专门的《环境质量评价法》。自美国的环境影响评价制度确立以后，很快其他国家也都重视起来。例如，瑞典在其 1969 年的《环境保护法》中对环境影响评价制度作了规定；日本于 1972 年由内阁批准了公共工程的环境保护办法，首次引入环境影响评价思想；澳大利亚于 1974 年制定的《环境保护法》、法国于 1976 年通过的《自然保护法》第 2 条均规定了环境影响评价制度；英国于 1988 年制定了《环境影响评价条例》；进入 20 世纪 90 年代以后，德国、加拿大、日本也先后制定了以《环境影响评价法》为名称的专门法律；俄罗斯也于 1994 年制定了《俄罗斯联邦环境影响评价条例》。据统计，到 1996 年全世界已有 85 个国家制定了有关环境影响评价的立法。环境影响评价制度不仅为多数国家的国内立法所吸收，而且也已被越来越多的国际环境条约所采纳，如在《跨国界的环境影响评价公约》《生物多样性公约》《气候变化框架公约》等中都对环境影响评价制度作了规定，环境影响评价制度正逐步成为一项各国以及国际社会通用的环境管理制度和措施。

1.6.2 国内环境影响评价发展概况

1972 年联合国斯德哥尔摩人类环境会议之后，我国加快了环境保护工作的步伐，并开始对环境影响评价制度进行探讨。我国环境影响评价的发展大体上经历了以下几个阶段。

1.6.2.1 引入与确立阶段（1973~1979 年）

1973 年在北京召开的第一次全国环境保护会议，标志着我国的环境保护工作揭开了序幕。这次会议上提出了"全面规划、合理布局、综合利用、化害为利、依靠群众、大家动手、保护环境、造福人民"的三十二字环境保护方针，成为接下来一段时间的行动纲领。在这一阶段，我国陆续开展了一些环境评价工作，如北京西郊环境质量评价研究等。在此基础上，1977 年中国科学院召开了区域环境保护学术交流研讨会议，进一步推动了大中城市的环境质量现状评价和重要水域的环境质量现状评价。

1978 年 12 月 31 日，中发〔1978〕79 号文件批转的国务院环境保护领导小组《环境保护工作汇报要点》中，首次提出了环境影响评价的意向。1979 年 4 月，国务院环境保护领导小组在《关于全国环境保护工作会议情况的报告》中，把环境影响评价作为一项方针政策再次提出。在国家的支持下，北京师范大学等单位率先在江西永平铜矿开展了我国第一个建设项目的环境影响评价工作。

1979 年 9 月全国人大常委会通过的《中华人民共和国环境保护法（试行）》第六条规定："一切企业、事业单位的选址、设计、建设和生产，都必须注意充分防止对环境的污染和破坏。在进行新建、改建和扩建工程时，必须提出环境影响报告书，经环境保护部门和其他有关部门审查批准后才能进行设计。"至此，1979 年我国的环境影响评价制度正式确立，该法规定了对于新建、扩建、改建工程，必须提交环境影响报告书。

1.6.2.2 规范建设阶段（1980~1989 年）

1981 年《基本建设项目环境保护管理办法》的颁布，进一步明确了环境影响评价的适用范围、评价内容、工作程序等细节问题。相对前一阶段，该阶段的环境影响评价工作向规范、有序的目标前进。1981 年国家计划委员会、国家基本建设委员会、国家经济委员会和国务院环境保护领导小组联合发布了《基本建设项目环境保护管理办法》，把环境影响评价制度纳入基本建设项目审批程序中。

此后，我国陆续颁布的一些环境保护法律和条例等都对环境影响评价作出了相关规定，如 1982 年颁布的《海洋环境保护法》第六、第九和第十条，1984 年颁布的《水污染防治法》第十三条，1987 年颁布的《大气污染防治法》，1988 年颁布的《野生动物保护法》和 1989 年颁布的《环境噪声污染防治条例》。

1986 年 3 月颁布的《建设项目环境保护管理办法》对建设项目环境影响评价的范围、程序、审批和环境影响报告书（表）编制格式作了明确规定。同年颁布的《建设项目环境影响评价证书管理办法（试行）》在我国开始了对环境影响评价单位的资质管理。至此我国环境影响评价的技术方法不断完善。

1989 年颁布的《中华人民共和国环境保护法》第十三条规定：建设污染环境的项目，必须遵守国家有关建设项目环境保护管理的规定。建设项目的环境影响报告书，必须对建设项目产生的污染和对环境的影响作出评价，规定防治措施，经项目主管部门预审并依照规定的程序报环境保护行政主管部门批准。环境影响报告书经批准后，计划部门方可批准建设项目设计任务书。

同时，各地方也根据《建设项目环境保护管理办法》制定了适用于本地的建设项目环境影响评价行政法规，各行业主管部门也陆续制定了建设项目环境保护管理的行业行政规章，初步形成了国家、地方、行业相配套的建设项目环境影响评价的多层次法规体系。

1.6.2.3　强化和成熟阶段（1990~2002 年）

20 世纪 90 年代以后，环境影响评价制度进一步得到强化与完善。1990 年 6 月颁布的《建设项目环境保护管理程序》进一步明确了建设项目环境影响评价的管理程序和审批资格。1993 年针对建设项目的多渠道立项和开发区的兴起，当时的国家环境保护局下发了《关于进一步做好建设项目环境保护管理工作的几点意见》，提出了"先评价，后建设"、环境影响评价分类管理和对开发区进行区域环境影响评价的规定。

随后，国家环境保护局陆续发布的《环境影响评价技术导则（总纲、大气环境、地面水环境）》(1993)、《环境影响评价技术导则　声环境》(1996)、《辐射环境保护管理导则》(1996)、《电磁辐射环境影响评价方法与标准》(1996)、《火电厂建设项目环境影响报告书编制规范》(1996) 以及《环境影响评价技术导则　非污染生态影响》(1997) 等，从技术上规范了环境影响评价工作，使环境影响报告书的编制有章可循。

1998 年 11 月 29 日，国务院颁布实施了《建设项目环境保护管理条例》，这是建设项目环境管理的第一个行政法规，提升了我国环境影响评价制度的法律地位，进一步对环境影响评价作出了明确规定。1999 年 4 月国家环境保护总局发布的《建设项目环境保护分类管理名录（试行）》公布了分类管理名录，从此对建设项目按照分类管理名录编制环境影响评价文件。这一阶段，我国建设项目环境影响评价在法规建设、评价方法建设、评价队伍建设，以及评价对象和评价内容的拓展等方面，取得了全面进展。

2002 年 10 月 28 日，第九届全国人大常委会通过了《中华人民共和国环境影响评价法》，至此我国的环境影响评价制度进入了一个新的阶段。

1.6.2.4　提高和拓展阶段（2003~2015 年）

《中华人民共和国环境影响评价法》由中华人民共和国第九届全国人民代表大会常务委员会第三十次会议于 2002 年 10 月 28 日通过，自 2003 年 9 月 1 日起施行。该法的颁布实施，标志着我国的环境影响评价工作正式进入法制完善阶段。该法的第二章增加了规划的环境影响评价内容，并对评价单位的资质、评价的审批以及法律责任的相关内容作了详细的规定，是环境影响评价工作的一个纲领性文件。

国家环境保护总局于 2003 年发布了《规划环境影响评价技术导则（试行）》，明确了规划环境影响评价的基本内容、工作程序、指标体系以及评价方法等，同时制定了《编制环境影响报告书的规划的具体范围（试行）》《编制环境影响篇章或说明的规划的具体范围（试行）》和《专项规划环境影响报告书审查办法》。2003 年，国家环境保护总局初步建立了环境影响评价基础数据库，有效管理环境影响评价数据与文件，促进各部门、各单位之间在环境影响评价方面的信息交流与共享，推进环境影响评价制度的健康发展。同年建立国家环境影响评价审查专家库，保证环境影响评价审查的公正性。

2004 年 2 月 16 日，人事部、国家环境保护总局决定在全国环境影响评价行业建立环境影响评价工程师职业资格制度，发布了《环境影响评价工程师职业资格制度暂行规定》《环境影响评价工程师职业资格考试实施办法》《环境影响评价工程师职业资格考核认定办法》等文件，并于 2004 年 4 月 1 日起实施。建立环境影响评价工程师职业资格制度是为了进一步加强对环境影响评价专业技术人员的管理，规范环境影响评价的行为，提高环境影响评价专业技术人员的素质和业务水平，保证环境影响评价工作的质量，维护国家环境安全和公众利益。同年，国家环境保护总局首次发布《建设项目环境风险评价技术导则》，随后环境保护部相继修订并颁布了《环境影响评价技术导则 大气环境》（HJ 2.2—2008）、《环境影响评价技术导则 声环境》（HJ 2.4—2009）等。2009 年 8 月 17 日国务院颁布《规划环境影响评价条例》，自 2009 年 10 月 1 日起施行。这是我国环境立法的重大进展，标志着环境保护参与综合决策进入新阶段。

国家环境保护标准的修订与制定与时俱进，取得了突飞猛进的发展，为环境影响评价工作提供了大量的技术依据，如《环境影响评价技术导则 生态影响》（HJ 19—2011）、《环境影响评价技术导则 总纲》（HJ 2.1—2011）、《环境影响评价技术导则 地下水环境》（HJ 610—2011）、《规划环境影响评价技术导则 总纲》（HJ 130—2014）等。2014 年 4 月 24 日全国人大常委会通过了新修订的《中华人民共和国环境保护法》，于 2015 年 1 月 1 日施行，标志着我国环境保护管理进入了新的阶段。

2015 年 12 月 30 日环境保护部发布了《关于加强规划环境影响评价与建设项目环境影响评价联动工作的意见》[环发（2015）178 号]，对加强规划环境影响评价与建设项目环境影响评价联动工作提出要求。规划环境影响评价对建设项目环境影响评价具有指导和约束作用，建设项目环境保护管理中应落实规划环境影响评价的成果，进一步阐明了建设项目环境影响评价与规划环境影响评价的相互联系。

1.6.2.5　改革和优化阶段（2016 年至今）

2016 年 7 月 2 日全国人大常委会通过了修订的《中华人民共和国环境影响评价法》。随后，环境保护部印发了《"十三五"环境影响评价改革实施方案》[环评（2016）95 号]，为在新时期发挥环境影响评价源头预防环境污染和生态破坏的作用、推动实现"十三五"绿色发展和改善生态环境质量总体目标，制定了实施方案。至此，环境影响评价进入了改革和优化阶段。

2016 年 12 月 8 日环境保护部发布了修订的《建设项目环境影响评价技术导则 总纲》（HJ 2.1—2016），于 2017 年 1 月 1 日起实施；2017 年 1 月 5 日发布了《排污许可证管理暂行规定》，5月25日发布了《建设项目环境风险评价技术导则（征求意见稿）》。

2017年6月21日国务院常务会议通过了《国务院关于修改〈建设项目环境保护管理条例〉的决定（草案）》，于2017年10月1日起施行。与原条例相比，该条例删除了有关行政审批事项；取消了对环境影响评价单位的资质管理；将环境影响登记表由审批制改为备案制；将建设项目环境保护设施竣工验收由环境保护部门验收改为建设单位自主验收；简化了环境影响评价程序；细化了审批要求；强化了事中事后监管；加大了处罚力度；强化信息公开和公众参与。

环境保护部发布了修订的《建设项目环境影响评价分类管理名录》，于2017年9月1日起施行。生态环境部于2018年7月31日公布了《环境影响评价技术导则 大气环境》（HJ 2.2—2018）（2018年12月1日施行），开始了大气环境影响评价技术标准的更新。接着新一轮的相关技术方法、标准等会随之更新，这将使我国环境影响评价方法与制度更加优化和完善。

1.7 环境影响评价的制度特点

1.7.1 法律强制性

环境影响评价制度是指把环境影响评价工作以法律、法规或行政规章的形式确定下来从而必须遵守的制度，与环境影响评价是两个不同的概念。环境影响评价只是分析预测人为活动造成环境质量变化的一种科学方法和技术手段，本身并不具备强制效用。当其被法律强制规定为指导人们开发活动的必需行为时，就成为环境影响评价制度。当环境影响评价在一个国家成为制度时，环境影响评价工作就具有了强制性。

我国《环境影响评价法》中规定："国务院有关部门、设区的市级以上地方人民政府及其有关部门，对其组织编制的土地利用的有关规划，区域、流域、海域的建设、开发利用规划，应当在规划编制过程中组织进行环境影响评价，编写该规划有关环境影响的篇章或者说明。""在中华人民共和国领域和中华人民共和国管辖的其他海域内建设对环境有影响的项目，应当依照本法进行环境影响评价。"这表明环境影响评价在我国是一项强制性的法律制度。

1.7.2 纳入基本建设程序

我国建设项目环境影响评价工作开展的时间较长，建设项目环境管理程序通过法律规定纳入基本建设程序，对建设项目实行统一管理，这是我国独有的管理模式。《中华人民共和国环境保护法》《中华人民共和国环境影响评价法》和《建设项目环境保护管理条例》均明确规定，依法编制环境影响报告书（表）的建设单位应当在建设项目开工建设前，将环境影响报告书（表）报有审批权的环境保护行政主管部门审批。建设项目的环境影响报告书（表）未依法经审批部门审查或者审查后未予批准的，建设单位不得开工建设。

1.7.3 分类管理

建设项目对环境的影响千差万别，不仅不同行业、不同产品、不同规模、不同工艺、不同原材料产生的污染物种类和数量不同，对环境的影响也不同，而且即使是相同类型的企业，在不同地点、区域，对环境的影响也不一样。

《中华人民共和国环境影响评价法》（2016年修订）第十六条和《建设项目环境保护管

理条例》（2017年10月1日起施行）中具体规定了国家依据建设项目对环境的影响程度将建设项目环境影响评价实行分类管理。建设单位应当按照《建设项目环境影响评价分类管理名录》的规定，分别组织编制环境影响报告书、环境影响报告表或填报环境影响登记表。

自1999年环境保护总局首次发布实施了《建设项目环境保护分类管理名录（试行）》以来，先后对该名录进行了4次修订。2021年1月1日起施行的《建设项目环境影响评价分类管理名录》将建设项目分成具体的50个大类192项。纳入目录的建设项目是指开发建设、运营和退役过程中人类活动导致环境要素发生变化（包括有利的和不利的）的开发建设工程。根据建设项目特征和所处区域环境的敏感程度，综合考虑建设项目对环境的影响，对建设项目环境影响评价实行分类管理。

建设涉及环境敏感区的项目，应当严格按照名录确定其环境影响评价类别，不得擅自提高或降低环境影响评价类别。环境影响评价文件应就该项目对环境敏感区的影响做重点分析。跨行业、复合型建设项目，按其中最高的类别进行环境影响评价。

《中华人民共和国环境影响评价法》规定，对需要进行环境影响评价的规划也实行分类管理。明确要求对"一地三域"规划及"十专项"规划中的指导性规划应当编制有关环境影响的篇章或说明；对"十专项"规划中的非指导性规划应当编制环境影响报告书。其中"一地三域"规划指土地利用的有关规划和区域、流域、海域的建设、开发利用规划；"十专项"规划指工业、农业、畜牧业、林业、能源、水利、交通、城市建设、旅游、自然资源开发的有关专项规划。

1.7.4 分级审批

分级审批是指建设对环境有影响的项目，不论投资主体、资金来源、项目性质和投资规模，其环境影响报告书（表）均按照规定确定分级审批权限，由国家、省（自治区、直辖市）和市、县等不同级别环境保护行政主管部门负责审批。分级审批的依据是2017年10月1日起施行的《建设项目环境保护管理条例》。该条例规定的各级环境保护部门负责建设项目环境影响评价的审批工作如下。

国务院环境保护行政主管部门负责审批环境影响报告书（表）的建设项目类型有：①核设施、绝密工程等特殊性质的建设项目；②跨省、自治区、直辖市行政区域的建设项目；③由国务院审批的或者国务院授权有关部门审批的建设项目。这3条规定以外的建设项目的环境影响报告书（表）的审批权限，由省、自治区、直辖市人民政府规定。

建设项目造成跨行政区域环境影响，有关环境保护行政主管部门对环境影响评价结论有争议的，其环境影响报告书（表）由共同的上一级环境保护行政主管部门审批。

1.7.5 环境影响评价工程师职业资格制度

我国于2004年4月1日开始实施环境影响评价工程师职业资格制度。环境影响评价工程师职业资格制度纳入全国专业技术人员职业资格证书制度统一管理。

1.7.5.1 环境影响评价工程师职业资格考试及报考条件

环境影响评价工程师职业资格实行全国统一大纲、统一命题、统一组织的考试制度。考试设《环境影响评价相关法律法规》《环境影响评价技术导则与标准》《环境影响评价技术方法》和《环境影响评价案例分析》4个科目，各科考试均为3小时，采用闭卷笔答方式，考试时间为每年的第 2 季度。

考试成绩实行以两年为一周期的滚动管理办法。参加全部 4 个科目考试的人员必须在连续的两个考试年度内通过全部科目；免试部分科目的人员必须在一个年度内通过应试科目考试。

凡遵守国家法律、法规，恪守职业道德，并具备表 1-7-1 中条件之一者，可申请参加环境影响评价工程师职业资格考试。

表 1-7-1 环境影响评价工程师职业资格考试报考条件

学历/学位	专业要求	从事环境影响评价工作年限/年
大专	环境保护相关专业	≥7
	其他专业	≥8
学士	环境保护相关专业	≥5
	其他专业	≥6
硕士	环境保护相关专业	≥2
	其他专业	≥3
博士	环境保护相关专业	≥1
	其他专业	≥2

1.7.5.2 环境影响评价工程师从业情况管理

为了规范环境影响评价工程师从业情况申报管理工作，环境保护部于 2015 年 10 月 29 日发布了《环境影响评价工程师从业情况管理规定》，对环境影响评价工程师从业情况申报制度、申报条件、提交材料、申报程序、资格注销申报等进行了规定。

环境影响评价工程师的专业类别分为 11 类，包括轻工纺织化纤、化工石化医药、冶金机电、建材火电、农林水利、采掘、交通运输、社会区域、海洋工程、输变电及广电通信、核工业。环境影响评价工程师可根据自身专业能力和特长，选择确定其中 1 个类别作为本人的专业类别。

环境影响评价工程师职业资格实行从业情况申报制度。环境影响评价工程师应当申报从业情况，主要包括本人全日制专职工作的机构名称和专业类别。环境保护部建立环境影响评价工程师从业情况信息管理系统，记录环评机构中的环境影响评价工程师申报信息，为其核发登记编号，并及时向社会公开。

环境影响评价工程师从业机构和专业类别发生变更的，应当及时申报相应变更情况。环境影响评价工程师申报满 3 年后仍需在环评机构全日制专职工作的，应当于有效期届满 30 个工作日前再次申报从业情况，并需要提交 3 年内接受继续教育的证明。环境影响评价工程师专业类别申报累计满 3 年可进行变更。取得职业资格证书 3 年后首次申报从业情况的，还应当提交近 3 年接受继续教育的证明。环境影响评价工程师接受继续教育的时间年均不少于 16 学时，不满 1 年按 1 年计，同一申报有效期内的继续教育学时可累计。

1.7.5.3 环境影响评价工程师的职责

环境影响评价工程师在进行环境影响评价业务活动时，严格遵守 2010 年环境保护部制定的《环境影响评价从业人员职业道德规范（试行）》，应当自觉践行社会主义核心价值体系，遵行职业操守，规范日常行为，坚持做到依法遵规、公正诚信、忠于职守、服务社会、廉洁自律。环境影响评价工程师可主持进行环境影响评价、环境影响后评价、环境影响技术评估或环境保护设施验收，并在主持编制的相关技术文件上签字，对其主持完成的相关技术文件承担相应责任。环境影响评价工程师主持的相关业务领域应与从业申报类别一致。

1.8　环境影响评价的法律责任

接受委托为建设单位编制建设项目环境影响报告书、环境影响报告表的技术单位，不得与负责审批建设项目环境影响报告书、环境影响报告表的生态环境主管部门或者其他有关审批部门存在任何利益关系。建设单位应当对建设项目环境影响报告书、环境影响报告表的内容和结论负责，接受委托编制建设项目环境影响报告书、环境影响报告表的技术单位对其编制的建设项目环境影响报告书、环境影响报告表承担相应责任。

《中华人民共和国环境影响评价法》（2018年修正）第二十八条规定：生态环境主管部门应当对建设项目投入生产或者使用后所产生的环境影响进行跟踪检查，对造成严重环境污染或者生态破坏的，应当查清原因、查明责任。《中华人民共和国环境影响评价法》（2018年修正）第三十二条规定：建设项目环境影响报告书、环境影响报告表存在基础资料明显不实，内容存在重大缺陷、遗漏或者虚假，环境影响评价结论不正确或者不合理等严重质量问题的，由设区的市级以上人民政府生态环境主管部门对建设单位处五十万元以上二百万元以下的罚款，并对建设单位的法定代表人、主要负责人、直接负责的主管人员和其他直接责任人员，处五万元以上二十万元以下的罚款。

接受委托编制建设项目环境影响报告书、环境影响报告表的技术单位违反国家有关环境影响评价标准和技术规范等规定，致使其编制的建设项目环境影响报告书、环境影响报告表存在基础资料明显不实，内容存在重大缺陷、遗漏或者虚假，环境影响评价结论不正确或者不合理等严重质量问题的，由设区的市级以上人民政府生态环境主管部门对技术单位处所收费用三倍以上五倍以下的罚款；情节严重的，禁止从事环境影响报告书、环境影响报告表编制工作；有违法所得的，没收违法所得。编制主持人和主要编制人员五年内禁止从事环境影响报告书、环境影响报告表编制工作；构成犯罪的，依法追究刑事责任，并终身禁止从事环境影响报告书、环境影响报告表编制工作。属于审批部门工作人员失职、渎职，对依法不应批准的建设项目环境影响报告书、环境影响报告表予以批准的，依照规定追究其法律责任。

1.9　环境影响评价报告的质量控制

1.9.1　建立内部审核制度

为保证环境影响评价文件编制质量，环评单位应制定相应的环境影响评价文件质量保证管理制度，如《环境影响评价质量管理办法》《环境影响评价报告书（报告表）内部审核制度》《环评人员的考核培训制度》及《项目竣工运行后的回访跟踪制度》等，并结合本单位情况，制定有关工作流程、现场踏勘、分级审核、责任追究等方面的具体要求。鉴于环评市场良莠不齐，而且公众对环境影响评价的要求和期待都有很大的提高，因此一套完善的内部审核制度显得十分有必要。

一般来说，项目主持人（环境影响评价工程师）具体负责环境影响评价报告的编制质量，可以承担主要章节的编写；多名专职技术人员承担各章节的具体编写；另有经验丰富的环境影响评价工程师负责报告的审核；最后由评价机构的总工程师或副总工程师审定。

1.9.2 注重附图和附表的绘制

环境影响评价文件中往往会用到大量的附图、附表，清晰、精美的图表也会为评价文件增色不少。以大气环境影响评价为例，报告书中常见的附图包括：污染源点位及环境空气敏感区分布图，包括评价范围底图、项目污染源分布图、评价范围内其他污染源分布图、主要环境空气敏感区分布图、地面气象台站分布图、探空气象台站分布图、环境监测点分布图等；基本气象分析图，包括年、季风向玫瑰图等；常规气象资料分析图，包括年平均温度月变化曲线图、温廓线图、风廓线图等；复杂地形的地形示意图；污染物浓度等值线分布图，包括评价范围内出现区域浓度最大值（小时平均浓度及日平均浓度）时所对应的浓度等值线分布图，以及长期气象条件下的浓度等值线分布图。

环境影响评价文件中常见的附表包括：采用估算模式计算结果表；污染源调查清单表，包括污染源周期性排放系数统计表、点源参数调查清单、面源参数调查清单、体源参数调查清单、颗粒物粒径分布调查清单等；常规气象资料分析表，包括年平均温度的月变化、年平均风速的月变化、季小时平均风速的日变化、年均风频的月变化、年均风频的季变化及年均风频等；环境质量现状监测分析结果；预测点环境影响预测结果与达标分析。

环境影响评价文件中常见的附件包括：环境质量现状监测原始数据文件（电子版或文本复印件）；气象观测资料文件（电子版），并注明气象观测数据来源及气象观测站类别；预测模型所有输入文件及输出文件（电子版），应包括气象输入文件、地形输入文件、程序主控文件、预测浓度输出文件等。附件中应说明各文件意义及原始数据来源。不同评价等级对附图、附表、附件的要求不同，实际工作中可以根据导则要求针对不同评价等级提供相应材料。

第 2 章
环境影响评价法律法规体系

我国的环境法律不是采用统一立法的形式，而是各项专门的法律和相关法规、规章相互补充组成的一个法律体系。截至 2005 年 1 月底，国家制定和完善了环境保护法律 9 部，自然资源管理法律 13 部，防灾减灾法律 3 部。另外，还制定了大量的环境保护行政法规、规章及地方法规和规章，初步构建了我国环境法律框架。1997 年修订后的《刑法》增加了"破坏资源环境罪"专节，表明环境立法取得重大进展和突破。2000 年 4 月 29 日通过的《中华人民共和国大气污染防治法》，首次用立法形式阐明了"超标即违法"的思想，使环境标准的法律地位得到进一步明确和强化，表明我国环境法律体系渐趋完善。

2.1 环境法规的构成

2.1.1 法律

目前，我国建立了由法律、环境保护行政法规、政府部门规章、地方性法规和地方性规章、环境标准、环境保护国际条约组成的比较完整的环境保护法律法规体系。

2.1.1.1 宪法

《中华人民共和国宪法》中关于环境与资源保护的规定是环境法的基础，是各种环境法律、法规和规章的立法依据。

我国宪法对环境保护与资源合理利用作了一系列的规定。1982 年通过的《中华人民共和国宪法》在 2004 年修正案第二十六条第一款规定"国家保护和改善生活环境和生态环境，防止污染和其他公害"。这一规定是国家对环境保护的总政策，指明了环境保护是国家的一项基本职责。宪法第九条第二款规定"国家保障自然资源的合理利用，保护珍贵的动物和植物，禁止任何组织或者个人用任何手段侵占或者破坏自然资源"，以及第十条中"一切使用土地的组织和个人必须合理利用土地"，这些规定强调了对自然资源的严格保护和合理利用，以防止因自然资源的不合理开发导致环境破坏。另外，宪法对名胜古迹、珍贵文物和其他重要历史文化遗产的保护也作了规定。

宪法的上述规定，为我国的环境保护活动和环境立法提供了指导原则和立法依据，也是确定环境影响评价制度的最根本的法律基础和依据。

2.1.1.2 环境保护综合法

1989 年颁布实施的《中华人民共和国环境保护法》是我国环境保护的综合法，也是环境保护具体工作中遵照执行的基本法。该法由第十二届全国人民代表大会常务委员会第八次会议通过修订,于2015年1月1日起施行。修订后,该法共七章七十条,分为总则、监督管理、保护和改善环境、防止污染和其他公害、信息公开和公众参与、法律责任和附则。与修订前的六章四十七条相比,变化较大,进一步明确了环境保护工作的指导思想,规定了环境影响评价制度的具体要求。如第十九条规定:"编制有关开发利用规划,建设对环境有影响的项目,应当依法进行环境影响评价。未依法进行环境影响评价的开发利用规划,不得组织实施;未依法进行环境影响评价的建设项目,不得开工建设。"第五十六条规定:"对依法应当编制环境影响报告书的建设项目,建设单位应当在编制报告书时向可能受影响的公众说明情况,充分征求意见。负责审批建设项目环境影响评价文件的部门在收到建设项目环境影响报告书后,除涉及国家秘密和商业秘密的事项外,应当全文公开;发现建设项目未充分征求公众意见的,应当责成建设单位征求公众意见。"

依据《中华人民共和国环境保护法》第四十一条规定,建设项目中防治污染的设施,应当与主体工程同时设计、同时施工、同时投产使用。防治污染的设施应当符合经批准的环境影响评价文件的要求,不得擅自拆除或者闲置。

2.1.1.3 环境保护单行法

环境保护单行法是针对特定的环境保护对象、领域或特定的环境管理制度而进行的专门立法,是宪法和环境保护综合法的具体体现,是实施环境管理、处理环境问题的直接法律依据。环境保护单行法包括污染防治法和生态保护法。其中污染防治法有《中华人民共和国水污染防治法》《中华人民共和国大气污染防治法》《中华人民共和国土壤污染防治法》《中华人民共和国固体废物污染环境防治法》《中华人民共和国环境噪声污染防治法》《中华人民共和国放射性污染防治法》等;生态保护法有《中华人民共和国水土保持法》《中华人民共和国野生动物保护法》《中华人民共和国防沙治沙法》《中华人民共和国海洋环境保护法》和《中华人民共和国环境影响评价法》等。

随着我国社会经济发展和环境保护形势的变化,一些环境保护单行法陆续被重新修订。如中华人民共和国第十二届全国人民代表大会常务委员会第二十八次会议于2017年6月27日通过《中华人民共和国水污染防治法》(2018年1月1日起施行)。2017年11月4日,第十二届全国人民代表大会常务委员会第三十次会议决定,通过对《中华人民共和国海洋环境保护法》作出修改,自2017年11月5日起施行。2015年8月29日,第十二届全国人民代表大会常务委员会第十六次会议通过《中华人民共和国大气污染防治法》第二次修订(2016年1月1日起施行)。2018年8月31日,十三届全国人大常委会第五次会议通过了《中华人民共和国土壤污染防治法》,自2019年1月1日起施行。还有《中华人民共和国噪声污染防治法》(2021年12月24日第十三届全国人民代表大会常务委员会第三十二次会议通过),《中华人民共和国固体废物污染环境防治法》(由中华人民共和国第十三届全国人民代表大会常务委员会第十七次会议于2020年4月29日修订通过,自2020年9月1日起施行)。

2003年9月21日实施的《中华人民共和国环境影响评价法》,于2016年和2018年进行了两次修正。该法是一部独特的环境保护单行法,规定了规划和建设项目环境影响评价的相关法律要求,是我国环境立法的重大发展。《中华人民共和国环境影响评价法》将环境影响评价的范畴从建设项目扩展到规划,即战略层次,力求从决策的源头防止环境污染和生态破坏,标志着我国环境与资源立法进入了一个新的阶段。2018年修正案序言明确"推动物质文明、政治文明、精神文明、社会文明、生态文明协调发展"。编制本法第九条所规定的范围内的规划,在中华人民共和国领域和中华人民共和国管辖的其他海域内建设对环境有影响的项目,应当依照本法进行环境影响评价。

2.1.1.4 环境保护相关法

环境保护相关法是指一些自然资源保护和其他有关部门法律,如《中华人民共和国森林法》《中华人民共和国草原法》《中华人民共和国渔业法》《中华人民共和国矿产资源法》《中华人民共和国水法》《中华人民共和国清洁生产促进法》等都涉及环境保护的有关要求,也是环境保护法律法规体系的一部分。

2.1.2 环境保护行政法规

环境保护行政法规是由国务院依照宪法和法律的授权,按照法定程序颁布或通过的关于环境保护方面的行政法规,几乎覆盖了所有环境保护的行政管理领域,其效力仅低于环境保护法律,在实际工作中起到解释法律、规定环境执法的行政程序等作用,在一定程度上弥补了环境保护综合法和单行法的不足,如《规划环境影响评价条例》(2009年10月1日起施行)、《城镇排水与污水处理条例》(2014年1月1日起施行)、《建设项目环境保护管理条例》(2017年10月1日起施行)、《医疗废物管理条例》和《中华人民共和国自然保护区条例》等。

2.1.3 环境保护部门规章

环境保护部门规章是由生态环境部及国务院有关部委依照《中华人民共和国立法法》授权制定的,在自己的职权范围内发布的调整部门管理事项的并不得与宪法、法律和行政法规相抵触的规范性文件,主要形式是命令、指示和规章等,在具体环境保护和环境管理工作中针对性和可操作性强,主要包括由生态环境部发布的意见、通知、规定、名录、目录、政策、指南、行业准入、解释等,如《环境保护主管部门实施按日连续处罚办法》(2015年1月1日起施行)、《环境保护公众参与办法》(2015年9月1日起施行)、《国家危险废物名录(2021年版)》(2021年1月1日起施行)、《建设项目环境影响评价分类管理名录(2021年版)》(2021年1月1日起施行)、《环境影响评价审查专家库管理办法》(2003年8月20日起施行)、《建设项目环境影响后评价管理办法》(2015年12月10日起施行)等。

2.1.4 地方性法规和地方性规章

地方性法规和规章指各省、自治区、直辖市有关建设项目环境保护管理的条例、办法、政府令等。由享有立法权的地方行政机关和地方政府机关依据《中华人民共和国宪法》和相关法律的规定,根据当地实际情况和特定环境问题制定,在其行政辖区范围内实施,具有较强的可操作性。目前我国各地都存在着大量的环境保护地方性法规及规章,如《辽宁省扬尘污染防治管理办法》(2013年7月1日起施行)、《大连市饮用水水源保护区污染防治办法》(2013年11月1日起施行)、《河南省减少污染物排放条例》(2014年1月1日起施行)、《郑州市大气污染防治条例》(2015年3月1日起施行)、《黑龙江省湿地保护条例》(2016年1

月1日起施行)、《哈尔滨市机动车排气污染防治条例》(2017年1月1日起施行)、《山东省水污染防治条例》(2020年12月1日起施行)、《山东省规划环境影响评价条例》(2022年1月1日起施行)等。

2.1.5 环境标准

环境标准是国家为了维护环境质量、实施污染控制，按照法定程序制定的各种技术规范和要求，是具有法律性质的技术标准，如《污水综合排放标准》(GB 8978—1996)、《环境空气质量标准》(GB 3095—2012)、《声环境功能区划分技术规范》(GB/T 15190—2014)、《石油炼制工业污染物排放标准》(GB 31570—2015)、《生态环境状况评价技术规范》(HJ 192—2015)、《建设项目环境影响评价技术导则 总纲》(HJ 2.1—2016)等。环境保护法律中都规定了实施环境标准的条款，使其成为环境执法必不可少的依据和环境保护法规的重要组成部分。

2.1.6 环境保护国际公约

环境保护国际公约是指我国缔结和参加的环境保护国际公约、条约和议定书。国际公约与我国环境法有不同规定时，优先适用国际公约的规定，但我国声明保留的条款除外。为解决突出的全球性环境问题，在联合国环境规划署牵头组织下，各国经过艰苦谈判达成了一系列环境公约，并以法律制度的形式确定各方的权利和义务，以推动国际社会采取共同行动，使环境问题得到解决或改善。

目前我国已经缔结或者签署的多边国际环境保护条约有危险废物的控制、危险化学品国际贸易的事先知情同意程序、化学品的安全使用和环境管理、臭氧层保护、气候变化、生物多样性保护、湿地保护、荒漠化防治、海洋环境保护、自然和文化遗产保护等十五大类超过60项，双边和区域性环境合作也取得了重要进展。其中由我国牵头的有《保护臭氧层维也纳公约》(1989年12月10日对中国生效)、《生物多样性公约》(1993年12月29日生效)、《关于持久性有机污染物的斯德哥尔摩公约》(2004年11月11日对中国生效)等。

在保护动植物方面，我国已加入了《国际捕鲸公约》《东南亚及太平洋区植物保护协定》《国际热带木材协定》《关于特别是水禽生境的国际重要湿地公约》及其修正案(1982)(1992年7月对我国生效)，以及《濒危野生动植物种国际贸易公约》和《生物多样性公约》(1993年12月对我国生效)等。随着我国签署的国际环境保护公约的不断增加，我们应当不断提高自己的履约能力，并在进行环境影响评价活动时应当加强对不同领域环境保护公约的理解和认识，优先满足公约中对环境保护的相关规定和要求。

2.2 环境法规的相互关系

(1) 法律层次上效力等同 《中华人民共和国宪法》是环境保护法律法规体系的基础，是制定其他各种环境保护法律、法规、规章的依据。在法律层次上，无论是综合法、单行法还是相关法，其中有关环境保护要求的法律效力是等同的。

(2) 后法大于先法 如果法律规定中出现不一致的内容，按照发布时间的先后顺序，遵循后颁布法律的效力大于先前颁布法律的效力。

(3) 行政法规的效力次于法律 国务院环境保护行政法规的地位仅次于法律，部门行政规章、地方性环境法规和地方性环境规章均不得违背法律和环境保护行政法规。地方法规和地方政府规章只在制定本法规、规章的辖区内有效。

当地方性法规、规章之间不一致时，依据《中华人民共和国立法法》，由有关机关依照下列规定的权限作出裁决：

① 同一机关制定的新的一般规定与旧的特别规定不一致时，由制定机关裁决。

② 地方性法规与部门规章之间对同一事项的规定不一致，不能确定如何适用时，由国务院提出意见。国务院认为应当适用地方性法规的，应当决定在该地方适用地方性法规的规定；认为应当适用部门规章的，应当提请全国人民代表大会常务委员会裁决。

③ 部门规章之间、部门规章与地方政府规章之间对同一事项的规定不一致时，由国务院裁决。

根据授权制定的法规与法律规定不一致，不能确定如何适用时，由全国人民代表大会常务委员会裁决。

2.3　环境影响评价中的重要法律法规

2.3.1　中华人民共和国环境影响评价法

该法作为一部环境保护单行法，具体规定了规划和建设项目环境影响评价的相关法律要求，是我国环境影响评价工作的直接法律依据。第十二届全国人民代表大会常务委员会第二十一次会议通过了第一次修改（2016 年 9 月 1 日起施行），共五章三十七条。内容包括总则、规划的环境影响评价、建设项目的环境影响评价、法律责任和附则。

（1）总则　规定了立法目的、法律定义、适用范围、基本原则、公众参与等。

（2）规划的环境影响评价　规定了规划环境影响评价的类别、范围及评价要求；规定了专项规划环境影响报告书的主要内容、报审时限、审查程序和审查时限、报告书结论和审查意见；规定了规划有关环境影响的篇章或说明的主要内容和报送要求等内容。

（3）建设项目的环境影响评价　规定了建设项目环境影响评价的分类管理和分级审批制度；规定了提供环境影响评价技术服务的机构的资质审查及要求；规定了建设项目的环境影响报告书的编写内容等。

（4）法律责任　规定了规划编制机关、规划审批机关、项目建设单位、环境评价技术服务机构、环境保护行政主管部门或者其他部门的主管人员和相关工作人员违反本法规定所必须承担的法律责任。

（5）附则　规定了省级人民政府可根据本地的实际情况，制定具体办法对辖区的县级人民政府编制的规划进行环境影响评价；规定了中央军事委员会按本法原则制定军事设施建设项目的环境影响评价办法。

2.3.2　建设项目环境保护管理条例

该条例是国务院于 1998 年 11 月发布并施行的关于建设项目环境管理的第一个行政法规。为防止、减少建设项目环境污染和生态破坏，建立健全环境影响评价制度和"三同时"制度，强化制度的有效性，2017 年 7 月 16 日国务院发布《关于修改〈建设项目环境保护管理条例〉的决定》，2017 年 10 月 1 日起施行。修订后的内容包括总则、环境影响评价、环境保护设施建设、法律责任和附则，共五章三十条。

2.3.3 规划环境影响评价条例

该条例由国务院在 2009 年 8 月发布，于 2009 年 10 月 1 日起施行。为了加强规划的环境影响评价工作，提高规划的科学性，从源头预防环境污染和生态破坏，促进经济、社会和环境的全面、协调、可持续发展，该条例对规划环境影响评价进行了全面、详细、具体、系统的规定。具体内容包括总则、评价、审查、跟踪评价、法律责任和附则，共六章三十六条。

2.4 环境政策

2017 年 2 月，中共中央办公厅、国务院办公厅印发《关于划定并严守生态保护红线的若干意见》（简称《意见》），标志着全国生态保护红线划定与制度建设正式全面启动。2017 年年底前，京津冀区域、长江经济带沿线各省（直辖市）划定生态保护红线；2018 年年底前，其他省（自治区、直辖市）划定生态保护红线；2020 年年底前，全面完成全国生态保护红线划定，勘界定标，基本建立生态保护红线制度，国土生态空间得到优化和有效保护，生态功能保持稳定，国家生态安全格局更加完善；到 2030 年，生态保护红线布局进一步优化，生态保护红线制度有效实施，生态功能显著提升，国家生态安全得到全面保障。

生态保护红线是指在生态空间范围内具有特殊重要生态功能、必须强制性严格保护的区域，是保障和维护国家生态安全的底线和生命线，通常包括具有重要水源涵养、生物多样性维护、水土保持、防风固沙、海岸生态稳定等功能的生态功能重要区域，以及水土流失、土地沙化、石漠化、盐渍化等生态环境敏感脆弱区域。划定并严守生态保护红线，是贯彻落实主体功能区制度、实施生态空间用途管制的重要举措，是提高生态产品供给能力和生态系统服务功能、构建国家生态安全格局的有效手段，是健全生态文明制度体系、推动绿色发展的有力保障。

第3章

环境影响评价标准体系

3.1 环境评价标准分类与分级

环境标准分为国家环境标准、地方环境标准和国家环境保护行业标准。环境标准体系的组成见图 3-1-1。

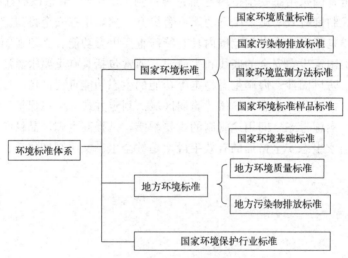

图 3-1-1 环境标准体系

国家环境标准是国家依据有关法律规定，对全国环境保护工作范围内需要统一的各项技术规范和技术要求所作的规定，包括国家环境质量标准、国家污染物排放（控制）标准、国家环境监测方法标准、国家环境标准样品标准和国家环境基础标准。

地方环境标准由省、自治区、直辖市人民政府制定，是对国家环境标准的补充和完善。地方环境标准包括地方环境质量标准和地方污染物排放（控制）标准。国家环境质量标准中未作出规定的项目，可以制定地方环境质量标准。国家污染物排放标准中未作规定的项目，可以制定地方污染物排放标准；国家污染物排放标准已作规定的项目，可以制定严于该标准的地方污染物排放标准。

国家环境保护行业标准是指国家在环境保护工作中对需要统一的技术要求所制定的标准（包括各项环境管理制度、监测技术、环境区划、规划的技术要求、规范、导则等），由国务院环境保护行政主管部门颁布。

国家环境标准和国家环境保护行业标准在全国范围内执行。国家环境标准和国家环境保护行业标准分为强制性标准和推荐性标准。环境质量标准、污染物排放标准和法律、行政法规规定必须执行的其他环境标准为强制性标准。强制性环境标准必须执行，超标即违法。强制性标准以外的环境标准属于推荐性标准。国家鼓励采用推荐性环境标准。推荐性环境标准被强制性标准引用时，也必须强制执行。

环境质量标准和污染物排放标准是环境标准体系的核心，前者为后者的制定提供依据，后者是保证实现前者的手段和措施。环境基础标准为各种标准提供了统一的语言，对统一、规范环境标准具有指导作用，是环境标准体系的基础。环境监测方法标准是环境标准体系的支持系统，是执行环境质量标准和污染物排放标准、实现统一管理的基础。

污染物排放标准（国家排放标准、生态环境部标准以及地方排放标准）从适用对象上分为跨行业综合排放标准和行业排放标准，两者不交叉执行，有行业排放标准的项目执行行业排放标准，对明确属于某行业的企业，其排放的污染物国家该行业排放标准中没有规定，亦不应执行国家综合性排放标准，但可通过制定地方排放标准进行控制。没有行业排放标准的项目执行综合排放标准。

3.2 环境质量标准

环境质量标准是为保护自然环境、人体健康和社会物质财富，对一定时空范围内的有害物质和因素的容许数量或强度所作的限制性规定。该标准是以国家的环境保护法规为政策依据，以保护环境和改善环境质量为目标而制定的，用于衡量环境质量的优劣程度。如《环境空气质量标准》（GB 3095—2012）、《室内空气质量标准》（GB/T 18883—2002）、《地表水环境质量标准》（GB 3838—2002）、《地下水质量标准》（GB/T 14848—2017）、《农田灌溉水质标准》（GB 5084—2021）、《海水水质标准》（GB 3097—1997）、《声环境质量标准》（GB 3096—2008）、《土壤环境质量 农用地土壤污染风险管控标准（试行）》（GB 15618—2018）及《土壤环境质量 建设用地土壤污染风险管控标准（试行）》（GB 36600—2018）等。环境质量标准是评价环境是否受到污染和制定污染物排放标准的依据。

一个国家或地区通常依据本国或本地区的社会经济发展需要，根据环境结构、状态和使用功能的差异，对不同区域进行合理划分，形成不同类别的环境功能区。环境质量标准与环境功能区类别一一对应，高功能区的环境质量要求严，低功能区的环境质量要求较低。各种环境质量标准的内容主要以功能区分类和对应的标准限值为主，但满足环境质量标准的含义是指包括文字要求在内的全部内容。

3.2.1 环境空气质量标准

《环境空气质量标准》首次发布于 1982 年，1996 年进行第一次修订，2000 年发布了《环境空气质量标准》（GB 3095—1996）修改单（第二次修订），2012 年进行了第三次修订。《环境空气质量标准》（GB 3095—2012）规定了环境空气功能区分类、标准分级、污染物项目、平均时间及浓度限值、监测方法、数据统计的有效性规定及实施与监督等内容，适用于环境空气质量评价与管理。该标准规定 2012 年在京津冀、长三角、珠三角等重点区域以及直辖市和省会城市实施，之后逐年在重点城市、地级市推广，其他地区仍执行《环境空气质量标准》（GB 3095—1996）及其修改单；2016 年 1 月 1 日后全国实施这一新标准。2018 年发布了《环境空气质量标准》（GB 3095—2012）及其修改单（第四次修订），自 2018 年 9

月1日起实施。

环境空气功能区的划分是根据不同功能对环境质量的不同要求,为实现对不同保护对象进行分区保护而制定的。一类区以保护自然生态及公众福利为主要对象,二类区以保护人体健康为主要对象。

《环境空气质量标准》(GB 3095—2012)区分"基本项目"和"其他项目",分别规定了环境空气污染物浓度限值。"基本项目"包括二氧化硫(SO_2)、二氧化氮(NO_2)、一氧化碳(CO)、臭氧(O_3)、颗粒物(PM_{10})、颗粒物($PM_{2.5}$),共计6项,要求在全国范围内实施。"其他项目"包括总悬浮颗粒物(TSP)、氮氧化物(NO_x)、铅(Pb)、苯并[a]芘(BaP),共计4项,由国务院生态环境主管部门或者省级人民政府根据实际情况,确定具体实施方式。环境空气功能区分为两类:一类区为自然保护区、风景名胜区和其他需特殊保护的地区;二类区为居住区、商业交通居民混合区、文化区、一般工业区和农村地区。一类区适用一级浓度限值,二类区适用二级浓度限值。一类、二类功能区环境空气质量中环境空气污染物基本项目的浓度限值见表3-2-1,环境空气污染物其他项目的浓度限值见表3-2-2,其中基本项目(表3-2-1)在全国范围内实施;其他项目(表3-2-2)由国务院环境保护行政主管部门或者省级人民政府根据实际情况,确定具体实施方式。

表3-2-1 环境空气污染物基本项目的浓度限值

序号	污染物项目	平均时间	浓度限值 一级	浓度限值 二级	单位
1	二氧化硫(SO_2)	年平均	20	60	$\mu g/m^3$
		24h平均	50	150	
		1h平均	150	500	
2	二氧化氮(NO_2)	年平均	40	40	
		24h平均	80	80	
		1h平均	200	200	
3	一氧化碳(CO)	24h平均	4	4	mg/m^3
		1h平均	10	10	
4	臭氧(O_3)	日最大8h平均	100	160	$\mu g/m^3$
		1h平均	160	200	
5	颗粒物(PM_{10})	年平均	40	70	
		24h平均	50	150	
6	颗粒物($PM_{2.5}$)	年平均	15	35	
		24h平均	35	75	

表3-2-2 环境空气污染物其他项目的浓度限值

序号	污染物项目	平均时间	浓度限值 一级	浓度限值 二级	单位
1	总悬浮颗粒物(TSP)	年平均	80	200	$\mu g/m^3$
		24h平均	120	300	
2	氮氧化物(NO_x)	年平均	50	50	
		24h平均	100	100	
		1h平均	250	250	
3	铅(Pb)	年平均	0.5	0.5	
		季平均	1	1	
4	苯并[a]芘(BaP)	年平均	0.001	0.001	
		24h平均	0.0025	0.0025	

为保护人体健康,预防和控制室内空气污染,《室内空气质量标准》(GB/T 18883—

2022)规定了室内空气质量的物理性、化学性、生物性和放射性指标及要求,详见表3-2-3。

《工业企业设计卫生标准》GBZ1—2010在大气卫生防护方面规定:产生危害较大的有害气体、烟、雾、粉尘等有害物质以及噪声和振动等的工业企业,不得在居住区内修建;向大气排放有害物质的工业企业,应布置在居住区夏季最小频率风向的上风侧;排放有害工业废水的工业企业,应位于当地生活饮用水水源的下游;产生有害物质的工业企业,在生产区内除值班室外,不得设置其它居住房屋。

表 3-2-3 室内空气质量指标及要求

序号	指标分类	指标	计量单位	要求	备注
01	物理性	温度	℃	22~28	夏季
				16~24	冬季
02		相对湿度	0	40~80	夏季
				30~60	冬季
03		风速	m/s	≤0.3	夏季
				≤0.2	冬季
04		新风量	m³/(h·人)	≥30	—
05	化学性	臭氧(O_3)	mg/m³	≤0.16	1小时平均
06		二氧化氮(NO_2)	mg/m³	≤0.20	1小时平均
07		二氧化硫(SO_2)	mg/m³	≤0.50	1小时平均
08		二氧化碳(CO_2)	%	≤0.10	1小时平均
09		一氧化碳(CO)	mg/m³	≤10	1小时平均
10		氨(NH_3)	mg/m³	≤0.20	1小时平均
11		甲醛(HCHO)	mg/m³	≤0.08	1小时平均
12		苯(C_6H_6)	mg/m³	≤0.03	1小时平均
13		甲苯(C_7H_8)	mg/m³	≤0.20	1小时平均
14		二甲苯(C_8H_{10})	mg/m³	≤0.20	1小时平均
15		总挥发性有机化合物(TVOC)	mg/m³	≤0.60	8小时平均
16		三氯乙烯(C_2HCl_3)	mg/m³	≤0.006	8小时平均
17		四氯乙烯(C_2Cl_4)	mg/m³	≤0.12	8小时平均
18		苯并[a]芘(BaP)b	ng/m³	≤1.0	24小时平均
19		可吸入颗粒物(PM_{10})	mg/m³	≤0.10	24小时平均
20		细颗粒物($PM_{2.5}$)	mg/m³	≤0.05	24小时平均
21	生物性	细菌总数	CFU/m³	1500	—
22	放射性	氡(^{222}Rn)	Bq/m³	300	年平均(参考水平)

3.2.2 水环境质量标准

3.2.2.1 地表水环境质量标准

《地表水环境质量标准》(GB 3838—2002)将标准项目分为地表水环境质量标准基本项目、集中式生活饮用水地表水源地补充项目和集中式生活饮用水地表水源地特定项目。按照地表水环境功能分类和保护目标,规定了水环境质量应控制的项目、限值,水质评价、水质项目的分析方法和标准的实施与监督。

地表水环境质量标准基本项目适用于全国江河、湖泊、运河、渠道、水库等具有使用功能的地表水水域。集中式生活饮用水地表水源地补充项目和特定项目适用于集中式生活饮用水地表水源地一级保护区和二级保护区。与近海水域相连的地表水河口水域根据水环境功能按该标准相应类别标准值进行管理,近海水功能区水域根据使用功能按《海水水质标准》(GB 3097—1997)相应类别标准值进行管理。批准划定的单一渔业水域按《渔业水质标准》

（GB 11607—1989）进行管理。处理后的城市污水及与城市污水水质相近的工业废水用于农田灌溉用水的水质按《农田灌溉水质标准》（GB 5084—2021）进行管理。具有特定功能的水域执行相应的专业用水水质标准。

依据地表水水域环境功能和保护目标功能高低，将水域环境功能依次划分为5类：Ⅰ类主要适用于源头水、国家自然保护区；Ⅱ类主要适用于集中式生活饮用水地表水源地一级保护区、珍稀水生生物栖息地、鱼虾类产卵场、仔稚幼鱼的索饵场等；Ⅲ类主要适用于集中式生活饮用水地表水源地二级保护区、鱼虾类越冬场、洄游通道、水产养殖区等渔业水域及游泳区；Ⅳ类主要适用于一般工业用水区及人体非直接接触的娱乐用水区；Ⅴ类主要适用于农业用水区及一般景观要求水域。

对应地表水上述五类水域功能，将地表水环境质量标准基本项目标准值分为五类，不同功能类别分别执行相应类别的标准值。水域功能类别高的标准值严于水域功能类别低的标准值。同一水域兼有多类使用功能的，执行最高功能类别对应的标准值。实现水域功能与达功能类别标准为同一含义。

该标准规定了109个项目的标准限值，其中地表水环境质量标准基本项目24项，集中式生活饮用水地表水源地补充项目5项，集中式生活饮用水地表水源地特定项目80项。地表水环境质量标准中24个基本项目的标准限值见表3-2-4。

表3-2-4 《地表水环境质量标准》（GB 3838—2002）中基本项目标准限值

单位：mg/L（水温、pH值、粪大肠菌群数除外）

序号	项目		标准分类				
			Ⅰ类	Ⅱ类	Ⅲ类	Ⅳ类	Ⅴ类
1	水温		人为造成的环境水温变化应限制在：周平均最大温升≤1℃；周平均最大温降≤2℃				
2	pH值（无量纲）		6～9				
3	溶解氧	≥	饱和率90%（或7.5）	6	5	3	2
4	高锰酸盐指数	≤	2	4	6	10	15
5	化学需氧量（COD）	≤	15	15	20	30	40
6	五日生化需氧量（BOD_5）	≤	3	3	4	6	10
7	氨氮（NH_3-N）	≤	0.15	0.5	1.0	1.5	2.0
8	总磷（以P计）	≤	0.02（湖、库0.01）	0.1（湖、库0.025）	0.2（湖、库0.05）	0.3（湖、库0.1）	0.4（湖、库0.2）
9	总氮（湖、库以N计）	≤	0.2	0.5	1.0	1.5	2.0
10	铜	≤	0.01	1.0	1.0	1.0	1.0
11	锌	≤	0.05	1.0	1.0	2.0	2.0
12	氟化物（以F^-计）	≤	1.0	1.0	1.0	1.5	1.5
13	硒	≤	0.01	0.01	0.01	0.02	0.02
14	砷	≤	0.05	0.05	0.05	0.1	0.1
15	汞	≤	0.00005	0.00005	0.0001	0.001	0.001
16	镉	≤	0.001	0.005	0.005	0.005	0.01
17	铬（六价）	≤	0.01	0.05	0.05	0.05	0.1
18	铅	≤	0.01	0.01	0.05	0.05	0.1
19	氰化物	≤	0.005	0.05	0.2	0.2	0.2
20	挥发酚	≤	0.002	0.002	0.005	0.01	0.1
21	石油类	≤	0.05	0.05	0.05	0.5	1.0
22	阴离子表面活性剂	≤	0.2	0.2	0.2	0.3	0.3
23	硫化物	≤	0.05	0.1	0.2	0.5	1.0
24	粪大肠菌群数/(个/L)	≤	200	2000	10000	20000	40000

3.2.2.2 海水水质标准

《海水水质标准》(GB 3097—1997)规定了海域各类使用功能的水质要求,包括水质分类与水质标准、水质监测方法以及混合区的规定,适用于我国管辖的海域。海水水质按照海域的不同使用功能和保护目标分为4类:第一类适用于海洋渔业水域、海上自然保护区和珍稀濒危海洋生物保护区;第二类适用于水产养殖区、海水浴场、人体直接接触海水的海上运动或娱乐区、与人类食用直接有关的工业用水区;第三类适用于一般工业用水区、滨海风景旅游区;第四类适用于海洋港口水域、海洋开发作业区。

该标准规定了35项指标的不同类别的标准限值,表3-2-5列出了部分常见项目的标准限值,其他项目的标准限值具体应用时可直接查阅该标准。

表3-2-5 《海水水质标准》(GB 3097—1997)中部分常见项目的标准限值

序号	项目	海水水质类别			
		第一类	第二类	第三类	第四类
1	pH(无量纲)	7.8~8.5 同时不超出该海域正常变动范围的 0.2pH单位		6.8~8.8 同时不超出该海域正常变动范围的 0.5pH单位	
2	水温/℃	人为造成的海水温升夏季不超过当时当地1℃,其他季节不超过2℃		人为造成的海水温升不超过当时当地4℃	
3	溶解氧/(mg/L) ≥	6	5	4	3
4	化学需氧量(COD)/(mg/L) ≤	2	3	4	5
5	生化需氧量(BOD_5)/(mg/L) ≤	1	3	4	5
6	无机氮(以N计)/(mg/L) ≤	0.20	0.30	0.40	0.50
7	非离子氨(以N计)/(mg/L) ≤	0.020			
8	活性磷酸盐(以P计)/(mg/L) ≤	0.015		0.030	0.045

3.2.2.3 地下水环境质量标准

《地下水质量标准》(GB/T 14848—2017)于1993年首次发布,2017年第一次修订,自2018年5月1日起实施。随着经济社会的发展,一些人工合成物质进入地下水,使得地下水中各种化学组分发生了变化,为此新修订的《地下水质量标准》增加了水质指标项目,由GB/T 14848—1993的39项增加至93项,根据国内外最新研究成果,调整了部分指标限值,修改了地下水质量评价的有关规定。

该标准规定了地下水质量分类、指标及限值,地下水质量调查与监测,地下水质量评价等内容。该标准适用于地下水质量调查、监测、评价与管理。依据我国地下水质量状况和人体健康风险,参照生活饮用水、工业、农业等用水质量要求,依据各组分含量高低(pH除外),分为以下五类。

Ⅰ类:地下水化学组分含量低,适用于各种用途。

Ⅱ类:地下水化学组分含量较低,适用于各种用途。

Ⅲ类:地下水化学组分含量中等,以《生活饮用水卫生标准》(GB 5749—2022)为依据,主要适用于集中式生活饮用水水源及工农业用水。

Ⅳ类:地下水化学组分含量较高,以农业和工业用水质量要求以及一定水平的人体健康风险为依据,适用于农业和部分工业用水,适当处理后可作生活饮用水。

Ⅴ类:地下水化学组分含量高,不宜作为生活饮用水水源,其他用水可根据使用目的选用。

地下水质量指标分为常规指标和非常规指标。该标准共规定了93项指标的不同类别的标准限值：常规指标有39项，包括感官性状及一般化学指标（20项）、微生物指标（2项）、毒理学指标（15项）、放射性指标（2项）；非常规指标54项，全部为毒理学指标。地下水质量指标中部分常见项目的标准限值如表3-2-6所示，其他项目的标准限值在具体应用时可直接查阅此标准。

表3-2-6 《地下水质量标准》（GB/T 14848—2017）中部分常见项目的标准限值

序号	项目	标准值				
		Ⅰ类	Ⅱ类	Ⅲ类	Ⅳ类	Ⅴ类
1	pH值（无量纲）		6.5～8.5		5.5～6.5, 8.5～9.0	<5.5或>9.0
2	总硬度（以$CaCO_3$计）/(mg/L)	≤150	≤300	≤450	≤650	≤650
3	溶解性总固体/(mg/L)	≤300	≤500	≤1000	≤2000	>2000
4	硫酸盐/(mg/L)	≤50	≤150	≤250	≤350	>350
5	氯化物/(mg/L)	≤50	≤150	≤250	≤350	>350
6	铁(Fe)/(mg/L)	≤0.1	≤0.2	≤0.3	≤2.0	>2.0
7	铜(Cu)/(mg/L)	≤0.01	≤0.05	≤1.0	≤1.5	>1.5
8	锌(Zn)/(mg/L)	≤0.05	≤0.5	≤1.0	≤5.0	>5.0
9	锰(Mn)/(mg/L)	≤0.05	≤0.05	≤0.10	≤1.50	>1.50
10	硝酸盐（以N计）/(mg/L)	≤2.0	≤5.0	≤20	≤30	>30
11	亚硝酸盐（以N计）/(mg/L)	≤0.01	≤0.1	≤1.00	≤4.80	>4.80
12	氨氮（NH_4^+-N）/(mg/L)	≤0.02	≤0.10	≤0.50	≤1.5	>1.5

注：来源《地下水质量标准》（GB/T 14848—2017）。

3.2.3 声环境质量标准

《声环境质量标准》（GB 3096—2008）规定了5类声环境功能区的环境噪声限值及测量方法，本标准适用于声环境质量评价与管理。机场周围区域受飞机通过（起飞、降落、低空飞越）噪声的影响，不适用本标准。

按区域的使用功能特点和环境质量要求，声环境功能区分为5类：0类指康复疗养区等特别需要安静的区域；1类指以居民住宅、医疗卫生、文化教育、科研设计、行政办公为主要功能，需要保持安静的区域；2类指以商业金融、集市贸易为主要功能，或者居住、商业、工业混杂，需要维护住宅安静的区域；3类指以工业生产、仓储物流为主要功能，需要防止工业噪声对周围环境产生严重影响的区域；4类指交通干线两侧一定距离内，需要防止交通噪声对周围环境产生严重影响的区域，包括4a和4b两种类型，4a类为高速公路、一级公路、二级公路、城市快速路、城市主干路、城市次干路、城市轨道交通（地面段）、内河航道两侧区域，4b类为铁路干线两侧区域。

各类声环境功能区环境噪声等效声级限值见表3-2-7。各类声环境功能区夜间突发噪声，其最大声级超过环境噪声限值的幅度不得高于15dB(A)。

表3-2-7 环境噪声等效声级限值（GB 3096—2008） 单位：dB(A)

声环境功能区类别	声级限值	
	昼间	夜间
0类	50	40
1类	55	45
2类	60	50

声环境功能区类别		声级限值	
		昼间	夜间
3类		65	55
4类	4a类	70	55
	4b类	70	60

表 3-2-7 中 4b 类声环境功能区环境噪声限值，适用于 2011 年 1 月 1 日起环境影响评价文件通过审批的新建铁路（含新开廊道的增减铁路）干线建设项目两侧区域。

在下列情况下，铁路干线两侧区域不通过列车时的环境背景噪声限值，按昼间 70dB(A)、夜间 55dB(A) 执行：a. 穿越城区的既有铁路干线；b. 对穿越城区的既有铁路干线进行改、扩建的铁路建设项目。既有铁路是指 2010 年 12 月 31 日前已建成运营的铁路或环境影响评价文件已通过审批的铁路建设项目。

《机场周围飞机噪声环境标准》（GB 9660—1988）规定了机场周围飞机噪声的环境标准，适用于飞机周围受飞机通过所产生噪声影响的区域（表 3-2-8）。标准采用一昼夜的计权等效连续感觉噪声级作为评价量，用 L_{WECPN} 表示，单位 dB。一类区域为特殊住宅区，居住、文教区；二类区域为除一类区域以外的生活区。该标准是户外允许噪声级，测点要选在户外平坦开阔的地方，传声器高于地面 1.2m，离开其他反射壁 1.0m 以上。

表 3-2-8 机场周围飞机噪声限值　　　　　　　　单位：dB(A)

适用区域	标准值
一类区域	≤70
二类区域	≤75

3.2.4 土壤环境质量标准

为贯彻落实《中华人民共和国环境保护法》，保护农用地土壤环境，管控农用地土壤污染风险，保障农产品质量安全、农作物正常生长和土壤生态环境，制定了《土壤环境质量 农用地土壤污染风险管控标准（试行）》（GB 15618—2018）。本标准规定了农用地土壤污染风险筛选值和风险管制值，以及监测、实施与监督要求。该标准适用于耕地土壤污染风险筛查和分类，园地和牧草地可参照执行。

农用地土壤污染风险筛选值的基本项目为必测项目，包括镉、汞、砷、铅、铬、铜、镍、锌；其他项目为选测项目，包括六六六、滴滴涕和苯并[a]芘。风险筛选值如表 3-2-9 所示。

表 3-2-9 农用地土壤污染风险筛选值（基本项目）（GB 15618—2018）　　单位：mg/kg

序号	污染物项目[①②]		风险筛选值			
			pH≤5.5	5.5<pH≤6.5	6.5<pH≤7.5	pH>7.5
1	镉	水田	0.3	0.4	0.6	0.8
		其他	0.3	0.3	0.3	0.6
2	汞	水田	0.5	0.5	0.6	1.0
		其他	1.3	1.8	2.4	3.4
3	砷	水田	30	30	25	20
		其他	40	40	30	25
4	铅	水田	80	100	140	240
		其他	70	90	120	170

续表

序号	污染物项目[①②]		风险筛选值			
			pH≤5.5	5.5<pH≤6.5	6.5<pH≤7.5	pH>7.5
5	铬	水田	250	250	300	350
		其他	150	150	200	250
6	铜	果园	150	150	200	200
		其他	50	50	100	100
7	镍		60	70	100	190
8	锌		200	200	250	300

① 重金属和类金属砷均按元素总量计。
② 对于水旱轮作地，采用其中较严格的风险筛选值。

农用地土壤污染风险管制值项目包括镉、汞、砷、铅、铬，风险管制值如表 3-2-10 所示。

表 3-2-10 农用地土壤污染风险管制值（GB 15618—2018） 单位：mg/kg

序号	污染物项目	风险管制值			
		pH≤5.5	5.5<pH≤6.5	6.5<pH≤7.5	pH>7.5
1	镉	1.5	2.0	3.0	4.0
2	汞	2.0	2.5	4.0	6.0
3	砷	200	150	120	100
4	铅	400	500	700	1000
5	铬	800	850	1000	1300

当土壤中污染物含量等于或者低于标准规定的风险筛选值时，农用地土壤污染风险低，一般情况下可以忽略；高于标准规定的风险筛选值时，可能存在农用地土壤污染风险，应加强土壤环境监测和农产品协同监测。当土壤中镉、汞、砷、铅、铬的含量高于标准规定的风险筛选值、等于或者低于标准规定的风险管制值时，可能存在食用农产品不符合质量安全标准等土壤污染风险，原则上应当采取农艺调控、替代种植等安全利用措施。当土壤中镉、汞、砷、铅、铬的含量高于标准规定的风险管制值时，食用农产品不符合质量安全标准等农用地土壤污染风险，且难以通过安全利用措施降低食用农产品不符合质量安全标准等农用地土壤污染风险，原则上应当采取禁止种植食用农产品、退耕还林等严格管控措施。土壤环境质量类别划分应以本标准为基础，结合食用农产品协同监测结果，依据相关技术规定进行划定。

《土壤环境质量 建设用地土壤污染风险管控标准（试行）》（GB 36600—2018）规定了保护人体健康的建设用地土壤污染风险筛选值和风险管制值，以及监测、实施与监督要求。该标准适用于建设用地土壤污染风险筛查和风险管制。

该标准初步调查阶段建设用地土壤污染风险筛选的必测项目有砷、镉、铬（六价）、铜、铅、汞、镍、四氯化碳、氯仿、氯甲烷、1,1-二氯乙烷、1,2-二氯乙烷、1,1-二氯乙烯、顺-1,2-二氯乙烯、反-1,2-二氯乙烯、二氯甲烷、1,2-二氯丙烷、1,1,1,2-四氯乙烷、1,1,2,2-四氯乙烷、四氯乙烯、1,1,1-三氯乙烷、1,1,2-三氯乙烷、三氯乙烯、1,2,3-三氯丙烷、氯乙烯、苯、氯苯、1,2-二氯苯、1,4-二氯苯、乙苯、苯乙烯、甲苯、间-二甲苯＋对二甲苯、邻二甲苯、硝基苯、苯胺、2-氯酚、苯并[a]蒽、苯并[a]芘、苯并[b]荧蒽、苯并[k]荧蒽、二苯并[a,h]蒽、茚并[1,2,3-cd]芘、萘共 45 项。初步调查阶段建设用地土壤污染风险筛选的选测项目依据 HJ 25.1—2019、HJ 25.2—2019 及相关技术规定确定。

建设用地规划用途为第一类用地的，适用第一类用地的筛选值和管制值；规划用途为第二类用地的，适用第二类用地的筛选值和管制值。规划用途不明确的，适用第一类用地的筛选值和管制值。建设用地土壤中污染物含量等于或者低于风险筛选值的，建设用地土壤污染风险一般情况下可以忽略。通过初步调查确定建设用地土壤中污染物含量高于风险筛选值，应当依据 HJ 25.1—2019、HJ 25.2—2019 等标准及相关技术要求，开展详细调查。通过详细调查确定建设用地土壤中污染物含量等于或者低于风险管制值，应当依据 HJ 25.3—2019 等标准及相关技术要求，开展风险评估，确定风险水平，判断是否需要采取风险管控或修复措施。通过详细调查确定建设用地土壤中污染物含量高于风险管制值，对人体健康通常存在不可接受风险，应当采取风险管控或修复措施。建设用地若需采取修复措施，其修复目标应当依据 HJ 25.3—2019、HJ 25.4—2019 等标准及相关技术要求确定，且应当低于风险管制值。其他未列入标准的污染物项目，可依据 HJ 25.3—2019 等标准及相关技术要求开展风险评估，推导特定污染物的土壤污染风险筛选值。

3.3 污染物排放（控制）标准

污染物排放（控制）标准是国家或地方为实现环境质量标准，根据环境质量要求，结合环境特点和社会、经济、技术条件，对污染源排入环境的有害物质和产生的有害因素的允许限值或排放量所作的规定。如《污水综合排放标准》（GB 8978—1996）、《大气污染物综合排放标准》（GB 16297—1996）等综合排放标准和《工业炉窑大气污染物排放标准》（GB 9078—1996）、《社会生活环境噪声排放标准》（GB 22337—2008）、《城镇污水处理厂污染物排放标准》（GB 18918—2002）、《生活垃圾填埋场污染控制标准》（GB 16889—2008）等行业标准。随着环境管理的发展，还出台了部分排放标准的修改单。

目前，大部分污染物排放标准分级别对应于相应的环境功能区，处于环境质量标准高的功能区内的污染源执行严格的污染物排放限值，处于环境质量标准低的功能区内的污染源执行相对宽松的污染物排放限值。但是，由于单个排放源与环境质量不具有一一对应的因果关系，一个地方的环境质量受到诸如污染源数量、种类、分布、人口密度、经济水平、环境背景及环境容量等众多因素的制约，因此，许多排放标准按项目的建设时间分段执行不同限值的排放标准。

3.3.1 综合排放标准

3.3.1.1 大气污染物综合排放标准

《大气污染物综合排放标准》（GB 16297—1996）适用于尚没有行业排放标准的现有污染源大气污染物的排放管理，以及建设项目的环境影响评价、设计、环境保护设施竣工验收及其投产后的大气污染物排放管理。本标准以 1997 年 1 月 1 日为界规定了新老污染源的 33 种大气污染物的最高允许排放浓度和按排气筒高度限定的最高允许排放速率。1997 年 1 月 1 日后新建项目污染源中大气污染物常规项目的排放限值见表 3-3-1。

表 3-3-1 新建项目污染源大气污染物常规项目的排放限值（GB 16297—1996）

序号	污染物	最高允许排放浓度/(mg/m³)	最高允许排放速率/(kg/h)			无组织排放监控浓度限值[①]	
			排气筒高/m	二级	三级	监控点	浓度/(mg/m³)
1	二氧化硫	960 （硫、二氧化硫、硫酸和其他含硫化合物生产） 550 （硫、二氧化硫、硫酸和其他含硫化合物使用）	15 20 30 40 50 60 70 80 90 100	2.6 4.3 15 25 39 55 77 110 130 170	3.5 6.6 22 38 58 83 120 160 200 270	周界外浓度最高点[②]	0.40
2	氮氧化物	1400 （硝酸、氮肥和火炸药生产） 240 （硝酸使用和其他）	15 20 30 40 50 60 70 80 90 100	0.77 1.3 4.4 7.5 12 16 23 31 40 52	1.2 2.0 6.6 11 18 25 35 47 61 78	周界外浓度最高点	0.12
3	颗粒物	18 （炭黑尘、染料尘）	15 20 30 40	0.51 0.85 3.4 5.8	0.74 1.3 5.0 8.5	周界外浓度最高点	肉眼不可见
		60[③] （玻璃棉尘、石英粉尘、矿渣棉尘）	15 20 30 40	1.9 3.1 12 21	2.6 4.5 18 31	周界外浓度最高点	1.0
		120 （其他）	15 20 30 40 50 60	3.5 5.9 23 39 60 85	5.0 8.5 34 59 94 130	周界外浓度最高点	1.0

① 无组织排放源指没有排气筒或排气筒高度低于 15m 的排放源。

② 周界外浓度最高点一般应设置于无组织排放源下风向的单位周界外 10m 范围内，若预计无组织排放的最大落地浓度点越出 10m 范围，可将监控点移至该预计浓度最高点。

③ 均指含游离二氧化硅超过 10% 以上的各种尘。

表 3-3-1 中最高允许排放浓度是指经过处理设施后进入排气筒中的污染物，其任何 1 小时浓度平均值不得超过的限值；或指无处理设施直接进入排气筒中的污染物，其任何 1 小时浓度平均值不得超过的限值。最高允许排放速率是指一定高度的排气筒任何 1 小时排放污染物的质量不得超过的限值。任何一个排气筒必须同时遵守最高允许排放浓度和最高允许排放速率两个指标，超过其中任何一项均为超标排放。

此标准规定一类环境空气质量功能区内禁止新、扩建污染源。排气筒高度除须遵守表 3-3-1 中所列排放速率标准值外，还应高出周围 200m 半径范围内建筑物高度 5m 以上，不能达到该要求的排气筒,应按其高度对应的表 3-3-1 中所列排放速率的标准值的 50% 执行;两个排放相同污染物(不论其是否由同一生产工艺过程产生)的排气筒,若其距离小于其几何高度之和,应合并为一根等效排气筒;新污染源的排气筒一般不应低于 15m,若新污染源的排气筒必须低于 15m 时,其排放速率标准值按外推计算结果再严格 50% 执行;新污染源的无组织排放应从严控制,一般情况下不应有无组织排放存在,无法避免的无组织排放应达到规定的标准值;工业生产尾气确需燃烧排放的,其烟气黑度不得超过林格曼 1 级。

3.3.1.2 污水综合排放标准

现行的《污水综合排放标准》(GB 8978—1996),按照污水排放去向,以 1997 年 12 月 31 日为界,按年限规定了第一类污染物(共 13 种)和第二类污染物(共 69 种)的最高允许排放浓度及部分行业最高允许排水量。

第一类污染物,不分行业和污水排放方式、不分受纳水体的功能类别、不分年限,一律在车间或车间处理设施排放口采样,其最高允许排放浓度见表 3-3-2。对于第二类污染物,在排污单位排放口采样,其最高允许排放浓度及部分行业最高允许排水量按年限分别执行本标准的相应要求,并规定"GB 3838—2002 中 Ⅰ、Ⅱ 类水域和 Ⅲ 类水域中划定的保护区及 GB 3097—1997 中一类海域,禁止新建排污口;排入 GB 3838—2002 中 Ⅲ 类水域(划定的保护区和游泳区除外)和排入 GB 3097—1997 中二类海域的污水,执行一级标准;排入 GB 3838—2002 中 Ⅳ、Ⅴ 类水域和排入 GB 3097—1997 中三类、四类海域的污水,执行二级标准;排入设置二级污水处理厂的城镇排水系统的污水,执行三级标准"。

表 3-3-3 和表 3-3-4 分别列出了 1998 年 1 月 1 日后建设(包括改、扩建)单位的部分第二类水污染物的最高允许排放浓度及部分行业最高允许排水量限值。

表 3-3-2 第一类污染物最高允许排放浓度 (GB 8978—1996)

序号	污染物	最高允许排放浓度
1	总汞/(mg/L)	0.05
2	烷基汞/(mg/L)	不得检出
3	总镉/(mg/L)	0.1
4	总铬/(mg/L)	1.5
5	六价铬/(mg/L)	0.5
6	总砷/(mg/L)	0.5
7	总铅/(mg/L)	1.0
8	总镍/(mg/L)	1.0
9	苯并[a]芘/(mg/L)	0.00003
10	总铍/(mg/L)	0.005
11	总银/(mg/L)	0.5
12	总 α 放射性	1Bq/L
13	总 β 放射性	10Bq/L

表 3-3-3 部分第二类污染物最高允许排放浓度 (GB 8978—1996)
(1998 年 1 月 1 日后建设的单位)

序号	污染物	适用范围	一级标准	二级标准	三级标准
1	pH 值	一切排污单位	6~9	6~9	6~9
2	色度(稀释倍数)	一切排污单位	50	80	—
3	悬浮物(SS)/(mg/L)	采矿、选矿、选煤工业	70	300	—
		脉金选矿	70	400	—
		边远地区砂金选矿	70	800	—
		城镇二级污水处理厂	20	30	—
		其他排污单位	70	150	400

续表

序号	污染物	适用范围	一级标准	二级标准	三级标准
4	五日生化需氧量（BOD$_5$）/(mg/L)	甘蔗制糖、苎麻脱胶、湿法纤维板、染料、洗毛工业	20	60	600
		甜菜制糖、酒精、味精、皮革、化纤浆粕工业	20	100	600
		城镇二级污水处理厂	20	30	—
		其他排污单位	20	30	300
5	化学需氧量（COD）/(mg/L)	甜菜制糖、合成脂肪酸、湿法纤维板、染料、洗毛、有机磷农药工业	100	200	1000
		味精、酒精、医药原料药、生物制药、苎麻脱胶、皮革、化纤浆粕工业	100	300	1000
		石油化工工业（包括石油炼制）	60	120	500
		城镇二级污水处理厂	60	120	—
		其他排污单位	100	150	500
6	石油类/(mg/L)	一切排污单位	5	10	20
7	动植物油/(mg/L)	一切排污单位	10	15	100
8	挥发酚/(mg/L)	一切排污单位	0.5	0.5	2.0
9	总氰化合物/(mg/L)	一切排污单位	0.5	0.5	1.0
10	硫化物/(mg/L)	一切排污单位	1.0	1.0	1.0

表 3-3-4　部分行业第二类污染物最高允许排水量（GB 8978—1996）
（1998 年 1 月 1 日后建设的单位）

序号	行业类别			最高允许排水量或最低允许排水重复利用率
1	矿山工业	有色金属系统选矿		水重复利用率 75%
		其他矿山工业采矿、选矿、选煤等		水重复利用率 90%（选煤）
		脉金选矿	重选	16.0 m^3/t（矿石）
			浮选	9.0 m^3/t（矿石）
			氰化	8.0 m^3/t（矿石）
			炭浆	8.0 m^3/t（矿石）
2	焦化企业（煤气厂）			1.2 m^3/t（焦炭）
3	有色金属冶炼及金属加工			水重复利用率 80%
4	石油炼制工业（不包括直排水炼油厂）	A. 燃料型炼油厂		>500 万吨，1.0 m^3/t（原油）
				250 万～500 万吨，1.2 m^3/t（原油）
				<250 万吨，1.5 m^3/t（原油）
		B. 燃料+润滑油型炼油厂		>500 万吨，1.5 m^3/t（原油）
				250 万～500 万吨，2.0 m^3/t（原油）
				<250 万吨，2.0 m^3/t（原油）
		C. 燃料+润滑油型+炼油化工型炼油厂（包括加工高含硫原油页岩油和石油添加剂生产基地的炼油厂）		>500 万吨，2.0 m^3/t（原油）
				250 万～500 万吨，2.5 m^3/t（原油）
				<250 万吨，2.5 m^3/t（原油）
5	合成洗涤剂工业	氯化法生产烷基苯		200.0 m^3/t（烷基苯）
		裂解法生产烷基苯		70.0 m^3/t（烷基苯）
		烷基苯生产合成洗涤剂		10.0 m^3/t（产品）
6	合成脂肪酸工业			200.0 m^3/t（产品）
7	湿法生产纤维板工业			30.0 m^3/t（板）
8	制糖工业	甘蔗制糖		10.0 m^3/t
		甜菜制糖		4.0 m^3/t
9	皮革工业	猪盐湿皮		60.0 m^3/t
		牛干皮		100.0 m^3/t
		羊干皮		150.0 m^3/t

续表

序号	行业类别		最高允许排水量或最低允许排水重复利用率
10	发酵、酿造工业	酒精工业 以玉米为原料	100.0 m³/t
		酒精工业 以薯类为原料	80.0 m³/t
		酒精工业 以糖蜜为原料	70.0 m³/t
		味精工业	600.0 m³/t
		啤酒行业(不包括麦芽水部分)	16.0 m³/t

3.3.1.3 环境噪声排放标准

《工业企业厂界环境噪声排放标准》(GB 12348—2008)规定了工业企业和固定设备厂环境噪声排放限值及其测量方法,适用于工业企业噪声排放的管理、评价及控制。机关、事业单位、团体等对外环境排放噪声的单位也按本标准执行。工业企业厂界环境噪声排放限值见表 3-3-5 规定的排放限值。

表 3-3-5 工业企业厂界环境噪声排放限值(GB 12348—2008) 单位:dB(A)

厂界外声环境功能区类别	时段	
	昼间	夜间
0 类	50	40
1 类	55	45
2 类	60	50
3 类	65	55
4 类	70	55

注:1. 当厂界与噪声敏感建筑物距离小于 1m 时,厂界环境噪声应在噪声敏感建筑物的室内测量,并将表中相应的限值减 10dB(A)。

2. 夜间频发噪声的最大声级超过限值的幅度不得高于 10dB(A)。

3. 夜间偶发噪声的最大声级超过限值的幅度不得高于 15dB(A)。

工业企业若位于未划分声环境功能区的区域,当厂界外有噪声敏感建筑物时,由当地县级以上人民政府参照 GB 3096—2008 和 GB/T 15190—2014 的规定确定厂界外区域的声环境质量要求,并执行相应的厂界环境噪声排放限值。

3.3.2 行业排放标准

3.3.2.1 大气污染物行业排放标准

在我国现有的国家大气污染物排放标准体系中,按照综合性排放标准与行业性排放标准不交叉执行的原则,锅炉执行《锅炉大气污染物排放标准》(GB 13271—2014),工业炉窑执行《工业炉窑大气污染物排放标准》(GB 9078—1996),火电厂执行《火电厂大气污染物排放标准》(GB 13223—2011),炼焦炉大气污染物排放执行《炼焦化学工业大气污染物排放标准》(GB 16171—2012),水泥行业执行《水泥工业大气污染物排放标准》(GB 4915—2013),恶臭物质排放执行《恶臭污染物排放标准》(GB 14554—1993),制药厂大气污染物排放执行《制药工业大气污染物排放标准》(GB 37823—2019),电池工业大气污染物排放执行《电池工业污染物排放标准》(GB 30484—2013)等行业标准。最近生态环境部发布的《挥发性有机物无组织排放控制标准》(GB 37822—2019)适用于没有行业专项排放标准要求的涉 VOCs 行业开展 VOCs 无组织排放控制,但如某行业制定的行业专项排放标准中已规定了相关内容,按照"行业型排放标准优先"的原则,执行行业排放标准。此标准中明确：国家发布的行业污染物排放标准中对 VOCs 无组织排放控制已作规定的，按行业污染物排放标准执行。

例如，为贯彻《中华人民共和国环境保护法》《中华人民共和国大气污染防治法》《国务院关于加强环境保护重点工作的意见》等法律、法规，保护环境，防治污染，促进锅炉生产、运行和污染治理技术的进步，制定了《锅炉大气污染物排放标准》（GB 13271—2014），规定了锅炉大气污染物浓度排放限值、监测和监控要求。

本标准于 1983 年首次发布，1991 年第一次修订，1999 年和 2001 年第二次修订，本次为第三次修订。《锅炉大气污染物排放标准》（GB 13271—2014）修订的主要内容为：a. 增加了燃煤锅炉氮氧化物和汞及其化合物的排放限值；b. 规定了大气污染物特别排放限值；c. 取消了按功能区和锅炉容量执行不同排放限值的规定；d. 取消了燃煤锅炉烟尘初始排放浓度限值；e. 提高了各项污染物排放控制要求。

该标准是锅炉大气污染物排放控制的基本要求。地方省级人民政府对该标准未作规定的大气污染物项目，可以制定地方污染物排放标准；对该标准已作规定的大气污染物项目，可以制定严于该标准的地方污染物排放标准。环境影响评价文件要求严于该标准或地方标准时，按照批复的环境影响评价文件执行。

《锅炉大气污染物排放标准》（GB 13271—2014）规定了锅炉烟气中颗粒物、二氧化硫、氮氧化物、汞及其化合物的最高允许排放浓度限值和烟气黑度限值。该标准适用于以燃煤、燃油和燃气为燃料的单台出力 65t/h 及以下蒸汽锅炉、各种容量的热水锅炉及有机热载体锅炉，各种容量的层燃炉、抛煤机炉。使用型煤、水煤浆、煤矸石、石油焦、油页岩、生物质成型燃料等的锅炉，参照该标准中燃煤锅炉排放控制要求执行。该标准不适用于以生活垃圾、危险废物为燃料的锅炉。该标准适用于在用锅炉的大气污染物排放管理，以及锅炉建设项目环境影响评价、环境保护设施设计、竣工环境保护验收及其投产后的大气污染物排放管理。

10t/h 以上在用蒸汽锅炉和 7MW 以上在用热水锅炉于 2015 年 9 月 30 日前执行 GB 13271—2001 中规定的排放限值，10t/h 及以下在用蒸汽锅炉和 7MW 及以下在用热水锅炉于 2016 年 6 月 30 日前执行 GB 13271—2001 中规定的排放限值。10t/h 以上在用蒸汽锅炉和 7MW 以上在用热水锅炉自 2015 年 10 月 1 日起执行表 3-3-6 规定的大气污染物排放浓度限值，10t/h 及以下在用蒸汽锅炉和 7MW 及以下在用热水锅炉自 2016 年 7 月 1 日起执行表 3-3-6 规定的大气污染物排放浓度限值。

表 3-3-6　在用锅炉大气污染物排放浓度限值（GB 13271—2014）

污染物项目	限值			污染物排放监控位置
	燃煤锅炉	燃油锅炉	燃气锅炉	
颗粒物/(mg/m³)	80	60	30	烟囱或烟道
二氧化硫/(mg/m³)	400 550①	300	100	
氮氧化物/(mg/m³)	400	400	400	
汞及其化合物/(mg/m³)	0.05	—	—	
烟气黑度(林格曼黑度)/级	≤1			烟囱排放口

① 位于广西壮族自治区、重庆市、四川省和贵州省的燃煤锅炉执行限值。

自 2014 年 7 月 1 日起，新建锅炉执行表 3-3-7 规定的大气污染物排放浓度限值。

表 3-3-7　新建锅炉大气污染物排放浓度限值（GB 13271—2014）

污染物项目	限值			污染物排放监控位置
	燃煤锅炉	燃油锅炉	燃气锅炉	
颗粒物/(mg/m³)	50	30	20	烟囱或烟道
二氧化硫/(mg/m³)	300	200	50	
氮氧化物/(mg/m³)	300	250	200	
汞及其化合物/(mg/m³)	0.05	—	—	
烟气黑度（林格曼黑度）/级	≤1			烟囱排放口

重点地区锅炉执行表 3-3-8 规定的大气污染物特别排放限值。执行大气污染物特别排放限值的地域范围、时间，由国务院生态环境主管部门或省级人民政府规定。

表 3-3-8　大气污染物特别排放限值（GB 13271—2014）

污染物项目	限值			污染物排放监控位置
	燃煤锅炉	燃油锅炉	燃气锅炉	
颗粒物/(mg/m³)	30	30	20	烟囱或烟道
二氧化硫/(mg/m³)	200	100	50	
氮氧化物/(mg/m³)	200	200	150	
汞及其化合物/(mg/m³)	0.05	—	—	
烟气黑度（林格曼黑度）/级	≤1			烟囱排放口

3.3.2.2　城镇污水处理厂污染物排放标准

《城镇污水处理厂污染物排放标准》（GB 18918—2002）适用于城镇污水处理厂出水、废气排放和污泥处置（控制）的管理，规定了城镇污水处理厂出水、废气排放和污泥处置（控制）的污染物限值。其中基本控制项目主要包括影响水环境和城镇污水处理厂一般处理工艺可以去除的常规污染物以及部分第一类污染物，共 19 项，必须执行。选择控制项目包括对环境有较长期影响或毒性较大的污染物，共计 43 项。表 3-3-9～表 3-3-11 分别列出了水污染物基本控制项目常规污染物的不同级别的日均最高允许排放浓度限值、部分一类污染物的日均最高允许排放浓度限值和城镇污水处理厂废气的排放标准。

表 3-3-9　基本控制项目最高允许排放浓度（日均值）（GB 18918—2002）

序号	基本控制项目		一级标准		二级标准	三级标准
			A	B		
1	化学需氧量(COD)/(mg/L)		50	60	100	120[①]
2	生化需氧量(BOD$_5$)/(mg/L)		10	20	30	60[①]
3	悬浮物(SS)/(mg/L)		10	20	30	50
4	动植物油/(mg/L)		1	3	5	20
5	石油类/(mg/L)		1	3	5	15
6	阴离子表面活性剂/(mg/L)		0.5	1	2	5
7	总氮(以 N 计)/(mg/L)		15	20	—	—
8	氨氮(以 N 计)[②]/(mg/L)		5(8)	8(15)	25(30)	—
9	总磷(以 P 计)/(mg/L)	2005 年 12 月 31 日前建设的	1	1.5	3	5
		2006 年 1 月 1 日起建设的	0.5	1	3	5
10	色度(稀释倍数)		30	30	40	50
11	pH 值		6～9			
12	粪大肠菌群数/(个/L)		10³	10⁴	10⁴	—

① 下列情况下按去除率指标执行：当进水 COD>350mg/L 时，去除率应大于 60%；BOD>160mg/L 时，去除率应>50%。
② 括号外数值为水温>12℃时的控制指标，括号内数值为水温≤12℃时的控制指标。

表 3-3-10　部分一类污染物最高允许排放浓度（日均值）（GB 18918—2002）

单位：mg/L

序号	项目	标准值
1	总汞	0.001
2	烷基汞	不得检出
3	总镉	0.01
4	总铬	0.1
5	六价铬	0.05
6	总砷	0.1
7	总铅	0.1

表 3-3-11　厂界（防护带边缘）废气排放最高允许浓度（日均值）（GB 18918—2002）

序号	控制项目	一级标准	二级标准	三级标准
1	氨/(mg/m³)	1.0	1.5	4.0
2	硫化氢/(mg/m³)	0.03	0.06	0.32
3	臭气浓度（无量纲）	10	20	60
4	甲烷（厂区最高体积浓度）/%	0.5	1	1

表 3-3-9 中执行的三级标准的具体情况，2006 年 5 月 8 日修改单中规定，城镇污水处理厂出水排入国家和省确定的重点流域及湖泊、水库等封闭、半封闭水域时，执行一级标准的 A 标准，排入 GB 3838—2002 地表水Ⅲ类功能水域（划定的饮用水源保护区和游泳区除外）、GB 3097—1997 海水二类功能水域时，执行一级标准的 B 标准。城镇污水处理厂出水排入 GB 3838—2002 地表水Ⅳ、Ⅴ类功能水域或 GB 3097 1997 海水二、四类功能海域时，执行二级标准。非重点控制流域和非水源保护区的建制镇的污水处理厂，根据当地经济条件和水污染控制要求，采用一级强化处理工艺时，执行三级标准。值得注意的是，按照行业标准与跨行业综合排放标准不交叉执行的原则，城镇污水处理厂排水不应再执行《污水综合排放标准》。

表 3-3-11 中执行的三类标准是根据城镇污水处理厂所在地区的大气环境质量要求和大气污染物治理技术与设施条件划分的。位于 GB 3095—2012 一类区的所有（包括现有和新建、改建、扩建）城镇污水处理厂，执行一级标准；位于 GB 3095—2012 二类区的城镇污水处理厂，执行二级标准。

3.3.2.3　噪声排放标准

（1）社会生活环境噪声排放标准　《社会生活环境噪声排放标准》（GB 22337—2008）规定了营业性文化娱乐场所和商业经营活动中可能产生环境噪声污染的设备、设施边界噪声排放限值和测量方法。该标准适用于营业性文化娱乐场所、商业经营活动中使用的向环境排放噪声的设备、设施的噪声管理、评价与控制。

社会生活环境噪声排放源边界噪声不得超过表 3-3-12 规定的排放限值。在社会生活噪声排放源边界处无法进行噪声测量或测量的结果不能如实反映其对噪声敏感建筑物的影响程度的情况下，噪声测量应在可能受影响的敏感建筑物窗外 1m 处进行。在社会生活噪声排放源边界与噪声敏感建筑物距离小于 1m 时，应在噪声敏感建筑物的室内测量，并将表 3-3-12 中相应的限值减 10dB(A) 作为评价依据。

（2）建筑施工场界环境噪声排放标准　《建筑施工场界环境噪声排放标准》（GB 12523—2011）规定了建筑施工场界环境噪声排放限值及测量方法，适用于周围有敏感建筑物的建筑施工噪声排放的管理、评价及控制。市政、通信、交通、水利等其他类型的施工噪声排放可参照本标准执行，但不适用于抢修、抢险施工过程中产生噪声的排放监管。

表 3-3-12　社会生活环境噪声排放源边界噪声排放限值（GB 22337—2008）

单位：dB(A)

边界外声环境功能区类别	时段	
	昼间	夜间
0 类	50	40
1 类	55	45
2 类	60	50
3 类	65	55
4 类	70	55

建筑施工过程中场界环境噪声不得超过表 3-3-13 规定的排放限值。夜间噪声最大声级超过限值的幅度不得高于 15dB(A)。当场界距噪声敏感建筑物较近，其室外不满足测量条件时，可在噪声敏感建筑物室内测量，将表 3-3-13 中相应的限值减 10dB(A) 作为评价依据。

表 3-3-13　建筑施工场界环境噪声排放限值（GB 12523—2011）　　单位：dB(A)

昼间	夜间
70	55

3.3.3　污染控制标准

污染控制标准有《一般工业固体废物贮存、处置场污染控制标准》(GB 18599—2020)、《生活垃圾填埋场污染控制标准》(GB 16889—2008)、《生活垃圾焚烧污染控制标准》(GB 18485—2014)、《危险废物贮存污染控制标准》(GB 18597—2001)、《危险废物填埋污染控制标准》(GB 18598—2019)、《危险废物焚烧污染控制标准》(GB 18484—2020) 等。例如《生活垃圾填埋污染控制标准》(GB 16889—2008) 规定了生活垃圾场选址、设计与施工，填埋废物的入场条件、运行、封场、后期维护与管理的污染控制和监测等方面的要求。

生活垃圾填埋场应设置污水处理装置。2011 年 7 月 1 日起，现有全部生活垃圾填埋场应自行处理生活垃圾渗滤液。生活垃圾渗滤液（含调节池废水）等污水经处理并符合表 3-3-14 规定的水污染物排放浓度限值要求后，可直接排放。

表 3-3-14　现有和新建生活垃圾填埋场水污染物排放浓度限值（GB 16889—2008）

序号	控制污染物	排放浓度限值	污染物排放监控位置
1	色度(稀释倍数)	40	常规污水处理设施排放口
2	化学需氧量(COD_{Cr})/(mg/L)	100	
3	生化需氧量(BOD_5)/(mg/L)	30	
4	悬浮物/(mg/L)	30	
5	总氮/(mg/L)	40	
6	氨氮/(mg/L)	25	
7	总磷/(mg/L)	3	
8	粪大肠菌群数/(个/L)	10000	
9	总汞/(mg/L)	0.001	
10	总镉/(mg/L)	0.01	
11	总铬/(mg/L)	0.1	
12	六价铬/(mg/L)	0.05	
13	总砷/(mg/L)	0.1	
14	总铅/(mg/L)	0.1	

根据环境保护工作的要求，在国土开发密度已经较高、环境承载能力开始减弱，或环境

容量较小、生态环境脆弱，容易发生严重环境污染问题而需要采取特别保护措施的地区，应严格控制生活垃圾填埋场的污染物排放行为。在上述地区的生活垃圾填埋场执行表 3-3-15 规定的水污染物特别排放限值。

表 3-3-15 现有和新建生活垃圾填埋场水污染物特别排放浓度限值（GB 16889—2008）

序号	控制污染物	排放浓度限值	污染物排放监控位置
1	色度（稀释倍数）	30	常规污水处理设施排放口
2	化学需氧量(COD_{Cr})/(mg/L)	60	
3	生化需氧量(BOD_5)/(mg/L)	20	
4	悬浮物/(mg/L)	30	
5	总氮/(mg/L)	20	
6	氨氮/(mg/L)	8	
7	总磷/(mg/L)	1.5	
8	粪大肠菌群数/(个/L)	10000	
9	总汞/(mg/L)	0.001	
10	总镉/(mg/L)	0.01	
11	总铬/(mg/L)	0.1	
12	六价铬/(mg/L)	0.05	
13	总砷/(mg/L)	0.1	
14	总铅/(mg/L)	0.1	

3.4 环境监测方法标准

环境监测方法标准是在环境保护工作中，为监测环境质量和污染物排放状况，对采样方法、分析方法、测试方法及数据处理要求等所作的统一规定，如水质分析方法标准、城市环境噪声测量方法、水质采样法等，环境监测中最常见的是采样方法、分析方法和测定方法，如《水质 氨氮的测定 气相分子吸收光谱法》（HJ/T 195—2005）、《声屏障声学设计和测量规范》（HJ/T 90—2004）、《水质 金属总量的消解 微波消解法》（HJ 678—2013）、《水质 汞、砷、硒、铋和锑的测定 原子荧光法》（HJ 694—2014）、《土壤 有机碳的测定 燃烧氧化-非分散红外法》（HJ 695—2014）等。例如《固定污染源废气 氮氧化物的测定 非分散红外吸收法》（HJ 692—2014），该标准规定了固定污染源废气中氮氧化物的非分散红外吸收法，适用于固定污染源废气中氮氧化物的测定，由环境保护部于 2014 年 2 月 7 日发布，2014 年 4 月 15 日实施。《环境 甲基汞的测定 气相色谱法》（GB/T 17132—1997），该标准适用于地面水、生活饮用水、生活污水、工业废水、沉积物、鱼体及人发和人尿中甲基汞含量的测定。由国家环境保护行政主管部门发布的标准，以前用 GB 开头，现在以 HJ 开头。

3.5 环境标准样品标准

环境标准样品标准是为保证环境监测数据的准确、可靠，对用于量值传递或质量控制的材料、实物样品而制定的标准。如气体标准样品《氮气中甲烷》（GSB 07—1409—2001）、《氮气中二氧化硫》（GSB 07—1405—2001）等，水质监测标样《水质化学需氧量》（GSB Z 50001—88）、《水质总氮》（GSB Z 50026—94）、《水质硫化物》（GSB 07—1373—2001）等。

标准样品在环境监测中起着特别的作用，可用来评价分析仪器、鉴别其灵敏度；评价分析者的技术，使操作技术规范化。

3.6 环境基础标准

环境基础标准是对环境标准工作中需要统一的技术术语、符号、代号（代码）、图形、指南、导则、量纲单位及信息编码等所作的统一规定。《制定地方大气污染物排放标准的技术方法》（GB/T 3840—1991），制定地方污染物水污染物排放标准的技术原则和方法、环境保护标准的编制、出版、印刷标准等，如《危险化学品重大危险源辨识》（GB 18218—2018）、《废水类别代码》（试行）（HJ 520—2009）、《建设用地土壤污染风险管控和修复术语》（HJ 682—2019）等。例如《环境噪声监测点位编码规则》（HJ 661—2013），该标准规定了城市声环境常规监测点位编码方法和编码规则。

3.7 地方环境标准

目前地方环境标准包括地方环境质量标准和地方污染物排放标准。地方环境质量标准是对国家环境质量标准的补充和完善，国家质量标准中未作规定的项目，可以由省、自治区、直辖市人民政府制定地方环境质量标准。近年来为控制环境质量的恶化，一些地方政府已将总量控制指标纳入地方环境标准中。

国家污染物排放标准中未作规定的项目可以制定地方污染物排放标准。国家污染物排放标准已规定的项目，可以制定严于国家污染物排放标准的地方污染物排放标准。地方环境标准在颁布该标准的省、自治区、直辖市辖区范围内执行。如北京市地方标准《大气污染物综合排放标准》（DB 11/501—2007）和北京市《水污染物排放综合标准》（DB 11-307—2013），河南省地方标准《省辖海河流域水污染物排放标准》（DB 41/777—2013）、《双洎河流域水污染物排放标准》（DB 41/×××—2013）、《河南省贾鲁河流域水污染物排放标准》（DB 41/908—2014）和《河南省黄河流域水污染物排放标准》（DB 41/2087—2021），山东省地方标准《农村生活污水处理处置设施水污染物排放标准》（DB 37/3693—2019）和《山东省医疗机构污染物排放控制标准》（DB 37/596—2020）等。在具体执行中，有地方标准的优先执行地方标准，没有地方标准的执行国家标准。

3.8 国家环境保护行业标准

国家环境保护行业标准是在环境保护工作中对需要统一的技术要求所规定的标准（包括执行各项环境管理制度，监测技术，环境区划、规划的技术要求、技术规范、导则等），由国务院环境保护行政主管部门发布，以 HJ 开头表示。近年来，发布了一系列的国家环境保护行业标准，如《建设项目环境影响评价技术导则 总纲》（HJ 2.1—2016）、《规划环境影响评价技术导则 总纲》（HJ 130—2019）、《环境影响评价技术导则 大气环境》（HJ 2.2—2018）、《环境影响评价技术导则 地表水环境》（HJ 2.3—2018）、《环境影响评价技术导则 地下水环境》（HJ 610—2016）、《环境影响评价技术导则 声环境》（HJ 2.4—2021）、《环境影响评价技术导则 生态影响》（HJ 19—2022）、《环境影响评价技术导则土壤环境（试行）》（HJ 964—2018）、《环境监测 分析方法标准制订技术导则》（HJ 168—2020）和《环境空气 半挥发性有机物采样技术导则》（HJ 691—2014）等。例如《水泥窑协同处置固体废物环境保护技术规范》（HJ 662—2013），该标准规定了利用水泥窑协同处理固体废物的设施选择、设备建设和改造、操作运行以及污染控制等方面的环境保护技术要求。《建设项目环境影响技术评估导则》（HJ 616—2011），该标准规定了对建设项目（不包括核设施及其他产生放射性污染的工程设施，输变电工程及其他产生电磁环境影响的建设项目）环境影响评价文件进行技术评估的一般原则、程序、方法、基本内容、要点和要求。

第4章 前言与总则

4.1 前言

前言应简要说明建设项目的特点、环境影响评价的工作过程、关注的主要环境问题及环境影响报告书的主要结论。

4.2 总则

4.2.1 编制依据

总则包括建设项目应执行的相关法律法规、相关政策及规划、相关导则及技术规范、有关技术文件和工作文件,以及环境影响报告书编制中引用的资料等。

环境影响评价相关法律法规具体见本书第2章。

(1) 环境影响评价技术导则 环境影响评价技术导则如下:
《建设项目环境影响评价技术导则 总纲》(HJ 2.1—2016)
《环境影响评价技术导则 大气环境》(HJ 2.2—2018)
《环境影响评价技术导则 地表水环境》(HJ 2.3—2018)
《环境影响评价技术导则 地下水环境》(HJ 610—2016)
《环境影响评价技术导则 声环境》(HJ 2.4—2021)
《环境影响评价技术导则 土壤环境(试行)》(HJ 964—2018)
《环境影响评价技术导则 生态影响》(HJ 19—2022)
《环境影响技术评价导则 民用机场建设工程》(HJ/T 87—2002)
《环境影响评价技术导则 水利水电工程》(HJ/T 88—2003)
《环境影响评价技术导则 石油化工建设项目》(HJ/T 89—2003)
《环境影响评价技术导则 陆地石油天然气开发建设项目》(HJ/T 349—2007)
《环境影响评价技术导则 城市轨道交通》(HJ 453—2018)
《环境影响评价技术导则 农药建设项目》(HJ 582—2010)
《环境影响评价技术导则 制药建设项目》(HJ 611—2011)
《环境影响评价技术导则 煤炭采选工程》(HJ 619—2011)
《环境影响评价技术导则 钢铁建设项目》(HJ 708—2014)

《规划环境影响评价技术导则　总纲》（HJ 130—2019）
《规划环境影响评价技术导则　煤炭工业矿区总体规划》（HJ 463—2009）
《尾矿库环境风险评估技术导则（试行）》（HJ 740—2015）
《环境影响评价技术导则　输变电》（HJ 24—2020）
《环境影响评价技术导则　卫星地球上行站》（HJ 1135—2020）

（2）污染物控制治理技术导则　污染物控制治理技术导则如下：
《水污染治理工程技术导则》（HJ 2015—2012）
《大气污染治理工程技术导则》（HJ 2000—2010）
《环境噪声与振动控制工程技术导则》（HJ 2034—2013）
《固体废物处理处置工程技术导则》（HJ 2035—2013）
《危险废物处置工程技术导则》（HJ 2042—2014）

（3）技术规范　技术规范如下：
《环境空气质量评价技术规范（试行）》（HJ 663—2013）
《环境空气质量监测点位布设技术规范（试行）》（HJ 664—2013）
《矿山生态环境保护与恢复治理技术规范（试行）》（HJ 651—2013）
《烟气循环流化床法　烟气脱硫工程通用技术规范》（HJ 178—2018）
《医疗废物化学消毒集中处理工程技术规范》（HJ 228—2021）
《水泥工业除尘工程技术规范》（HJ 434—2008）
《钢铁工业除尘工程技术规范》（HJ 435—2008）
《工业锅炉烟气治理工程技术规范》（HJ 462—2021）
《纺织染整工业废水治理工程技术规范》（HJ 471—2020）
《酿造工业废水治理工程技术规范》（HJ 575—2010）
《厌氧-缺氧-好氧活性污泥法污水处理工程技术规范》（HJ 576—2010）
《膜分离法污水处理工程技术规范》（HJ 579—2010）
《含油污水处理工程技术规范》（HJ 580—2010）
《氨法烟气脱硫工程通用技术规范》（HJ 2001—2018）
《电镀废水治理工程技术规范》（HJ 2002—2010）
《屠宰与肉类加工废水治理工程技术规范》（HJ 2004—2010）
《制浆造纸废水治理工程技术规范》（HJ 2011—2012）
《制糖废水治理工程技术规范》（HJ 2018—2012）
《钢铁工业废水治理及回用工程技术规范》（HJ 2019—2012）
《危险废物收集、贮存、运输技术规范》（HJ 2025—2012）
《催化燃烧法工业有机废气治理工程技术规范》（HJ 2027—2013）
《铝电解废气氟化物和粉尘治理工程技术规范》（HJ 2033—2013）
《含多氯联苯废物焚烧处置工程技术规范》（HJ 2037—2013）
《火电厂除尘工程技术规范》（HJ 2039—2014）
《采油废水治理工程技术规范》（HJ 2041—2014）

（4）其他相关文件　其他相关文件包括项目建议书及批复文件、建设项目（预）可行性研究报告、建设项目环境影响评价任务委托书或招标文件等。

4.2.2 评价因子与评价标准

分别列出各环境要素现状评价因子和预测评价因子，给出各评价因子所执行的环境质量标准、排放标准、其他有关标准及具体限值。

4.2.2.1 评价因子

根据建设项目的特点、环境影响的主要特征，结合区域环境功能要求、环境保护目标、评价标准和环境制约因素，筛选确定评价因子，应重点关注环境制约因素。评价因子必须能够反映环境影响的主要特征、区域环境的基本状况及建设项目特点和排污特征。

(1) 大气环境影响评价因子的筛选　大气环境影响评价因子主要为项目排放的基本污染物及其他污染物。按 HJ 2.1—2016 或 HJ 130—2019 的要求识别大气环境影响因素，并筛选出大气环境影响评价因子。在污染源调查中，应根据评价项目的特点和当地大气污染状况对大气环境影响评价因子（即待评价的大气污染物，以下称为污染因子）进行筛选。首先，应选择该项目地面浓度占标率 P_i 较大的污染物为主要污染因子；其次，还应考虑在评价区已造成严重污染的污染物，有时还应当关注公众关切的项目特征污染物。污染源调查中的污染因子数一般3～5个。对某些排放大气污染物数目较多的企业，如钢铁企业，其污染因子数可适当增加。各主要工业企业的特征大气污染物参见表 4-2-1。

表 4-2-1　主要工业企业的特征大气污染物

工业部门	企业	产生的主要大气污染物
电力	火力发电厂	烟尘、二氧化硫、氮氧化物、一氧化碳、苯并[a]芘
冶金	钢铁厂	烟尘、二氧化硫、一氧化碳、氧化铁尘、锰尘、氧化钙尘
冶金	有色金属冶炼厂	尘(含各种重金属：铅、锌、镉、铜等)、二氧化硫
冶金	炼焦厂	烟尘、二氧化硫、一氧化碳、硫化氢、苯、酚、萘、烃类
石化、化工	炼油厂	烟尘、二氧化硫、烃类、苯、酚
石化、化工	石油化工厂	二氧化硫、硫化氢、氰化物、氮氧化物、氯化物、烃类
石化、化工	氮肥厂	粉尘、氮氧化物、一氧化碳、氨、酸雾
石化、化工	磷肥厂	粉尘、氟化氢、四氟化硅、硫酸气溶胶
石化、化工	氯碱厂	氯气、氯化氢、汞蒸气
石化、化工	硫酸厂	二氧化硫、氮氧化物、砷、硫酸气溶胶
石化、化工	化学纤维厂	烟尘、硫化氢、氨、二氧化碳、甲醇、丙酮、二氯甲烷
石化、化工	合成纤维厂	丁二烯、苯乙烯、乙烯、异丁烯、异戊二烯、丙烯腈、二氯乙烷、二氯乙烯、乙硫醇、氯化甲烷
石化、化工	农药厂	砷、汞、氯、农药
石化、化工	冰晶石厂	氟化氢
石化、化工	染料厂	二氧化硫、氮氧化物
建材	水泥厂	烟尘、水泥尘、二氧化硫
建材	砖瓦厂	烟尘、一氧化碳等
机械	机械加工厂	烟尘、金属尘
轻工	造纸厂	烟尘、硫醇、硫化氢、二氧化硫
轻工	仪器仪表厂	汞、氯化氢、铬酸
轻工	灯泡厂	烟尘、汞

(2) 地表水评价因子的筛选　按照污染源源强核算技术指南，开展建设项目污染源与水污染因子识别，结合建设项目所在水环境控制单元或区域水环境质量现状，筛选出水环境现状调查评价与影响预测评价的因子。工程排放的废水污染物种类不多时，可将其都选作评价因子；当排放的污染物种类较多时，应选污染负荷比或排放系数比较大的几种污染物作为评价因子。

在初步调查受纳水体特点的基础上，根据受纳水体主要污染类型，选择其代表性的污染物作为评价因子。一般考虑：

① 按等标排放量（或等标污染负荷）大小排序，选择排序在前的因子，但对那些毒害性大、持久性的污染物如重金属、苯并[a]芘等应慎重研究再决定取舍。

② 在受项目影响的水体中已造成严重污染的污染物或已无环境容量的污染物及行业污染物排放标准中涉及的水污染物。

③ 在车间或车间处理设施排放口排放的第一类污染物及面源污染所含的主要污染物。

④ 建设项目排放的，且为建设项目所在控制单元的水质超标因子或潜在污染因子（指近三年来水质浓度值呈上升趋势的水质因子）。

⑤ 地方环保部门要求预测的敏感污染物。

⑥ 建设项目可能导致受纳水体富营养化的，评价因子还应包括与富营养化有关的因子（如总磷、总氮、叶绿素a、高锰酸盐指数和透明度等。其中，叶绿素a为必须评价的因子）。

在环境现状调查水质参数中选择拟预测水质参数时，对于河流，可按式（4-2-1）将水质参数排序后从中选取：

$$\mathrm{ISE} = \frac{C_p Q_p}{(C_s - C_h) Q_h} \quad (4\text{-}2\text{-}1)$$

式中 ISE——污染物排序指标；

C_p——污染物排放浓度，mg/L；

Q_p——废水排放量，m³/s；

C_s——污染物排放标准，mg/L；

C_h——河流上游污染物浓度，mg/L；

Q_h——河水的流量，m³/s。

有的水体污染严重，甚至会出现其$C_h \geqslant C_s$的情况，这时ISE为负值。在这种情况下，不能用式（4-2-1）计算排序，可以用式（4-2-2）计算排序：

$$\mathrm{ISE} = \frac{C_p Q_p}{C_s Q_h} \quad (4\text{-}2\text{-}2)$$

（3）地下水评价因子的筛选　地下水评价因子一般选择建设项目可能导致地下水污染的特征因子。特征因子应根据建设项目污废水成分（可参照HJ 2.3—2018）、液体物料成分、固废浸出液成分等确定。对属于GB/T 14848—2017水质指标的评价因子，应按其规定的水质分类标准值进行评价；对于不属于GB/T 14848—2017水质指标的评价因子，可参照国家（行业、地方）相关标准（如GB 3838—2002、GB 5749—2022、DZ/T 0290—2015等）进行评价。

① Ⅰ类建设项目。Ⅰ类建设项目预测因子应选取与拟建项目排放的污染物有关的特征因子，选取重点应包括：改、扩建项目已经排放的及将要排放的主要污染物；难降解、易生物蓄积、长期接触对人体和生物产生危害作用的污染物，应特别关注持久性有机污染物；国家或地方要求控制的污染物；反映地下水循环特征和水质成因类型的常规项目或超标项目。

② Ⅱ类建设项目。Ⅱ类建设项目预测因子应选取与水位及水位变化所引发的环境水文地质问题相关的因子。

③ Ⅲ类建设项目。Ⅲ类建设项目，应同时满足Ⅰ类和Ⅱ类建设项目的要求。

（4）环境噪声评价量　对声环境功能区、公路、铁路及机场周围区域，厂界环境噪声等不同评价对象所采用的评价量有所不同。

① 声环境质量。根据 GB 3096—2008，声环境质量评价量为昼间等效声级（L_d）、夜间等效声级（L_n），夜间突发噪声的评价量为最大 A 声级（$L_{A\max}$）。

根据 GB 9660—1988 和 GB 9661—1988，机场周围区域受飞机通过（起飞、降落、低空飞越）噪声影响的评价量为计权等效连续感觉噪声级（L_{WECPN}）。

② 厂界、场界、边界噪声评价量

a. 根据 GB 12348—2008，工业企业厂界噪声评价量为昼间等效 A 声级（L_d）、夜间等效 A 声级（L_n），夜间频发、偶发噪声的评价量为最大 A 声级（$L_{A\max}$）。

b. 根据 GB 12523—2011，建筑施工场界噪声评价量为昼间等效 A 声级（L_d）、夜间等效 A 声级（L_n）、夜间最大 A 声级（$L_{A\max}$）。

c. 根据 GB 12525—1990，铁路边界噪声评价量为昼间等效 A 声级（L_d）、夜间等效 A 声级（L_n）。

d. 根据 GB 22337—2008，社会生活噪声排放源边界噪声评价量为昼间等效 A 声级（L_d）、夜间等效 A 声级（L_n），非稳态噪声的评价量为最大 A 声级（$L_{A\max}$）。

③ 列车通过噪声、飞机航空器通过噪声。铁路、城市轨道交通单列车通过时噪声影响评价量为通过时段内等效连续 A 声级（$L_{Aeq,Tp}$），单架航空器通过时噪声影响评价量为最大 A 声级（$L_{A\max}$）。

(5) 土壤评价因子的筛选　按照 HJ 2.1—2016 建设项目污染影响和生态影响的相关要求，根据建设项目对土壤环境可能产生的影响，将土壤环境影响类型划分为生态影响型与污染影响型，其中土壤环境生态影响重点指土壤环境的盐化、酸化、碱化等。土壤环境污染影响型建设项目的评价因子主要选择通过大气沉降、地面漫流、垂直入渗等进入的特征污染物。土壤环境生态影响型建设项目的影响因素主要包括建设项目所在地的干燥度、地下水位埋深、土壤含盐量、土壤 pH 及土壤质地情况等。

(6) 生态评价因子的筛选

① 在工程分析基础上筛选评价因子。生态影响评价因子筛选表参见表 4-2-2。

② 评价标准可参照国家、行业、地方或国外相关标准，无参照标准的可采用所在地区及相似区域生态背景值或本底值、生态阈值或引用具有时效性的相关权威文献数据等。

表 4-2-2　生态影响评价因子筛选表

受影响对象	评价因子	工程内容及影响方式	影响性质	影响程度
物种	分布范围、种群数量、种群结构、行为等			
生境	生境面积、质量、连通性等			
生物群落	物种组成、群落结构等			
生态系统	植被覆盖度、生产力、生物量、生态系统功能等			
生物多样性	物种丰富度、均匀度、优势度等			
生态敏感区	主要保护对象、生态功能等			
自然景观	景观多样性、完整性等			
自然遗迹	遗迹多样性、完整性等			
……	……	……	……	……

4.2.2.2　评价标准

根据评价范围内各环境要素的环境功能区划，确定各评价因子所采用的环境质量标准及相应的污染物排放标准。有地方污染物排放标准的，应优先选择地方污染物排放标准；国家污染物排放标准中没有限定的污染物，可采用国际通用标准；生产或服务过程的清洁生产分析采用国家发布的清洁生产规范性文件。环境影响评价中常用到的标准见本书第3章。在环境影响评价报告中应给出各评价因子所执行的环境质量标准、排放标准、其他有关标准及具体限值。

4.2.3 评价工作等级与评价重点

4.2.3.1 评价工作等级

(1) 评价工作等级总述　环境影响评价工作按照建设项目的不同，可以分为若干工作等级。实际工作中，一般按环境要素（大气、水、声、生态等）分别划分评价等级；单项环境影响评价划分为三个工作等级（一、二、三级），一级评价对环境影响进行全面、详细、深入的评价，二级评价对环境影响进行较为详细、深入的评价，三级评价则只进行环境影响分析。建设项目其他专题评价可根据评价工作需要划分评价等级。

① 环境影响评价工作等级的划分依据

a. 建设项目的工程特点。工程性质，工程规模，能源、水及其他资源的使用量及类型，污染物排放特点（包括污染物种类、性质、排放量、排放方式、排放去向、排放浓度）等。

b. 建设项目所在地区的环境特征。自然环境条件和特点、环境敏感程度、环境质量现状、生态系统功能与特点、自然资源及社会经济环境状况等，以及建设项目实施后可能引起现有环境特征发生变化的范围和程度。

c. 相关法律法规、标准及规划（包括环境质量标准和污染物排放标准等）、环境功能区划等因素。

其他专项评价工作等级划分可参照各环境要素评价工作等级划分依据。

② 不同环境影响评价等级的评价要求。不同的环境影响评价工作等级，要求的环境影响评价深度不同。

一级评价：要求最高，要对单项环境要素的环境影响进行全面、细致和深入的评价，对该环境要素的现状调查、影响预测、评价影响和提出措施，一般都要求比较全面和深入地进行，并应当采用定量化计算来描述完成。

二级评价：要对单项环境要素的重点环境影响进行详细、深入的评价，一般要采用定量化计算和定性的描述来完成。

三级评价：对单项环境要素的环境影响进行一般评价，可通过定性的描述来完成。

环境影响评价总纲中只对各单项环境影响评价划分工作等级提出原则要求。一般，建设项目的环境影响评价包括一个以上的单项影响评价，每个单项影响评价的工作等级不一定相同。对每一个建设项目的环境影响评价，各单项影响评价的工作等级不一定相同，也无需包括所有的单项环评。

对需编制环评报告书的建设项目，各单项影响评价的工作等级不一定全都很高。对填写环评报告表的建设项目，各单项影响评价的工作等级一般均低于三级；个别需设置评价专题的，评价等级按单项环评导则进行。

③ 环境影响评价工作等级的调整。专项评价的工作等级可根据建设项目所处区域环境敏感程度、工程污染或生态影响特征及其他特殊要求等情况进行适当调整，但调整幅度上下不应超过一级，并说明具体理由。例如：对于生态敏感区的建设项目应提高评价工作等级一级，而对废水进城市污水处理厂的情况，评价工作等级可以适当降低一级。

(2) 大气环境影响评价工作等级　选择项目污染源正常排放的主要污染物及排放参数，

采用估算模型分别计算项目污染源的最大环境影响，然后按评价工作分级判据进行分级。为区别对待不同的评价对象，针对评价项目主要污染物排放量、周围地形的复杂程度及当地应执行的大气环境质量标准等因素，将项目的大气环境影响评价等级划分为一、二、三级。

根据项目污染源初步调查结果，选择 1~3 种主要污染物，分别计算项目排放每一种主要污染物的最大地面浓度占标率 P_i（第 i 个污染物），以及第 i 个污染物的地面浓度达标准限值 10% 时所对应的最远距离 $D_{10\%}$，其中 P_i 定义为：

$$P_i = \frac{C_i}{C_{0i}} \times 100\% \tag{4-2-3}$$

式中　P_i——第 i 个污染物的最大地面空气质量浓度占标率，%；

　　　C_i——采用《环境影响评价技术导则　大气环境》（HJ 2.2—2018）推荐的估算模式计算出的第 i 个污染物的 1h 最大空气质量地面浓度，$\mu g/m^3$；

　　　C_{0i}——第 i 个污染物的环境空气质量浓度标准，$\mu g/m^3$。

C_{0i} 的选取一般选用 GB 3095 中 1h 平均质量浓度的二级浓度限值，如项目位于一类环境空气功能区，应选择相应的一级浓度限值；对该标准中未包含的污染物，使用已确定的各评价因子 1h 平均质量浓度限值。对仅有 8h 平均质量浓度限值、日平均质量浓度限值或年平均质量浓度限值的，可分别按 2 倍、3 倍、6 倍折算为 1h 平均质量浓度限值。

评价工作等级按表 4-2-3 的分级判据进行划分。最大地面空气质量浓度占标率 P_i 按式（4-2-3）计算，如污染物数 i 大于 1，取 P 值中最大者（P_{max}）。

表 4-2-3　大气环境评价工作等级划分依据

评价工作等级	评价工作分级判据
一级	$P_{max} \geqslant 10\%$
二级	$1\% \geqslant P_{max} < 10\%$
三级	$P_{max} < 1\%$

评价工作等级的确定还应符合以下规定：同一项目有多个（两个以上，含两个）污染源排放同一种污染物时，按各污染源分别确定其评价等级，并取评价级别最高者作为项目的评价等级；对于电力、钢铁、水泥、石化、化工、平板玻璃、有色等高耗能行业的多源项目或以使用高污染燃料为主的多源项目，编制环境影响报告书的项目评价等级提高一级；对等级公路、铁路项目，分别按项目沿线主要集中式排放源（如服务区、车站大气污染源）排放的污染物计算其评价等级；对新建包含 1km 及以上隧道工程的城市快速路、主干路等城市道路项目，按项目隧道主要通风竖井及隧道出口排放的污染物计算其评价等级；对新建、迁建及飞行区扩建的枢纽及干线机场项目，应考虑机场飞机起降及相关辅助设施排放源对周边城市的环境影响，评价等级取一级。一级评价项目应采用《环境影响评价技术导则 大气环境》（HJ 2.2—2018）推荐模式清单中的进一步预测模型开展大气环境影响预测与评价。二级评价项目不进行进一步预测与评价，只对污染物排放量进行核算。三级评价项目不进行进一步预测与评价。确定评价工作等级的同时应说明估算模式计算参数和选项。

（3）地表水环境影响评价等级划分　地表水环境影响因素识别应按照 HJ 2.1—2016 的要求，分析建设项目建设阶段、生产运行阶段和服务期满后（可根据项目情况选择，下同）各阶段对地表水环境质量、水文要素的影响行为。《环境影响评价技术导则　地表水环境》（HJ 2.3—2018）根据建设项目影响类型、排放方式、排放量或影响情况、受纳水体环境质量现状、水环境保护目标等将地表水环境影响评价工作等级分为三级，一级评价最详细，二级次之，三级较简略。水污染影响型建设项目分级判据见表 4-2-4。水文要素影响型建设项目分级判据见表 4-2-5。

表 4-2-4　水污染影响型建设项目环境影响评价分级判断依据

评价等级	判定依据	
	排放方式	废水排放量 $Q/(m^3/d)$；水污染物当量数 W（量纲为 1）
一级	直接排放	$Q \geq 20000$ 或 $W \geq 600000$
二级	直接排放	其他
三级 A	直接排放	$Q < 200$ 且 $W < 6000$
三级 B	间接排放	—

表 4-2-5　水文要素影响型建设项目环境影响评价分级判断依据

评价等级	水温	径流		受影响地表水域		
				工程垂直投影面积及外扩范围 A_1/km^2；工程扰动水底面积 A_2/km^2；过水断面宽度占用比例或占用水（或面积）比例 $R/\%$		工程垂直投影面积及外扩范围 A_1/km^2；工程扰动水底面积 A_2/km^2
	年径流量与总库容占比 $\alpha/\%$	兴利库容与年径流量百分比 $\beta/\%$	取水量占多年平均径流量百分比 $\gamma/\%$	河流	湖库	入海河口、近岸海域
一级	$\alpha \leq 10$；或稳定分层	$\beta \geq 20$；或完全年调节与多年调节	≥ 30	$A_1 \geq 0.3$；或 $A_2 \geq 1.5$；或 $R \geq 10$	$A_1 \geq 0.3$；或 $A_2 \geq 1.5$；或 $R \geq 20$	$A_1 \geq 0.5$；或 $A_2 \geq 3$
二级	$20 > \alpha > 10$；或不稳定分层	$20 > \beta > 2$；或季调节与不完全年调节	$30 > \gamma > 10$	$0.3 > A_1 > 0.05$；或 $1.5 > A_2 > 0.2$；或 $10 > R > 5$	$0.3 > A_1 > 0.05$；或 $1.5 > A_2 > 0.2$；或 $20 > R > 5$	$0.5 > A_1 > 0.15$；或 $3 > A_2 > 0.5$
三级	$\alpha \geq 20$；或混合型	$\beta \leq 2$；或无调节	$\gamma \leq 10$	$A_1 \leq 0.05$；或 $A_2 \leq 0.2$；或 $R \leq 5$	$A_1 \leq 0.05$；或 $A_2 \leq 0.2$；或 $R \leq 5$	$A_1 \leq 0.15$；或 $A_2 \leq 0.5$

污染物当量数等于该污染物的年排放量除以该污染物的污染当量值，计算排放污染物的污染物当量数，应区分第一类水污染物和其他类水污染物；统计第一类污染物当量数总和，然后与其他类污染物按照污染物当量数从大到小排序，取最大当量数作为建设项目评价等级确定的依据。

废水排放量按行业排放标准中规定的废水种类统计，没有相关行业排放标准要求的通过工程分析合理确定，应统计含热量大的冷却水的排放量，可不统计间接冷却水、循环水以及其他含污染物极少的清净下水的排放量；厂区存在堆积物（露天堆放的原料、燃料、废渣等以及垃圾堆放场）、降尘污染的，应将初期雨污水纳入废水排放量，相应的主要污染物纳入水污染物当量计算。

建设项目直接排放第一类污染物的，其评价等级为一级；建设项目直接排放的污染物为受纳水体超标因子的，评价等级不低于二级；直接排放受纳水体影响范围涉及饮用水水源保护区、饮用水取水口、重点保护与珍稀水生生物的栖息地、重要水生生物的自然产卵场等保护目标时，评价等级不低于二级；建设项目向河流、湖库排放温排水引起受纳水体水温变化超过水环境质量标准要求，且评价范围有水温敏感目标时，评价等级为一级。

建设项目利用海水作为调节温度介质，排水量 $\geq 500 \times 10^4 m^3/d$，评价等级为一级；排水量 $< 500 \times 10^4 m^3/d$，评价等级为二级。仅涉及清净下水排放的，如其排放水质满足受纳水体水环境质量标准要求，评价等级为三级 A。依托现有排放口且对外环境未新增排放污染物的直接排放建设项目，评价等级参照间接排放，定为三级 B。建设项目生产工艺中有废水

产生，但作为回水利用，不排放到外环境的，按三级 B 评价。

在应用评价等级判断依据时，可根据建设项目及受纳水域的具体情况适当调整评价级别。

影响范围涉及饮用水水源保护区、重点保护与珍稀水生生物的栖息地、重要水生生物的自然产卵场、自然保护区等保护目标，评价等级应不低于二级；跨流域调水、引水式电站、可能受到大型河流感潮河段影响的建设项目，评价等级不低于二级；造成入海河口（湾口）宽度束窄（束窄尺度达到原宽度的 5% 以上），评价等级应不低于二级；对不透水的单方向建筑尺度较长的水工建筑物（如防波堤、导流堤等），其与潮流或水流主流向切线垂直方向投影长度大于 2km 时，评价等级应不低于二级；允许在一类海域建设的项目，评价等级为一级；同时存在多个水文要素影响的建设项目，分别判定各水文要素影响评价等级，并取其中最高等级作为水文要素影响型建设项目评价等级。

（4）地下水环境影响评价工作等级

① 建设项目分类。地下水环境影响的识别应在初步工程分析和确定地下水环境保护目标的基础上进行，根据建设项目建设期、运营期和服务期满后三个阶段的工程特征，识别其正常状况和非正常状况下的地下水环境影响。

根据建设项目对地下水环境影响的程度，结合《建设项目环境影响评价分类管理名录》，将建设项目分为四类，详见《环境影响评价技术导则 地下水环境》（HJ 610—2016）附录 A。Ⅰ类、Ⅱ类、Ⅲ类建设项目的地下水环境影响评价应执行本标准，Ⅳ类建设项目不开展地下水环境影响评价。

② 评价工作等级的划分。根据建设项目行业分类和地下水环境敏感程度分级，将地下水环境影响评价工作分为一、二、三级。建设项目的地下水环境敏感程度可分为敏感、较敏感、不敏感三级，分级原则见表 4-2-6。

表 4-2-6　地下水环境敏感程度分级

敏感程度	范围
敏感	集中式饮用水水源（包括已建成的在用、备用、应急水源，在建和规划的饮用水水源）准保护区；除集中式饮用水水源以外的国家或地方政府设定的与地下水环境相关的其他保护区，如热水、矿泉水、温泉等特殊地下水资源保护区
较敏感	集中式饮用水水源（包括已建成的在用、备用、应急水源，在建和规划的饮用水水源）准保护区以外的补给径流区；未划定准保护区的集中式饮用水水源，其保护区以外的补给径流区；分散式饮用水水源地；特殊地下水资源（如矿泉水、温泉等）保护区以外的分布区等其他未列入上述敏感分级的环境敏感区[①]
不敏感	上述地区之外的其他地区

① 环境敏感区是指《建设项目环境影响评价分类管理名录》中所界定的涉及地下水的环境敏感区。

建设项目地下水环境影响评价工作等级划分见表 4-2-7。

表 4-2-7　建设项目地下水环境影响评价等级判别表

环境敏感程度	Ⅰ类项目	Ⅱ类项目	Ⅲ类项目
敏感	一	一	二
较敏感	一	二	三
不敏感	二	三	三

对于利用废弃盐岩矿井洞穴或人工专制盐岩洞穴、废弃矿井巷道加水幕系统、人工硬岩洞库加水幕系统、地质条件较好的含水层储油、枯竭的油气层储油等形式的地下储油库，危险废物填埋场应进行一级评价，不按表 4-2-7 划分评价工作等级。当同一建设项目涉及两个

或两个以上场地时，各场地应分别判定评价工作等级，并按相应等级开展评价工作。线性工程应根据所涉地下水环境敏感程度和主要站场（如输油站、泵站、加油站、机务段、服务站等）位置进行分段判定评价工作等级，并按相应等级分别开展评价工作。

（5）声环境影响评价工作等级　声环境影响评价工作等级一般分为三级，一级为详细评价，二级为一般性评价，三级为简要评价。

评价范围内有适用于 GB 3096—2008 规定的 0 类声环境功能区域，或建设项目建设前后评价范围内声环境保护目标噪声级增量达 5dB(A) 以上［不含 5dB(A)］，或受影响人口数量显著增加时，按一级评价；建设项目所处的声环境功能区为 GB 3096—2008 规定的 1 类、2 类地区，或建设项目建设前后评价范围内声环境保护目标噪声级增高量达 3～5dB(A)［含 5dB(A)］，或受噪声影响人口数量增加较多时，按二级评价；建设项目所处的声环境功能区为 GB 3096—2008 规定的 3 类、4 类地区，或建设项目建设前后评价范围内声环境保护目标噪声级增高量在 3dB(A) 以下［不含 3dB(A)］，且受影响人口数量变化不大时，按三级评价。

在确定评价等级时，如果建设项目符合两个等级的划分原则，按较高等级评价。

机场建设项目航空器噪声影响评价等级为一级。

（6）土壤环境影响评价工作等级　按照 HJ 2.1—2016 建设项目污染影响和生态影响的相关要求，根据建设项目对土壤环境可能产生的影响，将土壤环境影响类型划分为生态影响型与污染影响型，其中土壤环境生态影响重点指土壤环境的盐化、酸化、碱化等。

根据行业特征、工艺特点或规模大小等将建设项目类别分为Ⅰ类、Ⅱ类、Ⅲ类、Ⅳ类，见《环境影响评价技术导则　土壤环境（试行）》(HJ 964—2018) 附录 A。其中Ⅳ类建设项目可不开展土壤环境影响评价；自身为敏感目标的建设项目，可根据需要仅对土壤环境现状进行调查。

根据《环境影响评价技术导则　土壤环境（试行）》(HJ 964—2018) 附录 A 识别建设项目所属行业的土壤环境影响评价项目类别、建设项目及周边的土地利用类型，结合建设项目土壤环境影响类型与影响途径、影响源与影响因子，初步分析可能影响的范围和土壤环境敏感目标。据此，将土壤环境影响评价工作等级划分为一级、二级和三级。

建设项目同时涉及土壤环境生态影响型与污染影响型时，应分别判定评价工作等级，并按相应等级分别开展评价工作。当同一建设项目涉及两个或两个以上场地时，各场地应分别判定评价工作等级，并按相应等级分别开展评价工作。

（7）生态环境影响评价工作等级

① 依据建设项目影响区域的生态敏感性和影响程度，评价等级划分为一级、二级和三级。

② 按以下原则确定评价等级：

a. 涉及国家公园、自然保护区、世界自然遗产、重要生境时，评价等级为一级。

b. 涉及自然公园时，评价等级为二级。

c. 涉及生态保护红线时，评价等级不低于二级。

d. 根据 HJ 2.3—2018 判断属于水文要素影响型且地表水评价等级不低于二级的建设项目，生态影响评价等级不低于二级。

e. 根据 HJ 610—2016、HJ 964—2018 判断地下水水位或土壤影响范围内分布有天然林、公益林、湿地等生态保护目标的建设项目，生态影响评价等级不低于二级。

f. 当工程占地（包括永久和临时占用陆域和水域）规模大于 20km^2 时，评价等级不低于二级；改扩建项目的占地范围以新增占地（包括陆域和水域）确定。

g. 除本条 a~f 以外的情况，评价等级为三级。

h. 当评价等级判定同时符合上述多种情况时，应采用其中最高的评价等级。

③ 建设项目涉及经论证对保护生物多样性具有重要意义的区域时，可适当上调评价等级。

④ 建设项目同时涉及陆生、水生生态影响时，可针对陆生生态、水生生态分别判定评价等级。

⑤ 在矿山开采可能导致矿区土地利用类型明显改变，或拦河闸坝建设可能明显改变水文情势等情况下，评价等级应上调一级。

⑥ 线性工程可分段确定评价等级。线性工程地下穿越或地表跨越生态敏感区，在生态敏感区范围内无永久、临时占地时，评价等级可下调一级。

⑦ 涉海工程评价等级判定参照 GB/T 19485—2014。

⑧ 符合生态环境分区管控要求且位于原厂界（或永久用地）范围内的污染影响类改扩建项目，位于已批准规划环评的产业园区内且符合规划环评要求、不涉及生态敏感区的污染影响类建设项目，可不确定评价等级，直接进行生态影响简单分析。

（8）环境风险评价的评价等级 《建设项目环境风险评价技术导则》（HJ 169—2018）根据建设项目涉及的物质及工艺系统危险性和所在地的环境敏感性确定环境风险潜势，将环境风险评价工作等级划分为一级、二级、三级，如表 4-2-8 所示。

表 4-2-8 评价工作级别划分

环境风险潜势	Ⅳ、Ⅳ+	Ⅲ	Ⅱ	Ⅰ
评价工作等级	一	二	三	简单分析

按照表 4-2-8 确定评价工作等级。风险潜势为Ⅳ及以上，进行一级评价；风险潜势为Ⅲ，进行二级评价；风险潜势为Ⅱ，进行三级评价；风险潜势为Ⅰ，可开展简单分析。

大气环境风险评价范围：一级、二级评价距建设项目边界一般不低于 5km；三级评价距建设项目边界一般不低于 3km。油气、化学品输送管线项目一级、二级评价距管道中心线两侧一般均不低于 200m；三级评价距管道中心线两侧一般均不低于 100m。当大气毒性终点浓度预测到达距离超出评价范围时，应根据预测到达距离进一步调整评价范围；地表水环境风险评价范围参照 HJ 2.3—2018 确定；地下水环境风险评价范围参照 HJ 610—2016 确定。

环境风险评价范围应根据环境敏感目标分布情况、事故后果预测可能对环境产生危害的范围等综合确定。项目周边所在区域，评价范围外存在需要特别关注的环境敏感目标，评价范围需延伸至所关心的目标。

物质危险性：按《建设项目环境风险评价技术导则》（HJ 169—2018）附录 B 识别出的危险物质，以图表的方式给出其易燃易爆、有毒有害危险特性，明确危险物质的分布。危险物质包括主要原辅材料、燃料、中间产品、副产品、最终产品、污染物、火灾和爆炸伴生/次生物等。

生产系统危险性：按工艺流程和平面布置功能区划，结合物质危险性识别，以图表的方式给出危险单元划分结果及单元内危险物质的最大存在量。按生产工艺流程分析危险单元内潜在的风险源。按危险单元分析风险源的危险性、存在条件和转化为事故的触发因素。采用定性或定量分析方法筛选确定重点风险源。生产系统包括主要生产装置、储运设施、公用工程和辅助生产设施，以及环境保护设施等。

危险物质向环境转移的途径：危险物质向环境转移的途径包括分析危险物质特性及可

的环境风险类型，识别危险物质影响环境的途径，分析可能影响的环境敏感目标。环境风险类型包括危险物质泄漏，以及火灾、爆炸等引发的伴生/次生污染物排放。

4.2.3.2 评价重点

评价重点与建设项目的工程特点和项目所在地区的环境特征等因素有关，应重点评价项目对各环境要素敏感区域和需要重点保护的区域的影响，在环境影响评价报告中应明确重点评价内容。下面分别介绍几类建设项目环境影响评价的重点内容。

① 房地产项目评价重点。施工期评价重点为生态环境保护、施工噪声及废水；建成后的评价重点是生态环境影响、居民生活污水对水环境的影响，以及周围环境对项目区域的影响。

② 火电项目评价重点。火电项目的评价重点是项目对环境空气的影响，关注废气排放对环境的影响，尤其是对敏感点、敏感区的影响，论证达标可靠性。注意温排水对生态环境的影响。对电厂冷却塔的噪声污染应高度关注水冷与风冷声源的不同特点分析与预测。

③ 公路建设项目评价重点。公路建设项目的评价重点是生态影响评价、声环境评价及污染防治对策研究。生态影响评价的主要内容是项目建设期对生态的影响及水土流失影响分析。声环境影响评价以保护敏感点为主要目标，并利用数学模型预测敏感点的声级，对其影响程度做出分析评价。环境污染防治对策与措施研究的目的是使工程建设对环境造成的不利影响降低到最低程度，主要研究内容为声环境、大气环境、生态环境和社会环境影响的防治对策。

4.2.4 评价范围与环境敏感区

以图、表形式说明评价范围和各环境要素的环境功能类别或级别，各环境要素环境敏感区和功能及其与建设项目的相对位置关系等。

4.2.4.1 评价范围

按各专项环境影响评价技术导则的要求，确定各环境要素和专题的评价范围；未制定专项环境影响评价技术导则的，根据建设项目可能影响范围确定环境影响评价范围，评价范围外有环境敏感区的应适当外延。

(1) 大气环境评价范围的确定　一级评价项目根据建设项目排放污染物的最远影响距离（$D_{10\%}$）确定大气环境影响评价范围。即以项目厂址为中心区域，自厂界外延 $D_{10\%}$ 的矩形区域作为大气环境影响评价范围。当 $D_{10\%}$ 超过 25km 时，确定评价范围为边长 50km 的矩形区域；当 $D_{10\%}$ 小于 2.5km 时，评价范围边长取 5km。

二级评价项目大气环境影响评价范围边长取 5km。

三级评价项目不需设置大气环境影响评价范围。

对于新建、迁建和飞行区扩建的枢纽及干线机场项目，评价范围还应考虑受影响的周边城市，最大取边长 50km。

规划的大气环境影响评价范围以规划区边界为起点，外延规划项目排放污染物的最远影响距离（$D_{10\%}$）的区域。

(2) 地表水环境评价范围的确定　建设项目地表水环境影响评价范围指建设项目整体实施后可能对地表水环境造成的影响范围。

① 水污染影响型建设项目评价范围。根据评价等级、工程特点、影响方式及程度、地表水环境质量管理要求等确定。

一级、二级及三级 A，其评价范围应符合以下要求：a. 应根据主要污染物迁移转化状况，至少需覆盖建设项目污染影响所及水域。b. 受纳水体为河流时，应满足覆盖对照断面、控制断面与削减断面等断面的要求。c. 受纳水体为湖泊、水库时，一级评价，评价范围宜不小于以入湖（库）排放口为中心、半径为5km的扇形区域；二级评价，评价范围宜不小于以入湖（库）排放口为中心、半径为3km的扇形区域；三级A评价，评价范围宜不小于以入湖（库）排放口为中心、半径为1km的扇形区域。d. 受纳水体为入海河口和近岸海域时，评价范围按照GB/T 19485—2014执行。e. 影响范围涉及水环境保护目标的，评价范围至少应扩大到水环境保护目标内受到影响的水域。f. 同一建设项目有两个及两个以上废水排放口，或排入不同地表水体时，按各排放口及所排入地表水体分别确定评价范围；有叠加影响的，叠加影响水域应作为重点评价范围。

三级B，其评价范围应符合以下要求：a. 应满足其依托污水处理设施环境可行性分析的要求。b. 涉及地表水环境风险的，应覆盖环境风险影响范围所及的水环境保护目标水域。

② 水文要素影响型建设项目评价范围。根据评价等级、水文要素影响类别、影响及恢复程度确定，评价范围应符合以下要求：a. 水温要素影响评价范围为建设项目形成水温分层水域，以及下游未恢复到天然（或建设项目建设前）水温的水域。b. 径流要素影响评价范围为水体天然性状发生变化的水域，以及下游增减水影响的水域。c. 地表水域影响评价范围为相对建设项目建设前日均或潮均流速及水深，或高（累积频率5%）低（累积频率90%）水位（潮位）变化幅度超过±5%的水域。d. 建设项目影响范围涉及水环境保护目标的，评价范围至少应扩大到水环境保护目标内受影响的水域。e. 存在多类水文要素影响的建设项目，应分别确定各水文要素影响评价范围，取各水文要素评价范围的外包线作为水文要素的评价范围。评价范围应以平面图的方式表示，并明确起、止位置等控制点坐标。

(3) 地下水环境评价范围的确定 地下水环境现状调查评价范围应包括与建设项目相关的地下水环境保护目标，以能说明地下水环境的现状，反映调查评价区地下水基本流场特征，满足地下水环境影响预测和评价为基本原则。污染场地修复工程项目的地下水环境影响现状调查参照HJ 25.1—2019执行。

① 建设项目（除线性工程外）地下水环境影响现状调查评价范围可采用公式计算法、查表法和自定义法确定。当建设项目所在地水文地质条件相对简单且所掌握的资料能够满足公式计算法的要求时，应采用公式计算法确定；当不满足公式计算法的要求时，可采用查表法确定。当计算或查表范围超出所处水文地质单元边界时，应以所处水文地质单元边界为宜。

② 线性工程应以工程边界两侧分别向外延伸200m作为调查评价范围；穿越饮用水水源准保护区时，调查评价范围应至少包含水源保护区；线性工程站场的调查评价范围参照上面①确定。

(4) 声环境影响评价范围的确定

① 对于以固定声源为主的建设项目（如工厂、码头、站场等）：

a. 满足一级评价的要求，一般以建设项目边界向外200m为评价范围。

b. 二级、三级评价范围可根据建设项目所在区域和相邻区域的声环境功能区类别及声环境保护目标等实际情况适当缩小。

c. 如依据建设项目声源计算得到的贡献值到200m处，仍不能满足相应功能区标准值时，应将评价范围扩大到满足标准值的距离。

② 对于以移动声源为主的建设项目（如公路、城市道路、铁路、城市轨道交通等地面交通）：

a. 满足一级评价的要求，一般以线路中心线外两侧 200m 以内为评价范围。

b. 二级、三级评价范围可根据建设项目所在区域和相邻区域的声环境功能区类别及声环境保护目标等实际情况适当缩小。

c. 如依据建设项目声源计算得到的贡献值到 200m 处，仍不能满足相应功能区标准值时，应将评价范围扩大到满足标准值的距离。

③ 机场项目噪声评价范围按如下方法确定：

a. 机场项目按照每条跑道承担飞行量进行评价范围划分。对于单跑道项目，以机场整体的吞吐量及起降架次判定机场噪声评价范围；对于多跑道机场，根据各条跑道分别承担的飞行量情况各自划定机场噪声评价范围并取合集。

ⅰ. 单跑道机场，机场噪声评价范围应是机场跑道两端、两侧外扩一定距离形成的矩形范围；

ⅱ. 对于全部跑道均为平行构型的多跑道机场，机场噪声评价范围应是各条跑道外扩一定距离后的最远范围形成的矩形范围；

ⅲ. 对于存在交叉构型的多跑道机场，机场噪声评价范围应为平行跑道（组）与交叉跑道的合集范围。

b. 对于增加跑道项目或变更跑道位置项目（例如现有跑道变为滑行道或新建一条跑道），在现状机场噪声影响评价和扩建机场噪声影响评价工作中，可分别划定机场噪声评价范围。

c. 机场噪声评价范围应不小于计权等效连续感觉噪声级 70dB 等声级线范围。

d. 不同飞行量机场推荐噪声评价范围见表 4-2-9。

表 4-2-9 机场项目噪声评价范围

机场类别	起降架次（单条跑道承担量）N	跑道两端推荐评价范围	跑道两侧推荐评价范围
运输机场	N≥15 万架次/年	两端各 12km 以上	两侧各 3km
	10 万架次/年≤N＜15 万架次/年	两端各 10～12km	两侧各 2km
	5 万架次/年≤N＜10 万架次/年	两端各 8～10km	两侧各 1.5km
	3 万架次/年≤N＜5 万架次/年	两端各 6～8km	两侧各 1km
	1 万架次/年≤N＜3 万架次/年	两端各 3～6km	两侧各 1km
	N＜1 万架次/年	两端各 3km	两侧各 0.5km
通用机场	无直升飞机	两端各 3km	两侧各 0.5km
	有直升飞机	两端各 3km	两侧各 1km

（5）土壤环境评价范围　土壤环境现状调查与评价工作应遵循资料收集与现场调查相结合、资料分析与现状监测相结合的原则；深度应满足相应的工作级别要求，当现有资料不能满足要求时，应通过组织现场调查、监测等方法获取。当建设项目同时涉及土壤环境生态影响型与污染影响型时，应分别按相应评价工作等级要求开展土壤环境现状调查，可根据建设项目特征适当调整、优化调查内容。工业园区内的建设项目应重点在建设项目占地范围内开展现状调查工作，并兼顾其可能影响的园区外围土壤环境敏感目标。调查评价范围应包括建设项目可能影响的范围，能满足土壤环境影响预测和评价要求；改、扩建类建设项目的现状调查评价范围还应兼顾现有工程可能影响的范围。建设项目（除线性工程外）土壤环境影响现状调查评价范围可根据建设项目影响类型、污染途径、气象条件、地形地貌、水文地质条件等确定并说明，或参考表 4-2-10 确定。建设项目同时涉及土壤环境生态影响与污染影响时，应各自确定调查评价范围。危险品、化学品或石油等输送管线应以工程边界两侧向外延伸 0.2km 作为调查评价范围。

表 4-2-10　现状调查范围

评价工作等级	影响类型	调查范围①	
		占地②范围内	占地范围外
一级	生态影响型	全部	5km 范围内
	污染影响型		1km 范围内
二级	生态影响型		2km 范围内
	污染影响型		0.2km 范围内
三级	生态影响型		1km 范围内
	污染影响型		0.05km 范围内

① 涉及大气沉降途径影响的，可根据主导风向下风向的最大落地浓度点适当调整。
② 矿山类项目指开采区与各场地的占地；改扩建类的指现有工程与拟建工程的占地。

(6) 生态环境评价范围

① 生态影响评价应能够充分体现生态完整性和生物多样性保护要求，涵盖评价项目全部活动的直接影响区域和间接影响区域。评价范围应依据评价项目对生态因子的影响方式、影响程度以及生态因子之间的相互影响和相互依存关系确定。可综合考虑评价项目与项目区的气候过程、水文过程、生物过程等生物地球化学循环过程的相互作用关系，以评价项目影响区域所涉及的完整气候单元、水文单元、生态单元、地理单元界限为参照边界。

② 涉及占用或穿（跨）越生态敏感区时，应考虑生态敏感区的结构、功能及主要保护对象合理确定评价范围。

③ 矿山开采项目评价范围应涵盖开采区及其影响范围、各类场地及运输系统占地以及施工临时占地范围等。

④ 水利水电项目评价范围应涵盖枢纽工程建筑物、水库淹没、移民安置等永久占地，施工临时占地，库区坝上、坝下、地表、地下、水文水质影响河段及区域，受水区，退水影响区及输水沿线影响区等。

⑤ 线性工程穿越生态敏感区时，以线路穿越段向两端外延 1km、线路中心线向两侧外延 1km 为参考评价范围，实际确定时应结合生态敏感区主要保护对象的分布、生态学特征、项目的穿越方式、周边地形地貌等适当调整，主要保护对象为野生动物及其栖息地时，应进一步扩大评价范围，涉及迁徙、洄游物种的，其评价范围应涵盖工程影响的迁徙洄游通道范围；穿越非生态敏感区时，以线路中心线向两侧外延 300m 为参考评价范围。

⑥ 陆上机场项目以占地边界外延 3~5km 为参考评价范围，实际确定时应结合机场类型、规模、占地类型、周边地形地貌等适当调整。涉及有净空处理的，应涵盖净空处理区域。航空器爬升或进入近航线下方区域内有以鸟类为重点保护对象的自然保护地和鸟类重要生境的，评价范围应涵盖受影响的自然保护地和重要生境范围。

⑦ 涉海工程的生态影响评价范围参照 GB/T 19485—2014。

⑧ 污染影响类建设项目评价范围应涵盖直接占用区域以及污染物排放产生的间接生态影响区域。

(7) 风险评价范围　大气环境风险评价范围：一级、二级评价距建设项目边界一般不低于 5km；三级评价距建设项目边界一般不低于 3km。油气、化学品输送管线项目一级、二级评价距管道中心线两侧一般均不低于 200m；三级评价距管道中心线两侧一般均不低于 100m。当大气毒性终点浓度预测到达距离超出评价范围时，应根据预测到达距离进一步调整评价范围。地表水环境风险评价范围参照 HJ 2.3—2018 确定。地下水环境风险评价范围参照 HJ 610—2016 确定。环境风险评价范围应根据环境敏感目标分布情况、事故后果预测可能对环境产生危害的范围等综合确定。项目周边所在区域，评价范围外存在需要特别关注的环境敏感目标时，评价范围需延伸至所关心的目标。

4.2.4.2 环境敏感区

环境敏感区指依法设立的各级各类自然、文化保护地，以及对建设项目的某类污染因子或者生态影响因子特别敏感的区域，主要包括：a. 自然保护区、风景名胜区、世界文化和自然遗产地、饮用水水源保护区；b. 基本农田保护区，基本草原，森林公园，地质公园，重要湿地，天然林，珍稀濒危野生动植物天然集中分布区，重要水生生物的自然产卵场及索饵场、越冬场和洄游通道，天然渔场，资源性缺水地区，水土流失重点防治区，沙化土地封禁保护区，封闭及半封闭海域，富营养化水域；c. 以居住、医疗卫生、文化教育、科研、行政办公等为主要功能的区域，文物保护单位，具有特殊历史、文化、科学、民族意义的保护地。

① 环境空气敏感区 环境空气敏感区指评价范围内按 GB 3095—2012 规定划分为一类功能区的自然保护区、风景名胜区和其他需要特殊保护的地区，二类功能区中的居民区、文化区等人群较集中的环境空气保护目标，以及对项目排放大气污染物敏感的区域。调查评价范围内所有环境空气敏感区应制图标注，并列表给出环境空气敏感区内主要保护对象的名称、大气环境功能区划级别、与项目的相对距离和方位，以及受保护对象的范围和数量等内容。

② 地表水环境敏感区 地表水环境敏感区包括自然保护区，饮用水水源保护区，珍贵水生生物保护区，重要水生生物的自然产卵场、索饵场、越冬场和洄游通道，天然渔场，经济鱼类养殖区，资源性缺水地区及富营养化水域等。

③ 地下水环境敏感区 地下水环境敏感区包括集中式饮用水水源地（包括已建成的在用、备用、应急水源地，在建和规划的水源地）准保护区及补给径流区域；除集中式饮用水源地以外的国家或地方政府设定的与地下水环境相关的其他保护区，如热水、矿泉水、温泉等特殊地下水资源保护区；生态脆弱区重点保护区域；因水文地质条件变化发生的地面沉降、岩溶塌陷等地质灾害易发区；重要湿地、水土流失重点防治区、沙化土地封禁保护区等。

④ 声环境敏感区 声环境敏感区包括康复疗养区等特别需要安静的区域，以及以居住、医疗卫生、文化教育、科研、行政办公等为主要功能的区域等。

⑤ 生态环境敏感区 生态环境敏感区包括法定生态保护区域、重要生境以及其他具有重要生态功能、对保护生物多样性具有重要意义的区域。其中，法定生态保护区域包括：依据法律法规、政策等规范性文件划定或确认的国家公园、自然保护区、自然公园等自然保护地、世界自然遗产、生态保护红线等区域。重要生境包括：重要物种的天然集中分布区、栖息地，重要水生生物的产卵场、索饵场、越冬场和洄游通道，迁徙鸟类的重要繁殖地、停歇地、越冬地以及野生动物迁徙通道等。

⑥ 风险评价环境敏感区 建设项目下游水域 10km 以内分布的饮用水水源保护区，珍稀濒危野生动植物天然集中分布区，重要水生生物的自然产卵场、索饵场、越冬场和洄游通道，天然渔场，应视为选址于环境敏感区；建设项目边界外 5km 范围内、管道两侧 500m 范围内分布有以居住、医疗卫生、文化教育、科研、行政办公等为主要功能的区域等，应视为选址、选线于环境敏感区。

4.2.5 相关规划及环境功能区划

附图列表说明建设项目所在城镇、区域或流域发展总体规划，环境保护规划，生态保护规划，环境功能区划或保护区规划等。

第5章 工程分析

5.1 工程分析概述

5.1.1 工程分析在环评报告书中的任务和作用

(1) 工程分析的任务　工程分析是环境影响评价中分析项目建设环境内在因素的重要环节，是整个报告书编制的基础。主要任务是：通过对工程一般特征和污染特征的全面分析，明确项目建设与国家及地方法规、产业政策的符合性，为建设项目的环境管理和采取相应的环境措施提供依据，并为建设项目的环境决策提供服务，为建设项目环境影响预测与评价提供基础数据。

(2) 工程分析的作用

① 工程分析是项目决策的重要依据。工程分析是项目决策的重要依据之一。污染型项目工程分析从项目建设性质、产品结构、生产规模、原料路线、工艺技术、设备选型、能源结构、技术经济指标、总图布置方案等基础资料入手，确定工程建设和运行过程中的产污环节、核算污染源强、计算污染物排放总量。从环境保护的角度分析技术经济的先进性、污染治理措施的可行性、总图布置的合理性、达标排放的可靠性。衡量建设项目是否符合国家产业政策、环境保护政策和相关法律法规的要求，确定建设该项目的环境可行性。

② 为各专题预测评价提供基础数据。工程分析专题是环境影响评价的基础，工程分析给出的产污环节、污染源坐标、源强、污染物排放方式和排放去向等技术参数是环境空气、地表水、地下水环境、声环境影响预测计算的依据，为定量评价建设项目对环境影响的程度和范围提供了可靠的保证，为评价污染防治对策的可行性提出完善改进建议，从而为实现污染物排放总量控制创造了条件。

③ 为环保设施的工程设计提供优化建议。项目的环境保护工程设计是在已知生产工艺过程中产生污染物的环节和数量的基础上，采用必要的治理措施，实现达标排放，一般很少考虑对环境质量的影响，对于改扩建项目则更少考虑原有生产装置环保"欠账"问题以及环境承载能力。环境影响评价中的工程分析需要对生产工艺进行优化论证，提出满足清洁生产要求的清洁生产工艺方案，对技改项目实现"增产不增污"或"增产减污"的目标，使环境质量得以改善，对环保设计起到优化的作用。分析所采取的污染防治措施的先进性、可靠性，必要时要提出进一步完善、改进治理措施的建议，对改扩建项目尚须提出"以新带老"的措施，并反馈到设计当中去予以落实。

④ 为环境科学管理提供依据。工程分析筛选的主要污染因子是项目生产单位和环境管理部门日常管理的对象，所提出的环境保护措施是工程验收的重要依据，为保护环境所核定的污染物排放总量是开发建设活动进行污染控制的目标。

5.1.2 工程分析应遵循的技术原则

① 工程分析应体现国家的宏观政策。在国家已颁布的法律法规及有关产业政策中，对建设项目都有明确规定，贯彻执行这些法律法规是评价单位义不容辞的责任。所以，在开展工程分析时，首先要学习和掌握有关政策法规要求，并以此为依据去分析建设项目与国家产业政策的符合性。

② 工程分析应具有针对性。工程特征的多样性决定了影响环境因素的复杂性，工程分析应根据建设项目的性质、类型、规模，污染物的种类、数量、危害特性、排放方式、排放去向等工程特征，通过全面系统的分析，从众多的污染因素中筛选出对环境影响范围大、并有致害威胁的主要因子作为评价对象，有针对性地进行评价。

③ 工程分析应为各专题评价提供定量而准确的基础资料。工程分析资料是各专题评价的基础，所提供的特征参数，特别是污染物最终排放量是各专题开展影响预测不可缺少的基础数据，因此，工程分析是决定评价工作质量的关键，所提供的定量数据要准确可靠。

④ 工程分析应从环保角度为项目选址、工程设计提出优化建议。根据国家法律法规、工程所在地的环境功能区划、发展规划等条件，提出优化厂址选择、总平面布置的合理化建议。

5.1.3 工程分析与可行性研究报告及工程设计的关系

工程分析的基础数据来源于项目的可行性研究报告，但不能完全照抄，由于可行性研究报告编制单位的专业水平、行业特长等方面的差异，部分可行性研究报告的质量不能满足工程分析的要求，出现这种情况应及时与建设单位的工程技术人员、可行性研究报告编制单位的技术人员沟通、交流，以使工程分析的有关数据能正确反映工程的实际情况。

对于没有编制可行性研究报告，直接进行工程设计的建设项目，可将工程分析所需的有关资料列出明细，由设计单位提供。

工程分析完成后，尤其是有现有工程的建设项目，可将完成的初稿交予建设单位和设计单位，广泛征求意见，并对有关数据进行核实。

5.1.4 工程分析的重点

工程分析的重点是通过工艺过程分析、核算，确定污染源强，其中应特别注意非正常工况污染源强的核算与确定。资源能源的储运、交通运输及场地开发利用分析的内容与深度，应根据工程、环境特点及评价工作等级确定。

5.1.5 工程分析的阶段

建设项目实施过程可以分为不同的阶段，包括施工期、运营期和服务期满即退役期。根据建设项目的不同性质和实施周期，可选择其中的不同阶段进行工程分析。

① 所有的建设项目都应分析运行阶段所产生的环境影响，包括正常工况和非正常工况两种情况。对服务运行期长或是随时间的变化其环境污染、生态影响可能增加或是变化较

大,同时环境影响评价工作等级和环境保护要求较高时,可根据建设项目的具体特性将运行阶段划分为运行初期和运行中后期进行影响分析。

② 部分建设项目的建设周期长、影响因素复杂且影响区域广,需进行建设期的工程分析。

③ 个别建设项目由于运行期的长期影响、累积影响或毒害影响,会导致项目所在区域的环境发生质的变化,如核设施退役或矿山退役等,此类项目需要进行服务期满的工程分析。

④ 对某些在实施过程中由于自然或人为原因易酿成爆炸、火灾、中毒等,而且后果十分严重,会造成人身伤害或财产损失事故的建设项目,应根据工程性质、规模、建设项目所在地的环境特征、事故后果以及必要性和条件具备情况,决定是否进行环境风险评价。

工程分析是环境影响评价中分析项目建设影响环境内在因素的重要环节。由于建设项目对环境影响的表现不同,可以分为以污染影响为主的污染型建设项目的工程分析和以生态破坏为主的生态影响型建设项目的工程分析。

5.2 污染型项目工程分析

5.2.1 工程分析的基本要求

① 工程分析应突出重点。根据各类型建设项目的工程内容及其特征,要对环境可能产生较大影响的主要因素进行深入分析。

② 应用的数据资料要真实、准确、可信。对建设项目的规划、可行性研究和初步设计等技术文件中提供的资料、数据、图件等,应进行分析后引用;引用现有资料进行环境影响评价时,应分析其时效性;类比分析数据、资料应分析其相同性或相似性。

③ 结合建设项目工程组成、规模、工艺路线,对建设项目环境影响因素、方式、强度等进行详细分析与说明。

5.2.2 工程分析方法

一般来讲,建设项目的工程分析都应根据建设项目规划、可行性研究和设计方案等技术资料进行工作。但是,有些建设项目,如大型资源开发、水利工程建设以及国外引进项目,在可行性研究阶段所能提供的工程技术资料不能满足工程分析需要时,可以根据具体情况选用其他适用的方法进行工程分析。目前应用较多的工程分析方法有类比分析法、实测法、实验法、物料平衡(衡算)法、查阅参考资料分析法等。

(1) 类比分析法　类比分析法是利用与拟建项目类型相同的现有项目设计资料或实测数据进行工程分析的常用方法。当评价时间允许,评价工作等级较高,又有可参考的相同或相似的现有工程时,应采用此法。采用此法时,为提高类比数据的准确性,应充分注意分析对象与类比对象之间的相似性。

① 工程一般特征的相似性。建设项目的性质,建设规模,车间组成,产品结构,工艺路线,生产方法,原料、燃料成分与消耗量,用水量和设备类型等有相似性。

② 污染物排放特征的相似性。污染物排放类型、浓度、强度与数量,排放方式与方向,以及污染方式与途径等有相似性。

③ 环境特征的相似性。气象条件、地貌状况、生态特点、环境功能及区域污染情况等

方面有相似性。

类比法也常用单位产品的经验排污系数计算污染物排放量。但是采用此法必须注意，一定要根据生产规模等工程特征和生产管理等实际情况进行必要的修正。

（2）实测法　实测法是通过实际测量废水或废气的排放量及其所含污染物的浓度，计算出其中某污染物的排放量。

（3）实验法　实验法是在实验室内利用一定的设施，控制一定的条件，并借助专门的实验仪器探索和研究废水或废气的排放量及其所含污染物的浓度，计算出某污染物排放量的一种方法。

采用实验法时，便于严格控制各种因素，并通过专门仪器测试和记录实验数据，一般具有较高的可信度。

（4）物料平衡法　物料平衡法是用于计算污染物排放量的常规方法。此法的基本原则是遵守质量守恒定律，即在生产过程中投入系统的物料总量（$\Sigma G_{投入}$）必须等于产出的产品量（$\Sigma G_{产品}$）和物料流失量（$\Sigma G_{流失}$）之和。其计算式如下：

$$\Sigma G_{投入} = \Sigma G_{产品} + \Sigma G_{流失} \tag{5-2-1}$$

当投入的物料在生产过程中发生化学反应时，可按下列总量法或额定法公式进行衡算。

① 总量法公式：

$$\Sigma G_{排放} = \Sigma G_{投入} - \Sigma G_{回收} - \Sigma G_{处理} - \Sigma G_{转化} - \Sigma G_{产品} \tag{5-2-2}$$

② 定额法公式：

$$A = AD \times M \tag{5-2-3}$$

$$AD = BD - (aD + bD + cD + dD) \tag{5-2-4}$$

式中　A——某污染物的排放总量；

　　　AD——单位产品某污染物的排放定额；

　　　M——产品总产量；

　　　BD——单位产品投入或生成的某污染物量；

　　　aD——单位产品中某污染物的含量；

　　　bD——单位产品所生成的副产物、回收品中某污染物的含量；

　　　cD——单位产品分解转化掉的污染物量；

　　　dD——单位产品被净化处理掉的污染物量。

采用物料平衡（衡算）法计算污染物排放量时，必须对生产工艺、化学反应、副反应和管理等情况进行全面了解，掌握原料、辅助材料、燃料的成分和消耗定额。但是，此法的计算工作量较大。

（5）查阅参考资料分析法　查阅参考资料分析法是利用同类工程已有的环境影响报告书或可行性研究报告等资料进行工程分析的方法。虽然此法较为简便，但所得数据的准确性很难保证。当评价时间短且评价工作等级较低时，或在无法采用其他方法的情况下，可采用此法。此法还可以作为其他方法的补充。

5.2.3　工程分析内容

工程分析的工作内容包括：工程基本数据，污染影响因素分析，生态影响因素分析，原辅材料、产品、废物的储运，交通运输，公用工程，非正常工况分析，环境保护措施和设施，总图布置方案分析，污染物排放统计汇总。

5.2.3.1 工程基本数据

(1) 工程基本数据的内容　工程基本数据包括建设项目规模，主要生产设备，公用及储运装置，平面布置，主要原辅材料及其他物料的理化性质、毒理特征及其消耗量，能源消耗数量、来源及储运方式，原料及燃料的类别、构成与成分，产品及中间体的性质、数量，物料平衡，水平衡，特征污染物平衡，工程占地类型及数量，土石方量，取弃土量，建设周期，运行参数及总投资等。常用到的表格见表5-2-1～表5-2-4。

表 5-2-1　项目建设规模与产品方案一览表

序号	产品名称	设计规模	规格	年生产时数	备注
1					
2					
3					
…					

表 5-2-2　建设项目的技术经济指标一览表

序号	指标名称	单位	数量	备注
1				
2				
3				
…				

表 5-2-3　主要原辅材料消耗及来源一览表

序号	名称	规格	消耗量	来源	备注
1					
2					
3					
…					

表 5-2-4　主要设备及辅助设施一览表

序号	设备名称	规格	数量	来源	备注
1					
2					
3					
…					

对于改扩建及异地搬迁建设项目，必须说明现有工程的基本情况、污染排放及达标情况、存在的环境保护问题及拟采取的整改措施等内容。对于分期建设的项目，则应按不同建设期分别说明建设规模及建设时间。

(2) 物料平衡　根据质量守恒定律，投入的原材料和辅助材料的总量等于产出的产品和副产物以及污染物的总量。通过物料平衡，可以核算产品和副产品的产量，并计算出污染物的源强。

物料平衡的种类很多，有以全厂（或全工段）物料的总进出为基准的物料衡算，也有针对具体的有毒有害物料或元素进行的物料平衡，比如在合成氨厂中，针对氨进行的物料平衡称为氨平衡。在环境影响评价中，必须根据不同行业的具体特点，选择若干有代表性的物料进行物料平衡。

(3) 水平衡　水平衡是指建设项目所用的新鲜水总量加上原料带来的水量等于产品带走

的水量、损失水量、排放废水量之和。可以用下式表达：

$$Q_f + Q_r = Q_p + Q_l + Q_w \tag{5-2-5}$$

式中　Q_f——新鲜水总量，m^3/d；

　　　Q_r——原料带来的水量（对于有化学反应的过程，也包括反应生成的水量），m^3/d；

　　　Q_p——产品带走的水量，m^3/d；

　　　Q_l——生产过程损失的水量（对于有化学反应的过程，也包括反应消耗的水量），m^3/d；

　　　Q_w——排放的废水量，m^3/d。

根据"清污分流，一水多用，节约用水"的原则做好水平衡，给出总用水量、新鲜用水量、废水产生量、循环使用量、处理量、回用量和最终外排量等，明确具体的回用部位；根据回用部位的水质、温度等工艺要求，分析废水回用的可行性。按照国家节约用水的要求，提出进一步节水的有效措施。

5.2.3.2　污染影响因素分析

绘制包含产污环节的生产工艺流程图，分析各种污染物产生、排放情况，列表给出污染物的种类、性质、产生量、产生浓度、削减量、排放量、排放浓度、排放方式、排放去向及达标情况。分析建设项目存在的具有致癌、致畸、致突变的物质及具有持久性影响的污染物的来源、转移途径和流向。给出噪声、振动、热、光、放射性及电磁辐射等污染的来源、特性及强度等。另外，给出各种治理、回收、利用、减缓措施状况等。

(1) 工艺流程及产污环节分析　绘制工艺流程及产污环节图，列表给出各环节物料的投入产出和各污染物的产生排放环节，辅以简要文字说明，即以图、表、文字一一对应的方式，分析污染物的产生与排放。

工艺流程应在设计单位或建设单位的可行性研究或设计文件基础上，根据工艺过程的描述及同类项目生产的实际情况进行绘制。环境影响评价工艺流程图有别于工程设计工艺流程图。环境影响评价关心的是工艺过程中产生污染物的具体部位、污染物的种类和数量，所以绘制污染工艺流程图应包括涉及产生污染物的装置和工艺过程，不产生污染物的过程和装置可以简化，有化学反应发生的工序要列出主要化学反应式和副反应式，并在总平面布置图上标出污染源的准确位置，以便为其他专题评价提供可靠的污染源资料。

阐述生产工艺流程，说明并图示主要原辅料投加点和投加方式、主要中间产物、副产品及产品产生点、污染物产生环节（按废气、废水、固废、噪声等分别编号）、物料回收或循环环节等。分析反应条件（放热、加热、制冷、加压、常压、负压）所涉及的余热利用、蒸汽平衡、制冷剂排污等，化工项目需注意不凝气的处置措施及污染物的最终去向，分析抽真空系统的污染源产生及污染物去向等，分析反应催化剂是否有污染物产生及工艺中的处置方式。

工艺流程要给出从原料到产品的全过程，特别是与"三废"排放有关的环节。委托外加工的部分（如某些五金加工项目的表面处理），可在流程图上用虚框表示。

(2) 污染源分析　污染源分析和污染物类型及排放量是各专题评价的基础资料，必须按建设期、运营期两个时期详细核算和统计。根据项目评价需要，一些项目还应对服务期满后（退役期）的源强进行估算，力求完善。因此，对于污染源分布应根据已经绘制的污染流程图，并按排放点标明污染物排放部位，然后列表统计各种污染物的排放浓度、排放量等。对于最终进入环境的污染物，确定其是否达标排放，达标排放必须以项目的最大负荷核算。

工程主要产污环节要结合工艺流程图，对每一装置、每一单元进行分析，并给出污染物的产生排放一览表（表 5-2-5、表 5-2-6），进行污染物排放量的统计。对于技改项目还要给出工程建设前后污染物排放量的变化情况，尽可能做到增产不增污、增产减污。

表 5-2-5　新建项目污染物产生及排放一览表

类别	名称	排放位置	排放方式	排放去向	产生量	产生浓度	排放量	排放浓度	达标分析
废气									
废水									
固体废物									

表 5-2-6　改扩建和技术改造项目污染物产生及排放一览表

类别	名称	改扩建和技改前		改扩建和技改项目				改扩建和技改后	
		排放量	排放浓度	产生量	产生浓度	排放量	排放浓度	排放量	排放浓度
废气									
废水									
固体废物									

对于建设项目的污染源分析，既要分析有组织排放源，也要分析无组织排放源。有组织排放源是指通过排气筒集中排放的废气污染源或通过排污口集中收集、处理、排放的废水污染源；无组织排放源是指不能通过集中收集处理而排放污染物的污染源，如焦炉炉体、隧道排气口、化学品罐区的大小呼吸等，原料、固体废弃物等堆放场所产生的扬尘可作为"风面源"处理。无组织排放源对近距离的影响大且难以治理，因此应尽量将其转化为有组织排放源。

(3) 污染物排放总量控制建议指标　污染物总量控制是以环境质量目标为基本依据，对区域内各污染源的污染物排放总量实施控制的管理制度。在实施总量控制时，污染物的排放总量应小于或等于允许排放总量。区域的允许排污量应当等于该区域环境允许的容纳量。

对于建设项目而言，就应当以环境质量达标为前提，分析其污染物的排放对环境的影响，预测污染物的排放是否能满足环境质量的要求，得出某区域污染物允许排放的目标总量。

① 大气污染物总量控制的建议指标：烟尘、粉尘、SO_2。

对于大气污染物而言，区域排放总量限值可依据《制定地方大气污染物排放标准的技术方法》（GB/T 3840—1991）来计算：

$$Q_{ak} = \sum_{i=1}^{n} \left[AC_{ki} S_i \left(\sum_{i=1}^{n} S_i \right)^{0.5} \right] \tag{5-2-6}$$

式中　Q_{ak}——总量控制区域某种污染物年允许排放总量限值，10^4 t；

n——总量控制区中功能区总数；

A——地理区域性总量控制系数，10^4 km^2；

C_{ki}——大气环境指标标准所规定的与第 i 功能区类别相应的年日平均浓度限值，mg/m^3；

S_i——第 i 功能区面积，km^2。

此外，对于区域集中排放的污染源，还可采用 P 值控制法，它将烟囱排放高度和允许排放量用一个 P 值联系起来，通过地面大气质量浓度的限定，给出 P 值，就可以调整污染源的高度和排放量，由此来达到控制大气污染的目的，其计算方法可以参见《制定地方大气污染物排放标准的技术方法》(GB/T 3840—1991)。

② 水污染物排放总量控制的建议指标：COD、氨氮、总氰化物、石油类等因子以及受纳水体最为敏感的特征因子。

对于水污染物而言，单点源排放情况下，排污口与控制断面间水域允许纳污量可按下式计算：

$$W_c = C_s(Q_p + Q_c) - Q_p C_p \tag{5-2-7}$$

式中　W_c——某水域允许纳污量，g/s；

　　　C_s——控制断面水质标准，mg/L；

　　　Q_p——上游来水设计水量，m³/s；

　　　Q_c——污水设计排放流量，m³/s；

　　　C_p——上游来水设计水质浓度，mg/L。

另外，对于比较复杂的受纳水体和湖泊、海洋、大的河流等，也可选择其他相应模式来计算其允许的纳污量。

(4) 大气污染物总量控制措施　在区域大气污染物总量控制中，A-P 值控制法是一种简单易行的方法。它通过区域允许排放总量的计算，将负荷合理地分配到各个排放单元，以得到每个排放源的允许排放量、削减量，而总排放量则不突破区域允许排放总量。

① 区域总量控制 A 值法。A 值法是以箱模式为依据的，在长时间平衡的单箱模型中，考虑到干、湿沉降衰变后，箱中平均浓度 C 可用下式表示：

$$C = \frac{uC_b + xq_a/H}{u + (u_d + W_r R + H/T_c)x/H} \tag{5-2-8}$$

式中　C——箱内大气污染物的浓度，mg/m³；

　　　q_a——单位面积上污染物在单位时间内的排放量，mg/(s·m²)；

　　　u——平均风速，m/s；

　　　C_b——上风向和进入该箱内的大气污染物本底浓度，mg/m³；

　　　H——污染物可达到的高度（可用混合层厚度替代），m；

　　　u_d——干沉积速度，SO_2 取 0.01m/s，根据粒径不同，TSP 取 0.04~0.19m/s；

　　　R——年降水量，mm/a；

　　　W_r——清洗比，取 1.9×10^{-5}；

　　　x——箱内顺风长度，m；

　　　T_c——污染物化学半衰周期，SO_2 取 12h，TSP 取 ∞。

若给定平均浓度 C 为大气污染物浓度标准限值 C_s，而且设 C_b 近于零，而污染物的半衰期足够长，由上式可得到：

$$q_a = \frac{C_s u H}{x} + (u_d + W_r R)C_s \tag{5-2-9}$$

若规划区面积为 S，其等效直径为：

$$x = 2\sqrt{\frac{S}{\pi}} \qquad (5\text{-}2\text{-}10)$$

在控制周期 T 时间内,整个区域内允许排放的污染物总量($Q_\text{总}$)为:

$$Q_\text{总} = q_a ST \qquad (5\text{-}2\text{-}11)$$

若考虑控制周期 T 为一年,则规划区年允许排放量 $Q_\text{允}$ 为:

$$Q_\text{允} = 3.1536 \times 10^{-3} C_s \left[\frac{\sqrt{\pi} V_E \sqrt{S}}{2} + S(u_d + W_r R) \times 10^3 \right] \qquad (5\text{-}2\text{-}12)$$

式中　V_E——通风量,m^2/s,$V_E = uH$;

$Q_\text{允}$——允许排放量,$10^4 t/a$;

S——规划区面积,km^2;

R——年降水量,mm/a;

C_s——污染物年平均浓度标准限值,mg/m^3;

u_d——干沉积速度,m/s;

W_r——无量纲量,取 1.9×10^{-5}。

考虑到一般尺度单位内的污染物干沉积速度较小,降水产生的沉积作用远小于通风稀释作用。因此,在区域排放污染物总量计算时略去 u_d、W_r 项,$Q_\text{允}$ 的计算公式可简化为:

$$Q_\text{允} = A C_s \sqrt{S} \qquad (5\text{-}2\text{-}13)$$

$$A = \frac{3.1536 \times 10^{-3} \sqrt{\pi} V_E}{2} \qquad (5\text{-}2\text{-}14)$$

A 值对于一个地区而言是一个常数,其取决于通风量。《制定地方大气污染物排放标准的技术方法》(GB/T 3840—1991)中给出了各地区的总量控制系数 A 值(表 5-2-7)。因此,规划区允许排放总量实际上取决于规划区面积及其所执行的环境质量标准。

表 5-2-7　我国各地区总量控制系数 A、低架源分担率 a、点源控制系数 P 值表

地区序号	省(市、自治区)名	A	a	P 总量控制区	P 非总量控制区
1	新疆、西藏、青海	7.0~8.4	0.15	100~150	100~200
2	黑龙江、吉林、辽宁、内蒙古(阴山以东)	5.6~7.0	0.25	120~180	120~240
3	北京、天津、河北、河南、山东	4.2~5.6	0.15	100~180	120~240
4	内蒙古(阴山以西)、山西、陕西(秦岭以北)、宁夏、甘肃(渭河以北)	3.5~4.9	0.20	100~150	100~200
5	上海、广东、广西、湖南、湖北、江苏、浙江、安徽、海南、台湾、福建、江西	3.5~4.9	0.25	50~100	50~100
6	云南、贵州、四川、甘肃(渭河以南)、陕西(秦岭以南)	2.8~4.2	0.15	50~75	50~100
7	静风区(年平均风速小于 1m/s)	1.4~2.8	0.25	40~80	40~90

若规划区分为 n 个分区,m 个环境功能区,各个分区、功能区面积为 S_{ij},则各分区允许排放总量(Q_i)为:

$$Q_i = A \sum_{j=1}^{m} C_{ij} \frac{S_{ij}}{\sqrt{S}} \qquad (5\text{-}2\text{-}15)$$

式中　C_{ij}——各分区、功能区所执行的环境质量标准,mg/m^3;

Q_i——各分区允许排放总量，10^4 t/a；

A——总量控制系数，见表 5-2-7；

S——规划区面积。

此时规划区的允许排放总量（$Q_允$）则为：

$$Q_允 = A \sum_{i=1}^{n} \sum_{j=1}^{m} C_{ij} \frac{S_{ij}}{\sqrt{S}} \tag{5-2-16}$$

② 排放源排放总量控制 P 值法。区域总量控制 A 值法中只规定了规划区允许排放总量，而无法确定每个排放源的允许排放量。《制定地方大气污染物排放标准的技术方法》（GB/T 3840—1991）中点源排放 P 值法规定了烟囱有效高度为 h 的点源允许排放率（q_{pi}）为：

$$q_{pi} = PC_s \times 10^{-6} h^2 \tag{5-2-17}$$

式中 q_{pi}——点源允许排放率，t/h；

P——点源控制系数，见表 5-2-7；

C_s——污染物环境标准限值，mg/m³；

h——烟囱有效高度，m。

P 值法是由烟囱排放高度来控制排放速率的，对于单个排放源可控制其排放总量，但无法限制规划区排放总量。

③ A-P 结合的总量控制法。表 5-2-7 中给出了区域总量控制的各地区低架源分担率 a，各控制分区低架源允许排放总量（Q_{bi}）为：

$$Q_{bi} = aQ_i \tag{5-2-18}$$

式中 Q_{bi}——各控制分区低架源允许排放总量，10^4 t/a；

a——低架源分担率，见表 5-2-7。

中架源（几何高度 100m 以下及 30m 以上）与低架源主要影响本区和邻近区域的大气环境质量，因此在各分区内要求：

$$Q_i \geqslant T \sum_{j=1(h<100m)}^{m} (\beta_i PC_{si} \times 10^{-6} h_j^2) + Q_{bi} \tag{5-2-19}$$

式中 T——控制周期（可取为一年）；

h——中架源的几何高度，m；

β_i——调整系数。

上式表达了各分区中架源和低架源的排放总量不能超过规划区允许排放总量。调整系数 β_i 为：

$$\beta_i = \frac{Q_i - Q_{bi}}{Q_{mi}} \tag{5-2-20}$$

$$Q_{mi} = T \sum_{j=1(h<100m)}^{m} PC_{si} \times 10^{-6} h_j^2 \tag{5-2-21}$$

若 $\beta_i > 1$ 时，β_i 取 1。

对于整个规划区的总调整系数的计算，因为有：

$$Q \geqslant Q_b + \beta \sum_{i=1}^{n} \left[\beta_i Q_{mi} + T \sum_{j=1(h \geqslant 100m)}^{m} \beta_i PC_{si} \times 10^{-6} h_j^2 \right] \tag{5-2-22}$$

$$Q_m = \sum_{i=1}^{n} \beta_i Q_{mi} \tag{5-2-23}$$

$$Q_H = T \sum_{i=1}^{n} \sum_{j=1(h \geqslant 100m)}^{m} \beta_i P C_{si} \times 10^{-6} h_{ij}^2 \tag{5-2-24}$$

式中 Q_m——规划区中架源允许排放总量（在各分区作了调整），10^4 t/a；

Q_H——规划区高架源排放总量，10^4 t/a。

总调整系数为：

$$\beta = (Q - Q_b)/(Q_m + Q_H) \tag{5-2-25}$$

若 $\beta > 1$，β 取 1。

当 β、β_i 值确定后，各分区的 P 值调整为：

$$P_i = \beta_i \beta P \tag{5-2-26}$$

从而可计算出各点源新的允许排放限值。同时可保证各功能区排放总量之和不超过规划区总限制值。

(5) 水污染物总量控制措施

① 河流各功能水域总量预测。水污染物允许排放量预测量（$W_{允}$）等于预测年污染物产生总量（$W_{总}$）减去预测年污染物削减量（$W_{削}$）：

$$W_{允} = W_{总} - W_{削} \tag{5-2-27}$$

式中 $W_{允}$——预测年向某水体允许排放某污染物总量；

$W_{总}$——预测年某污染物产生总量；

$W_{削}$——预测年某污染物削减总量。

根据污染物在水体中降解的情况不同，向水体中的允许排放量也可采用下式计算。

易降解污染物公式为：

$$W_{允} = 86.4 \times [C_t(Q_p + q) - C_0 Q_p e^{-K}] \tag{5-2-28}$$

难降解污染物公式为：

$$W_{允} = 86.4 \times [C_t(Q_p + q) - C_0 Q_p] \tag{5-2-29}$$

式中 $W_{允}$——预测年向某水体允许排放某污染物总量；

C_t——水质标准；

Q_p——90%保证率月平均最枯流量；

q——旁侧污水流量；

C_0——上游断面污染物浓度。

K 值可根据上、下游水质监测资料进行反推计算得到。根据物质平衡原理，一种河流或水体污染物沿河流方向的平衡方程为：

$$Q_1 C_1 + \sum_{i=1}^{n} q_i C_i - Q_2 C_2 = K \left(Q_1 C_1 + \sum_{i=1}^{n} q_i C_i \right) \tag{5-2-30}$$

式中 Q_1，C_1——上游断面流入的水量（m³/s）及污染物浓度（mg/L）；

q_i，C_i——排污口或支流流入的水量（m³/s）及污染物浓度（mg/L）；

Q_2，C_2——下游断面流出河段的水量（m³/s）及污染物浓度（mg/L）。

由平衡方程和实际监测资料，可以得到污染物削减综合系数 K 的计算公式：

$$K = 1 - \frac{Q_2 C_2}{Q_1 C_1 + \sum_{i=1}^{n} q_i C_i} \tag{5-2-31}$$

② 污染物削减量预测。水污染物削减量（$W_{削}$）等于预测年污染物产生总量（$W_{总}$）减去允许排放量预测量（$W_{允}$）：

$$W_{削}=W_{总}-W_{允} \tag{5-2-32}$$

式中 $W_{允}$——预测年向某水体允许排放某污染物总量；

$W_{总}$——预测年某污染物产生总量；

$W_{削}$——预测年某污染物削减总量。

③ 湖泊（水库）允许排放量预测。允许排放总量计算公式为：

$$W=\frac{1}{\Delta t}(C_s-C_0)V+KC_sV+C_sq \tag{5-2-33}$$

式中 W——湖泊水体环境容量，kg/d；

Δt——枯水时段，d（水位年变化大，Δt 取 60～90d；水位常年稳定，Δt 取 90～150d）；

C_s——水环境质量标准，mg/L；

C_0——起始时刻实测污染物浓度，mg/L；

V——设计水量（湖泊安全容积），m³；

q——在安全容积期间，从湖泊排出去的水量，m³/d；

K——污染物的自净系数，d^{-1}。

K 值可采用实测资料反推计算：

$$K=\frac{P\Delta t+Q_0-Q_t}{\Delta t Q_0} \tag{5-2-34}$$

式中 P——每日进入湖泊的污染物量，$P\Delta t$ 值为 Δt 时段进入的污染物总量，kg；

Q_0——起始段污染物总量，kg；

Q_t——时段末污染物总量，kg。

点源允许排放量（排放的某污染物对于某计算点的允许排放量）的计算公式：

$$\Omega=C_iq_i=C_se^{-\frac{K\varphi H}{2q_i}\times r^2}\times q_i \tag{5-2-35}$$

式中 Ω——点源允许排放量，kg/d；

C_i——点源废水排放浓度，mg/L；

q_i——点源废水排放量，m³/d；

C_s——水环境质量标准，mg/L；

H——废水扩散深度，m；

φ——废水在湖水中的扩散角度，岸边排放时 $\varphi=180°$，在湖心排放时 $\varphi=360°$；

r——某计算点距离排污口的距离，m；

K——污染物的自净系数，d^{-1}。

总磷允许排放量 L_0 的计算公式：

$$L_0=PZ(P_n+aP) \tag{5-2-36}$$

式中 P——湖泊总磷浓度标准限值，mg/L；

Z——湖水平均深度，m；

P_n——湖水稀释率；

aP——湖泊沉降率，a^{-1}。可由实测资料反推计算，或用经验系数 $10/Z$。

湖水稀释率 P_n 的计算公式：

$$P_n = \frac{1}{t_n} = \frac{q}{V} \tag{5-2-37}$$

式中 t_n——湖水停留时间，a；

q——湖水量，m^3/a；

V——湖泊容积，m^3。

5.2.3.3 生态影响因素分析

明确生态影响作用因子，结合建设项目所在区域的具体环境特征和工程内容，识别、分析建设项目实施过程中的影响性质、作用方式和影响后果，分析生态影响范围、性质、特点和程度。

应特别关注特殊工程点段分析，如环境敏感区、长大隧道与桥梁、淹没区等，并关注间接性影响、区域性影响、累积性影响以及长期影响等特有影响因素的分析。

5.2.3.4 原辅材料、产品、废物的储运

通过对建设项目原辅材料、产品、废物等的装卸、搬运、储藏、预处理等环节的分析，核定各环节的污染来源、种类、性质、排放方式、强度、去向及达标情况等。

5.2.3.5 交通运输

给出运输方式(公路、铁路、航运等)，分析由于建设项目的施工和运行，使当地及附近地区交通运输量增加所带来环境影响的类型、因子、性质及强度。

5.2.3.6 公用工程

给出水、电、气、燃料等辅助材料的来源、种类、性质、用途、消耗量等，并对来源及可靠性进行论述。

公用工程要进行产污环节分析，主要是：供热、供汽、供气、软水制备等系统污染物的产生与排放；污水处理系统的污染物的产生与排放；制冷系统污染物的产生与排放（如NH_3）；循环水系统的产污等。

5.2.3.7 非正常工况分析

对建设项目生产运行阶段的开车、停车、检修等非正常排放时的污染物进行分析，找出非正常排放的来源，给出非正常排放污染物的种类、成分、数量与强度、产生环节、产生原因、发生频率及控制措施等。

5.2.3.8 环境保护措施和设施

按环境影响要素分别说明工程方案已采取的环境保护措施和设施，给出环境保护设施的工艺流程、处理规模、处理效果。

① 分析建设项目可研（即可行性研究）阶段环保措施方案，并提出进一步改进的意见。根据建设项目产生的污染物特点，充分调查同类企业的现有环保处理方案，分析建设项目可研阶段所采用的环保设施的先进水平和运行可靠程度，并提出进一步改进的意见。

② 分析污染物处理工艺有关技术经济参数的合理性。根据现有的同类环保设施的运行技术经济指标，结合建设项目环保设施的基本特点，分析论证建设项目环保设施的技术经济参数的合理性，并提出进一步改进的意见。

③ 分析环保设施投资构成及其在总投资中占有的比例。汇总建设项目环保设施的各项投资，分析其投资结构，计算环保投资在总投资中所占的比例，并提出进一步改进的意见。

5.2.3.9 总图布置方案分析

① 分析厂区与周围的保护目标之间所定卫生防护距离和安全防护距离的保证性。参考国家的有关卫生防护距离规范、计算得到的卫生防护距离,分析厂区与周围的保护目标之间所定防护距离的可靠性,合理布置建设项目的各构筑物及生产设施,给出总图布置方案与外环境关系图。

② 根据气象、水文等自然条件分析工厂和车间布置的合理性。在充分掌握项目建设地点的气象、水文和地质资料的条件下,认真考虑这些因素对污染物的污染特性的影响,合理布置工厂和车间,尽可能减少对环境的不利影响。一般而言,生活设施和对环境要求高的车间应布置在上风向。

③ 分析对周围环境敏感点处置措施的可行性。分析项目所产生的污染物的特点及其污染特征,结合现有的有关资料,确定建设项目对附近环境敏感点的影响程度,在此基础上提出切实可行的处置措施(如搬迁、防护、另选厂址等)。

5.2.3.10 污染物排放统计汇总

对建设项目有组织与无组织、正常工况与非正常工况排放的各种污染物浓度、排放量、排放方式、排放条件与去向等进行统计汇总。对改扩建项目的污染物排放总量统计,应分别按现有、在建、改扩建项目实施后汇总污染物产生量、排放量及其变化量,给出改扩建项目建成后最终的污染物排放总量。

对于新建项目要求算清"两本账":一本是工程自身的污染物产生量;另一本则是按治理规划和评价规定措施实施后能够实现的污染物削减量。新建项目污染物排放量统计情况见表 5-2-8。对于改扩建和技术改造项目的污染物排放量统计则要求算清三本账:a. 改扩建与技术改造前现有工程的污染物实际排放量。这部分现有工程污染物源强可根据原环评报告书、项目竣工验收报告、环保监测部门例行监测资料核算,也可根据实际生产规模和原辅材料消耗量衡算,必要时也可进行污染源现场监测。b. 技改扩建项目污染物排放量。c. "以新带老"削减量。三本账之代数和方可作为评价所需的最终排放量。改扩建及技改项目污染物排放量统计情况见表 5-2-9。

表 5-2-8　新建项目污染物排放量统计

类别	污染物名称	产生量	治理削减量	排放量
废气				
废水				
固体废物				

表 5-2-9　改扩建及技改项目污染物排放量统计

类别	污染物名称	现有工程排放量	拟建项目排放量	"以新带老"削减量	改扩建或技改工程完成后总排放量	增减量变化
废气						
废水						
固体废物						

5.3 生态影响型项目工程分析

5.3.1 生态影响型项目工程分析的基本内容

生态影响型项目工程分析的内容应包括：项目所处的地理位置、工程的规划依据和规划环评依据、工程类型、项目组成、占地规模、总平面及现场布置、施工方式、施工时序、运行方式、替代方案、工程总投资与环保投资、设计方案中的生态保护措施等。

工程分析时段应涵盖勘察期、施工期、运营期和退役期，以施工期和运营期为调查分析的重点。

5.3.2 生态影响型项目工程分析重点

根据评价项目自身特点、区域的生态特点以及评价项目与影响区域生态系统的相互关系，确定工程分析的重点，分析生态影响的源及其强度。主要内容应包括以下几个方面：
① 可能产生重大生态影响的工程行为；
② 与特殊生态敏感区和重要生态敏感区有关的工程行为；
③ 可能产生间接、累积生态影响的工程行为；
④ 可能造成重大资源占用和配置的工程行为。

5.3.3 生态影响型项目工程分析的技术要点

生态影响型项目工程分析的内容应结合工程特点，提出工程施工期和运行期的影响和潜在影响因素，能量化的要给出量化指标，技术要点如下。

（1）工程组成完全　应把所有的工程活动都纳入分析中。一般建设项目工程组成有主体工程、辅助工程、配套工程、公用工程、环境保护工程。有的将作业场等支柱性工程称为"大临"工程（大型临时工程）或储运工程系列，都是可以的。但必须将所有的工程建设活动，无论是临时的还是永久的，是施工期的还是运行期的，是直接的还是相关的，都要考虑在内。一般应有完善的项目组成表，明确占地、施工和技术标准等主要内容。

工程组成中，一般主体工程和配套工程在设计文件中都有详细内容，注意选取与环境有关的内容就可以了。重要的是要对辅助工程内容进行详细了解，必要时需通过类比调查确定工程组成的内容。主要的辅助工程有以下几种。

① 对外交通。如水电工程的对外交通公路，大多数需新修或改建扩建，有的达数十千米长，需了解其走向、占地类型与面积，匡算土石方量，了解修筑方式。有的大型项目，对外交通单列项目进行环评，则按公路建设项目进行环评。有的项目环评前已修建对外交通公路，则要做现状调查，阐明对外交通公路基本工程情况，并在环评中需进行回顾性环境影响分析和采取补救性环保措施。

② 施工道路。连接施工场地、营地，运送各种物料和土石方，都有施工道路问题。施工道路在大多数设计文件中是不具体的，经常需要在环评中做深入的调查分析。对于已设计施工道路的工程，具体说明其布线、修筑方法，主要关心是否影响到敏感保护目标，是否注意了植被保护或水土流失防治，其弃土是否进入河道等。对于尚未设计施工道路或仅有一般设想的工程，则需明确选线原则，提出合理的修建原则与建议，尤其需给出禁止线路占用的土地或地区。

③ 料场。包括土料场、石料场、沙石料场等施工建设的料场。需明确各种料场的点位、规模、采料作业时期及方法，尤其需明确有无爆破等特殊施工方法。料场还有运输方式和运输道路问题，如皮带运输、汽车运输等，根据运输量和运输方式，可估算出诸如车流密度（某点位单位时间通过的车辆数或多长时间过一辆车）等数据。这也就是环境影响源的"源强"（噪声源强、干扰或阻隔效应源强等）。

④ 工业场地。包括工业场地布设、占地面积、主要作业内容等。一般应给出工业场地布置图，说明各项作业的具体安排，使用的主要加工设备如碎石设备、混凝土搅拌设备、沥青搅拌设备采取的环保措施等。一个项目可能有若干个工业场地，需一一说明。工业场地布置在不同的位置和占用不同的土地，它的环境影响是不同的，所以在选址合理性论证中，工业场地的选址是重要论证内容之一。

⑤ 施工营地。集中或单独建设的施工营地，无论大小，都需纳入工程分析中。与生活营地配套建设的供热、采暖、供水、供电以及炊事、环卫设施，都需一一说明。施工营地占地类型、占地面积，事后进行恢复的设计，是分析的重点。其中，都有环境合理性分析问题。

⑥ 弃土弃渣场。包括设置点位、每个场的弃土弃渣量、弃土弃渣方式、占地类型与数量、事后复垦或进行生态恢复的计划等。弃土弃渣场的合理选址是环评重要论证内容之一，在工程分析中需说明弃渣场坡度、径流汇集情况等，以及拟采取的安全设计措施和防止水土流失措施等。对于采矿和选矿工程，其弃渣场尤其是尾矿库是专门的设计内容，是在一系列工程地质、水文地质工作的基础上进行选择的，环评中亦作为专题进行工程分析与影响评价。

(2) **重点工程明确**　应将主要造成环境影响的工程作为重点的工程分析对象，明确其名称、位置、规模、建设方案、施工方式、运行方式等。

与污染影响型项目相比，生态影响型项目的工程分析更应重点加强施工方式和运行方式的分析。对于同一项目，不同的施工和运行方式的环境影响差别很大。生态影响型项目的主要环境影响往往发生在施工期。对施工方式的分析可从施工工艺和施工时序两方面入手。例如，传统的桥梁基础开挖为大开挖式，由于开挖面积及土石方的挖出、回填量较大，产生的植被破坏、水土流失较严重；先进的干式旋挖钻，由于钻头直径与桩基直径大体相当，其环境影响与传统的大开挖式相比要小很多。

在项目建成运行后，因运行方式不同，产生的环境影响不同。例如，日调节水电站的下泄过程（主要是时间和流量）不同，可能极大地影响到下游河道的水位和流速，而水位、流速频繁和剧烈地变化，可能对河流中的鱼类生存和繁殖产生不利影响。通过对水电站运行方式的分析，结合现状调查对下游河道中鱼类的生理生态学习性（如对适宜的生存、繁殖流速和水深等的要求）调查，就有可能针对鱼类保护的要求，通过水文学计算，合理地优化水电站的运行方式。

(3) **全过程分析**　生态影响是一个过程，不同的时期产生的影响不同，因此必须做全过程分析。一般可将全过程分为选址选线期（工程预可行性研究期）、设计方案期（初步设计与工程设计期）、建设期（施工期）、运行期和运行后期（结束期，闭矿、设备退役和渣场封闭等）。

(4) **污染源分析**　明确污染源，污染物类型、源强（含事故状态下的源强）、排放方式和纳污环境等。污染源可能发生于施工建设阶段，也可能发生于运行期。污染源的控制要求与纳污环境的环境功能密切相关，因此必须同纳污环境联系起来做分析。

（5）其他分析　施工建设方式、运行期方式的不同，都会对环境产生不同影响，需要在工程分析时给予考虑。发生可能性不大，一旦发生将会产生重大影响者，则可作为风险问题考虑。例如，公路运输农药时，车辆可能在跨越水库或水源地时发生事故性泄漏等。

5.4　污染源强计算

5.4.1　污染物排放量的计算方法

确定污染物排放量的方法有三种，即物料平衡法、排污系数法和实测法。

（1）物料平衡法　根据物质守恒定律，在生产过程中投入的物料量 T 等于产品所含这种物料的量 P 与物料流失量 Q 的总和，即

$$T = P + Q \tag{5-4-1}$$

下面以粉煤灰和炉渣产生量的计算为例说明。

煤炭燃烧形成的固态物质，其中从除尘器收集到的称为粉煤灰，从炉膛中排出的称为炉渣。锅炉燃烧产生的灰渣量和煤的灰分含量与锅炉的机械不完全燃烧状况有关。灰渣产生量常采用灰渣平衡法计算，由灰渣平衡公式可导出如下计算公式。

锅炉炉渣产生量 G_z（t/a）：

$$G_z = \frac{d_z BA}{1 - C_z} \tag{5-4-2}$$

锅炉粉煤灰产生量 G_f（t/a）：

$$G_f = \frac{d_{fh} BA \eta}{1 - C_f} \tag{5-4-3}$$

式中　B——锅炉燃煤量，t/a；
　　　A——燃煤的应用基灰分，%；
　　　η——除尘效率，%；
C_z，C_f——炉渣粉煤灰中可燃物百分含量，%（一般 C_z 取 10%～25%，煤粉悬燃炉炉渣可取 0～5%，C_f 取 15%～45%，热电厂粉煤灰可取 4%～8%，C_z、C_f 也可根据锅炉热平衡资料选取或由分析室测试得出）；
d_z，d_{fh}——炉渣中的灰分、飞灰占燃煤总灰分的百分比，%，$d_z = 1 - d_{fh}$。

不同炉型的灰渣百分比见表 5-4-1。

表 5-4-1　不同炉型的灰渣百分比

锅炉类型		d_{fh}（飞灰）/%	d_z（灰分）/%
固态排渣煤粉炉		0.85～0.95	0.05～0.15
液体排渣煤粉炉	无烟煤	0.85	0.15
	贫煤	0.80	0.20
	烟煤	0.80	0.20
	褐煤	0.70～0.80	0.20～0.30
卧式旋风锅炉		0.10～0.15	0.85～0.90
立式旋风锅炉		0.20～0.40	0.60～0.80
层燃链条炉		0.15～0.20	0.80～0.85
循环流化床锅炉		0.40～0.60	0.40～0.60

（2）排污系数法　污染物的排放量可根据生产过程中产品的经验排污系数进行计算，计算公式为：

$$Q = KW \tag{5-4-4}$$

式中　Q——废气或废水中某污染物的单位时间排放量，kg/h；

　　　K——单位产品的经验排污系数，kg/t；

　　　W——某种产品的单位时间产量，t/h。

经验排污系数是在特定条件下产生的，随地区、生产技术条件的不同而有所变化。经验排污系数和实际排污系数可能有很大差别，因此在选择时应根据实际情况加以修正。

几种不同行业的经验排污系数见表 5-4-2。

表 5-4-2　几种不同行业的经验排污系数

行业名称	污染物	计量单位	经验排污系数 平均值	经验排污系数 变化幅度	备注
餐饮业	动植物油	mg/L	100	70~200	废水量按用水量的80%计算
	COD	mg/L	650	400~1000	
	BOD$_5$	mg/L	300	200~400	
	悬浮物	mg/L	100	80~200	
旅游业（附设餐厅）	动植物油	mg/L	80	30~110	废水量按用水量的85%计算
	COD	mg/L	360	250~580	
	BOD$_5$	mg/L	195	120~300	
	悬浮物	mg/L	80	60~120	
旅游业	COD	mg/L	100	70~150	—
	悬浮物	mg/L	60	30~95	
理发业	废水量	t/(月·座)	20	10~30	—
	COD	mg/L	700	250~1100	
	BOD$_5$	mg/L	300	250~650	
	悬浮物	mg/L	120	80~250	
洗衣业	COD	mg/L	约1200		废水量按用水量的80%计算
	悬浮物	mg/L	约550		
冲晒、扩印	COD	mg/L	约135		废水量按用水量的90%计算
	BOD$_5$	mg/L	约44	—	
	悬浮物	mg/L	约35		
医院	COD	mg/L	220	100~350	废水量按用水量的85%计算
	BOD$_5$	mg/L	60	20~100	
	悬浮物	mg/L	35	15~60	

（3）实测法　实测法是对污染源进行现场测定，得到污染物的排放浓度和流量，然后计算出污染物排放量。计算公式为：

$$Q = kCL \tag{5-4-5}$$

式中　Q——废气或废水中某污染物的单位时间排放量，t/h；

　　　k——单位换算系数，废气取 10^{-9}，废水取 10^{-6}；

　　　C——实测的污染物算术平均浓度，废气的单位是 mg/m^3，废水的单位是 mg/L；

　　　L——烟气或废水的流量，m^3/h。

这种方法只适用于已投产的污染源，并且容易受到采样频次的限制。如果实测的数据没有代表性，也不易得到真实的排放量。

实测法是从实地测定中得到的数据，因而比其他方法更接近实际，比较准确，这是实测法最主要的优点。但是实测法必须解决好实测的代表性问题。因此，常常不只测定一个浓度值而是测定多个浓度值。此时,对于污染物的实测浓度 C 的取值有以下两种情况。

① 如果废水或废气流量 Q 只有一个测定值,而污染物浓度 C 反复测定多次,则污染物的浓度 C 取算术平均值 $\overline{C}$,即

$$\overline{C}=(C_1+C_2+\cdots+C_n)/n \tag{5-4-6}$$

② 如果废水或废气流量 Q 与污染物浓度 C 同时反复测定多次,此时废水或废气流量 Q 取算术平均值 $\overline{Q}$,而污染物的浓度 C 则取加权算术平均值 $\overline{C}$,即

$$\overline{Q}=(Q_1+Q_2+\cdots+Q_n)/n$$
$$\overline{C}=(Q_1C_1+Q_2C_2+\cdots+Q_nC_n)/(Q_1+Q_2+\cdots+Q_n) \tag{5-4-7}$$

5.4.2 燃料燃烧过程中主要污染物排放量的估算

固体、液体及气体燃料在燃烧过程中均有废气产生,其中含有二氧化硫、氧化物、烟尘等,根据其来源、燃烧方式等方面的差异,污染物的产生及排放情况各不相同,可按物料衡算方法计算。

5.4.2.1 燃料消耗量和燃料组分

锅炉燃烧燃料的种类主要包括:燃煤、燃油、燃气、生物质燃料等。

(1) 燃料消耗量　一般来说,燃料量的确定应根据能量守恒、蒸气平衡、物料平衡等按以下步骤核算:

① 根据项目的蒸气平衡,并考虑各用气环节,核算项目的热(气)负荷;

② 根据热(气)负荷,并考虑焓差系数、网损率、蒸气压力变化等,核算热(气)源设备的设计热负荷;

③ 根据设计热负荷,按不同燃料的低位发热量,并考虑设备热效率等,核算各工况下需要的燃料的消耗量。

(2) 燃料组分　燃料中的不同组分在燃烧过程中产生不同类型的污染物。燃料组分分析应注意以下问题:

① 提供正式的燃料组分检验分析报告;

② 对现有、技改扩建项目,应结合收集实际运行中的燃料组分,确定工程燃料主要组分(如含硫率)的平均值和变化范围;

③ 对固体燃料组分,应注意收到基与空气干燥基等的换算,将成分换算为收到基;

④ 燃料组分往往差别很大,一般不采用类比法确定。

5.4.2.2 SO_2 排放量的估算

煤中的硫有三种存在形态:有机硫、硫铁矿和硫酸盐。煤燃烧时只有有机硫和硫铁矿中的硫可以转化为 SO_2,硫酸盐则以灰分的形式进入灰渣中。一般情况下,可燃硫占全硫量的 80% 左右。石油中的硫可全部燃烧并转化为 SO_2。

由硫燃烧的化学反应方程式 $S+O_2 \longrightarrow SO_2$ 可知,32g 硫经氧化可生成 64g SO_2,即 1g 硫可产生 2g SO_2。因此燃煤产生的 SO_2 排放量的计算公式如下:

$$G=BS\times 80\%\times 2\times(1-\eta)=1.6BS(1-\eta) \tag{5-4-8}$$

式中　G——SO_2 的排放量,kg/h;
　　　B——燃煤量,kg/h;
　　　S——煤的含硫量,%;

η——脱硫设施的 SO_2 去除率,%。

燃油产生的 SO_2 排放量为:

$$G=2BS(1-\eta) \tag{5-4-9}$$

式中 G——SO_2 的排放量,kg/h;

B——耗油量,kg/h;

S——油的含硫量,%;

η——脱硫设施的 SO_2 去除率,%。

不同脱硫方式可达到的设计脱硫效率见表 5-4-3。在长期稳定运行状态下,实际脱硫效率一般比设计脱硫效率低。

表 5-4-3 不同脱硫方式可达到的设计脱硫效率

锅炉与炉窑	脱硫装置或系统	设计脱硫效率/%
大型锅炉与电站锅炉	石灰石-石膏湿法	≥95
	海水脱硫	≥90
	烟气循环流化床法	≥95
	电子束氨法	80～90
	炉内喷钙/尾部增湿活化	≥85
中小型工业及民用锅炉	增湿灰循环脱硫技术	≥90
	旋转喷雾半干法	80～90
	氧化镁法	≥90
	双碱法	≥90
	燃用工业固硫型煤	40～50
	水膜除尘器加碱脱硫	40～60
	复合式除尘脱硫器	≥80
	喷雾干燥烟气脱硫	80～90
	湿式除尘脱硫一体化	60～80
	湿式脱硫器(与干法除尘器配合使用)	≥60
中型锅炉及炉窑	《工业锅炉烟气治理工程技术规范》(HJ 462—2021)规定:脱硫装置的设计脱硫效率不宜小于 90%。对于 65t/h 以下工业锅炉脱硫装置在满足排放标准和总量控制要求的前提下,设计脱硫效率可适当降低,但不宜小于 80%	

注:有条件时,应通过实测或类比确定实际的脱硫效率。

5.4.2.3 燃煤烟尘排放量的估算

燃煤烟尘包括黑烟和飞灰两部分,黑烟是未完全燃烧的炭粒,飞灰是烟气中不可燃烧的矿物微粒,是煤的灰分的一部分。烟尘的排放量与炉型和燃烧状况有关,燃烧越不完全,烟气中的黑烟浓度越大,飞灰的量与煤的灰分和炉型有关。一般根据燃煤量、煤的灰分和除尘效率来计算燃烧产生的烟尘量,即:

$$Y=BAD(1-\eta) \tag{5-4-10}$$

式中 Y——烟尘排放量,kg/h;

B——燃煤量,kg/h;

A——煤的灰分含量,%;

D——烟气中的飞灰占灰分的百分数,%;

η——除尘器的总效率,%。

各类除尘器可达到的设计除尘效率见表 5-4-4。

表 5-4-4　各类除尘器可达到的设计除尘效率 η

类别	除尘设备形式	设计除尘效率/%
机械式除尘器	重力沉降室	40～60
	惯性除尘器	50～70
	旋风除尘器	70～90
	多管旋风除尘器	80～95
湿式洗涤除尘器	喷淋洗涤塔	75～90
	水膜除尘器	85～90
	自激式洗涤器	85～95
	文丘里洗涤器	90～99
袋式除尘器	振动袋式除尘器	≥94
	逆气流反吹袋式除尘器	
	脉冲喷吹袋式除尘器	
静电除尘器	板式静电除尘器	≥98
	管式静电除尘器	
复合式除尘器	电袋组合多级除尘	≥99
	石灰石-石膏湿法脱硫装置具有一定的除尘效果,其除尘效率可达 50%～70%,保守评估可按 50%选取;海水脱硫亦可参照按 50%选取	

注：除尘器的效率受多种因素影响，即使同一除尘器在不同条件下，效率相差也可能较大，因此仅供参考。

若安装了二级除尘器，系统的总效率（η）为：

$$\eta = 1 - (1-\eta_1)(1-\eta_2) \tag{5-4-11}$$

式中　η_1——一级除尘器的除尘效率,%；

　　　η_2——二级除尘器的除尘效率,%。

【例 5-4-1】某厂全年用煤量 30000t,其中：用甲地煤 15000t,含硫量 0.8%；乙地煤 15000t,含硫量 3.6%。SO_2 去除率为 90%,求该厂全年共排放 SO_2 多少 kg？（注：式中 2.0 为二氧化硫与单质硫的分子量比值）

解：$G = 2.0 \times (15000 \times 0.8\% + 15000 \times 3.6\%) \times 10^3 \times (1-90\%)$

$\quad\quad = 1.6 \times 660000 \times 0.1 = 105600 (\text{kg})$

5.4.3　工艺尾气污染源强和排放参数的确定

工艺尾气污染源强的确定主要来自工程设计中的物料衡算，大多数设计单位在进行工艺计算时，都要利用有关软件进行模拟计算，给出的数据比较准确可靠。

没有设计资料的可采用类比的方式，但要注意分析对象与类比对象间的相似性和可比性。

下面介绍水泥熟料和电解铝生产中大气污染物源强的计算。

(1) 水泥熟料烧成过程中大气污染物排放量的计算

① 二氧化硫。水泥熟料烧成过程中 SO_2 排放量的确定通常采用两种方法。

a. 类比法：选择与拟建项目的生产规模、工艺、原料和燃料含硫量相似的项目实际监测其大气污染物排放浓度、烟气量等，得到 SO_2 排放量。

b. 公式计算

$$G_{SO_2} = 2(B_1 S_1 + B_2 S_2) K (1-\eta_S) \tag{5-4-12}$$

式中　G_{SO_2}——水泥熟料烧成中 SO_2 排放量,t/a；

　　　B_1——烧成水泥熟料的煤耗量,t/a；

　　　S_1——煤的含硫率,%；

B_2——生料耗量，t/a；

S_2——生料中的含硫率，%；

K——硫生成 SO_2 的系数，可取 0.95；

η_S——水泥熟料的吸硫率。根据多家水泥企业验收监测结果，新型干法水泥熟料的吸硫率可达 95% 以上。

② 氮氧化物。水泥窑排放的氮氧化物产生于窑内高温燃烧过程，其排放量与燃烧温度、过剩空气量、反应时间有关。水泥窑型不同、燃料燃烧状况不同，氮氧化物的差别较大。新型干法生产线的氮氧化物生成量比其他窑型低。

水泥熟料烧成过程中氮氧化物排放量的确定，目前尚难采用公式法计算，一般用类比监测方法确定。对新型干法生产线竣工验收的监测结果表明，氮氧化物浓度 $200\sim1000\text{mg/m}^3$（标），但大多 $600\sim700\text{mg/m}^3$。

③ 粉尘。水泥项目颗粒物的有组织排放量，可根据不同生产设备的通风量、颗粒物产生浓度、除尘效率、排放浓度以及通风设备的运转时间等核算，也可以采用类比同类项目实际监测数据的方法，但必须要有可比性。

(2) 电解铝生产中气态氟化物（以 F 计）排放量的计算　电解铝生产中气态氟化物（以 F 计）排放量可用以下计算公式：

$$G_F = A(H_1 FH_1 + H_2 FH_2) f_F K(1-\eta_F) \tag{5-4-13}$$

式中　G_F——气态氟化物（以 F 计）排放量，kg/a；

A——电解铝的年产量，t/a；

H_1——生产每吨铝冰晶石的消耗量，kg/t 铝；

FH_1——冰晶石的含氟率，%；

H_2——生产每吨铝氟化铝的消耗量，kg/t 铝；

FH_2——氟化铝含氟率，%；

f_F——气态氟的逸出率，%，一般取 56.6%；

K——设计密闭集气效率，一般为 98%；

η_F——氟化物净化系统的净化效率，%。电解铝行业含氟废气采用氧化铝粉吸附法，净化效率一般在 98% 以上。

(3) 化工、石化、医药等行业生产工艺过程中污染物产生与排放量　化工、石化、医药等行业的废气产生环节较多，但各排放点的废气量一般较小且较为分散，排放污染物种类多且往往具有特殊毒性和恶臭气味，一般采用集气系统收集集中净化处理，经工艺尾气排气筒排放。

① 污染物的产生与排放量。对燃烧产生排放的污染物量可由相关公式进行计算；对工艺过程中污染物产生排放量一般采用物料衡算法确定；对无组织排放产生排放量原则上也可以采用物料衡算法确定，但一般采用实测反推法确定。

② 废气量。由于气体的体积随温度、压力和化学组分等的变化会发生显著变化，通常应实测排烟量、烟气流速等并换算为标准状态下的参数。如果无实测或类比资料，对燃烧类的烟气量一般可通过理论计算与考虑过剩空气系数、漏风系数等得到；对采用密闭罩、集气罩等送、排风系统类的烟气量，一般可通过风机排风量及相应体积换算关系得到；对工艺中无送、排风系统的纯物质排放类的烟气量，可通过温度、压力、容积及纯物料量核算得到。

5.5 清洁生产分析

清洁生产是我国工业可持续发展的重要战略，也是实现我国污染控制重点，即由末端控制向生产全过程控制转变的重要措施。清洁生产的核心是从源头抓起，预防为主，生产全过程控制，实现经济效益和环境效益的统一。清洁生产涉及的范围很广，从改善日常管理的简单措施到原材料的变更，从工艺设计的选择到新设备的更换，都是清洁生产所包括的内容。清洁生产旨在既要尽可能取得资源利用的最优化，又要降低或消除环境影响。

5.5.1 清洁生产的内容

清洁生产的主要内容可归纳为"三清一控制"，即清洁的原料与能源、清洁的生产过程、清洁的产品以及贯穿于清洁生产中的全过程控制。

(1) 清洁的原料与能源　是指产品生产中能被充分利用而极少产生废物和污染的原材料和能源。清洁的原料与能源的第一个要求，是能在生产中被充分利用。这就要求选用较纯的原材料（即所含杂质少）、较清洁的能源（即转换比率高，废物排放少）。清洁的原料与能源的第二个要求，是不含有毒性物质。要求通过技术分析，淘汰有毒的原材料和能源，采用无毒或低毒的原料与能源。

目前，在清洁生产原料方面的措施主要有：清洁利用矿物燃料；加速以节能为重点的技术进步和技术改进，提高能源利用率；加速开发水能资源，优先发展水力发电；积极发展核能发电；开发利用太阳能、风能、地热能、海洋能、生物质能等可再生的新能源；选用高纯、无毒原材料。

(2) 清洁的生产过程　指尽量少用、不用有毒、有害的原料；选择无毒、无害的中间产品；减少生产过程中的各种危险性因素；采用少废、无废的工艺和高效的设备；做到物料的再循环；简便、可靠的操作和控制；完善的管理等。清洁的生产过程，要求选用一定的技术工艺，将废物减量化、资源化、无害化，直至将废物消灭在生产过程之中。

(3) 清洁的产品　清洁的产品，就是有利于资源的有效利用，在生产、使用和处置的全过程中不产生有害影响的产品。清洁的产品又叫绿色产品、环境友好产品、可持续产品等。清洁产品在进行工艺设计时应使产品功能性强，既满足人们需要又省料耐用（为此应遵循三个原则：精简零件，容易拆卸；稍经整修可重复使用；经过改进能够实现创新）。清洁的产品还要避免危害人和环境。因此，在设计清洁的产品时，还应遵循下列三个原则：产品生产周期的环境影响最小，争取实现零排放；产品对生产人员和消费者无害；最终废弃物易于分解成无害物。

(4) 贯穿于清洁生产中的全过程控制　它包括两方面的内容，即生产原料或物料转化的全过程控制和生产组织的全过程控制。

生产原料或物料转化的全过程控制，也常称为产品生命周期的全过程控制。它是指从原材料的加工、提炼到产出产品、产品的使用直到报废处置的各个环节所采取的必要的污染预防控制措施。

生产组织的全过程控制，也就是工业生产的全过程控制。它是指从产品的开发、规划、设计、建设到运营管理，所采取的防止污染发生的必要措施。

需要指出的是，清洁生产是一个相对的、动态的概念，所谓清洁生产的工艺和产品是和现有的工艺相比较而言的。清洁生产的英文是 cleaner production 中的 cleaner（清洁）一词为比较级，也表明清洁是一个相对的概念。推行清洁生产，本身是一个不断完善的过程，随着社会经济的发展和科学技术的进步，需要适时地提出更新的目标，不断采取新的方法和手段，争取达到更高的水平。

5.5.2 清洁生产水平分析

项目实施清洁生产，可以减轻项目末端处理的负担，提高项目建设的环境可行性。清洁生产分析应考虑生产工艺和装备是否先进可靠，资源和能源的选取、利用和消耗是否合理，产品的设计、产品的寿命、产品报废后的处置等是否合理，对在生产过程中排放出来的废物是否做到尽可能地循环利用和综合利用，从而实现从源头消灭环境污染问题。清洁生产提出的环保措施建议，应是从源头围绕生产过程的节能、降耗和减污的清洁生产方案建议。

建设项目工程分析应参考项目可行性研究中工艺技术比选、节能、节水、设备等篇章的内容，分析项目从原料到产品的设计是否符合清洁生产的理念，包括工艺技术来源和技术特点、装备水平、资源能源利用效率、废弃物产生量、产品指标等方面的说明。

清洁生产水平分析就是从原辅材料和能源、技术工艺、设备、过程控制、产品、管理、人员、废物八个方面，调查国内外行业清洁生产水平指标，对清洁生产八大要素逐一对比分析，给出建设项目清洁生产水平。

清洁生产水平分析有两种方法：一是标准评价法；二是权重分值法。

（1）标准评价法　顾名思义就是对照国家行业清洁生产标准，将建设项目各项清洁生产要素指标与标准值相比较，给出建设项目清洁生产水平。清洁生产标准一般分为一级、二级、三级水平，一级代表国际清洁生产先进水平，二级代表国内清洁生产先进水平，三级代表国内清洁生产基本水平。我国新建建设项目清洁生产水平原则上需要达到国内先进水平。

目前我国清洁生产标准体系已逐步完善，国家已连续发布 30 个重点行业清洁生产标准，形成了一系列完善的清洁生产指标体系，为企业清洁生产审核、建设项目环境影响评价和排污许可证管理等环境管理制度提供了技术支撑依据。表 5-5-1 为酒精制造业清洁生产标准指标要求。

表 5-5-1　酒精制造业清洁生产标准指标要求

清洁生产指标		一级	二级	三级
一、生产工艺与装备要求				
1. 发酵成熟醪酒精含量（体积分数）/%	谷类	≥13	≥12	≥11
	薯类	≥12	≥11	≥10
	糖蜜	≥11	≥10	≥9
2. 清洗系统		自动清洗系统（CIP）		人工清洗
3. 蒸馏设备		差压蒸馏		常压蒸馏
二、资源能源利用指标				
1. 单位产品综合能耗（折合标准煤计算）/(kg/kL)	谷类	≤550	≤600	≤800
	薯类	≤500	≤550	≤650
	糖蜜	≤350	≤450	≤550
2. 单位产品耗电量/(kW·h/kL)	谷类	≤140	≤260	≤380
	薯类	≤120	≤150	≤170
	糖蜜	≤20	≤40	≤50
3. 单位产品取水量/(m³/kL)	谷类	≤10	≤20	≤30
	薯类	≤10	≤20	≤30
	糖蜜	≤10	≤40	≤50

续表

清洁生产指标		一级	二级	三级
二、资源能源利用指标				
4. 糖分出酒率/%		≥53	≥50	≥48
5. 淀粉出酒率/%	谷类	≥55	≥53	≥52
	薯类	≥56	≥55	≥53
三、污染物产生指标（末端处理前）				
1. 单位产品废水产生量/(m³/kL)	谷类	≤10	≤15	≤20
	薯类	≤10	≤15	≤20
	糖蜜	≤10	≤20	≤30
2. 单位产品化学需氧量(COD)产生量/(kg/kL)	谷类	≤250	≤300	≤350
	薯类	≤250	≤300	≤350
	糖蜜	≤800	≤1000	≤1200
3. 单位产品酒精糟液产生量（综合利用前）/(m³/kL)	谷类	≤8	≤10	≤11
	薯类	≤8	≤10	≤11
	糖蜜	≤9	≤11	≤14
四、废物回收利用指标				
1. 酒精糟液综合利用率/%		100	100	100
2. 冷却水循环利用率/%		≥95	≥90	≥80
五、环境管理要求				
1. 环境法律法规标准		符合国家和地方有关法律、法规，污染物排放达到国家和地方排放标准，总量控制和排污许可证管理要求		
2. 组织机构		建立健全专门环境管理机构，配备专职管理人员		
3. 环境审核		按照 GB/T 24001 建立并有效运行环境管理体系，环境管理手册、程序文件及作业文件齐备，通过环境管理体系认证；按照《清洁生产审核暂行办法》的要求完成清洁生产审核，并经省级环境保护行政主管部门评估验收，持续实施清洁生产		环境管理制度健全、原始记录及统计数据齐全有效；按照《清洁生产审核暂行办法》的要求完成清洁生产审核，并经省级环境保护行政主管部门评估验收，持续实施清洁生产
4. 生产过程环境管理		有原材料质检制度和原材料消耗定额管理制度，对能耗水耗有考核，对产品合格率有考核，各种人流、物流包括人的活动区域，物品堆存区域等有明显标识；管道、设备无跑、冒、滴、漏，有可靠的防范措施		
5. 固体废物处理处置		采用符合国家规定的废物处置方法处置废物；一般固体废物按照 GB 18599 相关规定执行		
6. 相关方环境管理		购买有资质的原材料供应商产品，对原材料供应商的产品质量、包装和运输环节提出环境管理要求		

注：单位产品指折算 95%（体积分数）的酒精。

（2）权重分值法　根据国家发布的清洁生产评价指标体系，按照权重分值对项目进行打分评价，根据分值确定清洁生产水平。评价指标体系一般分为定量评价指标和定性评价指标。定量评价指标体系主要包括：资源和能源消耗指标、资源综合利用指标、污染物产生指标和产品特征指标。定性评价指标包括：原辅材料的使用要求、执行国家要求淘汰的落后生产能力和工艺设备的符合性、环境管理体系建设及清洁生产审核、贯彻执行环境保护法规的符合性和生产工艺及设备要求。评价指标体系在定性评价指标、定量评价指标二级指标列有详细权重分值，结合二级指标分值计算确定项目综合评价指数。

综合评价指数是描述和评价被考核企业在考核年度内清洁生产总体水平的一项综合指标。企业之间清洁生产综合评价指数之差可以反映企业之间清洁生产水平的总体差距。综合评价指数的计算公式为：

$$P = 0.6P_1 + 0.4P_2 \tag{5-5-1}$$

式中　P——企业清洁生产的综合评价指数；

P_1，P_2——分别为定量评价指标中各二级指标考核总分值和定性评价指标中各二级指标考核总分值。

行业不同等级清洁生产企业综合评价指数见表 5-5-2。

表 5-5-2　行业不同等级清洁生产企业综合评价指数

清洁生产企业等级	清洁生产综合评价指数
清洁生产先进企业	$P \geqslant 90$
清洁生产企业	$75 \leqslant P < 90$

5.5.3　清洁生产指标分析

在环境影响评价中进行清洁生产的分析是对计划进行的生产和服务实行预防污染的分析和评估。因此，在进行清洁生产分析时应判明废物产生的部位，分析废物产生的原因，提出和实施减少或消除废物的方案。各种生产过程虽然千差万别，概括其共性，可以得到如图 5-5-1 所示的生产过程框图。

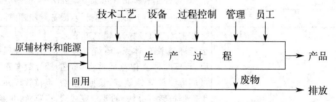

图 5-5-1　生产过程框图

从图 5-5-1 中可以看出，一个生产和服务过程可以抽象成八个方面，即原辅材料和能源、技术工艺、设备、过程控制、管理、员工等六方面的输入，得出产品和废物的输出。对于不得不产生的废物，要优先采用回收和循环使用措施，剩余部分才向外界环境排放。从清洁生产的角度看，废物产生的原因和产生的方案与这八个方面密切相关。这八个方面中的某几个方面直接导致废物的产生。这八个方面构成生产过程，同时也据此分析废物的产生原因和清洁生产方案。

（1）原辅材料和能源　原辅材料本身的特性，例如纯度、毒性、难降解性等，在一定程度上决定了产品及其生产过程对环境的危害，因而选择对环境无害的原辅材料是清洁生产评价所要考虑的重要方面。

企业是能源消耗的主体，我国的冶金、电力、石化、建材、印染等行业为重点能耗行业，节能降耗是我国经济发展过程中的长期任务。同时，在有些能源使用过程中（例如煤、油的燃烧过程）直接产生污染物，而有些则间接产生废物（例如电的使用，本身不产生废物，但火电、水电、核电的生产过程会产生一定的废物），节约能源、使用清洁能源有利于减少污染物的产生。

原辅材料的储运和在生产过程中的投入方式、投入量等都可能影响废物产生的种类和数量。

（2）技术工艺　生产过程的技术工艺水平决定了废物产生数量和种类，先进的技术可以提高原材料的利用效率，减少废物的产生。

（3）设备　作为技术工艺的具体体现，设备在生产过程中具有重要的作用。设备的配置(生产设备之间、生产设备和公用设施之间)、自身功能、设备的维护保养均会影响到废物的产生。

（4）过程控制　过程控制对生产过程十分重要，反应参数是否处于受控状态并达到优化水平（或工艺要求），对产品的得率和废物产生数量有直接的影响。

（5）管理　企业管理水平的高低也是清洁生产需要考虑的问题，管理上的松懈和遗漏是导致物料、能源浪费和废物增加的一个主要原因。

（6）员工　任何生产过程，无论其自动化程度多高，均需要人的参与，员工的素质和积极性的提高也是有效控制生产过程废物产生的重要因素。

（7）产品　产品本身决定了生产过程，同时产品性能、种类的变化往往要求调整生产过程和原辅材料种类及用量，因而也会影响到废物的种类和数量。此外，产品的包装、报废后的处置以及储运等都可能产生相关的环境问题。

（8）废物　废物本身的特性和状态直接关系到它是否可以再利用和循环使用，只有当它离开生产过程才成为废物，否则仍为生产过程中的有用物质，应尽可能回收，减少废物排放的数量。

以上八个方面，是一个产品从原料到产品及产品报废的生命周期。因此，清洁生产评价指标的选取应从以上八个方面考虑。

第6章 环境现状调查与评价

无论是建设项目环境影响评价，还是规划环境影响评价，均是在环境现状调查与评价的基础上，评价建设项目或规划实施后对环境中某种要素的影响。

环境现状调查与评价是根据当前环境状况或近期的环境监测资料对某一区域的环境质量进行分析评价，是环境影响评价工作中不可缺少的重要环节。通过这一环节，不仅可以了解建设项目所在区域的自然环境概况和环境功能区划，也可以通过环境监测等手段，获得建设项目实施前该区域的大气环境、水环境、声环境、土壤环境和生态环境质量现状数据，为建设项目的环境影响预测提供科学的依据。

6.1 环境现状调查的基本要求与方法

环境现状调查是环境影响评价的基础，应根据建设项目的特点、可能产生的环境影响和项目所在区域的环境特点，开展调查与评价工作。结合环境要素影响评价的工作等级，确定各环境要素的现状调查范围，并根据建设项目的常规污染因子和特征污染因子，筛选出各环境要素应调查的有关参数。

环境现状调查中，对环境中与评价项目有密切关系的部分（如大气、地表水、地下水、声、土壤、生态环境等）应全面、详细调查，对这些部分的环境质量现状应有定量的数据，并做出分析或评价；对一般自然环境与社会环境，应根据评价地区的实际情况进行调查。

环境现状调查的方法主要有三种，即收集资料法、现场调查法和遥感的方法。收集资料法应用范围广、收效大，比较节省人力、物力和时间。环境现状调查时，应首先通过此方法获得现有的各种有关资料，但此方法只能获得第二手资料，而且往往不全面，不能完全符合要求，需要其他方法补充。

现场调查法可以根据工作需要，直接获得第一手的数据和资料，以弥补收集资料法的不足。这种方法工作量大，需占用较多的人力、物力和时间，有时还可能受季节、仪器设备条件的限制。

遥感的方法可从整体上了解一个区域的环境特点，可以弄清人类无法到达地区的地表环境情况，如一些大面积的森林、草原、荒漠、海洋等。在使用此方法进行环境现状调查时，可判读和分析已有的航空或卫星相片，或利用无人机直接航拍。

环境现状调查与评价，应根据区域环境质量现状调查资料，说明区域环境质量变化趋势，分析区域存在的环境问题及产生原因。

6.2 自然环境调查

自然环境调查是环境影响评价的组成部分,其调查内容应了解项目所在区的自然环境情况,辨识环境敏感区,确定项目所在地需保护的敏感目标。

不开展环境要素专项评价的报告表项目,自然环境调查内容应进行简化,重点调查项目区的环境保护目标。对于生态影响类项目的报告表,应说明项目所在地主体功能区规划和生态功能区划情况,以及项目用地及周边与项目生态环境影响相关的生态环境现状。其中,陆生生态现状应说明项目影响区域的土地利用类型、植被类型,水利水电等涉及河流的项目应说明所在流域现状及影响区域的水生生物现状,海洋工程项目应说明影响区域的海域开发利用类型、海洋生物现状,明确影响区域内重点保护野生动植物(含陆生和水生)及其生境分布情况,说明与建设项目的具体位置关系。

6.2.1 自然环境调查的基本内容与技术要求

自然环境现状调查内容,一般包括地理位置、地质状况、地形地貌、气候与气象、地表水环境、地下水环境、土壤环境、水土流失、动植物与生态、文物与景观、人群健康状况等内容。

(1) 地理位置 建设项目所在地的经、纬度,行政区位置和交通位置,要说明项目所在地与主要城市、车站、码头、港口、机场等的距离和交通条件,并附地理位置图。

(2) 地质状况 一般情况,只需根据现有资料,选择下述部分或全部内容,概要说明当地的地质状况,如当地地层概况、地壳构造的基本形式(岩层、断层及断裂等)以及与其相应的地貌表现、物理与化学风化情况、当地已探明或已开采的矿产资源情况。若建设项目规模较小且与地质条件无关时,则可不叙述地质环境现状。

评价生态影响类建设项目,如评价矿山以及其他与地质条件密切相关的建设项目的环境影响时,与建设项目有直接关系的地质构造,如断层、断裂、坍塌、地面沉陷等不良地质构造,要进行较为详细的叙述。一些特别有危害的地质现象,如地震,也应加以说明,必要时应附图辅助说明。若没有现成的地质资料,应根据评价要求做一定的现场调查。

(3) 地形地貌 在一般情况下,只需根据现有资料,简要说明下述部分或全部内容:建设项目所在地区海拔高度,地形特征(即相对高差的起伏状况),周围的地貌类型(山地、平原、沟谷、丘陵、海岸等)以及岩溶地貌、冰川地貌、风成地貌等地貌的情况。崩塌、滑坡、泥石流、冻土等有危害的地貌现象及分布情况,若不直接或间接威胁到建设项目时,可概要说明其发展情况。若无可查资料,需要做一些简单的现场调查。

当地形地貌与建设项目密切相关时,除应比较详细地叙述上述全部或部分内容外,还应附建设项目周围地区的地形图,特别应详细说明可能直接对建设项目有危害或将被项目建设所诱发的地貌现象的现状及发展趋势,必要时还应进行一定的现场调查。

(4) 气候与气象 一般情况下,应根据现有资料概要说明大气环境状况,如建设项目所在地区的主要气候特征、年平均风速、主导风向、风玫瑰图、年平均气温、极端气温与月平均气温(最冷月和最热月)、年平均相对湿度、平均降水量、降水天数、降水量极值、日照、主要的灾害性天气特征(如梅雨、寒潮、雹和台、飓风)等。

(5) 地表水环境 一般,当不进行地表水环境的单项环境影响评价时,应根据现有资料概要说明地表水状况,如地表水资源的分布及利用情况,主要取水口分布,地表水各部分

(河、湖、库)之间及其与河口、海湾、地下水的联系,地表水的水文特征及水质现状,以及地表水的污染来源等。

如果建设项目建在海边又无需进行海湾的单项影响评价时,应根据现有资料选择性叙述部分或全部内容,概要说明海湾环境状况,如海洋资源及利用情况、海湾的地理概况、海湾与当地地表水及地下水之间的联系、海湾的水文特征及水质现状、污染来源等。

如需进行建设项目的地表水(包括海湾)环境影响评价,除应详细叙述上面的部分或全部内容外,还应增加水文、水质调查、水文测量及水资源利用状况调查等有关内容。

(6) 地下水环境 一般,若不进行地下水环境的单项环境影响评价时,只需根据现有资料全部或部分地简述下列内容,如地下水资源的蕴藏与开采利用情况、地下水埋深、地下水与地表水的联系以及水质状况与污染来源等。

若需进行地下水环境影响评价,除要比较详细地叙述上述内容外,还应根据需要选择以下内容进一步调查:水质的物理、化学特性,污染源情况,水的储量与运动状态,水质的演变与趋势,水源地及其保护区的划分,水文地质方面的蓄水层特性,承压水状况。当资料不全时,应进行现场调查和采样分析。

(7) 土壤环境 当建设项目不开展与土壤直接有关的环境影响评价工作时,只需根据现有资料,全部或部分简述下列内容:建设项目周围地区的主要土壤类型及其分布,土壤利用现状及其分布,土壤利用规划及其分布,土壤肥力及土壤营养概况,土壤污染的主要来源及区域土壤环境质量概况,建设项目周围地区的土壤盐化、酸化、碱化现状以及导致的原因等。

当需要开展土壤环境影响评价工作时,除要比较详细地叙述上述全部或部分内容外,还应根据需要选以下内容进行进一步调查:土壤理化特性、土壤环境影响源情况,以及评价范围内的土壤环境质量现状。

说明土壤盐化、酸化、碱化的原因及相应的自然要素(包括常年地下水位平均埋深、地下水溶解性总固体、区域的降雨量及蒸发量、区域的植被覆盖率)情况等的,需同时附土壤类型图。

(8) 动植物与生态 若建设项目不进行生态影响评价,但项目规模较大时,根据现有资料简述下列部分或全部内容,如建设项目周围地区的植被情况(类型、主要组成、覆盖度、生长情况等),有无国家重点保护的或稀有的野生动植物,当地主要的生态系统类型及现状(森林、草原、沼泽、荒漠、湿地、水域、海洋、农业及城市生态等)。若建设项目规模较小,又不进行生态影响评价时,这一部分可不叙述。

若需要进行生态影响评价时,除应详细叙述上面的部分或全部内容外,还应根据需要选择以下内容进一步调查,如本地区主要的动、植物清单,特别是需要保护的珍稀动、植物种类与分布,生态系统的生产力、稳定性状况,重要生态环境情况,生态环境敏感目标,生态系统与周围环境的关系以及影响生态系统的主要环境因素。

(9) 文物与景观 文物是指遗存在社会上或埋藏在地下的历史文化遗物,一般包括具有纪念意义和历史价值的建筑物、遗址、纪念物或具有历史、艺术、科学价值的古文化遗址、古墓葬、古建筑、石窟、寺庙、石刻等。

景观一般指具有一定价值必须保护的特定的地理区域或现象,如自然保护区、风景游览区、疗养区、温泉以及重要的政治文化设施等。

若不需要进行这方面的影响评价,则只需根据现有资料,概要说明下述部分或全部内容：建设项目周围具有哪些重要文物与景观；文物或景观相对建设项目的位置和距离，其基本情况以及相关的保护要求。

如建设项目需要进行文物或景观的环境影响评价，除要比较详细地叙述上述内容外，还应根据现有资料结合必要的现场调查，进一步叙述文物或景观对人类活动敏感部分的主要内容。这些内容有：它们易受哪些物理的、化学的或生物学因素的影响，目前有无已损害的迹象及其原因，主要的污染及其他影响的来源，景观外貌特点，自然保护区或风景游览区中珍贵的动、植物种类以及文物或景观的价值（包括经济的、政治的、美学的、历史的、艺术的和科学的价值等）。

（10）人群健康状况　当建设项目传输某种污染物，或拟排放的污染物毒性较大时，应进行一定的人群健康调查。调查时，应根据环境中现有污染物及建设项目选定排放的污染物的特性指标。

（11）其他　根据当地环境情况及建设项目的特点，决定是否进行有关放射性、光与电磁波、振动、地面下沉等相关项目的调查。

6.2.2　环境保护目标调查内容

环境现状调查应包括环境保护目标的调查。环境保护目标包括各类环境敏感区，即依法设立的各级各类保护区域和对建设项目产生的环境影响特别敏感的区域。

环境保护目标的调查范围应含评价范围以及建设项目可能影响的周边区域，调查评价范围内的环境功能区划、主要环境敏感区，详细了解环境保护目标的地理位置、服务功能、四至范围、保护对象和保护要求等。对存在各类环境风险的建设项目，应根据有毒有害物质排放途径确定调查范围，如大气环境、地表水环境、地下水环境、土壤环境、声环境及生态环境，明确可能受影响的环境敏感目标，给出敏感目标区位相对位置图，列表明确保护对象、属性、相对厂址方位及距离等数据。

6.3　大气环境现状调查与评价

6.3.1　大气污染源调查与分析

6.3.1.1　调查内容和要求

大气污染源是指排放大气污染物的设施或者建筑物、构筑物。污染源调查对象和内容应符合相应评价等级的规定。

一级评价项目，调查内容如下：

① 调查本项目不同排放方案有组织及无组织排放源，对于改建、扩建项目还应调查本项目现有污染源。本项目污染源调查包括正常排放和非正常排放，其中非正常排放调查内容包括非正常工况、频次、持续时间和排放量。

② 调查本项目所有拟被替代的污染源（如有），包括被替代污染源名称、位置、排放污染物及排放量、拟被替代的时间等。

③ 调查评价范围内与评价项目排放污染物有关的其他在建项目、已批复环境影响评价文件的拟建项目等污染源。

④ 对于编制报告书的工业项目，分析调查受本项目物料及产品运输影响新增的交通运输移动源，包括运输方式、新增交通流量、排放污染物及排放量。

二级评价项目，参照一级评价项目要求，调查本项目现有及新增污染源和拟被替代的污染源。

三级评价项目，只调查本项目新增污染源和拟被替代的污染源。

对于城市快速路、主干路等城市道路的新建项目，需调查道路交通流量及污染物排放量。

对于采用网格模型预测二次污染物的，需结合空气质量模型及评价要求，开展区域现状污染源排放清单调查。

污染源调查内容及格式要求分点源、面源、体源、线源、火炬源、烟塔合一源、城市道路源、机场源等分别给出。

6.3.1.2 调查方法

开展污染源调查，不同的项目可采用不同的方式。对于新建项目，可通过行业排污许可证申请与核发技术规范及各污染源源强核算技术指南、类比调查、物料衡算等方法从严确定污染物排放量；对于评价范围内在建和拟建项目的污染源调查，可使用已批准的环境影响评价文件中的数据资料；对于改建、扩建项目现状工程的污染源和评价范围内拟被替代的污染源调查，可利用在线监测数据、排污许可执行报告、自主验收报告等已有的实测数据或进行现场补充监测。污染源监测数据应采用满负荷工况下的监测数据或者换算至满负荷工况下的排放数据。

(1) 现场实测法　对于排气筒排放的大气污染物，如 SO_2、NO_x 或颗粒物等，可根据实测的废气流量和污染物浓度，按下式进行计算：

$$Q_i = Q_N C_i \times 10^{-6} \tag{6-3-1}$$

式中　Q_i——废气中 i 类污染物的源强（排放量），kg/h；

Q_N——废气体积（标准状态）流量，m^3/h；

C_i——废气中污染物 i 的实测质量浓度，mg/m^3。

该方法只适用于已投产的污染源，且一定要掌握取样的代表性，否则会带来很大的误差。

(2) 物料衡算法　物料衡算法是对生产过程中所使用的物料进行定量分析的一种科学方法。针对一些无法实测的污染源，可采用此法计算污染物的源强。

其计算通式如下：

$$\sum G_{投入} = \sum G_{产品} + \sum G_{损失} \tag{6-3-2}$$

式中　$\sum G_{投入}$——投入物料量总和；

$\sum G_{产品}$——所得产品量总和；

$\sum G_{损失}$——物料和产品流失量总和。

该方法既适用于整个生产过程中的总物料衡算，也适用于生产过程中任何工艺过程某一步或某一生产设备的局部衡算。同时，通过物料衡算，可明确进入环境中气相、液相、固相的污染物种类和数量。

(3) 排污系数法　根据生态环境部发布的《排放源统计调查产排污核算方法和系数手册》提供的核算方法和产污系数，按规模、污染物、产污系数、末端处理技术以及去除效率来计算污染物的排放量。

网格模型模拟所需的区域现状污染源排放清单调查，按国家发布的清单编制相关技术规范执行。污染源排放清单数据应采用近 3 年内国家或地方生态环境主管部门发布的包含人为源和天然源在内所有区域污染源清单数据，在国家或地方生态环境主管部门未发布污染源清单之前，可参照污染源清单编制指南自行建立区域污染源清单，并对污染源清单的准确性进行验证分析。

6.3.2 大气环境质量现状调查与评价

6.3.2.1 调查内容和要求

一级和二级评价项目，要调查项目所在区域环境质量达标情况，作为项目所在区域是否为达标区的判断依据，还要调查评价范围内有环境质量标准的评价因子的环境质量监测数据或进行补充监测，用于评价项目所在区域污染物环境质量现状。

三级评价项目，只调查项目所在区域环境质量达标情况。

6.3.2.2 数据来源

① 基本污染物环境质量现状数据。项目所在区域达标判定，优先采用国家或地方生态环境主管部门公开发布的环境质量公告或环境质量报告中的数据或结论，要采用公开发布的评价范围内评价基准年连续 1 年的监测数据进行评价。评价范围内没有环境空气质量监测网数据或公开发布的环境空气质量现状数据的，可选择符合《环境空气质量监测点位布设技术规范（试行）》（HJ 664—2013）规定，并且与评价范围地理位置邻近、地形、气候条件相近的环境空气质量城市点或区域点监测数据。

② 其他污染物环境质量现状数据。优先采用评价范围内国家或地方环境空气质量监测网中评价基准年连续 1 年的监测数据。评价范围内没有环境空气质量监测网数据或公开发布的环境空气质量现状数据的，可收集评价范围内近 3 年与项目排放的其他污染物有关的历史监测资料。

③ 在没有以上相关监测数据或监测数据不能满足规定的评价要求时，应按要求进行补充监测。

6.3.2.3 补充监测

(1) 监测时段　根据监测因子的污染特征，选择污染较重的季节进行现状监测。补充监测应至少取得 7d 有效数据。对于部分无法进行连续监测的其他污染物，可监测其一次空气质量浓度，监测时段应满足所用评价标准的取值时间要求。

(2) 监测布点　以近 20 年统计的当地主导风向为轴向，在厂址及主导风向下风向 5km 范围内设置 1~2 个监测点。如需在一类区进行补充监测，监测点应设置在不受人为活动影响的区域。

(3) 监测方法　应选择符合监测因子对应环境质量标准或参考标准所推荐的监测方法，并在评价报告中注明。

凡涉及《环境空气质量标准》（GB 3095—2012）中各项污染物的分析方法应符合 GB 3095—2012 对分析方法的规定，对尚未制定环境标准的非常规大气污染物，应尽可能参考 ISO 等国际组织和国内外相应的监测方法，在环评文件中详细列出监测方法、其适用性及其引用依据。

补充监测应以列表的方式给出各监测点名称、坐标位置、监测因子、监测时间等内容，见表 6-3-1。监测方法见表 6-3-2。

表 6-3-1 补充监测点位基本信息

监测点编号	监测点名称	监测点坐标/m		监测因子	监测时段	相对厂址方位	相对厂界距离/m
		x	y				
1							
2							
3							
……							

表 6-3-2 监测方法

监测内容	监测方法
……	
……	

6.3.2.4 评价内容与评价方法

(1) 项目所在区域达标判断 城市环境空气质量达标情况评价指标为 SO_2、NO_2、PM_{10}、$PM_{2.5}$、CO 和 O_3,六项污染物全部达标即为城市环境空气质量达标。

根据国家或地方生态环境主管部门公开发布的城市环境空气质量达标情况,判断项目所在区域是否属于达标区。如项目评价范围涉及多个行政区(县级或以上),需分别评价各行政区的达标情况,若存在不达标行政区,则判定项目所在评价区域为不达标区。

国家或地方生态环境主管部门未发布城市环境空气质量达标情况的,可按照各评价项目的年评价指标进行判定。年评价指标中的年均浓度和相应百分位数 24h 平均或 8h 平均质量浓度满足《环境空气质量标准》(GB 3095—2012)中浓度限值要求的即为达标。

区域环境空气质量达标判定统计分析表见表 6-3-3。

表 6-3-3 区域环境空气质量达标判定统计分析表

污染物	年评价指标	现状浓度	标准限值	占标率/%	达标情况
SO_2	年平均浓度				
CO	24 小时平均第 95 百分位数				
……					

(2) 现状监测数据达标分析 长期监测数据的现状评价,应对各污染物的年评价指标进行环境质量现状评价,对于超标的污染物,计算其超标倍数和超标率。环境现状监测结果的数据统计应按照《数值修约规则与极限数值的表示和判定》(GB/T 8170—2008)中的规则进行修约,浓度单位及保留小数位要求见表 6-3-4。

表 6-3-4 污染物浓度的单位和保留小数位要求

污染物	单位	保留小数位
SO_2、NO_2、PM_{10}、$PM_{2.5}$、O_3、TSP 和 NO_x	$\mu g/m^3$	0
CO	mg/m^3	1
Pb	$\mu g/m^3$	2
苯并[a]芘	$\mu g/m^3$	4

补充监测数据的环境质量现状评价,应分别对各监测点位不同污染物的短期浓度(日平均浓度、小时平均浓度)进行统计分析,分析其短期浓度的达标情况。若监测结果超标,应计算超标率、最大超标倍数,并通过污染源调查、自然环境条件等分析超标原因。补充监测数据统计分析表见表 6-3-5。

表 6-3-5　环境质量现状补充监测结果统计分析表

监测位点编号	监测点位	污染物	平均时间	评价标准/(μg/m³)	监测浓度范围/(μg/m³)	最大浓度占标率/%	超标率/%	达标情况
1								
2								
……								

某超标项目的超标率按以下公式计算：

$$\text{超标率} = \frac{\text{超标数据个数}}{\text{总监测数据个数}} \times 100\% \tag{6-3-3}$$

某超标项目的超标倍数 B_i 按以下公式计算：

$$B_i = \frac{C_i - S_i}{S_i} \tag{6-3-4}$$

式中　B_i——超标项目 i 的超标倍数；

　　　C_i——超标项目 i 的实测浓度，mg/m³；

　　　S_i——超标项目 i 的浓度限值标准，mg/m³。

(3) 环境空气保护目标及网格点环境质量现状浓度　对采用多个长期监测点位数据进行现状评价的，取各污染物相同时刻各监测点位的浓度平均值作为评价范围内环境空气保护目标及网格点环境质量现状浓度，计算方法见下式。

$$C_{\text{现状}(x,y,t)} = \frac{1}{n} \sum_{j=1}^{n} C_{\text{现状}(j,t)} \tag{6-3-5}$$

式中　$C_{\text{现状}(x,y,t)}$——环境空气保护目标及网格点 (x, y) 在 t 时刻的环境质量现状浓度，μg/m³；

　　　$C_{\text{现状}(j,t)}$——第 j 个监测点位在 t 时刻的环境质量现状浓度（包括短期浓度和长期浓度），μg/m³；

　　　n——长期监测点位数。

对采用补充监测数据进行现状评价的，取各污染物不同评价时段监测浓度的最大值作为评价范围内环境空气保护目标及网格点环境质量现状浓度。对于有多个监测点位数据的，先计算相同时刻各监测点位平均值，再取各监测时段平均值中的最大值。计算方法见下式。

$$C_{\text{现状}(x,y)} = \text{Max} \left[\frac{1}{n} \sum_{j=1}^{n} C_{\text{现状}(j,t)} \right] \tag{6-3-6}$$

式中　$C_{\text{现状}(x,y)}$——环境空气保护目标及网格点 (x, y) 环境质量现状浓度，μg/m³；

　　　$C_{\text{现状}(j,t)}$——第 j 个监测点位在 t 时刻环境质量现状浓度（包括 1h 平均、8h 平均或日平均质量浓度），μg/m³；

　　　n——现状补充监测点位数。

6.3.2.5　图件绘制及评价结论

(1) 绘制图件　一般应提供如下图件信息，也可根据评价工作等级的要求适当增减。

① 区域大气环境监测布点图；

② 区域大气污染物浓度分布图。

(2) 评价结论　大气环境质量现状评价结论的要点包括如下几个方面：

① 大气环境监测点中污染物的达标情况、超标率或超标倍数；

② 给出超标原因；
③ 评价区域大气环境质量优劣程度。

6.3.3 气象观测资料调查

6.3.3.1 气象观测资料调查的基本原则

采用导则推荐的环境空气质量预测模型时，应根据不同预测模型的要求提供气象数据。环境影响预测模型所需气象数据应优先使用国家发布的标准化数据，采用其他数据时，应说明数据来源、有效性及数据预处理方案。

6.3.3.2 基本气象数据调查

不同的环境空气质量预测模型，不同的预测因子及精度，对气象数据的调查要求不同。常用的估算模型 AERSCREEN、AERMOD 和 ADMS 模型所需的气象数据如下。

（1）估算模型 AERSCREEN 模型所需最高和最低环境温度，一般需选取评价区域近 20 年以上资料统计结果。最小风速可取 0.5m/s，风速统计高度取 10m。

（2）AERMOD 和 ADMS 模型 地面气象数据选择距离项目最近或气象特征基本一致的气象站的逐时地面气象数据，要素至少包括风速、风向、总云量和干球温度。根据预测精度要求及预测因子特征，可选观测资料包括：湿球温度、露点温度、相对湿度、降水量、降水类型、海平面气压、地面气压、云底高度、水平能见度等。其中对观测站点缺失的气象要素，可采用经验证的模拟数据或采用观测数据进行插值得到。

高空气象数据选择模型所需观测或模拟的气象数据，要素至少包括一天早晚两次不同等压面上的气压、离地高度和干球温度等，其中离地高度 3000m 以内的有效数据层数应不少于 10 层。

6.3.3.3 特殊气象条件分析

（1）边界层结构和特征参数 受下垫面影响的几千米以下的大气层称为边界层。大气边界层是对流层中最靠近下垫表面的气层，通过湍流交换，白昼地面获得的太阳辐射能以感热和潜热的形式向上送，加热上面的空气，夜间地面的辐射冷却同样也逐渐影响到上面的大气，这种热量输送过程造成大气边界层内温度的日变化。另外，大型气压场形成的大气运动动量通过湍流切应力的作用源源不断地向下传递，经大气边界层到达地面并由于摩擦而部分损耗，相应地造成大气边界层内风的日变化。太阳辐射、地表辐射的热量输送，以及地表的摩擦力等作用，形成边界层内的温度和风速的变化。

在陆地高压区，边界层的生消演变具有明显的昼夜变化，晴朗天气条件下大气边界层的生消演变规律为：在日间，受太阳辐射的作用地面得到加热，混合层逐渐加强，中午时达到最大高度；日落后，由于地表辐射地面温度低于上覆的空气温度，形成逆温的稳定边界层；次日，又受太阳辐射的作用，混合层重新升起。

大气边界层的生消演变规律依赖于地表的热量和动量通量等因素，污染物的传输扩散取决于边界层的特征参数。在推荐的环境空气质量预测模型 AERMOD 和 ADMS 中，通过常规气象资料计算出混合层高度（h）、莫宁-奥布霍夫长度（Monin-Obukhov-）［以下简称莫奥长度（L_{mo}）］等边界层参数，了解这些参数的物理含义，对分析污染物传输扩散很有意义。

混合层高度（h）：指对流边界层的高度，也就是在大气边界层处于不稳定层结时的厚度。通常晴朗白天中纬度陆地上的大气边界层基本上都属于不稳定的类型，混合层越高，对流边界层越不稳定，在强不稳定条件下，混合层高度可达到 1km 以上。

混合层的高度决定了垂直方向污染物的扩散能力，通常在小风强不稳定条件下，高烟囱（100m 以上）附近 1km 左右有污染物高浓度聚集区，随距离增加污染物浓度衰减很快，此现象也说明了在强不稳定条件下，污染物在垂直方向很快扩散到地表。

莫奥长度（L_{mo}）：莫宁与奥布霍夫认为对于定常、水平均匀、无辐射和无相变的近地面层，其运动学和热力学结构仅取决于湍流状况。莫奥长度（L_{mo}）反映了近地面大气边界层的稳定层结的状况，莫奥长度（L_{mo}）与稳定度和混合层高度的关系如下：

① $L_{mo} > 0$，近地面大气边界层处于稳定状态，L_{mo} 数值越小或混合层高度（h）与 L_{mo} 的比值（h/L_{mo}）越大越稳定，混合层高度则越低。

② $L_{mo} < 0$，边界层处于不稳定状态，$|L_{mo}|$ 数值越小或 $|h/L_{mo}|$ 越大越不稳定，混合层高度则越高；当 $|L_{mo}| \to \infty$ 时，边界层处于中性状态，$|h/L_{mo}| = 0$，此种情况下，混合层高度大约有 800m。

(2) 边界层污染气象分析　人类活动排放的污染物主要在大气边界层中进行传输与扩散，受大气边界层的生消演变的影响。有些污染现象随着边界层的生消演变而产生。污染物扩散受下垫面的影响也比较大，非均匀下垫面会引起局地风速、风向发生改变，形成复杂风场，常见的复杂风场有海陆风、山谷风等。

① 边界层演变。在晴朗的夜空，由于地表辐射，地面温度低于上覆的空气温度，形成逆温的稳定边界层，而白天混合层中的污染物残留在稳定边界层的上面。次日，又受太阳辐射的作用，混合层重新升起。边界层的生消演变，导致近地层的低矮污染源排放的污染物在夜间不易扩散，如果夜间有连续的低矮污染源排放，则污染物浓度会持续增高；而日出后，夜间聚集在残留层内的中高污染源排放的污染物会向地面扩散，出现熏烟型污染（fumigation）。

② 海陆风。在大水域（海洋和湖泊）的沿岸地区，在晴朗、小风的气象条件下，由于昼夜水域和陆地的温差，日间太阳辐射使陆面增温高于水面，水面有下沉气流产生，贴地气流由水面吹向陆地，在海边称为海风，而夜间则风向相反，称作陆风，昼夜间边界层内的陆风和海风交替变化。当局地气流以海陆风为主时，处于局地环流之中的污染物就可能形成循环累积污染，造成地面高浓度区。当陆地温度比水温高很多的时候，多发生在春末夏初的白天，气流从水面吹向陆地的时候，低层空气很快增温，形成热力内边界层（TIBL），下层气流为不稳定层结，上层为稳定层结（stable layer），如果在岸边有高烟囱排放，则会发生岸边熏烟污染。

③ 山谷风。山区的地形比较复杂，风向、风速和环境主导风向有很大区别，一方面是因受热不均匀引起热力环流，另一方面由于地形起伏改变了低层气流的方向和速度。例如，白天山坡向阳面受到太阳辐射加热，温度高于周围同高度的大气层，暖而不稳定的空气由谷底沿山坡爬升，形成低层大气从陆地往山坡吹、高层大气风向相反的谷风环流；夜间山坡辐射冷却降温，温度低于周围大气层，冷空气沿山坡下滑，形成低层大气从山坡往陆地吹、高层大气风向相反的山风环流。

山谷风的另一种特例就是在狭长的山谷中，由于两侧坡面与谷底受昼夜日照和地表辐射的影响，产生横向环流。横向流场存在着明显的昼夜变化，日落后，坡面温度降低得比周围温度快，接近坡面的冷空气形成浅层的下滑气流，冷空气向谷底聚集，形成逆温层；日出后,太阳辐射使坡面温度上升,接近坡面的暖空气形成浅层的向上爬升气流,谷底有下沉气流,逆温层破坏,形成对流混合层。这种现象导致近地层的低矮污染源排放的污染物在夜间不易扩散,如果夜间有连续的低矮污染源排放,则污染物浓度会持续增高,而日出后,夜间聚集在逆温层中的中高污染源排放的污染物会向地面扩散,形成高浓度污染。

一般来说,山区扩散条件比平原地区差,同样的污染源在山区比在平原污染严重。

6.4 地表水环境现状调查与评价

地表水环境现状调查与评价是为了掌握评价范围内水体污染源、水环境保护目标、水文、水质和水体功能利用等方面的环境背景情况,为地表水环境现状和预测评价提供基础资料。现状调查包括资料收集、现场调查和必要的环境监测。

6.4.1 调查范围

地表水环境的现状调查范围应覆盖评价范围,应以平面图方式表示,并明确起、止断面的位置及涉及范围。

对于水污染影响型建设项目,除覆盖评价范围外,受纳水体为河流时,在不受回水影响的河流段,排放口上游调查范围宜不小于500m,受回水影响河段的上游调查范围原则上与下游调查的河段长度相等;受纳水体为湖库时,以排放口为圆心,调查半径在评价范围基础上外延20%~50%。

对于水文要素影响型建设项目,受影响水体为河流、湖库时,除覆盖评价范围外,一级、二级评价时,还应包括库区及支流回水影响区、坝下至下一个梯级或河口、受水区、退水影响区。

对于水污染影响型建设项目,建设项目排放污染物中包括氮、磷或有毒污染物且受纳水体为湖泊、水库时,一级评价的调查范围应包括整个湖泊、水库,二级、三级A评价时,调查范围应包括排放口所在水环境功能区、水功能区或湖(库)湾区。

6.4.2 调查时间

根据当地的水文资料初步确定河流、河口、湖泊、水库的丰水期、平水期、枯水期,同时确定最能代表这三个时期的季节或月份。遇气候异常年份,要根据流量实际变化情况确定。对有水库调节的河流,要注意水库放水或不放水时的水量变化。

对于不同的评价等级,各类水域调查时期的要求不同。对各类水域调查时期的要求详见表6-4-1。

表6-4-1 各类水域调查时期的要求

水域	一级	二级	水污染影响型(三级A)/水文要素影响型(三级)
河流、湖库	丰水期、平水期、枯水期,至少丰水期和枯水期	丰水期和枯水期,至少枯水期	至少枯水期
入海河口(感潮河段)	河流:丰水期、平水期、枯水期,至少丰水期和枯水期。河口:春季、夏季和秋季,至少春季和秋季	河流:丰水期和枯水期,至少枯水期。河口:春、秋2个季节,至少1个季节	至少枯水期或1个季节

续表

水域	一级	二级	水污染影响型(三级 A)/水文要素影响型(三级)
近岸海域	春季、夏季和秋季,至少春、秋2个季节	春季或秋季,至少1个季节	至少1次调查

注：1. 感潮河段、入海河口、近岸海域在丰、枯水期（或春夏秋冬四季）均应选择大潮期或小潮期中一个潮期开展评价（无特殊要求时,可不考虑一个潮期内高潮期、低潮期的差别）。选择原则为：依据调查监测海域的环境特征,以影响范围较大或影响程度较重为目标,定性判别和选择大潮期或小潮期作为调查潮期。

2. 冰封期较长且作为生活饮用水与食品加工用水的水源或有渔业用水需求的水域,应将冰封期纳入评价时期。

3. 具有季节性排水特点的建设项目,根据建设项目排水期对应的水期或季节确定评价时期。

4. 水文要素影响型建设项目对评价范围内的水生生物生长、繁殖与洄游有明显影响的时期,需将对应的时期作为评价时期。

5. 复合影响型建设项目分别确定评价时期,按照覆盖所有评价时期的原则综合确定。

6.4.3 水文情势调查

水文情势调查要求如下：

① 应尽量收集邻近水文站既有水文年鉴资料和其他相关的有效水文观测资料。当上述资料不足时,应进行现场水文调查与水文测量,水文调查与水文测量宜与水质调查同步。

② 水文调查与水文测量宜在枯水期进行。必要时,可根据水环境影响预测需要、生态环境保护要求,在其他时期（丰水期、平水期、冰封期等）进行。

③ 水文测量的内容应满足拟采用的水环境影响预测模型对水文参数的要求。在采用水环境数学模型时,应根据所选用的预测模型需输入的水文特征值及环境水力学参数确定水文测量内容；在采用物理模型法模拟水环境影响时,水文测量应提供模型制作及模型试验所需的水文特征值及环境水力学参数。

④ 水污染影响型建设项目开展与水质调查同步进行的水文测量,原则上可只在一个时期（水期）内进行,在水文测量的时间、频次和断面与水质调查不完全相同时,应保证满足水环境影响预测所需的水文特征值及环境水力学参数的要求。

水文情势调查内容见表6-4-2。

表6-4-2 水文情势调查内容

水体类型	水污染影响型	水文要素影响型
河流	水文年及水期划分、不利水文条件及特征水参数、水动力学参数等	水文系列及其特征参数；水文年及水期的划分；河流物理形态参数；河流水沙参数、丰枯水期水流及水位变化特征等
湖库		湖库物理形态参数；水库调节性能与运行调度方式；水文年及水期划分；不利水文条件特征及水文参数；出入湖(库)水量过程；湖流动力学参数；水温分层结构等
入海河口（感潮河段）		潮汐特征、感潮河段的范围、潮流界与潮区界的划分；潮位及潮流；不利水文条件组合及特征水文参数；水流分层特征等
近岸海域		水温、盐度、泥沙、潮位、流向、流速、水深等；潮汐性质及类型,潮流、余流性质及类型；海岸线、海床、滩涂、海岸蚀淤变化趋势等

6.4.4 水资源开发利用状况调查

水文要素影响型建设项目一级、二级评价时,应开展建设项目所在流域、区域的水资源与开发利用状况调查。

① 水资源现状。调查水资源总量、水资源可利用量、水资源时空分布特征、人类活动对水资源量的影响等。主要涉水工程概况调查，包括数量、等级、位置、规模，主要开发任务、开发方式、运行调度及其对水文情势、水环境的影响。应涵盖大型、中型、小型等各类涉水工程，绘制涉水工程分布示意图。

② 水资源利用状况。调查城市、工业、农业、渔业、水产养殖业、水域景观等各类用水现状与规划（包括用水时间、取水地点、取用水量等），各类用水的供需关系（包括水权等），水质要求和渔业、水产养殖业等所需的水面面积。

6.4.5 污染源调查

凡对环境质量可以造成影响的物质和能量输入，统称污染源；输入的物质和能量，称为污染物或污染因子。影响地表水环境质量的污染物按排放方式可分为点源和面源，按污染性质可分为持久性污染物、非持久性污染物、水体酸碱度（pH）和热效应四类。如图 6-4-1 所示。

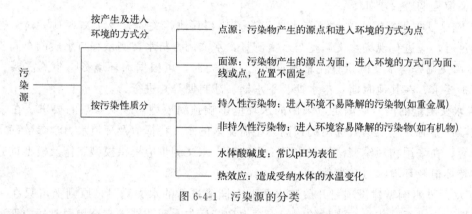

图 6-4-1　污染源的分类

地表水污染源调查应在工程分析基础上，确定水污染物的排放量及进入受纳水体的污染负荷量。

6.4.5.1　点污染源调查

点污染源调查以收集现有资料为主，只有在十分必要时才补充现场调查或测试。在通过收集或实测以取得污染源资料时，应注意其与受纳水域的水文、水质特点之间的关系，以便了解这些污染物在水体中的自净情况。

应详细调查与建设项目排放污染物同类的，或有关联关系的已建项目、在建项目、拟建项目（已批复环境影响评价文件，下同）等污染源。

① 一级评价，以收集利用排污许可证登记数据、环评与环保验收数据及既有实测数据为主，并辅以现场调查及现场监测。

② 二级评价，主要收集利用排污许可证登记数据、环评与环保验收数据及既有实测数据，必要时补充现场监测。

③ 水污染影响型三级 A 评价与水文要素影响型三级评价，主要收集利用与建设项目排放口的空间位置和所排污染物的性质关系密切的污染源资料，可不进行现场调查及现场监测。

④ 水污染影响型三级 B 评价，可不开展区域污染源调查，主要调查依托污水处理设施的日处理能力、处理工艺、设计进水水质、处理后的废水稳定达标排放情况，同时应调查依托污水处理设施执行的排放标准是否涵盖建设项目排放的有毒有害的特征水污染物。

具有已审批入河排放口的主要污染物种类及其排放浓度和总量数据，以及国家或地方发布的入河排放口数据的，可不对入河排放口汇水区域的污染源开展调查。

建设项目的污染物排放指标需要等量替代或减量替代时，还应对替代项目开展污染源调查。

点污染源的调查内容，根据评价等级及评价工作需要，选择下述全部或部分内容进行调查。

① 基本信息。主要包括污染源名称、排污许可证编号等。

② 排放特点。主要包括排放形式，即分散排放或集中排放，连续排放或间歇排放；排放口的平面位置（附污染源平面位置图）及排放方向；排放口在断面上的位置。

③ 排污数据。主要包括污水排放量、排放浓度、主要污染物等数据。

④ 用排水状况。主要调查取水量、用水量、循环水量、重复利用率、排水总量等。

⑤ 污水处理状况。主要调查各排污单位生产工艺流程中的产污环节、污水处理工艺、处理效率、处理水量、中水回用量、再生水量及污水处理设施的运转情况等。

6.4.5.2 面源污染调查

面污染源调查主要采用收集利用既有数据资料的调查方法，可不进行实测。

面污染源调查内容，按照农村生活污染源、农田污染源、分散式畜禽养殖污染源、城镇地面径流污染源、堆积物污染源、大气沉降源等分类，采用源强系数法、面模型法等方法，估算面源源强、流失量与入河量等。根据评价工作的需要选择下述全部或部分内容进行调查。

① 农村生活污染源。调查人口数量、人均用水量指标、供水方式、污水排放方式、去向和排污负荷量等。

② 农田污染源。调查农药和化肥的施用种类、施用量、流失量及入河系数、去向及受纳水体等情况（包括水土流失、农药和化肥流失强度、流失面积、土壤养分含量等调查分析）。

③ 分散式畜禽养殖污染源。调查畜禽养殖的种类、数量、养殖方式、粪便污水收集与处置情况、主要污染物浓度、污水排放方式和排污负荷量、去向及受纳水体等。畜食粪便污水作为肥水进行农田利用的，需考虑畜禽粪便污水土地承载力。

④ 城镇地面径流污染源。调查城镇土地利用类型及面积、地面径流收集方式与处理情况、主要污染物浓度、排放方式和排污负荷量去向及受纳水体等。

⑤ 堆积物污染源。调查矿山、冶金、火电、建材化工等单位的原料、燃料、废料固体废物（包括生活垃圾）的堆放位置、堆放面积、堆放形式及防护情况、污水收集与处置情况、主要污染物和特征污染物浓度、污水排放方式和排污负荷量、去向及受纳水体等。

⑥ 大气沉降源。调查区域大气沉降（湿沉降、干沉降）的类型、污染物种类、污染物沉降负荷量等。

6.4.5.3 内源污染调查

一级、二级评价中，建设项目直接导致受纳水体内源污染变化，或存在与建设项目排放污染物同类的且内源污染影响受纳水体水环境质量的，应开展内源污染调查，必要时应开展底泥污染补充监测。

底泥物理指标包括力学性质、质地、含水率、粒径等；化学指标包括水域超标因子、与本建设项目排放污染物相关的因子。

6.4.6 水质调查

水质调查的目的是弄清水体评价范围内的水质现状,作为环境影响预测和评价的基础。水环境质量数据应优先采用国务院生态环境保护主管部门统一发布的水环境状况信息。水污染影响型建设项目一级、二级评价时,应调查受纳水体近3年的水环境质量数据,分析其变化趋势。当现有资料不能满足要求时,应按照不同等级对应的评价时期要求开展现状监测。

6.4.6.1 调查因子

需要调查和监测的水质参数主要有两类:一类是常规水质因子,它能反映受纳水体水质的一般状况;另一类是特征水质因子,它能代表建设项目建成投产后外排污水的水质。

常规水质因子以《地表水环境质量标准》(GB 3838—2002)中所列的pH值、溶解氧、高锰酸盐指数或化学耗氧量、五日生化需氧量、总氮或氨氮、总磷及水温等为基础,根据水域类别、建设项目水污染物排放特点适当增减。

特征水质因子根据建设项目特点选定。

6.4.6.2 监测布点及采样频次

(1) 河流监测断面设置与采样频次

① 水质监测断面布设。应布设对照断面、控制断面。水污染影响型建设项目在拟建排放口上游应布置对照断面(宜在500m以内),根据受纳水域水环境质量控制管理要求设定控制断面。控制断面可结合水环境功能区或水功能区、水环境控制单元区划情况,直接采用国家及地方确定的水质控制断面。评价范围内不同水质类别区、水环境功能区或水功能区、水环境敏感区及需要进行水质预测的水域,应布设水质监测断面。评价范围以外的调查或预测范围,可以根据预测工作需要增设相应的水质监测断面。

② 水质监测断面上采样垂线的布设。监测断面上采样垂线设置的主要依据为河流的水面宽度。不同水面宽度的河流,其采样垂线数的设置要求见表6-4-3。

表6-4-3 河流采样垂线数的设置要求

水面宽	垂线数	说明
≤50m	一条(中泓)	1. 垂线布设应避开污染带,要测污染带应另加垂线。
50~100m	二条(近左、右岸有明显水流处)	2. 确能证明该断面水质均匀时,可仅设中泓垂线。
>100m	三条(左、中、右)	3. 凡在该断面要计算污染物通量时,必须按本表设置垂线

③ 垂线上采样点数的布设。垂线上采样点设置的主要依据为水深。不同水深的河流,其采样垂线上采样点数的设置要求见表6-4-4。

表6-4-4 河流采样垂线上采样点数的设置要求

水深	采样点数	说明
≤5m	上层一点	1. 上层指水面下0.5m处,水深不到0.5m时在水深1/2处。
5~10m	上、下层两点	2. 下层指河底以上0.5m处。 3. 中层指1/2水深处。
>10m	上、中、下三层三点	4. 封冻时在冰下0.5m处采样,水深不到0.5m时,在水深1/2处采样。 5. 凡在该断面要计算污染物通量时,必须按本表设置采样点

④ 采样频次。每个水期可监测一次,每次同步连续调查取样3~4d,每个水质取样点每天至少取一组水样,在水质变化较大时,每间隔一定时间取样一次。水温观测频次,应每间

隔 6h 观测一次水温,统计计算日平均水温。

(2) 湖库监测点位设置与采样频次

① 水质采样垂线的布设

a. 对于水污染影响型建设项目,水质采样垂线的设置可采用以排放口为中心、沿放射线布设或网格布设的方法,按照下列原则及方法设置:一级评价在评价范围内布设的水质采样垂线数宜不少于 20 条;二级评价在评价范围内布设的水质采样垂线数不少于 16 条。评价范围内不同水质类别区、水环境功能区或水功能区、水环境敏感区、排放口和需要进行水质预测的水域,应布设采样垂线。

b. 对于水文要素影响型建设项目,在取水口、主要入湖(库)断面、坝前、湖(库)中心水域、不同水质类别区、水环境敏感区和需要进行水质预测的水域,应布设采样垂线。

c. 对于复合影响型建设项目,应兼顾进行采样垂线的布设。

② 水质采样垂线上采样点的布设。湖(库)水质采样垂线上采样点的布设要求见表 6-4-5。

表 6-4-5 湖(库)采样垂线上采样点的布设要求

水深	分层情况	采样点数	说明
≤5m		一点(水面下 0.5m 处)	1. 分层是指湖水温度分层状况。 2. 水深不足 1m,在 1/2 水深处设置测点。 3. 有充分数据证实垂线水质均匀时,可酌情减少测点
5~10m	不分层	二点(水面下 0.5m 处,水底上 0.5m 处)	
5~10m	分层	三点(水面下 0.5m 处,1/2 斜温层处,水底上 0.5m 处)	
>10m		除水面下 0.5m、水底上 0.5m 处外,按每一斜温分层 1/2 处设置	

③ 采样频次。每个水期可监测一次,每次同步连续取样 2~4d,每个水质取样点每天至少取一组水样,但在水质变化较大时,每间隔一定时间取样一次。溶解氧和水温监测频次,每间隔 6h 取样监测一次,在调查取样期内适当监测藻类。

(3) 入海河口、近岸海域监测点位设置与采样频次

① 水质取样断面和取样垂线的设置。一级评价可布设 5~7 个取样断面;二级评价可布设 3~5 个取样断面。

排放口位于感潮河段内的,其上游设置的水质取样断面,应根据实际情况参照河流确定,其下游断面的布设与近岸海域相同。

② 水质取样点的布设。根据垂向水质分布特点,参照《海洋调查规范》(GB/T 12763)和《近岸海域环境监测技术规范》(HJ 442—2020)执行。

③ 采样频次。原则上一个水期在一个潮周期内采集水样,明确所采样品所处潮时,必要时对潮周日内的高潮和低潮采样。当上、下层水质变幅较大时,应分层取样。入海河口上游水质取样频次参照感潮河段相关要求执行,下游水质取样频次参照近岸海域相关要求执行。对于近岸海域,一个水期在半个太阴月内的大潮期或小潮期分别采样,明确所采样品所处潮时,对所有选取的水质监测因子在同一潮次取样。

(4) 底泥监测 底泥污染调查与评价的监测点位布设应能够反映底泥污染物空间分布特征的要求,根据底泥分布区域、分布深度、扰动区域、扰动深度、扰动时间等设置。

6.4.7 地表水环境质量现状评价

6.4.7.1 评价内容

根据建设项目水环境影响特点与水环境质量管理要求,选择以下全部或部分内容开展评价。

① 水环境功能区或水功能区、近岸海域环境功能区水质达标状况。评价建设项目评价范围内水环境功能区或水功能区、近岸海域环境功能区各评价时期的水质状况与变化特征，给出水环境功能区或水功能区、近岸海域环境功能区达标评价结论，明确水环境功能区或水功能区、近岸海域环境功能区水质超标因子、超标程度，分析超标原因。

② 水环境控制单元或断面水质达标状况。评价建设项目所在控制单元或断面各评价时期的水质现状与时空变化特征，评价控制单元或断面的水质达标状况，明确控制单元或断面的水质超标因子、超标程度，分析超标原因。

③ 水环境保护目标质量状况。评价涉及水环境保护目标水域各评价时期的水质状况与变化特征，明确水质超标因子、超标程度，分析超标原因。

④ 对照断面、控制断面等代表性断面的水质状况。评价对照断面水质状况，分析对照断面水质水量变化特征，给出水环境影响预测的设计水文条件；评价控制断面水质现状、达标状况，分析控制断面来水水质水量状况，识别上游来水不利组合状况，分析不利条件下的水质达标问题。评价其他监测断面的水质状况，根据断面所在水域的水环境保护目标水质要求，评价水质达标状况与超标因子。

⑤ 底泥污染评价。评价底泥污染项目及污染程度，识别超标因子，结合底泥处置排放去向，评价退水水质与超标情况。

⑥ 水资源与开发利用程度及其水文情势评价。根据建设项目水文要素影响特点，评价所在流域（区域）水资源与开发利用程度、生态流量满足程度、水域岸线空间占用状况等。

⑦ 水环境质量回顾评价。结合历史监测数据与国家及地方生态环境保护主管部门公开发布的环境状况信息，评价建设项目所在水环境控制单元或断面、水环境功能区或水功能区、近岸海域环境功能区的水质变化趋势，评价主要超标因子变化状况，分析建设项目所在区域或水域的水质问题，从水污染、水文要素等方面，综合分析水环境质量现状问题的原因，明确与建设项目排污影响的关系。

⑧ 流域（区域）水资源（包括水能资源）与开发利用总体状况、生态流量管理要求与现状满足程度、建设项目占用水域空间的水流状况与河湖演变状况。

⑨ 依托污水处理设施稳定达标排放评价。评价建设项目依托的污水处理设施稳定达标状况，分析建设项目依托污水处理设施的环境可行性。

6.4.7.2 评价方法

地表水环境质量现状评价方法主要包括物理评价法、水质指数法、概率统计法和生物学评价法等。

（1）物理评价法（即感官性状法）

① 水色。水层浅时应为无色，水层深时应为浅蓝色；当水中含有污染物质时，水色将随污染物质的性质和含量而变化。因此，可以由水色测定水体污染的程度。水色是旅游用水的一项重要评价指标。

② 水味。纯净的水应无任何味道，如水中浮有悬浮杂质，则会产生异味。水味对饮用水来说是一项重要的评价指标。

③ 嗅。纯净的水应无任何气味，受污染的水可产生特异的气味。

④ 透明度（或浑浊度）。纯净的水应清澈透明，水中悬浮物和胶体状物质越多，透明度越小，浑浊度越大。透明度反映了水体清澈的程度。

(2) 水质评价法 水质评价方法常采用单因子指数评价法。单因子指数评价是将每个水质因子单独进行评价，利用统计及模式计算得出各水质因子的达标率或超标率、超标倍数、水质指数等项结果。单因子指数评价能客观地反映评价水体的水环境质量状况，可清晰地判断出评价水体的主要污染因子、主要污染时段和主要污染区域。

水质因子的标准指数计算公式如下。

① 一般水质因子（随水质浓度增加而水质变差的水质因子）

$$S_{i,j} = C_{i,j}/C_{si} \tag{6-4-1}$$

式中 $S_{i,j}$——评价因子 i 在 j 点的标准指数，大于 1 表明该水质因子超标；

$C_{i,j}$——评价因子 i 在 j 点的实测统计代表值，mg/L；

C_{si}——评价因子 i 的评价标准限值，mg/L。

② 特殊水质因子

a. DO——溶解氧

当 $DO_j \leqslant DO_f$ 时：

$$S_{DO_j} = \frac{DO_s}{DO_j} \tag{6-4-2}$$

当 $DO_j > DO_f$ 时：

$$S_{DO_j} = \frac{|DO_f - DO_j|}{DO_f - DO_s} \tag{6-4-3}$$

式中 S_{DO_j}——DO 的标准指数；

DO_f——某水温、气压条件下的饱和溶解氧浓度，mg/L，计算公式常采用 $DO_f = 468/(31.6+T)$，T 为水温，℃；

DO_j——在 j 点的溶解氧实测统计代表值，mg/L；

DO_s——溶解氧的评价标准限值，mg/L。

b. pH 值——两端有限值，水质影响不同

当 $pH_j \leqslant 7.0$ 时：

$$S_{pH_j} = (7.0 - pH_j)/(7.0 - pH_{sd}) \tag{6-4-4}$$

当 $pH_j > 7.0$ 时：

$$S_{pH_j} = (pH_j - 7.0)/(pH_{su} - 7.0) \tag{6-4-5}$$

式中 S_{pH_j}——pH 值的标准指数；

pH_j——pH 值的实测统计代表值；

pH_{sd}——评价标准中 pH 值的下限值；

pH_{su}——评价标准中 pH 值的上限值。

水质因子的标准指数≤1 时，表明该水质因子在评价水体中的浓度符合水域功能及水环境质量标准的要求。

(3) 底泥评价法 底泥污染指数的计算公式如下：

$$P_{i,j} = C_{i,j}/C_{si} \tag{6-4-6}$$

式中 $P_{i,j}$——污染因子 i 在 j 点的单项污染指数，大于 1 表明该污染因子超标；

$C_{i,j}$——污染因子 i 在 j 点的实测值，mg/L；

C_{si}——污染因子 i 的评价标准限值或参考值（可以根据土壤环境质量标准或所在水域的背景值确定底泥污染评价标准值或参考值），mg/L。

(4) 实测统计代表值获取的方法

① 极值法：水质因子的监测数据量少，水质浓度变化幅度大。

② 均值法：水质因子的监测数据量多，水质浓度变化幅度较小。

③ 内梅罗法：水质因子有一定的监测数据量，而且水质浓度变化幅度较大，为了突出高值的影响。

目前，常采用内梅罗法计算水质现状评价因子的监测统计代表值，其计算公式为：

$$c = \sqrt{\frac{c_{极}^2 + c_{均}^2}{2}} \tag{6-4-7}$$

式中　c——某水质监测因子的内梅罗值，mg/L；

　　　$c_{极}$——某水质监测因子的实测极值，mg/L；

　　　$c_{均}$——某水质监测因子的算术平均值，mg/L。

注意：极值的选取主要考虑水质监测数据中反映水质状况最差的一个数据值。当水质参数的标准指数大于1时，表明该水质参数超过了规定的水质标准，已经不能满足使用要求。

6.4.7.3 图件绘制及评价结论

(1) 基本图件　一般应提供地表水环境现状监测断面布设图。

(2) 评价结论　地表水环境质量现状评价结论的要点包括如下几个方面：

① 地表水环境监测断面的达标情况，超标因子、超标率或超标倍数等；

② 引起水体超标的原因；

③ 研究区水环境质量现状评价结论。

6.5 地下水环境现状调查与评价

地下水环境现状调查是为了查明天然及人为条件下地下水的形成、赋存和运移特征，地下水水量、水质的变化规律，为地下水环境现状评价、地下水环境影响预测、开发利用与保护、环境水文地质问题的防治提供所需的资料。

6.5.1 调查任务

地下水环境现状调查应查明地下水系统的结构、边界、水动力系统及水化学系统的特征，具体需查明下面五个基本问题：

(1) 水文地质条件　包括地下水的赋存条件，查明含水介质的特征及埋藏分布情况；地下水的补给、径流、排泄条件；查明地下水的运动特征及水质、水量变化规律。

(2) 地下水的水质特征　查明地下水的化学成分及地下水化学成分的形成条件和影响因素。

(3) 地下水污染源分布　查明与建设项目污染特征相关的污染源分布。

(4) 环境水文地质问题　原生环境水文地质问题调查，包括天然劣质水分布状况，以及由此引发的地方性疾病等环境问题；地下水开采过程中水质、水量、水位的变化情况，以及引起的环境水文地质问题。

(5) 地下水开发利用状况　查明分散、集中式地下水开发利用规模、数量、位置等，并收集集中式饮用水水源地水源保护区划分资料。

6.5.2 调查方法

地下水赋存、运动在地下岩石的空隙中，既受地质环境制约又受水循环系统控制，影响因素复杂多变，因此地下水环境现状调查需要采用种类繁多的调查方法。除需要采用各种调查水资源的方法外，因地下水与地质环境关系密切，还要采用一些地质调查的技术方法。

目前，地下水环境现状调查最基本的方法有：地下水环境地面调查（又称水文地质测绘）、钻探、物探、野外试验、室内分析、检测、模拟试验及地下水动态均衡研究等。随着现代科学技术的发展，不断产生新的地下水环境现状调查技术方法，包括航卫片解译技术、地理信息系统（GIS）技术、同位素技术、直接寻找地下水的物探方法及测定水文地质参数的技术方法等，这些都大大提高了地下水环境现状调查的精度和工作效率。

6.5.3 调查内容

地下水环境现状调查内容一般包括：环境水文地质条件调查、地下水污染调查、环境水文地质试验、水文地质参数调查等几个方面。

6.5.3.1 环境水文地质条件调查

调查内容一般包括：地下水露头调查、地表水调查、气象资料调查等。

（1）地下水露头调查　地下水露头的调查是整个地下水环境地面调查的核心，是认识和寻找地下水直接可靠的方法。地下水露头的种类有：a. 地下水的天然露头，包括泉、地下水溢出带、某些沼泽湿地、岩溶区的暗河出口及岩溶洞穴等；b. 地下水的人工露头，包括水井、钻孔、矿山井巷及地下开挖工程等。

在地下水露头的调查中，应用最多的是水井（钻孔）和泉。

① 泉的调查。泉是地下水的天然露头，泉水的出流表明地下水的存在。泉的调查研究内容有：

a. 查明泉水出露的地质条件（特别是出露的地层层位和构造部位）、补给的含水层，确定泉的成因类型和出露的高程；

b. 观测泉水的流量、涌势及其高度，水质和泉水的动态特征，现场测定泉水的物理特性，包括水温、沉淀物、色、味及有无气体逸出等；

c. 泉水的开发利用状况及居民长期饮用后的反映；

d. 对矿泉和温泉，在研究上述各项内容的基础上，应查明其含有的特殊组分、出露条件及与周围地下水的关系，并对其开发利用的可能性做出评价。

② 水井（钻孔）的调查。调查水井比调查泉的意义更大。调查水井能可靠地帮助确定含水层的埋深、厚度、出水段岩性和构造特征，反映出含水层的类型；调查水井还能帮助我们确定含水层的富水性、水质和动态特征。水井（钻孔）的调查内容有：

a. 调查和收集水井（孔）的地质剖面和开凿时的水文地质观测记录资料；

b. 记录井（孔）所处的地形、地貌、地质环境及其附近的卫生防护情况；

c. 测量井孔的水位埋深、井深、出水量、水质、水温及其动态特征；

d. 查明井孔的出水层位，补给、径流、排泄特征，使用年限，水井结构等。

在泉、井调查中，都应取水样，测定其化学成分。必要时，应在井孔中进行抽水试验等，以取得必需的参数。

（2）地表水调查 在自然界中，地表水和地下水是地球上水循环最重要的两个组成部分。两者之间一般存在相互转化的关系。只有查明两者的相互转化关系，才能正确评价地表水和地下水的资源量，避免重复和夸大；才能了解地下水水质的形成和遭受污染的原因；才能正确制订区域水资源的开发利用和环境保护的措施。

对于地表水，除了调查研究地表水体的类型、水系分布、所处地貌单元和地质构造位置外，还要进一步调查以下内容：

① 查明地表水与周围地下水的水位在空间、时间上的变化特征。

② 观测地表水的流速及流量，研究地表水与地下水之间量的转化性质，即地表水补给地下水地段或排泄地下水地段的位置；在各段的上游、下游测定地表水流量，以确定其补排量及预测补排量的变化。

③ 结合岩性结构、水位及其动态，确定两者间的补排形式，具体为：

a. 集中补给（注入式），常见于岩溶地区 [图6-5-1(a)]；
b. 直接渗透补给，常见于冲洪积扇上部的渠道两侧 [图6-5-1(b)]；
c. 间接渗透补给，常见于冲洪积扇中部的河谷阶地 [图6-5-1(c)]；
d. 越流补给，常见于丘陵岗地的河谷地区 [图6-5-1(d)，为越流补给形式之一]。

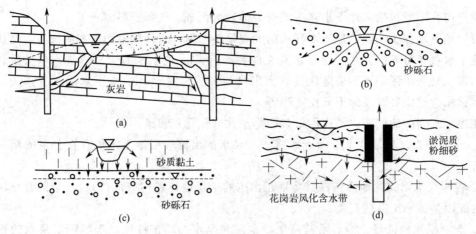

图6-5-1 地表水补给地下水的方式

④ 分析、对比地表水与地下水的物理性质与化学成分，查明它们的水质特征及两者间的变化关系。

（3）气象资料调查 气象资料调查主要是降水量、蒸发量的调查。

降水是地下水资源的主要来源。降水量是指在一定时间段内降落在一定面积上的水体积，一般用降水深度表示，即将降水的总体积除以对应的面积，以毫米（mm）为单位。降水量资料应到雨量站收集。降水资料序列长度的选定，既要考虑调查区大多数测站的观测系列的长短，避免过多的插补，又要考虑观测系统的代表性和一致性。在分析降水的时间变化规律时，应采用尽可能长的资料序列。调查区面积比较大时，雨量站应在面上均匀分布；在降水量变化梯度大的地区，选用的雨量站应加密，以满足分区计算要求，所采用降水资料也应为整编和审查的成果。

因蒸发面的性质不同，蒸发可分为水面蒸发、土面蒸发和植物散发，三者统称蒸发或蒸散发。水面蒸发通常是在气象站用特别的器皿直接观测获得水分损失量，称为蒸发量或蒸发率，以日、月或年为时段，以毫米（mm）为单位。调查区内实际水面蒸发量较气象站蒸发器皿测出的蒸发量要小，需要进行折算，折算系数与蒸发皿的直径有关，各个地区也有所差异，收集水位蒸发资料要说明蒸发皿的型号，查阅有关手册确定折算系数。

6.5.3.2 地下水污染调查

地下水污染调查是地下水污染研究的基础和出发点。其主要目的是：

① 探测与识别地下污染物；

② 测定污染物的浓度；

③ 查明污染物在地下水系统中的运移特性；

④ 确定地下水的流向和速度，查明主径流向及控制污染物运移的因素，定量描述控制地下水流动和污染物运移的水文地质参数。场地调查获得的水文地质信息对水文地球化学调查、数值模拟和治理技术至关重要。

调查分两个阶段进行：

（1）初步场地勘察及初始评估

① 收集前人资料

a. 污染现场历史资料。有关过去及现在土地使用情况的资料可以指示在污染现场的地下水环境中可能存在哪些污染物，污染物的性质、来源，污染程度等。

b. 地质与水文地质资料。前人的现场调查报告可以提供有关地形、岩土体和填埋材料的厚度及分布、含水层的分布、基岩高程、岩性、厚度、区域地质条件、构造特征等方面的资料。任何污染现场的水文地质条件都对地下水和污染物在地下的运移起着极其重要的作用。在第一阶段调查中，应以收集与总结有关地质情况的资料为出发点。

c. 水文资料。调查内容包括地表水的位置、流动情况、水质以及与地下水的水力联系方式等。有关地表水来源及流向的资料大多可由地形图中获得，更详细的情况则可在专门的水资源报告中找到。如果可能的话，已有资料还应包括场地水文地质平面图、剖面图及初步的概念模型。

② 初步现场踏勘。在资料收集完成以后，必须进行初步现场踏勘，以证实从资料分析中得出的结论。需携带以下物件：所有相关的平面图、剖面图及航空图件；用于近地表勘察的铁铲及手工钻；用于采集地表水或泉水的采样瓶。

根据场地的复杂程度和已有资料的情况，初步建立起一个场地水文地质概念模型。该模型应包括以下要素：

a. 现场邻近地区的地质条件概念模型；

b. 区域及局部的地下水流动系统与地表水之间的水力联系；

c. 确定人类活动对地下水流动及污染物运移的影响；

d. 确定污染物运移途径及优势流的通道；

e. 确定污染物的性质；

f. 确定污染物的可能受体，包括人、植物、动物及水生生物等。

在第一阶段调查中，整理和评价已有的背景资料并进行野外考察是非常必要的。工作计划应考虑现场的特殊物理特征。例如，低渗透性岩层将使较深处的含水层免受附近地表污染物的影响，但钻探技术使用不当可能会破坏这些条件，使污染进一步扩大至深部，地质条件对勘察方法的选择起着极其重要的作用。

(2) 野外调查与监测　第二阶段调查的主要目的是：划分并刻画主要的含水层，确定地下水流向，形成一个仿真度较高的地下水系统概念模型，能够刻画主要含水层并绘制出场地附近地下水流场图，定性评价地下水脆弱性，并识别污染物可能的运移途径。

第二阶段调查包括对现场特征的勘察及地下水监测孔的安装。在收集有关现场特征的资料时可采用许多不同的勘察技术。实际的现场调查包括直接方法和间接方法。直接方法包括钻探、土壤采样、土工试验等，间接方法则包括航片、卫片、探地雷达、电法等。调查者应该有机地结合直接方法与间接方法，以有效地获得全面的现场特征方面的资料。

地下水污染调查最终提交的资料至少包括以下部分：说明场地水文地质条件的剖面图；每个主要含水层的水位等值线图；表示地下水侧向和垂向流动的剖面图；所有测定方法得出的水位和物理参数值列表；总结污染物运移的主要途径；总结可能影响污染物运移的附加场地条件。

6.5.3.3　环境水文地质试验

环境水文地质试验是地下水环境现状调查中不可缺少的重要手段，许多水文地质资料皆需通过环境水文地质试验才能获得。环境水文地质试验的种类很多，主要是野外抽水试验，还有渗水试验等。

（1）抽水试验　抽水试验是通过从钻孔或水井中抽水，定量评价含水层富水性，测定含水层水文地质参数和判断某些水文地质条件的一种野外试验工作方法。

抽水试验的目的是确定含水层的导水系数、渗透系数、给水度、影响半径等水文地质参数，也可以通过抽水试验查明某些水文地质条件，如地表水与地下水之间及含水层之间的水力联系，以及边界性质和强径流带位置等。

（2）注水试验　目的与抽水试验相同。当钻孔中地下水位埋藏很深或试验层透水不含水时，可用注水试验代替抽水试验，近似地测定该岩层的渗透系数。

（3）渗水试验　目的是测定包气带渗透性能及防污性能。渗水试验是一种在野外现场测定包气带土层垂向渗透系数的简易方法，在研究大气降水、灌溉水、渠水等对地下水的补给时，常需要进行此种试验。

目前，野外现场进行渗水试验的方法是试坑渗水试验，包括试坑法、单环法、双环法及开口和密封试验等。

6.5.3.4　水文地质参数调查

水文地质参数是表征岩土水文地质性能大小的数量指标，是地下水资源评价的重要基础资料，主要包括含水层的渗透系数和导水系数、承压含水层贮水系数、潜水含水层的给水度、弱透水层的越流系数及含水介质的水动力弥散系数。

确定这些水文地质参数的方法可以概括为两类：一类是用水文地质试验法（如野外现场抽水试验、注水试验、渗水试验及室内渗压试验、达西试验、弥散试验等），这种方法可以在较短的时间内求出含水层参数而得到广泛应用；另一类是利用地下水动态观测资料来确定，是一种比较经济的水文地质参数测定方法，并且测定参数的范围比前者更为广泛，可以求出一些用抽水试验不能求得的参数。

（1）给水度　给水度是表征潜水含水层给水能力和储蓄水量能力的一个指标，在数值上等于单位面积的潜水含水层柱体，当潜水位下降一个单位时，在重力作用下自由排出的水量体积和相应的潜水含水层体积的比值。

给水度不仅和包气带的岩性有关，而且随排水时间、潜水埋深、水位变化幅度及水质的变化而变化。常见松散岩石的给水度参见表 6-5-1。

表 6-5-1　松散岩石给水度参考值

岩性	给水度变化区间	平均给水度
砾砂	0.20～0.35	0.25
粗砂	0.20～0.35	0.27
中砂	0.15～0.32	0.26
细砂	0.10～0.28	0.21
粉砂	0.05～0.19	0.18
亚黏土	0.03～0.12	0.07
黏土	0～0.05	0.02

（2）渗透系数和导水系数　渗透系数又称水力传导系数，是描述介质渗透能力的重要水文地质参数。根据达西公式，渗透系数代表当水力坡度为 1 时水在介质中的渗流速度，单位是 m/d 或 cm/s。渗透系数的大小与介质的结构（颗粒大小、排列、空隙充填等）和水的物理性质（液体的黏滞性、容重等）有关。

导水系数即含水层的渗透系数与其厚度的乘积，其理论意义为水力梯度为 1 时通过含水层的单宽流量，常用单位是 m^2/d。导水系数只适用于平面二维流和一维流，而在三维流及剖面二维流中无意义。

利用抽水试验资料求取含水层的渗透系数及导水系数的方法视具体的抽水试验情况而定，其原理及具体计算步骤可参考地下水动力学相关教材。

（3）水动力弥散系数　在研究地下水溶质运移问题中，水动力弥散系数是一个很重要的参数。水动力弥散系数是表征在一定流速下，多孔介质对某种污染物质弥散能力的参数，它在宏观上反映了多孔介质中地下水流动过程和空隙结构特征对溶质运移过程的影响。

水动力弥散系数是一个与流速及多孔介质有关的张量，即使几何上均质且有均匀的水力传导系数的多孔介质，就弥散而论，仍然是有方向性的，即使在各向同性介质中，沿水流方向的纵向弥散和与水流方向垂直的横向弥散不同。一般地说，水动力弥散系数包括机械弥散系数与分子扩散系数。当地下水流速较大以至于可以忽略分子扩散系数时，同时假设弥散系数与孔隙平均流速呈线性关系，这样可先求出弥散系数再除以孔隙平均流速便可获取弥散度。

（4）贮水率和贮水系数　贮水率和贮水系数是含水层中的重要水文地质参数，它们表明含水层中弹性贮存水量的变化和承压水头（潜水含水层中为潜水水头）相应变化之间的关系。

贮水率表示当含水层水头变化一个单位时，从单位体积含水层中，因为水体积膨胀（或压缩）以及介质骨架的压缩（或伸长）而释放（或贮存）的弹性水量，用 μ_s 表示，它是描述地下水三维非稳定流或剖面二维流中的水文地质参数。

贮水系数表示当含水层水头变化一个单位时，从底面积为一个单位、高等于含水层厚度的柱体中所释放（或贮存）的水量，用 S 表示。潜水层的贮水系数等于贮水率与含水层的厚度之积再加上给水度，潜水贮水系数所释放（贮存）的水量包括两部分：一部分是含水层由于压力变化所释放（贮存）的弹性水量，另一部分是水头变化一个单位时所疏干（贮存）含水层的重力水量，这一部分水量正好等于含水层的给水度，由于潜水含水层的弹性变形很小，近似可用给水度代替贮水系数。承压含水层的贮水系数等于其贮水率与含水层厚度之积，它所释放（或贮存）的水量完全是弹性水量，承压含水层的贮水系数也称为弹性贮水系数。

贮水系数是没有量纲的参数，其确定方法是通过野外非稳定流抽水试验，用配线法、直线图解法及水位恢复等方法进行推求，具体步骤详见地下水动力学相关书籍。

(5) 越流系数和越流因素　越流系数和越流因素是表示越流特性的水文地质参数。越流补给量的大小与弱透水层的渗透系数 r 及厚度 b' 有关，即 r 愈大 b' 愈小，则越流补给的能力就愈大。当地下水的主要开采含水层底顶板均为弱透水层，开采层和相邻的其他含水层有水力联系时，越流是开采层地下水的重要补给来源。

越流系数 σ 表示当抽水含水层和供给越流的非抽水含水层之间的水头差为一个单位时，单位时间内通过两含水层之间弱透水层的单位面积的水量。显然，当其他条件相同时，越流系数越大，通过的水量就越多。

越流因素 B 或称阻越系数，其值为主含水层的导水系数和弱透水层的越流系数的倒数的乘积的平方根，可用下式表示：

$$B = \sqrt{\frac{Tb'}{K'}} \tag{6-5-1}$$

式中　B——越流因素，m；

　　　T——抽水含水层的导水系数，m^2/d；

　　　b'——弱透水层的厚度，m；

　　　K'——弱透水层的渗透系数，m/d。

弱透水层的渗透性愈小，厚度愈大，则越流因素 B 愈大，越流量愈小。自然界越流因素的值变化很大，可以从只有几米到几千米。对于一个完全不透水的覆盖岩层来说，越流因素 B 为无穷大，而越流系数 σ 为零。越流因素和越流系数的测定方法也是采用野外抽水实验，可参考地下水动力学等相关书籍。

(6) 降水入渗补给系数

① 基本概念。降水是自然界水分循环中最活跃的因子之一，是地下水资源形成的重要组成部分。地下水可恢复资源的多寡是与降水入渗补给量密切相关的。但是，降落到地面的水分不能直接到达潜水面，因为在地面和潜水面中间隔着一个包气带，入渗的水必须在包气带中向下运移才能到达潜水面。

降水入渗补给系数 α 是指降水渗入量与降水总量的比值，α 值的大小取决于地表土层的岩性和土层结构、地形坡度、植被覆盖以及降水量的大小和降水形式等。一般情况下，地表土层的岩性对 α 值的影响最显著。降水入渗系数可分为次降水入渗补给系数、年降水入渗补给系数、多年平均降水入渗补给系数，它随着时间和空间的变化而变化。

降水入渗系数是一个无量纲系数，其值变化于 0~1。表 6-5-2 为水利电力部水文局综合各流域片的分析成果，列出的不同岩性在不同降水量年份条件下的平均年降水入渗补给系数的取值范围。

表 6-5-2　不同岩性和降水量的平均年降水入渗补给系数值

$P_{年}/mm$	岩性				
	黏土	亚黏土	亚砂土	粉细砂	砂卵砾石
50	0~0.02	0.01~0.05	0.02~0.07	0.05~0.11	0.08~0.12
100	0.01~0.03	0.02~0.06	0.04~0.09	0.07~0.13	0.10~0.15
200	0.03~0.05	0.04~0.10	0.07~0.13	0.10~0.17	0.15~0.21
400	0.05~0.11	0.08~0.15	0.12~0.20	0.15~0.23	0.22~0.30
600	0.08~0.14	0.11~0.20	0.15~0.24	0.20~0.29	0.26~0.36
800	0.09~0.15	0.13~0.23	0.17~0.26	0.22~0.31	0.28~0.38
1000	0.08~0.15	0.14~0.23	0.18~0.26	0.22~0.31	0.28~0.38

续表

$P_{年}$/mm	岩性				
	黏土	亚黏土	亚砂土	粉细砂	砂卵砾石
1200	0.07～0.14	0.13～0.21	0.17～0.25	0.21～0.29	0.27～0.37
1500	0.06～0.12	0.11～0.18	0.15～0.22		
1800	0.05～0.10	0.09～0.15	0.13～0.19		

注：东北黄土和表中亚黏土的系数值相近；陕北黄土含有裂隙，其值与表中亚砂土相近（引自水利电力部水文局《中国地下水资源》）。

② 降水入渗补给系数的确定方法。常用地下水位动态资料计算降水入渗补给系数。这种方法适用于地下水位埋藏深度较小的平原区。我国北方平原区地形平缓，地下径流微弱，地下水从降水获得补给，消耗于蒸发和开采。在一次降雨的短时间内，水平排泄和蒸发消耗都很小，可以忽略不计。

(7) 潜水蒸发系数 潜水蒸发是指潜水在土壤水势作用下运移至包气带并蒸发为水汽的现象。在潜水埋深较小的地区，潜水蒸发是潜水的主要排泄途径，直接影响到潜水位的消退。单位时间的潜水蒸发量称为潜水蒸发强度，潜水蒸发强度的变化既受潜水埋深的制约，又受气象、土壤、植被等因素的影响。

潜水蒸发系数是平原地区三水转化关系及水资源评价的一个重要参数。潜水蒸发系数是指潜水蒸发量与水面蒸发量的比值。潜水蒸发量受气象因素影响，并和潜水埋深、包气带岩性、地表植被覆盖情况有关。潜水蒸发与水面蒸发在蒸发动力条件等方面具有相似之处，用如下公式表达，即：

$$E = CE_0 \tag{6-5-2}$$

式中 E——潜水蒸发量，mm/d；

E_0——水面蒸发量，mm/d；

C——潜水蒸发系数。

6.5.4 地下水环境现状监测

地下水环境现状监测主要通过对地下水水位、水质的动态监测，了解和查明地下水水质现状及地下水流场，为地下水环境现状评价和环境影响预测提供基础资料。

6.5.4.1 现状监测点的布设原则

① 地下水环境现状监测点采用控制性布点与功能性布点相结合的布设原则。监测点应主要布设在建设项目场地、周围环境敏感点、地下水污染源、主要现状环境水文地质问题以及对于确定边界条件有控制意义的地点。当现有监测井不能满足监测点位置和监测深度要求时，应布设新的地下水现状监测井，现状监测井的布设应兼顾地下水环境影响跟踪监测计划。

② 监测点的层位应以潜水含水层、可能受建设项目影响且具有饮用水开发利用价值的含水层为主。

③ 一般情况下，地下水水位监测点数以不小于相应评价级别地下水水质监测点数的2倍为宜，以查清建设项目场地的地下水水位及流场为原则。

④ 地下水水质监测点布设的具体要求：

a. 一级评价项目潜水含水层的水质监测点应不少于7个，可能受建设项目影响且具有饮用水开发利用价值的含水层3~5个。原则上建设项目场地上游和两侧的地下水水质监测点均不得少于1个，建设项目场地及其下游影响区的地下水水质监测点不得少于3个。

b. 二级评价项目潜水含水层的水质监测点应不少于5个，可能受建设项目影响且具有饮用水开发利用价值的含水层2~4个。原则上建设项目场地上游和两侧的地下水水质监测点均不得少于1个，建设项目场地及其下游影响区的地下水水质监测点不得少于2个。

c. 三级评价项目潜水含水层水质监测点应不少于3个，可能受建设项目影响且具有饮用水开发利用价值的含水层1~2个。原则上建设项目场地上游及下游影响区的地下水水质监测点各不得少于1个。

⑤ 监测井较难布置的基岩山区，当地下水质监测点数无法满足④要求时，可视情况调整数量，并说明调整理由。一般情况下，该类地区一级、二级评价项目应至少设置3个监测点，三级评价项目可根据需要设置一定数量的监测点。

⑥ 管道型岩溶区等水文地质条件复杂的基岩山区，地下水现状监测点应视岩溶和构造发育规律、次级水文地质单元分布和污染源分布情况确定，在集中径流通道（岩溶管道、构造通道等）、暗河及泉点布设监测点，并说明布设理由。

⑦ 在包气带厚度超过100m的地区，当地下水质监测点数无法满足④要求时，可视情况调整数量，并说明调整理由。

6.5.4.2 现状监测因子

① 检测分析地下水环境中 K^+、Na^+、Ca^{2+}、Mg^{2+}、CO_3^{2-}、HCO_3^-、Cl^-、SO_4^{2-} 的浓度。

② 地下水水质现状监测因子原则上应包括两类：一类是基本水质因子；另一类是特征因子。

a. 基本水质因子：pH、总硬度、溶解性总固体、耗氧量、氨氮、亚硝酸盐、硝酸盐、铁、锰、汞、砷、镉、铬（六价）、铅。

b. 特征因子：根据区域污染源状况，结合区域地下水水质状况确定。

6.5.4.3 现状监测频率

① 水位监测频率要求

a. 评价等级为一级的建设项目，若掌握近3年内至少一个连续水文年的枯、平、丰水期地下水位动态监测资料，评价期内至少开展一期地下水水位监测；若无上述资料，依据表6-5-3开展水位监测。

b. 评价等级为二级的建设项目，若掌握近3年内至少一个连续水文年的枯、丰水期地下水位动态监测资料，评价期可不再开展现状地下水位监测；若无上述资料，依据表6-5-3开展水位监测。

c. 评价等级为三级的建设项目，若掌握近3年内至少一期的监测资料，评价期内可不再进行现状水位监测；若无上述资料，依据表6-5-3开展水位监测。

② 基本水质因子的水质监测频率。应参照表6-5-3，若掌握近3年至少一期水质监测数据，基本水质因子可在评价期补充开展一期现状监测；特征因子在评价期内需至少开展一期现状监测。

③ 在包气带厚度超过100m的评价区或监测井较难布置的基岩山区，若掌握近3年内至少一期的监测资料，评价期内可不进行地下水水位、水质现状监测；若无上述资料，至少开展一期现状水位、水质监测。

表 6-5-3 地下水环境现状监测频率参照表

分布区	水位监测频率			水质监测频率		
	一级	二级	三级	一级	二级	三级
同前冲(洪)积	枯平丰	枯丰	一期	枯丰	枯	一期
滨海(含填海区)	二期①	一期	一期	一期	一期	一期
其他平原区	枯丰	一期	一期	一期	一期	一期
黄土地区	枯丰	一期	一期	二期	一期	一期
沙漠地区	枯丰	一期	一期	一期	一期	一期
丘陵山区	枯丰	一期	一期	一期	一期	一期
岩溶裂隙	枯丰	一期	一期	枯丰	一期	一期
岩溶管道	二期	一期	一期	二期	一期	一期

① "二期"的间隔有明显水位变化，其变化幅度接近年内变幅。

6.5.4.4 地下水样品采集与现场测定

地下水样品采集前，应先测量井孔地下水水位（或地下水位埋深）并做好记录，然后对采样井（孔）进行全井孔清洗，抽汲的水量不得小于 3 倍的井筒水（量）体积。

地下水水质样品的管理、分析化验和质量控制按照 HJ 164—2020 执行。pH、Eh、DO、水温等不稳定项目应在现场测定。

6.5.5 地下水环境现状评价

6.5.5.1 评价内容及要求

《地下水质量标准》（GB/T 14848—2017）和有关法规及当地的环保要求是地下水水质现状评价的基本依据。对属于 GB/T 14848—2017 水质指标的评价因子，应按其规定的水质分类标准值进行评价；对不属于 GB/T 14848—2017 水质指标的评价因子，可参照国家（行业、地方）相关标准进行评价。

现状监测结果应进行统计分析，给出最大值、最小值、均值、标准差、检出率、超标率和超标倍数等。

对于评价工作等级为一、二级的改、扩建项目，应开展包气带污染现状调查，分析包气带污染状况。

6.5.5.2 评价方法

地下水质量评价是指充分利用现状调查所获得的野外调查、试验与室内实验资料进行综合分析，对地下水环境质量现状进行评价，给出评价结果。

地下水质量单组分评价，按照《地下水质量标准》（GB/T 14848—2017）所列指标，划分为五类，代号与类别代号相同，不同类别标准值相同时，从优不从劣。例如挥发性酚，Ⅰ类和Ⅱ类标准值均为 0.001mg/L，如水质分析的结果为 0.001mg/L，则应定为Ⅰ类，而不应定为Ⅱ类。

地下水质量评价方法以地下水水质调查分析资料或水质监测资料为基础，采用标准指数法进行评价。标准指数＞1，表明该水质因子已超标，标准指数越大，超标越严重。

6.5.5.3 图件绘制及评价结论

(1) 基本图件　一般应提供区域水文地质图（1∶50000）、地下水环境现状监测布点图。

(2) 评价结论　地下水环境质量现状评价结论的要点包括如下几个方面：

① 地下水现状监测各点位的达标情况，超标因子、超标率或超标倍数等；
② 引起地下水超标的原因；
③ 研究区地下水环境质量现状评价结论。

6.6 土壤环境现状调查与评价

6.6.1 土壤学的基本知识

6.6.1.1 土壤环境影响后果及定义

（1）土壤 地球陆地表面能生长植物的疏松表层（核心定义）。土壤主要由矿物质、有机质以及水分、空气等组成（土壤构成），是在成土母质、生物、地形、气候等自然因素和耕种、施肥、灌排等人为因素综合作用下，不断演变和发展（土壤是发展变化的）。因此，土壤是一种动态的有发展历史的自然体，是提供植物养分、水分、空气和其他条件的基质，是农业生长的基本资料（土壤的主要功能）。在生态学和环境科学上，土壤也是人类生存的重要环境因素。

（2）土壤沙化 由于植被破坏或草地过度放牧、开垦为农田，土壤中水分状况变得干燥，土壤粒子分散不凝聚，在风蚀作用下细颗粒含量逐步降低且风沙颗粒逐渐堆积于土壤表层的过程。泛指土壤或可利用的土地变成含沙很多的土壤或土地甚至变成沙漠的过程。

（3）土壤流失 土壤物质由于水力及水力加上重力作用而搬运移走的侵蚀过程，也称水土流失过程。

（4）土壤盐渍化 主要发生在干旱、半干旱和半湿润地区，指易溶性盐分在土壤表层积累的现象或过程。土壤盐渍化主要分为以下3种。
① 现代盐渍化。在现代自然环境下，积盐过程是主要的成土过程。
② 残余盐渍化。土壤中某一部位含一定数量的盐分而形成积盐层，但积盐过程不再是目前环境条件下的主要成土过程。
③ 潜在盐渍化。心底土存在积盐层，或者处于积盐的环境条件（如高矿化度地下水、强烈蒸发等），有可能发生盐分表聚的情况。

（5）土壤次生盐渍化 土壤潜在盐渍化的表象化，指由于不恰当的利用，使潜在盐渍化土壤中的盐分趋向于表层积聚的过程。

土壤次生盐渍化的主要发生原因可分为内因和外因。内因是土壤具有积盐的趋势或已积盐在一定深度；外因主要是因为农业灌溉不当。主要归结起来的原因包括：由于发展引水自流灌溉，地下水位上升超过其临界深度，使地下水和土体中的盐分随土壤毛管水通过地面蒸发耗损而聚于表土；利用地面或地下矿化水（尤其是矿化度大于3g/L时）进行灌溉，而又不采取调节土壤水盐运动的措施，导致灌溉水中盐分积累于耕层中；在开垦利用心底土积盐层的土壤过程中，过量灌溉的下渗水流溶解活化其中的盐分，随蒸发耗损聚于土壤表层。

（6）土壤潜育化 指土壤处于地下水与饱和、过饱和水长期浸润状态下，在1m内的土体中某些层段E_h（氧化还原电位）<200mV，并出现因Fe、Mn还原而生成的灰色斑纹层，或腐泥层，或青泥层，或泥炭层的土壤形成过程。

（7）土壤次生潜育化 指因耕作或灌溉等人为原因，土壤（主要是水稻土）从非潜育型转变为高位潜育型的过程。

(8) 土壤污染　指人为因素有意或无意地将对人类本身和其他生命体有害的物质或制剂施加到土壤中，使其增加了新的组分或某种成分的含量明显高于原有含量，并引起现存的或潜在的土壤环境质量恶化和相应危害的现象。构成土壤污染的三要素：有可识别的人为污染物；有可鉴别的污染物数量的增加；有现存（直接显露）或潜在（通过转化）的危害后果。

土壤污染具有隐蔽性或潜伏性、不可逆性和长期性以及后果的严重性等特点，其污染类型包括有机物污染、无机物污染、土壤生物污染和放射性物质的污染。

(9) 土壤肥力质量　指植物生长所需的养分供应能力和环境条件，可运用定性和定量描述来表述。

(10) 土壤环境质量　指在一定时间和空间范围内，土壤环境自身形状对其持续利用以及对其他环境要素，对人类和其他生物的生存和繁衍以及社会经济发展的适宜程度。一般而言，土壤环境质量是土壤污染及危害程度的指标，土壤环境质量问题也就是土壤污染问题。

(11) 土壤环境生态影响　指由于人为因素引起土壤环境特征变化导致其生态功能变化的过程或状态。

(12) 土壤环境污染影响　指因人为因素导致某种物质进入土壤环境，引起土壤化学、物理、生物等方面特性的改变，导致其质量恶化的过程或状态。

(13) 土壤环境敏感目标　指可能受人为活动影响的与土壤环境相关的敏感区或对象。

(14) 土壤酸化　指土壤吸收性复合体接受了一定数量交换性氢离子或铝离子，使土壤中碱性（盐基）离子淋失的过程。

6.6.1.2　环境现状调查指标定义及特性

(1) 土壤类型　土壤分类就是根据土壤的发生发展规律和自然形状，按照一定的分类标准，把自然界的土壤划分不同的类别。《中国土壤分类与代码》（GB/T 17296—2009）采用线分法将土壤分类系统的分类单元划分为土纲、亚纲、土类、亚类、土属、土种六个层级，根据该标准统计，目前土纲分为12种、亚纲30种、土类60种，土壤环境影响评价应分析到土类。

(2) 土壤质地　由土壤固体颗粒大小组合不同而表现出来的特性，对土壤肥力具有深刻的影响。我国土壤质地分为砂土、壤土、黏土三类。

质地反映了母质来源及成土过程的某些特征，是土壤的一种十分稳定的自然属性。同时，其黏、砂程度对土壤中物质的吸附、迁移及转化均有很大影响，因而在土壤污染物环境行为的研究中常是首要考察的因素之一。

(3) 土体构型　指土壤发生层有规律的组合、有序的排列状况，也称为土壤剖面构型，是土壤剖面最主要的特征。土体构型分为5种类型，即薄层型、黏质垫层型、均质型、夹层型、砂姜黑土型。

(4) 土壤结构　土壤中的固体颗粒很少以单粒存在，多是单个土粒在各种因素综合作用下相互黏合团聚，形成大小、形状和性质不同的团聚体，称为土壤结构体。各种结构体的存在及其排列状况必然改变土壤的孔隙状况，也影响土壤中水、肥、气、热和耕作性能。土壤结构体通常根据大小、形状及其与土壤肥力的关系划分为五种主要类型：块状结构体、核状结构体、柱状结构体、片状结构体、团粒结构体。

① 块状结构体。属于立方体型，其长、宽、高三轴大体近似，边面棱不甚明显，常

细分为大块状（$d>10cm$）、块状（$5cm \leqslant d \leqslant 10cm$）和碎块状（$d<5cm$）。块状结构在土壤质地比较黏重、缺乏有机质的土壤中容易形成，特别是土壤过湿或过干耕作时最易形成。

② 核状结构体。长、宽、高三轴大体近似，边面棱角明显，比块状结构体小，大的直径为 10～20mm 或稍大，小的直径为 5～10mm。核状结构体一般多以石灰或铁质作为胶结剂，在结构面上有胶膜出现，故常具水稳性，这类结构体在黏重而缺乏有机质的表下层土壤中较多。

③ 棱柱状结构体和柱状结构体。结构体呈立柱状，棱角明显有定形者称为棱柱状结构体，棱角不明显无定形者称为拟柱状结构体，其柱状横截面大小不等。柱状结构体常出现于半干旱地带的表下层，以碱土、碱化土表下层或黏重土壤心土层中最为典型。

④ 片状结构体。结构体呈扁平状，其厚度可小于 1cm，也可大于 5cm。这种结构体往往由流水沉积作用或某些机械压力所造成，常出现于森林土壤的灰化层、碱化土壤的表层和耕地土壤的犁底层。此外，在雨后或灌溉后所形成的地表结壳或板结层，也属于片状结构体。

⑤ 团粒结构体。指土壤中近乎球状的小团聚体，其直径为 0.25～10mm，具有水稳定性，常出现于土壤的灰化层、碱化土壤的表层和耕地土壤的犁底层。

(5) 土壤阳离子交换量　土壤溶液在一定的 pH 值时，土壤能吸附的交换性阳离子的总量，称为阳离子交换量（即 CEC），通常以每千克干土所含阳离子的物质的量表示，可叙述为：厘摩[尔]（+）每千克，或 cmol（+）/kg。因为阳离子交换量随土壤 pH 值的变化而变化，故一般控制 pH 值为 7 的条件下测定土壤的交换量。

阳离子交换量的大小与土壤可能吸附的速效养分的容量及土壤保肥能力有关。交换量大的土壤就能吸附较多的速效养分，避免它们在短期内完全流失。

决定土壤阳离子交换量的因子主要是土壤胶体上负电荷的多少，而影响土壤胶体负电荷的主要是土壤中带负电荷胶体的数量与性质。

(6) 氧化还原电位（E_h）　是长期惯用的氧化还原指标，它可以被理解为物质（原子、离子、分子）提供或接受电子的趋向或能力。物质接受电子的强烈趋势意味着高氧化还原电位，而提供电子的强烈趋势则意味着低氧化还原电位。

(7) 饱和导水率　指土壤被水饱和时单位水势梯度下单位时间内通过单位面积的水量，它是土壤质地、容重、孔隙分布特征的函数。一般用渗透仪测定。

(8) 土壤容重　应称为干容重，又称为土壤密度，是干的土壤基质物质的量与总容积之比。土壤容重大小是土壤学中十分重要的基本数据，可作为粗略判断土壤质地、结构、孔隙率和松紧情况的指标，并可据其计算任何体积的土重。

(9) 孔隙率　指单位容积土壤中孔隙容积所占的百分数。土壤孔隙率的大小说明了土壤的疏松程度及水分和空气容量的大小。土壤孔隙率与土壤质地有关，一般情况下，砂土、壤土和黏土的孔隙率分别为 30%～45%、40%～50% 和 45%～60%，结构良好的土壤孔隙率为 55%～70%，紧实底土为 25%～30%。

(10) 有机质　指存在于土壤中的所有含碳的有机化合物，是土壤固相部分的重要组成成分。尽管土壤有机质的含量只占土壤总量的很小一部分（一般为 1%～20%），但它对土壤形成、土壤肥力、环境保护及农林业可持续发展等方面都有着极其重要的作用和意义。

(11) 全氮　衡量土壤氮素供应状况的重要指标。

（12）有效磷 缩写为A-P，也称为速效磷，在植物生长期内能够被植物根系吸收的土壤磷，即在《土壤 有效磷的测定 碳酸氢钠浸提-钼锑抗分光光度法》（HJ 704—2014）规定的条件下浸提出来的土壤溶液中的磷、弱吸附态磷、交换性磷和易溶性固体磷酸盐等。

（13）地下水溶解性总固体 水样在规定条件下，经过滤并蒸发干燥后留下的物质。

（14）植被覆盖率 指某一地域植物垂直投影面积与该地域面积之比，用百分数表示。

6.6.1.3 土壤盐化、酸化、碱化分级标准

土壤盐化、酸化、碱化分级标准见表6-6-1和表6-6-2。

表6-6-1 土壤盐化分级标准

分级	土壤含盐量(SSC)/(g/kg)	
	滨海、半湿润和半干旱地区	干旱、半荒漠和荒漠地区
未盐化	SSC<1	SSC<2
轻度盐化	1≤SSC<2	2≤SSC<3
中度盐化	2≤SSC<4	3≤SSC<5
重度盐化	4≤SSC<6	5≤SSC<10
极重度盐化	SSC≥6	SSC≥10

注：根据区域自然背景状况适当调整。

表6-6-2 土壤酸化、碱化分级标准

土壤pH值	土壤酸化、碱化强度
pH<3.5	极重度酸化
3.5≤pH<4.0	重度酸化
4.0≤pH<4.5	中度酸化
4.5≤pH<5.5	轻度酸化
5.5≤pH<8.5	无酸化或碱化
8.5≤pH<9.0	轻度碱化
9.0≤pH<9.5	中度碱化
9.5≤pH<10.0	重度碱化
pH≥10	极重度碱化

注：土壤酸化、碱化强度指受人为影响后呈现的土壤pH值，可根据区域自然背景状况适当调整。

6.6.2 土壤环境现状调查内容和方法

土壤环境现状调查的目的是在反映调查评价范围内的土壤理化特性、土壤环境质量状况，以及土壤环境影响源的基础上，为土壤环境现状评价和土壤环境影响预测评价提供数据支撑。

6.6.2.1 资料收集

为了初步了解场地内相关地理要素的信息，为土壤环境影响评价后续工作提供参考，并在一定程度上减少现状调查的工作量，应尽可能多地收集场地相关的气象、水文、土地利用及土壤环境影响源等方面的信息。资料收集类型主要分为以下四个方面。

（1）自然环境状况 重点收集调查范围内的气象资料、地形地貌特征资料、水文及水文地质资料等。其中气象资料主要包括地区的降雨量、蒸发量、风速风向等资料；地形地貌特

征主要包括区内地形地势、地貌分区类型等；水文条件主要指区内的地表径流等水文特征；水文地质资料主要为区内包气带特征及地下水水位埋深等内容。以上资料可通过国家地质资料数据中心及全国地质资料信息网进行查阅。

（2）土地利用现状图、土地利用规划图、土壤类型分布图等资料　收集该部分资料的目的在于掌握调查区的土地利用现状情况信息、后期的土地利用规划状况，分析建设项目所在周边的土壤环境敏感程度，为后期的监测布点提供依据。

（3）土地利用历史情况　收集土地利用变迁资料、土地使用权证明及变更记录、房屋拆除记录等信息，重点收集场地作为工业用地时期的生产及污染状况，用来评价场地污染的历史状况，识别土壤污染影响源。

（4）与建设项目土壤环境影响评价相关的其他资料　包括环境影响评价报告书（表）、场地环境监测报告、场地调查报告以及由政府机关和权威机构所保存或发布的环境资料，如区域环境保护规划、环境质量公告、生态和水源保护区规划报告、企业在政府部门相关环境备案和批复等。

6.6.2.2 土壤理化特性调查

在充分收集资料的基础上，根据土壤环境影响类型、建设项目特征与评价需要，有针对性地选择土壤理化特性调查内容，主要包括土体构型、土壤结构、土壤质地、阳离子交换量、氧化还原电位、饱和导水率、土壤容重、孔隙率等。土壤环境生态影响型建设项目还应调查植被、地下水位埋深、地下水溶解性总固体等。

（1）土壤理化特性调查内容及技术方法

① 土体构型。土体构型的调查工作在野外地面调查阶段完成，可以土壤剖面记录的形式完成。土壤剖面一般规格为长 1.5m、宽 0.8m、深 1.2m，当揭露至基岩或见到地下水出露可停止深挖。剖面完成后，先按形态特征自上而下划分层次，逐层观察和记载其颜色、质地、结构、孔隙、紧实度、湿度、根系分布等特征；然后根据需要进行 pH、盐酸反应、酚酞反应等的速测；最后自下而上地分别观察、采集各层的土样，并将挖出的土按先心底土后表土的顺序填回坑内。土壤剖面的采样规格可参照《土壤环境监测技术规范》（HJ/T 166—2004）中的具体规定执行，采样地点可选取背景样监测点位开展剖面调查工作。

② 土壤结构。土壤结构的测定方法分为现场鉴别和筛分两种。进行野外现场鉴别时，可将土壤结构类型按形状分为块状、片状和柱状三大类；按其大小、发育程度和稳定性等，再分为团粒、团块、块状、棱块状、棱柱状、柱状和片状等。筛分法又分为人工筛分法和机械筛分法两种，是土壤团聚体组成测定的试验方法。试验步骤可参考《土工试验方法标准》（GB/T 50123—2019）中的具体规定执行。

③ 土壤质地。土壤质地是根据机械分析数据，依据相应的土壤质地分类标准来确定的。每种质地的土壤各级颗粒含量都有一定的变化，土壤机械组成数据是研究土壤的最基本资料之一。

土壤质地的确定可先进行野外确定，运用手指对土壤的感觉，采用搓条法进行粗估计。搓条法可初步划定土壤是砂土、砂壤土、轻壤土还是中壤土等。土壤质地的精细判别依据是土壤颗粒大小。在进行精细判别前，先对大于 0.1mm 的土粒进行机械筛分。筛下小于 0.1mm 的土粒根据分析精度要求可采用密度计法、吸管法、激光粒度仪法等方法进行确定。试验步骤可参考《土工试验方法标准》（GB/T 50123—2019）中的具体规定执行。

④ 阳离子交换量。土壤阳离子交换性能对于研究污染物的环境行为有重大意义，它能调节土壤溶液的浓度，保证土壤溶液成分的多样性，因而保证了土壤溶液的"生理平衡"，同时还可以保持养分免于被雨水淋失。

阳离子交换量的大小可作为评价土壤保肥能力的指标。土壤阳离子交换量越高，说明土壤保肥性越强，意味着土壤保持和供应植物所需养分的能力越强；反之说明土壤保肥性能差。土壤阳离子交换量的测定在室内实验室完成，受多种因素影响。

⑤ 氧化还原电位（E_h）。氧化还原电位应用在土壤环境监测中用来反映土壤溶液中所有物质表现出来的宏观氧化-还原性。E_h值可以作为评价水质优劣程度的一个标准。土壤的氧化还原性质对植物的生长起着至关重要的作用，土壤中的各种生物化学过程都受E_h值的制约，各物种的反应活性、迁移、毒性及其能否被生物吸收利用，都与物种的氧化还原状态有关。土壤氧化还原电位越高，氧化性越强；电位越低，氧化性越弱。通过氧化还原电位的测定来调查土壤溶液中氧化态和还原态物质的相对浓度。

⑥ 土壤饱和导水率、土壤容重、土壤孔隙率。测定土壤饱和导水率需要选取原状土样进行室内环刀试验；测定土壤容重以环刀法应用最为广泛；土壤孔隙率一般不直接测定，一般由土粒密度和容重计算求得。以上3个指标均是计算土壤剖面中水通量的重要土壤参数，也是水文模型中的重要参数，它们的准确与否严重影响模型的精度。具体的测定方法可以参考《土工试验方法标准》（GB/T 50123—2019）或中华人民共和国生态环境部官方网站土壤环境保护相关标准。

⑦ 有机质、全氮、有效磷、有效钾。有机质、全氮、有效磷和有效钾是土壤营养物质，一般在农林类、水利类建设项目中需要考虑这几项指标情况。土壤环境理化特性的检测方法可参考农业部（现农业农村部）发布实施的土壤监测系列标准（NY/T 1121.1～1121.18）相关测定标准或中华人民共和国生态环境部官方网站土壤环境保护相关标准。

（2）土壤环境生态影响型建设项目必须补充调查的内容及技术方法　生态影响型建设项目根据土壤环境影响类型、建设项目特征与评价需要，在调查以上土壤理化特性内容的基础上，还应补充调查植被特征、地下水位埋深、溶解性总固体等内容。

① 植被特征。植被特征与土壤环境的关系是生态学研究的重要领域。获取区域地表植被覆盖状况，对于揭示地表植被分布、动态变化趋势以及评价区域生态环境具有现实作用。植被恢复过程中，土壤养分和有机质等含量有所改善，而土壤养分的改善有助于植被的恢复。土壤状况不仅影响着植物群落的演替方向，更进一步决定着植物群落的类型、分布和动态。

不同植被群落下土壤性质存在显著差异。有研究表明，植被各项指标与土壤粉粒含量、黏粒含量、全氮含量以及有机质含量呈正相关，与砂粒含量、土壤容重、pH值、有效磷含量呈负相关。

场地土壤的植被覆盖情况可通过遥感生态解译与地面调查相结合的方式进行调查分析。

② 地下水位埋深。地下水位埋深是指地下水面到地表的距离，是影响包气带水升降的重要因素，与土壤盐渍化成因密切相关。土壤盐渍化的根本防治措施是调控地下水位，比如在地下水开采过程中，由于地下水埋深大于毛细带强烈上升高度，可以切断水盐沿毛细管上升的通道，从而可以有效地防止返盐和土壤积盐。同时，由于水位埋深加大，可以容纳灌水和降水的入渗，蒸发强度显著减弱，从而改变水盐运动方向和动态特征，使水盐向下运动，有利于包气带水土盐分淡化，防止潜水因蒸发而浓缩和使盐分向土壤表层累积，对从根本上

防治土壤盐渍化有重要意义。地下水水位测量是水文地质勘查领域的基本技术手段，可通过地面调查、勘探等方法进行。

③ 溶解性总固体。溶解性总固体是指水流经围岩后单位体积水样中溶解无机矿物成分的总质量，包括溶解于水中的各种离子、分子、化合物的总量。地下水溶解性总固体是评价地下水含盐量、表征地下水无机污染物的重要指标，受降雨、蒸发、地形、土壤类型、土地利用类型、岩性及农业活动等因素的影响，其分布具有空间变异性。溶解性总固体指标值越高，地下水矿化程度越高，所含各种阴、阳离子总量越多，地下水经包气带蒸发遗留在地表土壤中的盐分越多，土壤盐渍化的程度越高。因此，地下水中溶解性总固体是判断土壤是否会发生盐碱化的重要指标之一。

6.6.2.3 影响源调查

土壤环境影响源调查的核心目的是在建设项目还未开展实施之前查清厂区土壤环境质量现状，确定前期的污染事故状况，为建设项目未来可能出现的责任鉴定做好背景数据储备。因此，在土壤环境现状调查的过程中，与建设项目产生同种特征因子或造成相同土壤环境影响后果的影响源应作为主要调查目标。

改、扩建的污染影响型建设项目，其评价工作等级为一级、二级的，应对现有工程的土壤环境保护措施情况进行调查，并重点调查主要装置或设施附近的土壤污染现状。

土壤环境影响源的调查方法主要有以下几种。

（1）资料收集法　通过收集建设项目场地土地历史使用情况，掌握其土地利用变迁资料、土地使用权证明及变更记录、房屋拆除记录等信息，重点收集场地作为工业用地的生产及污染记录、厂区平面布置图、地上及地下储罐清单、环境监测数据等，用以识别影响源可能产生的位置及时间。

（2）现场踏勘法　通过走访土壤环境调查场地及周边区域（范围由现场调查人员根据污染物可能迁移的距离确定），重点记录厂区内构筑物、建筑物及地表的污染泄漏痕迹。现场调查的方法：可通过对异常气味的辨识、摄影和照相、现场笔记等方式初步判断场地污染的状况。踏勘期间，可以使用现场快速测定仪器。

（3）人员访谈法　访谈内容包括资料收集及现场踏勘所涉及的疑问，作为信息补充和已有资料的考证。询问知情人员场地的土地使用历史，人类活动的污染负荷，特殊环境事件，居民生活、健康及周边生态异常情况等。

6.6.3　土壤环境现状监测

建设项目土壤环境现状监测应根据建设项目的影响类型、影响途径，有针对性地开展监测工作，了解或掌握调查评价范围内土壤环境现状。

6.6.3.1 布点原则

① 土壤环境现状监测点布设应根据建设项目土壤环境影响类型、评价工作等级、土地利用类型确定，采用均布性与代表性相结合的原则，充分反映建设项目调查评价范围内的土壤环境现状，可根据实际情况优化调整。

② 调查评价范围内的每种土壤类型应至少设置1个表层样监测点，应尽量设置在未受人为污染或相对未受污染的区域。

③ 生态影响型建设项目应根据建设项目所在地的地形特征、地面径流方向设置表层样

监测点。

④ 涉及入渗途径影响的，主要产污装置区应设置柱状样监测点，采样深度需至装置底部与土壤接触面以下，根据可能影响的深度适当调整。

⑤ 涉及大气沉降影响的，应在占地范围外主导风向的上、下风向各设置1个表层样监测点，可在最大落地浓度点增设表层样监测点。

⑥ 涉及地面漫流途径影响的，应结合地形地貌，在占地范围外的上、下游各设置1个表层样监测点。

⑦ 线性工程应重点在站场位置（如输油站、泵站、阀室、加油站及维修场所等）设置监测点，涉及危险品、化学品或石油等输送管线的应根据评价范围内土壤环境敏感目标或厂区内的平面布局情况确定监测点布设位置。

⑧ 评价工作等级为一级、二级的改、扩建项目，应在现有工程厂界外可能产生影响的土壤环境敏感目标处设置监测点。

⑨ 涉及大气沉降影响的改、扩建项目，可在主导风向下风向适当增加监测点位，以反映降尘对土壤环境的影响。

⑩ 建设项目占地范围及其可能影响区域的土壤环境已存在污染风险的，应结合用地历史资料和现状调查情况，在可能受影响最重的区域布设监测点；取样深度根据其可能影响的情况确定。

⑪ 建设项目现状监测点设置应兼顾土壤环境影响跟踪监测计划。

6.6.3.2 监测点数量要求

① 建设项目各评价工作等级的监测点数不少于表6-6-3的要求。

表6-6-3 现状监测布点类型与数量

评价工作等级		占地范围内	占地范围外
一级	生态影响型	5个表层样点[①]	6个表层样点
	污染影响型	5个柱状样点[②]，2个表层样点	4个表层样点
二级	生态影响型	3个表层样点	4个表层样点
	污染影响型	3个柱状样点，1个表层样点	2个表层样点
三级	生态影响型	1个表层样点	2个表层样点
	污染影响型	3个表层样点	—

① 表层样应在0~0.2m取样。

② 柱状样通常在0~0.5m、0.5~1.5m、1.5~3m分别取样，3m以下每3m取1个样，可根据基础埋深、土体构型适当调整。

注："—"表示无现状监测布点类型与数量的要求。

② 生态影响型建设项目可优化调整占地范围内、外监测点数量，保持总数不变；占地范围超过5000hm^{2}的，每增加1000hm^{2}增加1个监测点。

③ 污染影响型建设项目占地范围超过100hm^{2}的，每增加20hm^{2}增加1个监测点。

6.6.3.3 监测取样方法

表层样监测点及土壤剖面的土壤监测取样方法一般参照HJ/T 166—2004执行，柱状样监测点和污染影响型改、扩建项目的土壤监测取样方法还可参照HJ 25.1—2019、HJ 25.2—2019执行。

6.6.3.4 监测因子

土壤环境现状监测因子分为基本因子和建设项目的特征因子。

基本因子为 GB 15618—2018、GB 36600—2018 中规定的基本项目，分别根据调查评价范围内的土地利用类型选取。

特征因子为建设项目产生的特有因子，根据《环境影响评价技术导则 土壤环境（试行）》(HJ 964—2018) 附录 B 确定；既是特征因子又是基本因子的，按特征因子对待。

背景监测点和可能受到污染的监测点位必须监测基本因子与特征因子；其他监测点位可仅监测特征因子。

6.6.3.5 监测频次要求

基本因子：评价工作等级为一级的建设项目，应至少开展 1 次现状监测；评价工作等级为二级、三级的建设项目，若掌握近 3 年至少 1 次的监测数据，可不再进行现状监测；引用监测数据时应满足布点原则和现状监测点数量的相关要求，并说明数据有效性。

特征因子：应至少开展 1 次现状监测。

6.6.4 土壤环境质量现状评价

6.6.4.1 评价内容与要求

① 土壤环境质量现状评价应采用标准指数法，并进行统计分析，给出样本数量、最大值、最小值、均值、标准差、检出率和超标率、最大超标倍数等。

根据调查评价范围内的土地利用类型，分别选取 GB 15618—2018、GB 36600—2018 等标准中的筛选值进行评价，土地利用类型无相应标准的可只给出现状监测值。

评价因子在 GB 15618—2018、GB 36600—2018 等标准中未规定的，可参照行业、地方或国外相关标准进行评价，无可参照标准的可只给出现状监测值。

② 给出各监测点位土壤盐化、酸化、碱化的级别，统计样本数量、最大值、最小值和均值，并评价均值对应的级别。

6.6.4.2 评价方法

国内常用的土壤环境质量评价技术方法主要有单污染指数法、累积指数法、污染分担率评价法和内梅罗污染指数评价法。

(1) 单污染指数法　单污染指数法是最简单的一种评价方法，是将污染物实测值与质量标准比较，得到一个指数，指数小则污染轻，指数大则污染重。该评价方法能比较客观、明了地反映土壤中某污染物的影响程度。其计算见下式：

$$P_i = \frac{C_i}{C_0} \tag{6-6-1}$$

式中　P_i——i 污染物指数；

C_i——i 污染物实测值，mg/kg；

C_0——i 污染物质量标准，mg/kg。

(2) 累积指数法　当区域内土壤环境质量作为一个整体与外区域进行比较，或者与历史资料进行比较时，经常采用综合污染指数来评价，可客观反映区域土壤的实际质量状况。由于地区土壤背景差异较大，特别是矿藏丰富的地区，在矿藏出露的区域一般背景值都较高，采用累积指数更能反映土壤人为污染的程度。累积指数计算见下式：

$$P = \frac{c_i}{b_0} \tag{6-6-2}$$

式中　P——污染累积指数；
　　　c_i——i 污染物实测值，mg/kg；
　　　b_0——i 污染物背景值，mg/kg。

（3）污染分担率评价法　在评价项目较多时，需要找出主要污染物，可采用污染分担率的评价方法，计算见下式：

$$Y = \frac{P_i}{\sum_{i=1}^{n} P_i} \tag{6-6-3}$$

式中　Y——污染分担率，%；
　　　P_i——i 污染物指数。

（4）内梅罗污染指数评价法　内梅罗污染指数反映了各污染物对土壤的作用，同时突出了高浓度污染物对土壤环境质量的影响。计算见下式：

$$p_n = \sqrt{\frac{p_{i\max}^2 + \overline{p}_i^2}{2}} \tag{6-6-4}$$

式中　p_n——内梅罗污染指数；
　　　$\overline{p}_i$——平均单项污染指数；
　　　$p_{i\max}$——最大单项污染指数。

内梅罗污染指数土壤污染评价标准见表 6-6-4。

表 6-6-4　土壤内梅罗污染指数评价标准

等级	内梅罗污染指数	污染指数
Ⅰ	$p_n \leqslant 0.7$	清洁（安全）
Ⅱ	$0.7 < p_n \leqslant 1.0$	尚清洁（警戒线）
Ⅲ	$1.0 < p_n \leqslant 2.0$	轻度污染
Ⅳ	$2.0 < p_n \leqslant 3.0$	中度污染
Ⅴ	$p_n > 3$	重污染

6.6.4.3　图件绘制及评价结论

（1）基本图件　一般应提供土壤环境现状监测布点图。

（2）评价结论　生态影响型建设项目应给出土壤盐化、酸化、碱化的现状。污染影响型建设项目应给出评价因子是否满足相关标准要求的结论；当评价因子存在超标时，应分析超标原因。

6.7　声环境现状调查与评价

6.7.1　调查内容与调查方法

声环境现状调查与评价，需根据声环境影响评价工作等级和评价范围，确定声环境现状调查的范围和内容。调查内容包括噪声源调查和声环境现状调查。

6.7.1.1 噪声源调查与分析

噪声源调查包括拟建项目的主要固定声源和移动声源。给出主要声源的数量、位置和强度，并在标准规范的图中标识固定声源的具体位置或移动声源的路线、跑道等位置。

噪声源源强调查，有行业污染源源强核算技术指南的应优先按照指南中规定的方法进行；无行业污染源源强核算技术指南，但行业导则中对源强核算方法有规定的，优先按照行业导则中规定的方法进行。对于拟建项目噪声源源强，当缺少所需数据时，可通过声源类比测量或引用有效资料、研究成果来确定。采用声源类比测量时应给出类比条件。

6.7.1.2 声环境现状调查和评价

一、二级评价项目应调查以下内容：

① 调查评价范围内声环境保护目标的名称、地理位置、行政区划、所在声环境功能区、不同声环境功能区内人口分布情况、与建设项目的空间位置关系、建筑情况等。

② 评价范围内具有代表性的声环境保护目标的声环境质量现状需要现场监测，其余声环境保护目标的声环境质量现状可通过类比或现场监测结合模型计算给出。

③ 调查评价范围内有明显影响的现状声源的名称、类型、数量、位置、源强等。评价范围内现状声源源强调查应采用现场监测法或收集资料法确定。分析现状声源的构成及其影响，对现状调查结果进行评价。

三级评价项目：除了调查上述①外，对评价范围内具有代表性的声环境保护目标的声环境质量现状进行调查时，可利用已有的监测资料，无监测资料时可选择有代表性的声环境保护目标进行现场监测，并分析现状声源的构成。

6.7.2 声环境评价量的含义和应用

（1）量度声波强度的物理量　为说明声环境评价中评价量的含义，首先了解一下几个量度声波强度的物理量。

① 声压。声压（Δp）指声波扰动引起的和平均大气压不同的逾量压强。声压的单位：帕斯卡（帕），$1Pa=1N/m^2$。

$$\Delta p = p_1 - p_0 \qquad (6\text{-}7\text{-}1)$$

式中　p_0——平均大气压；

p_1——弹性媒质中疏密部分的压强。

② 声功率。声功率是指单位时间内声源辐射出来的总声能量，或单位时间内通过某一面积的声能，记作 w，单位是瓦（W）。

$$w = \frac{Sp_e^2}{\rho_0 c} \qquad (6\text{-}7\text{-}2)$$

式中　S——包围声源的面积，m^2；

$\rho_0 c$——媒质的特性阻抗，单位为瑞利，即帕·秒/米（Pa·s/m）；

p_e——有效声压，某时间段内的瞬时声压的均方根值。

③ 频率（f）和倍频带。声波的频率（f）为每秒钟媒质质点振动的次数，单位为赫兹（Hz）。声波频率的划分：次声波的频率范围为 $10^{-4} \sim 20Hz$；可听声波频率范围为 $20 \sim 2 \times 10^4 Hz$；超声波的频率范围为 $2 \times 10^4 \sim 10^9 Hz$。环境声学中研究的声波一般为可听声波。

可听声波的频率范围较宽，按下述公式将可听声波划分为 10 个频带。

$$f_2 = 2^n f_1 \tag{6-7-3}$$

式中　f_1——下限频率，Hz；

　　　f_2——上限频率，Hz。

$n=1$ 时就是倍频带。倍频带中心频率可按下式计算：

$$f_0 = \sqrt{f_1 f_2} \tag{6-7-4}$$

对于倍频带，实际使用时通常可选 8 个频带进行分析。噪声监测仪器中有频谱分析仪器（滤波器），可测量不同频带的声压级。倍频带的划分范围和中心频率见表 6-7-1。

表 6-7-1　倍频带中心频率和上下限频率　　　　　　　　　单位：Hz

下限频率 f_1	中心频率 f	上限频率 f_2
22.3	31.5	44.5
44.6	63	89
89	125	177
177	250	354
354	500	707
707	1000	1414
1414	2000	2828
2828	4000	5656
5656	8000	11312
11312	16000	22624

④ 声压级。某声压 p 与基准声压 p_0 之比的常用对数乘以 20 称为该声音的声压级（L_p），以分贝（dB）计，计算式为：

$$L_p = 20 \lg \frac{p}{p_0} (\text{dB}) \tag{6-7-5}$$

空气中的基准声压 p_0 规定为 2×10^{-5} Pa，这个数值是正常人耳对 1000Hz 声音刚刚能觉察到的最低声压值（或可听声阈）。

人耳可以听闻的声压为 2×10^{-5} Pa，痛阈声压为 20Pa，两者相差 100 万倍。按上式计算，L_p（听阈）$=0$dB，L_p（痛阈）$=120$dB。

如测量得到的是某一中心频率倍频带上限和下限频率范围内的声压级，则可称其为某中心频率倍频带的声压级，由可听声范围内 10 个中心频率倍频带的声压级经对数叠加可得到总声压级。

⑤ 声功率级。某声源的声功率（w）与基准声功率（w_0）之比的常用对数乘以 10，称为该声源的声功率级（L_w），以分贝（dB）计，计算式为：

$$L_w = 10 \lg \frac{w}{w_0} (\text{dB}) \tag{6-7-6}$$

式中，$w_0 = 10^{-12}$ W。

声压级和声功率级的关系可由下式表示：

$$L_P = L_w - 10 \lg S \tag{6-7-7}$$

式中　S——包围声源的面积，m^2。

上述公式的适用条件是自由声场或半自由声场，声源无指向性，其他声源的声音均小到可以忽略。

自由声场指声源位于空中，它可以向周围媒质均匀、各向同性地辐射球面声波，S 可为球面面积。

半自由声场指声源位于广阔平坦的刚性反射面上,向下半个空间的辐射声波也全部被反射到上半空间来,S 可为半球面面积。

倍频带声功率级指的是声波在某一中心频率倍频带上限和下限频率范围内的不同频率声波能量合成的声功率级。

以上均是描述声波的物理量,要评价噪声对人的影响,就不能单纯利用这些物理量,而需要与人对噪声的主观反应结合起来进行评价。

(2) A 声级 L_A 和最大 A 声级 L_{Amax} 环境噪声的度量,不仅与噪声的物理量有关,还与人对声音的主观听觉有关。人耳对声音的感觉不仅和声压级大小有关,而且也和频率的高低有关。声压级相同而频率不同的声音,听起来不一样响,高频声音比低频声音响,这是人耳听觉特性所决定的。

为了能用仪器直接测量出人的主观响度感觉,研究人员为测量噪声的仪器即声级计设计了一种特殊的滤波器,叫 A 计权网络。通过 A 计权网络测得的噪声值更接近人的听觉,这个测得的声压级称为 A 计权声级,简称 A 声级,以 L_{pA} 或 L_A 表示,单位为 dB(A)。由于 A 声级能较好地反映出人们对噪声吵闹的主观感觉,因此,它几乎已成为一切噪声评价的基本量。

倍频带声压级和 A 声级的换算关系如下。

设各个倍频带声压级为 L_{pi},那么 A 声级为:

$$L_A = 10\lg\left[\sum_{i=1}^{n} 10^{0.1(L_{pi}-\Delta L_i)}\right] \tag{6-7-8}$$

式中 ΔL_i——第 i 个倍频带的 A 计权网络修正值,dB;

n——总倍频带数。

63~16000Hz 范围内的 A 计权网络修正值见表 6-7-2。

表 6-7-2 A 计权网络修正值

频率/Hz	63	125	250	500	1000	2000	4000	8000	16000
ΔL_i/dB	−26.2	−16.1	−8.6	−3.2	0	1.2	1.0	−1.1	−6.6

A 声级一般用来评价噪声源。对特殊的噪声源在测量 A 声级的同时还需要测量其频率特性,频发、偶发噪声及非稳态噪声往往需要测量最大 A 声级(L_{Amax})及其持续时间,而脉冲噪声应同时测量 A 声级和脉冲周期。

(3) 等效连续 A 声级 L_{Aeq} 或 L_{ep} A 声级用来评价稳态噪声具有明显的优点,但是在评价非稳态噪声时又有明显的不足。因此,人们提出了等效连续 A 声级(简称"等效声级"),即将某一段时间内连续暴露的不同 A 声级变化,用能量平均的方法以 A 声级表示该段时间内的噪声大小,单位为 dB(A)。

等效连续 A 声级的数学表达式如下:

$$L_{eq} = 10\lg\left[\frac{1}{T}\int_0^T 10^{0.1L_{A(t)}}dt\right] \tag{6-7-9}$$

式中 L_{eq}——在 T 段时间内的等效连续 A 声级,dB(A);

$L_{A(t)}$——t 时刻的瞬时 A 声级,dB(A);

T——连续取样的总时间,min。

等效连续 A 声级是目前应用较广泛的环境噪声评价量。我国制定的《声环境质量标准》(GB

3096—2008)、《工业企业厂界环境噪声排放标准》(GB 12348—2008)、《建筑施工场界噪声排放标准》(GB 12523—2011)、《铁路边界噪声限值和测量方法》(GB 12525—1990)和《社会生活环境噪声排放标准》(GB 22337—2008)等项环境噪声排放标准，均采用该评价量作为标准，只是根据环境噪声实际变化情况确定不同的测量时间段，将其测量结果代表某段时间的环境噪声状况。昼间时段测得的等效声级称为昼间等效连续A声级（L_d），夜间时段测得的声级称为夜间等效连续A声级（L_n）。

（4）计权等效连续感觉噪声级 L_WECPNL 或 WECPNL　计权等效连续感觉噪声级是在有效感觉噪声级的基础上发展起来，用于评价航空噪声的方法，其特点在于既考虑了在全天24小时的时间内飞机通过某一固定点所产生的有效感觉噪声级的能量平均值，同时也考虑了不同时间段内的飞机数量对周围环境所造成的影响。

一日计权等效连续感觉噪声级的计算公式如下：

$$L_\mathrm{WECPNL}=\overline{L}_\mathrm{EPNL}+10\lg(N_1+3N_2+10N_3)-39.4 \tag{6-7-10}$$

式中　$\overline{L}_\mathrm{EPNL}$——$N$次飞行的有效感觉噪声级的能量平均值，dB；

N_1——7～19时的飞行次数；

N_2——19～22时的飞行次数；

N_3——22～7时的飞行次数。

计算式中所需参数，如飞机噪声的 L_EPNL 或 EPNL 与距离的关系，一般采用美国联邦航空局提供的数据或通过类比实测得到。具体的计算步骤可依据《机场周围飞机噪声测量方法》(GB 9661—1988) 进行。

计权等效连续感觉噪声级仅作为评价机场飞机噪声影响的评价量，其对照评价的标准是《机场周围飞机噪声环境标准》(GB 9660—1988)。

6.7.3　环境噪声现状测量

（1）测量量

① 环境噪声测量量为等效连续A声级；频发、偶发噪声，非稳态噪声测量量还应有最大A声级及噪声持续时间；机场飞机噪声的测量量为等效感觉噪声级（L_EPNL），然后根据飞行架次计算出计权等效连续感觉噪声级（L_WECPNL）。

② 声源的测量量为A声功率级（L_Aw），或中心频率为63Hz～8kHz 8个倍频带的声功率级（L_w）；距离声源r处的A声级[$L_\mathrm{A(r)}$]或中心频率为63Hz～8kHz 8个倍频带的声压级[$L_\mathrm{P(r)}$]；等效感觉噪声级（L_EPNL）。

（2）测量时段

① 应在声源正常运行工况的条件下选择适当时段测量。

② 每一测点，应分别进行昼间、夜间时段的测量，以便与相应标准对照。

③ 对于噪声起伏较大的情况（如道路交通噪声、铁路噪声、飞机机场噪声），应增加昼间、夜间的测量次数。其测量时段应具有代表性。

每个测量时段的采样或读数方式以现行标准方法规范要求为准。

（3）测量记录内容

① 测量仪器型号、级别，仪器使用过程的校准情况。

② 各测量点的编号、测量时段和对应的声级数据（备注中需说明测量时的环境条件）。

③ 有关声源运行情况（如设备噪声包括设备名称、型号、运行工况、运转台数，道路交通噪声包括车流量、车种、车速等）。

6.7.4 声环境质量现状监测的布点要求

（1）布点范围 为充分了解评价范围内声环境质量现状，布设的现状监测点应能覆盖整个评价范围，覆盖整个评价范围并不是要求评价范围内的每个敏感目标都要监测，而是要求选择的监测点，其监测结果能够描述出评价范围内的声环境质量。为达到上述目标，评价范围内的厂界（或场界、边界）和敏感目标的监测点位均应在调查的基础上合理布设。

由于声波传播过程中受地面建筑物和地面对声波吸收的影响，同一敏感目标不同高度上的声级会有所不同，因此当敏感目标高于 3 层（含 3 层）建筑时，还应按照噪声垂直分布规律、建设项目与声环境保护目标高差等因素选取有代表性的声环境保护目标的代表性楼层设置测点。

（2）环境现状监测布点 在实际评价中评价范围内有的没有明显的声源，有的有明显噪声源，如工业噪声、交通运输噪声、建筑施工噪声、社会生活噪声等。布点时应根据声源的不同情况采用不同的布点方法。

① 评价范围内无明显声源，声级一般较低。环境中的噪声主要来自风声等自然声，不同地点的声级不会有很大不同，因此可选择有代表性的区域布设测点。

② 评价范围内有明显的声源，并对声环境保护目标的声环境质量有影响时，或建设项目为改扩建工程时，应根据声源种类采取不同的监测布点原则。

a. 当声源为固定声源时，现状测点应重点布设在既可能受现有声源影响，又受建设项目声源影响的声环境保护目标处，以及其他有代表性的保护目标处；为满足预测需要，也可在距离现有声源不同距离处布设衰减测点。

b. 当声源为移动声源，且呈现线声源特点时，例如公路、铁路噪声，现状测点位置选取应兼顾声环境保护目标的分布状况、工程特点及线声源噪声影响随距离衰减的特点，布设在具有代表性的声环境保护目标处。例如对于道路，其代表性的敏感目标可布设在车流量基本一致，地形状况和声屏蔽基本相似，距线声源不同距离的声环境保护目标处。

为满足预测需要，得到随距离衰减的规律，也可选取若干线声源的垂线，在垂线上不同水平距离处布设衰减测点。

c. 对于改扩建机场工程，测点一般布设在距机场跑道不同距离的主要声环境保护目标处，重点关注航迹下方的声环境保护目标及跑道侧向较近处的声环境保护目标。测点数量可根据机场飞行量及周围声环境保护目标情况确定，现有单条跑道、两条跑道或三条跑道的机场可分别布设 3~9、9~14 或 12~18 个噪声测点，跑道增加或保护目标较多时可进一步增加测点。对于评价范围内少于 3 个声环境保护目标的情况，原则上布点数量不少于 3 个，结合声保护目标位置布点的，应优先选取跑道两端航迹 3km 以内范围的保护目标位置布点；无法结合保护目标位置布点的，可适当结合航迹下方的导航台站位置进行布点。

由于难以对机场评价范围内所有敏感点进行监测，机场其余敏感目标的现状 WECPNL 可通过实测点 WECPNL 或 EPNL 验证后，经计算求得。

6.7.5 声环境现状评价

6.7.5.1 声环境现状评价内容与要求

环境噪声现状评价包括噪声源现状评价和声环境质量现状评价，其评价方法是对照相关标准评价达标或超标情况并分析其原因,同时评价受噪声影响的人口分布情况。

① 对于噪声源现状评价,应当评价在评价范围内现有噪声源种类、数量及相应的噪声级、噪声特性,明确主要声源分布。

② 对于声环境质量现状评价,应当分别评价厂界(场界、边界)和各声环境保护目标的超标和达标情况,分析其受现有主要声源的影响状况,说明受噪声影响的人口分布状况。

6.7.5.2 图件绘制及评价结论

(1) 基本图件 环境噪声现状评价结果应当用表格和图示来表达清楚。一般应包括评价范围内的声环境功能区划图,声环境保护目标分布图,工矿企业厂区(声源位置)平面布置图,城市道路、公路、铁路、城市轨道交通等的线路走向图,机场总平面图及飞行程序图,现状监测布点图,声环境保护目标与项目关系图等。

(2) 评价结论 应给出项目区声环境质量是否满足评价标准要求的结论;当存在超标时,应分析超标原因。

6.8 生态环境现状调查与评价

生态环境现状调查至少要进行两个阶段:影响识别和评价因子筛选前要进行初次调查与现场踏勘;环境影响评价中要进行详细勘测和调查。

6.8.1 总体要求

生态现状调查是生态现状评价、影响预测的基础和依据,调查的内容和指标应能反映评价工作范围内的生态背景特征和现存的主要生态问题。在有敏感生态保护目标(包括特殊生态敏感区和重要生态敏感区)或其他特别保护要求对象时,应做专题调查。

生态现状调查应在收集资料的基础上开展现场工作,生态现状调查的范围应不小于评价工作的范围。

6.8.2 生态现状调查内容

6.8.2.1 陆生生态现状调查

陆生生态现状调查内容主要包括:评价范围内的植物区系、植被类型,植物群落结构及演替规律,群落中的关键种、建群种、优势种;动物区系、物种组成及分布特征;生态系统的类型、面积及空间分布;重要物种的分布、生态学特征、种群现状,迁徙物种的主要迁徙路线、迁徙时间,重要生境的分布及现状。

6.8.2.2 水生生态现状调查

水生生态现状调查内容主要包括:评价范围内的水生生物、水生生境和渔业现状;重要物种的分布、生态学特征、种群现状以及生境状况;鱼类等重要水生动物调查包括种类组成、种群结构、资源时空分布,产卵场、索饵场、越冬场等重要生境的分布、环境条件以及洄游路线、洄游时间等行为习性。

6.8.2.3 主要生态问题调查

调查影响区域内已经存在的主要生态问题,如水土流失、沙漠化、石漠化、盐渍化、生物入侵和污染危害等,指出其类型、成因、空间分布、发生特点等。还要调查已经存在的对生态保护目标产生不利影响的干扰因素。

6.8.2.4 生态保护目标调查

(1) 法规确定的保护目标　在环境影响评价中,保护目标常作为评价的重点,也是衡量评价工作是否深入或是否完成任务的标志。然而,保护目标又是一个比较笼统的概念。按照约定俗成的含义,保护目标概括一切重要的、值得保护或需要保护的目标,其中最主要的是法规已明确其保护地位的目标(表6-8-1)。

表 6-8-1　中华人民共和国法律规定的保护目标

1. 具有代表性的各种类型的自然生态区域	《中华人民共和国环境保护法》
2. 珍稀、濒危的野生动植物自然分布区域	《中华人民共和国环境保护法》
3. 重要的水源涵养区域	《中华人民共和国环境保护法》
4. 具有重大科学文化价值的地质构造、著名溶洞和化石分布区、冰川、火山、温泉等自然遗迹	《中华人民共和国环境保护法》
5. 人文遗迹、古树名木	《中华人民共和国环境保护法》
6. 风景名胜区、自然保护区等	《中华人民共和国环境保护法》
7. 自然景观	《中华人民共和国环境保护法》
8. 海洋特别保护区、海上自然保护区、滨海风景游览区	《中华人民共和国海洋环境保护法》
9. 水产资源、水产养殖场、鱼蟹洄游通道	《中华人民共和国海洋环境保护法》
10. 海涂、海岸防护林、风景林、风景石、红树林、珊瑚礁	《中华人民共和国海洋环境保护法》
11. 水土资源、植被、(坡)荒地	《中华人民共和国水土保持法》
12. 崩塌滑坡危险区、泥石流易发区	《中华人民共和国水土保持法》
13. 耕地、基本农田保护区	《中华人民共和国土地管理法》

在《建设项目环境影响评价分类管理名录》中,将一些地区确定为环境敏感区,并作为建设项目环境影响评价类别确定的重要依据。分类管理名录中的环境敏感区包括以下区域:

① 自然保护区、风景名胜区、世界文化和自然遗产地、饮用水水源保护区;

② 基本农田保护区、基本草原、森林公园、地质公园、重要湿地、天然林、珍稀濒危野生动植物天然集中分布区、重要水生生物的自然产卵场及索饵场、越冬场和洄游通道、天然渔场、资源性缺水地区、水土流失重点防治区、沙化土地封禁保护区、封闭及半封闭海域、富营养化水域;

③ 以居住、医疗卫生、文化教育、科研、行政办公等为主要功能的区域,文物保护单位,具有特殊历史、文化、科学、民族意义的保护地。

(2) 生态敏感区的识别　根据生态敏感性程度,结合《建设项目环境影响评价分类管理名录》和《环境影响评价技术导则 生态影响》中环境敏感区的定义,区别特殊生态敏感区、重要生态敏感区和一般区域等三类区域。其中饮用水水源保护区是水环境影响评价的重要内容,不再作为生态敏感区;风景名胜区是为了游览而非绝对地保护,在不破坏其保护目标的前提下,还需要建设公路等附属设施;封闭及半封闭海域是水环境影响评价的重要内容,不再作为生态敏感区;永久基本农田保护区不作为重要生态敏感区,因为永久基本农田保护尽管很重要,但对其评价却非常简单;基本草原不作为重要生态敏感区,因为基本草原范围很广,但在建设项目生态影响的尺度上往往没有具体的划分,实际评价工作中难以操作;对于编制专题报告、有其他部门进行行政许可的相关内容,如土地预审、防洪评价、水土保持、地灾、压矿等涉及的河流源头区、洪泛区、蓄滞洪区、防洪保护区、水土保持三区等不作为特殊和重要生态敏感区,因为我国进行了水土保持三区划分,全国的土地都应在三区范围内,这就意味着所有的评价都要涉及重要生态敏感区,这显然是不合理的。

(3) 生态保护红线　为推进生态文明建设,加强生态环境保护,近年来,特别是党的十八大以来,党中央、国务院做出了一系列重大决策部署,明确要求要划定并严守生态保护红线。新修订的《中华人民共和国环境保护法》首次将生态保护红线写入法律,明确"国家在重点生态功能区、生态环境敏感区和脆弱区等区域划定生态保护红线"。《中华人民共和国国家安全法》也明确"国家完善生态环境保护制度体系,加大生态建设和环境保护力度,划定生态保护红线"。

生态保护红线是指在森林、草原、湿地、河流、湖泊、滩涂、岸线、海洋、荒地、戈壁、冰川、高山冻原、无居民海岛等生态空间范围内具有特殊重要生态功能、必须强制性严格保护的区域,是保障和维护国家生态安全的底线和生命线,通常包括具有重要水源涵养、生物多样性维护、水土保持、防风固沙和海岸生态稳定等功能的生态功能重要区域,以及水土流失、土地沙化、石漠化、盐渍化等生态环境敏感脆弱区域。为落实环境保护法等相关法律法规,统筹考虑自然生态整体性和系统性,在对国土生态空间开展科学评估的基础上,着重在重点生态功能区、生态环境敏感区和脆弱区、禁止开发区等区域按生态功能重要性、生态环境敏感性与脆弱性划定生态保护红线,并落实到国土空间,系统构建国家生态安全格局,形成生态保护红线全国"一张图",实现一条红线管控重要生态空间,强化用途管制,确保生态功能不弱化、面积不减少、性质不改变,维护国家生态安全,促进经济社会可持续发展。

2016年11月1日,中央全面深化改革领导小组审议通过了《关于划定并严守生态保护红线的若干意见》。在建设项目环境影响评价中,应严格执行有关生态保护红线的管理规定。

6.8.2.5　其他内容

需要收集生态敏感区的相关规划资料、图件、数据,调查评价范围内生态敏感区主要保护对象、功能区划、保护要求等。对于改扩建、分期实施的建设项目,还要调查既有工程、前期已实施工程的实际生态影响以及采取的生态保护措施。

6.8.3　调查方法

(1) 资料收集法　收集现有的能反映生态现状或生态背景的资料,从表现形式上分为文字资料和图形资料,从时间上可分为历史资料和现状资料,从收集行业类别上可分为农、林、牧、渔和环境保护部门,从资料性质上可分为环境影响报告书、有关污染源调查、生态保护规划、规定、生态功能区划、生态敏感目标的基本情况以及其他生态调查材料等。使用资料收集法时,应保证资料的现时性,引用资料必须建立在现场校验的基础上。

(2) 现场调查法　现场勘查应遵循整体与重点相结合的原则,整体上兼顾项目所涉及的各个生态保护目标,突出重点区域和关键时段的调查,并通过对影响区域的实际踏勘,核实收集资料的准确性,以获取实际资料和数据。

(3) 专家和公众咨询法　专家和公众咨询法是对现场勘查的有益补充。通过咨询有关专家,收集评价工作范围内的公众、社会团体和相关管理部门对项目影响的意见,发现现场踏勘中遗漏的相关信息。专家和公众咨询应与资料收集和现场勘查同步开展。

(4) 生态监测法　当资料收集、现场调查、专家和公众咨询获取的数据无法满足评价工作需要,或项目可能产生潜在的或长期累积影响时,可考虑选用生态监测法。生态监测应根据监测因子的生态学特点和干扰活动的特点确定监测位置和频次，有代表性地布点。生态监测方法与技术要求必须符合国家现行的有关生态监测规范和监测标准分析方法；对于生态系统生产力的调查，必要时需现场采样、实验室测定。

(5) 遥感调查法　当涉及区域范围较大或主导生态因子的空间等级尺度较大，通过人力踏勘较为困难或难以完成评价时，可采用遥感调查法。遥感调查过程中必须辅助必要的现场实地调查工作。

6.8.4　生态现状调查要求

① 引用的生态现状资料其调查时间宜在 5 年以内，用于回顾性评价或变化趋势分析的资料可不受调查时间限制。

② 当已有调查资料不能满足评价要求时，应通过现场调查获取现状资料，现场调查遵循全面性、代表性和典型性原则。项目涉及生态敏感区时，应开展专题调查。

③ 工程永久占用或施工临时占用区域应在收集资料基础上开展详细调查，查明占用区域是否分布有重要物种及重要生境。

④ 陆生生态一级、二级评价应结合调查范围、调查对象、地形地貌和实际情况选择合适的调查方法。开展样线、样方调查的，应合理确定样线、样方的数量、长度或面积，涵盖评价范围内不同的植被类型及生境类型，山地区域还应结合海拔段、坡位、坡向进行布设。根据植物群落类型（宜以群系及以下分类单位为调查单元）设置调查样地，一级评价每种群落类型设置的样方数量不少于 5 个，二级评价不少于 3 个，调查时间宜选择植物生长旺盛季节；一级评价每种生境类型设置的野生动物调查样线数量不少于 5 条，二级评价不少于 3 条，除了收集历史资料外，一级评价还应获得近 1~2 个完整年度不同季节的现状资料，二级评价尽量获得野生动物繁殖期、越冬期、迁徙期等关键活动期的现状资料。

⑤ 水生生态一级、二级评价的调查点位、断面等应涵盖评价范围内的干流、支流、河口、湖库等不同水域类型。一级评价应至少开展丰水期、枯水期（河流、湖库）或春季、秋季（入海河口、海域）两期（季）调查，二级评价至少获得一期（季）调查资料，涉及显著改变水文情势的项目应增加调查强度。鱼类调查时间应包括主要繁殖期，水生生境调查内容应包括水域形态结构、水文情势、水体理化性状和底质等。

⑥ 三级评价现状调查以收集有效资料为主，可开展必要的遥感调查或现场校核。

⑦ 生态现状调查中还应充分考虑生物多样性保护的要求。

6.8.5　陆生维管植物调查

生态现状调查与评价中，陆生维管植物（包括蕨类植物、裸子植物和被子植物）调查的目的是要查清评价区域植物的种类组成、区域分布、种群动态、面临的威胁、植物物种的多样性等，客观反映评价区植物现状，为分析与评价植物可能受到建设项目的影响、提出保护措施奠定基础。

调查前要收集整理调查区的现有相关资料，如 1:10000 地形图、气候资料、动植物区系等。根据所收集资料，分析了解调查区域的相关情况，制订调查方案。

观测样地的选择要有代表性，应以正方形为宜，样地大小应能够反映集合群落的组成和结构。一般森林群落样地面积为 100m×100m；灌木样方面积通常为 10m×10m，对大型或稀疏灌丛，样方面积扩大到 20m×20m 或更大；草地样方的面积通常为 1m×1m，若观测区域草地群落分布呈斑块状,较为稀疏,应将样方扩大到 2m×2m。

调查内容和指标包括:

① 乔木　植物名称种类、种群大小、种群动态、胸径、枝下高、冠幅、分枝、物候期、生长状态,群落物种多样性、人为干扰活动的类型和强度等。

② 灌木(丛)　植物名称种类、种群大小、种群动态、胸径、冠幅、盖度、物候期、生长状态,群落物种多样性、人为干扰活动的类型和强度等。

③ 草本植物　植物名称种类、(个体数)多度、平均高度、盖度、物候期、生活力,群落物种多样性、人为干扰活动的类型和强度等。

具体调查方法可参见《生物多样性观测技术导则 陆生维管植物》(HJ 710.1—2014)。

6.8.6　陆生动物调查

生态现状调查与评价中,陆生动物(主要为哺乳动物、鸟类、两栖动物、爬行动物等)调查的目的是要查清评价区的动物种类组成、空间分布和种群动态,并评价其栖息地质量,评估各种威胁因素对动物产生的影响,为分析与评价动物可能受到建设项目的影响,提出保护措施奠定基础。

调查前要收集整理调查区的现有相关资料,包括地形地貌、地质、水文、土壤、气候、社会、经济、人文、生物区系等相关资料等。根据所收集资料,分析了解调查区域的相关情况,制订调查方案。

观测对象选择时,应重点考虑:受威胁物种、国家保护物种和特有物种;具有重要社会价值、经济价值、研究价值的物种;对维持生态系统结构和过程有重要作用的物种;对环境或气候变化反应敏感的物种;受管理措施影响强烈的物种。

观测内容主要包括调查区的动物种类组成、空间分布、种群动态、受威胁程度、生境状况等。根据调查区和调查对象的具体情况,选择合适的调查方法和调查时间。

具体调查方法可参见《生物多样性观测技术导则》(HJ 710)。

6.8.7　水生生物调查

水生生态系统有海洋生态系统和淡水生态系统两大类别。淡水生态系统又有河流生态系统和湖泊生态系统之别。

淡水生态系统的水生生物调查,包括水生维管植物、鱼类和底栖大型无脊椎动物的调查,目的就是要查清评价区的水生生物种类组成、种群数量、空间分布、物种多样性等,并分析人类活动和环境变化对生物资源的影响,为分析与评价水生生物可能受到建设项目的影响,提出保护措施奠定基础。

观测对象选择时,应重点考虑:受威胁物种、保护物种和特有物种;具有重要社会、经济价值的物种;对维持生态系统结构和过程有重要作用的物种;对环境或气候变化反应敏感的物种。

根据调查区和调查对象的具体情况,选择合适的调查方法和调查时间。

具体调查方法可参见《生物多样性观测技术导则》(HJ 710)。

海洋生态系统现状调查要求和调查方法参照《海洋工程环境影响评价技术导则》(GB/T 19485—2014)执行。

6.8.8　生态现状评价

生态现状评价是对调查所得的信息资料进行梳理分析,判别轻重缓急,明确主要问题及其根源的过程。生态现状评价一般必须按照一定的指标和标准并采用科学的方法进行评价。

6.8.8.1 生态现状评价内容及要求

在区域生态环境现状调查的基础上，对评价区的生态现状进行定量或定性的分析评价，评价应采用文字和图件相结合的表现形式，图件制作应遵照《环境影响评价技术导则 生态影响》（HJ 19—2022）的规定。

一级、二级评价应根据现状调查结果选择以下全部或部分内容开展评价：

① 根据植被和植物群落调查结果，编制植被类型图，统计评价范围内的植被类型及面积，可采用植被覆盖度等指标分析植被现状，图示植被覆盖度空间分布特点。

② 根据土地利用调查结果，编制土地利用现状图，统计评价范围内的土地利用类型及面积。

③ 根据物种及生境调查结果，分析评价范围内的物种分布特点、重要物种的种群现状以及生境的质量、连通性、破碎化程度等，编制重要物种、重要生境分布图，迁徙、洄游物种的迁徙、洄游路线图；涉及国家重点保护野生动植物、极危或濒危物种的，可通过模型模拟物种适宜生境分布，图示工程与物种生境分布的空间关系。

④ 根据生态系统调查结果，编制生态系统类型分布图，统计评价范围内的生态系统类型及面积；结合区域生态问题调查结果，分析评价范围内的生态系统结构与功能状况以及总体变化趋势；涉及陆地生态系统的，可采用生物量、生产力、生态系统服务功能等指标开展评价；涉及河流、湖泊、湿地生态系统的，可采用生物完整性指数等指标开展评价。

⑤ 涉及生态敏感区的，分析其生态现状、保护现状和存在的问题；明确并图示生态敏感区及其主要保护对象、功能分区与工程的位置关系。

⑥ 可采用物种丰富度、香农-维纳多样性指数、Pielou 均匀度指数、Simpson 优势度指数等对评价范围内的物种多样性进行评价。

⑦ 三级评价可采用定性描述或面积、比例等定量指标，重点对评价范围内的土地利用现状、植被现状、野生动植物现状等进行分析，编制土地利用现状图、植被类型图、生态保护目标分布图等图件。

⑧ 对于改扩建、分期实施的建设项目，应对既有工程、前期已实施工程的实际生态影响、已采取的生态保护措施的有效性和存在问题进行评价。

6.8.8.2 生态现状评价方法

生态系统评价方法大致可分两种：一种是生态系统质量的评价方法，主要考虑的是生态系统属性的信息，较少考虑其他方面的意义。例如早期的生态系统评价就是着眼于某些野生生物物种或自然区的保护价值，指出某个地区野生动植物的种类、数量、现状，有哪些外界（自然的、人为的）压力，根据这些信息提出保护措施建议。另一种评价方法是从社会-经济的观点评价生态系统，估计人类社会经济对自然环境的影响，评价人类社会经济活动所引起的生态系统结构、功能的改变及其改变程度，提出保护生态系统和补救生态系统损失的措施，目的在于保证社会经济持续发展的同时保护生态系统免受或少受有害影响。两类评价方法的基本原理相同，但由于影响因子和评价目的不同，评价的内容和侧重点不同，方法的复杂程度也不尽相同。

目前，生态评价方法正处于研究和探索阶段。大部分评价采用定性描述和定量分析相结合的方法进行，而且许多定量方法由于不同程度的人为主观因素而增加了其不确定性。因此对生态影响评价来说，起决定性作用的是对评价的对象（生态系统）有透彻的了解。这就需要大量而充实的现场调查和资料收集工作,以及由表及里、由浅入深的分析工作,做到对调查对象有全面的了解和深入的认识。

生态现状评价方法见《环境影响评价技术导则-生态影响》(HJ 19—2022)推荐的方法,常用的有生物多样性评价法、生态系统评价法、景观生态学评价法、生境评价法等多种方法。

(1) 生物多样性评价方法　生物多样性是生物(动物、植物、微生物)与环境形成的生态复合体以及与此相关的各种生态过程的总和,包括生态系统、物种和基因三个层次。生态系统多样性指生态系统的多样化程度,包括生态系统的类型、结构、组成、功能和生态过程的多样性等。物种多样性指物种水平的多样化程度,包括物种丰富度和物种多度。基因多样性(或遗传多样性)指一个物种的基因组成中遗传特征的多样性,包括种内不同种群之间或同一种群内不同个体的遗传变异性。

物种多样性常用的评价指标包括物种丰富度、香农-维纳多样性指数、Pielou 均匀度指数、Simpson 优势度指数等。

① 物种丰富度(species richness):调查区域内物种种数之和。

② 香农-维纳多样性指数(Shannon-Wiener diversity index)计算公式为:

$$H = -\sum_{i=1}^{s} P_i \ln P_i \quad (6-8-1)$$

式中　H——香农-维纳多样性指数;
　　　S——调查区域内物种种类总数;
　　　P_i——调查区域内属于第 i 种的个体比例,如总个体数为 N,第 i 种个体数为 n_i,则 $P_i = n_i/N$。

③ Pielou 均匀度指数是反映调查区域各物种个体数目分配均匀程度的指数,计算公式为:

$$J = (-\sum_{i=1}^{s} P_i \ln P_i)/\ln S \quad (6-8-2)$$

式中　J——Pielou 均匀度指数;
　　　S——调查区域内物种种类总数;
　　　P_i——调查区域内属于第 i 种的个体比例。

④ Simpson 优势度指数与均匀度指数相对应,计算公式为:

$$D = 1 - \sum_{i=1}^{s} P_i^2 \quad (6-8-3)$$

式中　D——Simpson 优势度指数;
　　　S——调查区域内物种种类总数;
　　　P_i——调查区域内属于第 i 种的个体比例。

(2) 生态系统评价法

① 植被覆盖度。植被覆盖度又称植被覆盖率,指某一地域植物垂直投影面积与该地域面积之比,用百分数表示。可用于定量分析评价范围内的植被现状。

基于遥感估算植被覆盖度可根据区域特点和数据基础采用不同的方法,如植被指数法、回归模型、机器学习法等。

植被指数法主要是通过对各像元中植被类型及分布特征的分析,建立植被指数与植被覆盖度的转换关系。采用归一化植被指数（NDVI）估算植被覆盖度的方法如下：

$$FVC = (NDVI - NDVI_s)/(NDVI_v - NDVI_s) \quad (6-8-4)$$

式中　FVC——所计算像元的植被覆盖度；
　　　NDVI——所计算像元的NDVI值；
　　　$NDVI_v$——纯植物像元的NDVI值；
　　　$NDVI_s$——完全无植被覆盖像元的NDVI值。

② 生物量。生物量是指一定地段面积内某个时期生存着的活有机体的重量。不同生态系统的生物量测定方法不同，可采用实测与估算相结合的方法。

地上生物量估算可采用植被指数法、异速生长方程法等方法进行计算。基于植被指数的生物量统计法是通过实地测量的生物量数据和遥感植被指数建立统计模型，在遥感数据的基础上反演得到评价区域的生物量。

③ 生产力。生产力是生态系统的生物生产能力，反映生产有机质或积累能量的速率。群落（或生态系统）初级生产力是单位面积、单位时间群落（或生态系统）中植物利用太阳能固定的能量或生产的有机质的量。净初级生产力（NPP）是从固定的总能量或产生的有机质总量中减去植物呼吸所消耗的量，直接反映了植被群落在自然环境条件下的生产能力，表征陆地生态系统的质量状况。

NPP可利用统计模型（如Miami模型）、过程模型（如BIOME-BGC模型、BEPS模型）和光能利用率模型（如CASA模型）进行计算。根据区域植被特点和数据基础确定具体方法。

通过CASA模型计算净初级生产力的公式如下：

$$NPP(x,t) = APAR(x,t) \times \varepsilon(x,t) \quad (6-8-5)$$

式中　NPP——净初级生产力；
　　　APAR——植被所吸收的光合有效辐射；
　　　ε——光能转化率；
　　　t——时间；
　　　x——空间位置。

④ 生物完整性指数。生物完整性指数（index of biotic integrity，IBI）已被广泛应用于河流、湖泊、沼泽、海岸滩涂、水库等生态系统健康状况评价，指示生物类群也由最初的鱼类扩展到底栖动物、着生藻类、维管植物、两栖动物和鸟类等。生物完整性指数评价的工作步骤如下：

a. 结合工程影响特点和所在区域水生态系统特征，选择指示物种；

b. 根据指示物种种群特征，在指标库中确定指示物种参数指标；

c. 选择参考点（未开发建设、未受干扰的点或受干扰极小的点）和干扰点（已开发建设、受干扰的点），采集参数指标数据，通过对参数指标值的分布范围分析、判别能力分析（敏感性分析）和相关关系分析，建立评价指标体系；

d. 确定每种参数指标值以及生物完整性指数的计算方法，分别计算参考点和干扰点的指数值；

e. 建立生物完整性指数的评分标准；

f. 评价项目建设前所在区域水生态系统状况，预测分析项目建设后水生态系统变化情况。

6.8.8.3 图件绘制及评价结论

(1) 图件要求　生态现状评价制图应采用标准地形图作为工作底图,精度不低于工程设计的制图精度,比例尺一般在1∶50000以上。调查样方、样线、点位、断面等布设图应结合实际情况选择适宜的比例尺,一般为(1∶10000)~(1∶2000)。当工作底图的精度不满足评价要求时,应开展针对性的测绘工作。

图件内容与要求见表6-8-2。

表6-8-2　生态现状调查图件内容与要求

图件名称	图件内容与要求
项目总平面布置图及施工总布置图	各工程内容的平面布置及施工布置情况
线性工程平纵断面图	线路走向、工程形式等
土地利用现状图	评价范围内的土地利用类型及分布情况,采用 GB/T 21010 土地利用分类体系,以二级类型作为基础制图单位
植被类型图	评价范围内的植被类型及分布情况,以植物群落调查成果作为基础制图单位。植被遥感制图应结合工作底图精度选择适宜分辨率的遥感数据,必要时应采用高分辨率遥感数据。山地植被还应完成典型剖面植被示意图
植被覆盖度空间分布图	评价范围内的植被状况,基于遥感数据并采用归一化植被指数(NDVI)估算得到的植被覆盖度空间分布情况
生态系统类型图	评价范围内的生态系统类型分布情况,采用 HJ 1166 生态系统分类体系,以Ⅱ级类型作为基础制图单位
生态保护目标空间分布图	项目与生态保护目标的空间位置关系。针对重要物种、生态敏感区等不同的生态保护目标应分别成图,生态敏感区分布图应在行政主管部门公布的功能分区图上叠加工程要素,当不同生态敏感区重叠时,应通过不同边界线型加以区分
物种迁徙、洄游路线图	物种迁徙、洄游的路线、方向以及时间
物种适宜生境分布图	通过模型预测得到的物种分布图,以不同色彩表示不同适宜性等级的生境空间分布范围
调查样方、样线、点位、断面等布设图	调查样方、样线、点位、断面等布设位置,在不同海拔高度布设的样方、样线等,应说明其海拔高度
生态监测布点图	生态监测点位布置情况

(2) 评价结论　对区域土地利用、植被类型、物种及生境质量、生态系统类型、生态系统结构与功能状况等生态现状评价结果进行概括总结。

第7章

环境影响预测与评价

7.1 大气环境影响预测与评价

7.1.1 大气环境影响预测方法与内容

7.1.1.1 大气环境影响预测方法概述

建设项目或规划项目建成投运后,对评价区的大气环境影响的程度、范围需要通过大气环境影响预测来进行判断,并依据大气环境影响预测的结果对建设项目或规划项目的选址、建设规模是否合理、环境保护措施是否可行,进而对建设项目或规划项目的可行性进行判断。大气环境影响的预测方法主要通过建立数学模型来模拟污染物在大气中传输、扩散、转化、消除等物理、化学机制。影响大气污染物在空气中浓度变化的因素很复杂,不同地形条件、气象条件、污染源情况、预测时间尺度与空间尺度对应不同的预测模型,因此,大气环境影响预测模型分类方法多种多样。大气环境影响预测模型的分类参见图7-1-1。

在环境影响评价工作中,运用最为普遍的是高斯(Gauss)模式。从湍流统计理论分析,污染物在空间的概率密度在平稳均匀湍流场下服从正态分布(高斯分布),概率密度的标准差(扩散参数)一般采用"统计理论方法"或其他经验方法确定。高斯模式的优点很明显:在物理意义上比较直观,其最基本的数学表达式很容易从通常的数学手册或概率统计书籍中查到,而且模式是以初等数学模型表达,各物理量之间的关系、模式的推演十分简便;当把平原地区看成除地表外三维无界空间时,连续源烟流沿主导风向运动,在下风向一定范围内的预测值与实测值比较一致;在复杂情况(复杂地形、化学反应、沉积等)下,适当修正的高斯模式,其预测结果也能满足应用要求。但高斯模式的应用还是有限制的,由于高斯模式的应用是建立在匀流场条件下(即风速、扩散参数等不随时间、空间位置的变化而变化),在复杂流场情况下,预测精度有所欠缺。

7.1.1.2 法规大气环境影响预测模型

法规大气环境影响预测模型是指由政府部门颁布实施或认证、普遍应用的大气环境影响预测模型。这种模型通常采用初等数学形式表达,其参数取得简单、便捷,一般由常规气象参数、物理常数或经验数据求得。例如,我国在《环境影响评价技术导则 大气环境》(HJ/T 2.2—2018)中推荐的模式,美国EPA所推荐的一系列包括AERMOD、CALPUFF、BLP等的关于大气扩散的模式。目前,大多数的法规大气环境影响预测模型属于正态模式类型。一级评价项目应结合项目环境影响预测范围、预测因子及推荐模型的适用范围等选择空气质

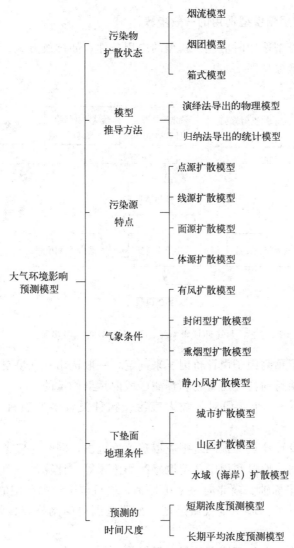

图 7-1-1 大气环境影响预测模型分类

量模型。HJ/T 2.2—2018 中各推荐模型及适用范围见表 7-1-1。

表 7-1-1　HJ/T 2.2—2018 中推荐模型及适用范围

模型名称	适用污染源	适用排放形式	推荐预测范围	模拟污染物 一次污染物	模拟污染物 二次 $PM_{2.5}$	模拟污染物 O_3	其他特性
AERMOD ADMS AUSTAL2000 EDMS/AEDT	点源、面源、线源、体源 烟塔合一源 机场源	连续源、间断源	局地尺度（≤50km）	模型模拟法	系数法	不支持	—
CALPUFF	点源、面源、线源、体源	连续源、间断源	城市尺度（50km 到几百千米）	模型模拟法	模型模拟法	不支持	局地尺度特殊风场,包括长期静、小风和岸边熏烟
区域光化学网格模型	网格源	连续源、间断源	区域尺度（几百千米）	模型模拟法	模型模拟法	模型模拟法	模拟复杂化学反应

7.1.1.3 大气环境影响预测模型选用的一般步骤

大气环境影响预测模型选用时应注意模型的应用条件,如排放方式、空间尺度、气象条件等,其一般的选择步骤参见图 7-1-2。

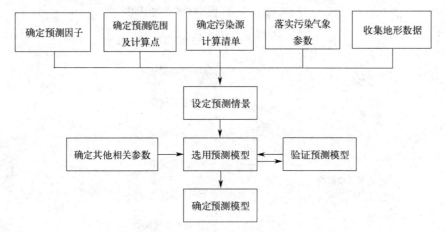

图 7-1-2 大气环境影响预测模型选用的一般步骤

(1) 确定预测因子 预测因子由评价因子来确定,一般选用有环境空气质量标准的评价因子,应注意选用建设项目的特征污染物和预测区域内污染严重的因子。选择的预测因子的数量不要太多,一般为 3~5 个,但对排放大气污染物种类较多的项目,可适当增加预测因子。

(2) 确定预测范围及计算点 预测范围应覆盖评价范围,同时还应考虑污染源的排放高度,评价范围的主导风向、地形和周围环境敏感区的位置等。计算污染源对评价范围的影响时,一般取东西向为 x 坐标轴、南北向为 y 坐标轴,项目位于预测范围的中心区域。

预测的计算点可分三类:环境空气敏感区、预测范围内的网格点以及区域最大地面浓度点。

所有的环境空气敏感区中的环境空气保护目标都应作为计算点。

预测范围内的网格点的分布应具有足够的分辨率,以尽可能精确预测污染源对评价范围的最大影响。预测网格可以根据具体情况采用直角坐标网格或极坐标网格,并应覆盖整个评价范围。预测范围内的网格点设置方法见表 7-1-2。

表 7-1-2 预测范围内的网格点设置方法

预测范围内的网格点设置方法	直角坐标网格	极坐标网格
布点原则	网格等间距或近密远疏法	径向等间距或距源中心近密远疏法
预测网格点:与源中心距离≤1000m	50~100m	50~100m
网格距:与源中心距离>1000m	100~500m	100~500m

区域最大地面浓度点的预测网格设置,应依据计算出的网格点浓度分布而定,在高浓度分布区,计算点间距应不大于 50m。

对于临近污染源的高层住宅楼,应适当考虑不同代表高度上的预测受体。

(3) 确定污染源计算清单 污染源的计算清单包括点源、线源、面源与体源的源强计算清单。在源强清单列出前，要注意对污染源的周期性排放情况进行调查。

在预测模式中，污染源参数包括污染源几何形态、空间位置、烟囱参数、源强、污染物性质等。污染源按照几何形态可以划分为点源、线源、面源与体源；污染源的空间位置指烟囱（或拟合点）空间坐标；烟囱参数包括烟囱基底高度、烟囱几何高度、内径、烟气出口流速与温度等；源强参数包括污染物排放速率、浓度；污染物性质主要考虑颗粒物的粒径分布与密度，这是因为粒径在 $15\sim100\mu m$ 的颗粒物需要特别采用颗粒物模式进行预测（粒径小于 $15\mu m$ 的污染物可以作为气态污染物进行预测）。此外，还应注意污染物的反应性。

(4) 落实污染气象参数　污染气象参数是反映大气运动与大气污染物相互作用的一系列相关参数，主要包括影响大气污染物在大气中平流输送、湍流扩散与清除机制等的参数。通常所采用的大气环境影响预测模型需要相关的地面和大气边界层平流输送、湍流扩散参数。

需要落实的污染气象参数有四个主要资料来源：所在地附近地面气象观测站的长期观测资料、常规高空气象探测资料、补充气象观测资料、环境质量现状监测时的同步气象观测资料。

地面气象观测站的资料是其中最重要的。在选用地面观测站观测资料时，应遵循先基准站、次基本站、后一般站的原则，收集每日实际逐次观测资料。其常规调查项目包括时间（年、月、日、时）、风向（以角度或按 16 个方位表示）、风速、干球温度、低云量、总云量。此外，根据不同评价等级预测精度要求及预测因子特征，可选择调查的观测资料包括湿球温度、露点温度、相对湿度、降水量、降水类型、海平面气压、观测站地面气压、云底高度、水平能见度等。

常规高空气象探测资料一般应每日至少调查 1 次（北京时间 8 点）距地面 1500m 高度以下的高空气象探测资料，观测的常规调查项目有时间（年、月、日、时），探空数据层数，每层的气压、高度、气温、风速、风向（以角度或按 16 个方位表示）。

必要时需要在评价范围内设立补充的地面气象站，站点设置应符合相关地面气象观测规范的要求。观测内容与常规地面气象观测站的地面气象观测资料的要求相同。

在进行环境质量现状监测时，应同步收集项目位置附近有代表性且与各环境空气质量现状监测时间相对应的常规地面气象观测资料。必要时在监测地点开展同步常规地面气象观测。

在预测计算过程中，计算小时平均浓度须采用长期气象条件，进行逐时或逐次计算。选择污染最严重的（针对所有计算点）小时气象条件和对各环境空气保护目标影响最大的若干个小时气象条件（可视对各环境空气敏感区的影响程度而定）作为典型小时气象条件。

计算日平均浓度须采用长期气象条件，进行逐日平均计算。选择污染最严重的（针对所有计算点）日气象条件和对各环境空气保护目标影响最大的若干个日气象条件（可视对各环境空气敏感区的影响程度而定）作为典型日气象条件。

(5) 收集地形数据　地表起伏对污染物的传输、扩散会有一定影响，因此扩散模式在非平坦地形使用时一般需要进行修正。需要落实的地形数据至少应当包含各预测计算点的三维坐标，即预测区域坐标系内的 x 坐标、y 坐标及海拔。

应注意，收集的原始地形数据分辨率不得小于 90m，地形数据的来源应予以说明，地形数据的精度应结合评价范围及预测网格点的设置进行合理选择。

(6) 设定预测情景　预测情景应当结合项目特点与评价工作等级、周围环境特征来设定。在已经确定污染源类别的情况下，预测情景的设定一般包含以下内容：污染源排放方案、预测因子、预测内容、计算点（图 7-1-3）。

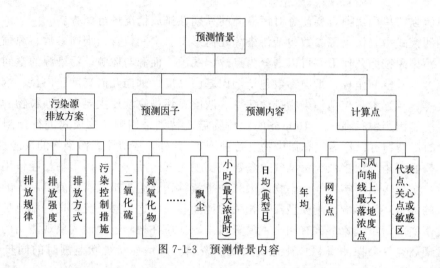

图 7-1-3 预测情景内容

污染源可分为新增加污染源、削减污染源和被取代污染源，以及其他在建、拟建项目相关污染源。新增污染源分正常排放和非正常排放两种情况。非正常排放是指非正常工况下的污染物排放，如点火开炉、设备检修、污染物排放控制措施达不到应有效率、工艺设备运转异常等情况下的排放。

排放方案分为工程设计或可行性研究报告中现有排放方案和环境影响评价报告所提出的推荐排放方案。排放方案的内容根据项目选址、污染源的排放方式及污染控制措施等进行选择。

常规预测情景的组合方式见表 7-1-3。

表 7-1-3 常规预测情景组合

序号	污染源	污染源排放形式	预测内容	预测因子	计算点	评价内容
达标区评价项目	新增污染源	正常排放	短期浓度和长期浓度	主要污染物	环境空气保护目标、网格点	最大浓度贡献值占标率
	新增污染源－"以新带老"污染源（如有）－区域削减污染源（如有）＋其他在建、拟建污染源（如有）	正常排放	短期浓度和长期浓度	主要污染物	环境空气保护目标、网格点	叠加环境质量现状浓度后的保证率日平均质量浓度和年平均质量浓度的占标率，或短期浓度的达标情况
	新增污染源	非正常排放	1h平均质量浓度	主要污染物	环境空气保护目标、网格点	最大浓度贡献值占标率
不达标区评价项目	新增污染源	正常排放	短期浓度和长期浓度	主要污染物	环境空气保护目标、网格点	最大浓度贡献值占标率
	新增污染源－"以新带老"污染源（如有）－区域削减污染源（如有）＋其他在建、拟建污染源（如有）	正常排放	短期浓度和长期浓度	主要污染物	环境空气保护目标、网格点	叠加达标规划目标浓度后的保证率日平均质量浓度和年平均质量浓度的占标率，或短期浓度的达标情况；评价年平均质量浓度变化率
	新增污染源	非正常排放	1h平均质量浓度	主要污染物	环境空气保护目标、网格点	大浓度贡献值占标率

续表

序号	污染源	污染源排放形式	预测内容	预测因子	计算点	评价内容
区域规划	不同规划期/规划方案污染源	正常排放	长期浓度	主要污染物	环境空气保护目标、网格点	保证率日平均质量浓度和年平均质量浓度的占标率、年平均质量浓度变化率
大气环境防护距离	新增污染源—"以新带老"污染源（如有）+项目全长现有污染源	正常排放	短期浓度	主要污染物		大气环境防护距离

（7）选用与验证预测模型 受大气环境影响预测模型的应用条件所限，应根据具体环境条件、项目特点选用合适模型，必要时还应当进行验证。大气环境影响预测模型的验证方法包括示踪剂（如 SF_6）法、室内模拟（风洞、水槽）实验等。

（8）确定其他相关参数 在进行大气环境影响预测时，在预测模式中还应当关注大气污染物的化学转化与颗粒物的重力沉降。

在计算小时平均浓度时，可不考虑 SO_2 的转化；在计算日平均或更长时间平均浓度时，应考虑化学转化；SO_2 转化可取半衰期为 4h。对于一般的燃烧设备，在计算小时或日平均浓度时，可以假定$[NO_2]/[NO_x]=0.9$；在计算年平均浓度时，可以假定$[NO_2]/[NO_x]=0.75$；在计算机动车排放 NO_2 和 NO_x 的比例时，应根据不同车型的实际情况而定。

（9）确定预测模型 将确定的参数代入选定的模型，得到预测模型。

7.1.2 大气环境影响预测与评价

7.1.2.1 大气环境影响预测的目的

预测的目的是为评价提供涵盖建设项目（或规划）建成实施后在各种情况下的基础定量数据。具体包括：

① 了解建设项目或规划建成后，对大气环境质量影响的程度；
② 确定建设项目或规划建成后，大气污染物影响的范围及空间分布情况；
③ 比较项目各种建设方案或规划实施方案对大气环境质量的影响；
④ 给出各污染源对关注点的污染物浓度贡献；
⑤ 优化关注区域的污染源布局，并对其实施总量控制。

7.1.2.2 大气环境影响预测内容

大气环境影响预测内容一般包括项目或规划在投产运行期正常和非正常排放两种情况下污染物浓度预测内容。对于不同的评价等级，预测内容略有差异。

一级评价项目应采用进一步的预测模型开展大气环境影响预测与评价。预测情景设计见表 7-1-3。

二级评价项目不进行进一步预测与评价，只对污染物排放量进行核算。

三级评价项目不进行进一步预测与评价。

7.1.2.3 评价方法

（1）环境影响叠加

① 达标区环境影响叠加。预测评价项目建成后各污染物对预测范围的环境影响,应用本项目的贡献浓度,叠加(减去)区域削减污染源以及其他在建、拟建项目污染源环境影响,并叠加环境质量现状浓度。计算方法见式(7-1-1)。

$$C_{叠加(x,y,t)} = C_{本项目(x,y,t)} - C_{区域削减(x,y,t)} + C_{拟在建(x,y,t)} + C_{现状(x,y,t)} \quad (7-1-1)$$

式中 $C_{叠加(x,y,t)}$——在 t 时刻,预测点(x,y)叠加各污染源及现状浓度后的环境质量浓度,$\mu g/m^3$;

$C_{本项目(x,y,t)}$——在 t 时刻,本项目对预测点(x,y)的贡献浓度,$\mu g/m^3$;

$C_{区域削减(x,y,t)}$——在 t 时刻,区域削减污染源对预测点(x,y)的贡献浓度,$\mu g/m^3$;

$C_{拟在建(x,y,t)}$——在 t 时刻,其他在建、拟建项目污染源对预测点(x,y)的贡献浓度,$\mu g/m^3$;

$C_{现状(x,y,t)}$——在 t 时刻,预测点(x,y)的环境质量现状浓度,$\mu g/m^3$。

其中本项目预测的贡献浓度除新增污染源环境影响外,还应减去"以新带老"污染源的环境影响,计算方法见式(7-1-2)。

$$C_{本项目(x,y,t)} = C_{新增(x,y,t)} - C_{以新带老(x,y,t)} \quad (7-1-2)$$

式中 $C_{新增(x,y,t)}$——在 t 时刻,本项目新增污染源对预测点(x,y)的贡献浓度,$\mu g/m^3$;

$C_{以新带老(x,y,t)}$——在 t 时刻,"以新带老"污染源对预测点(x,y)的贡献浓度,$\mu g/m^3$。

② 不达标区环境影响叠加。对于不达标区的环境影响评价,应在各预测点上叠加达标规划中达标年的目标浓度,分析达标规划年的保证率日平均质量浓度和年平均质量浓度的达标情况。叠加方法可以用达标规划方案中的污染源清单参与影响预测,也可直接用达标规划模拟的浓度场进行叠加计算。计算方法见式(7-1-3)。

$$C_{叠加(x,y,t)} = C_{本项目(x,y,t)} - C_{区域削减(x,y,t)} + C_{拟在建(x,y,t)} + C_{规划(x,y,t)} \quad (7-1-3)$$

式中 $C_{规划(x,y,t)}$——在 t 时刻,预测点(x,y)的达标规划年目标浓度,$\mu g/m^3$。

(2) 保证率日平均质量浓度 对于保证率日平均质量浓度,首先按式(7-1-1)、式(7-1-2)或式(7-1-3)的方法计算叠加后预测点上的日平均质量浓度,然后对该预测点所有日平均质量浓度按从小到大的顺序进行排序,根据各污染物日平均质量浓度的保证率(p),计算排在 p 百分位数的第 m 个序数,序数 m 对应的日平均质量浓度即为保证率日平均浓度 C_m。其中序数 m 的计算方法见式(7-1-4)。

$$m = 1 + (n-1) \times p \quad (7-1-4)$$

式中 p——该污染物日平均质量浓度的保证率,按《环境空气质量评价技术规范(试行)》(HJ 663—2013)规定的对应污染物年评价中 24h 平均百分位数取值,%;

n——1 个日历年内单个预测点上的日平均质量浓度的所有数据个数;

m——百分位数 p 对应的序数(第 m 个),向上取整数。

(3) 浓度超标范围 以评价基准年为计算周期,统计各网格点的短期浓度或长期浓度的最大值,所有最大浓度超过环境质量标准的网格,即为该污染物浓度超标范围。超标网格的面积之和即为该污染物的浓度超标面积。

(4) 区域环境质量变化评价 当无法获得不达标区规划达标年的区域污染源清单或预测浓度场时,也可评价区域环境质量的整体变化情况。按式(7-1-5)计算实施区域削减方案后预测范围的年平均质量浓度变化率 k。当 $k \leqslant -20\%$ 时，可判定项目建设后区域环境质量得到整体改善。

$$k = [\bar{C}_{本项目(a)} - \bar{C}_{区域削减(a)}] / \bar{C}_{区域削减(a)} \times 100\% \tag{7-1-5}$$

式中　　k——预测范围年平均质量浓度变化率，%；

$\bar{C}_{本项目(a)}$——本项目所有网格点的年平均质量浓度贡献值的算术平均值，$\mu g/m^3$；

$\bar{C}_{区域削减(a)}$——区域削减污染源所有网格点的年平均质量浓度贡献值的算术平均值，$\mu g/m^3$。

（5）大气环境防护距离确定　采用进一步预测模型模拟评价基准年内本项目所有污染源（改建、扩建项目应包括全厂现有污染源）对厂界外主要污染物的短期贡献浓度分布。厂界外预测网格分辨率不应超过 50m。

在底图上标注从厂界起所有超过环境质量短期浓度标准值的网格区域，将自厂界起至超标区域的最远垂直距离作为大气环境防护距离。

（6）污染物排放量核算　污染物排放量核算对象包括项目的新增污染源及改建、扩建污染源（如有）。

核算污染物排放量时应根据最终确定的污染治理设施、预防措施及排污方案，确定项目所有新增及改建、扩建污染源大气排污节点、排放污染物、污染治理设施与预防措施以及大气排放口基本情况。

核算所用项目各排放口排放大气污染物的排放浓度、排放速率及污染物年排放量，应为通过环境影响评价且环境影响评价结论为可接受时对应的各项排放参数。项目大气污染物年排放量包括项目各有组织排放源和无组织排放源在正常排放条件下的预测排放量之和。污染物年排放量按式（7-1-6）计算。

$$E_{年排放} = \sum_{i=1}^{n}(M_{i有组织} \times H_{i有组织})/1000 + \sum_{j=1}^{m}(M_{j无组织} \times H_{j无组织})/1000 \tag{7-1-6}$$

式中　　$E_{年排放}$——项目年排放量，t/a；

$M_{i有组织}$——第 i 个有组织排放源排放速率，kg/h；

$H_{i有组织}$——第 i 个有组织排放源年有效排放时间，h/a；

$M_{j无组织}$——第 j 个无组织排放源排放速率，kg/h；

$H_{j无组织}$——第 j 个无组织排放源年有效排放时间，h/a。

项目各排放口非正常排放量核算，应结合非正常排放预测结果，优先提出相应的污染控制与减缓措施。当出现 1h 平均质量浓度贡献值超过环境质量标准时，应提出减少污染排放直至停止生产的相应措施。明确列出发生非正常排放的污染源、非正常排放原因、排放污染物、非正常排放浓度与排放速率、单次持续时间、年发生频次及应对措施等。

7.1.3　大气污染物扩散点源扩散模式

经典的大气污染扩散模式是以高斯大气扩散模式为基础的。高斯大气扩散模式是一种简单实用的大气扩散模式，其建立采用笛卡儿坐标系，原点取污染物排放口在地面的垂直投影点上，主导风向为 x 轴，y 轴在水平面上与 x 轴垂直，z 轴垂直于平面 Oxy，正向指向天顶。

7.1.3.1 无界高斯烟流扩散模式

对于处在无界限空间的连续点源烟流，如果满足高斯模式，则有如下假设。

① 污染物在各个断面上呈正态分布，即在 y 轴和 z 轴上分别有：

$$C=C_0\exp(-ay^2), C=C_0\exp(-bz^2) \tag{7-1-7}$$

式中 a、b——待定系数。

C_0——污染物排放口浓度。

② 大气流动有主导风向，风速在预测范围是均匀稳定的，即 U 为常数。

③ 在 x 轴方向上，平流输送作用远大于扩散作用，即：

$$U\frac{\partial C}{\partial t}\gg\frac{\partial}{\partial x}\left(E_{z,x}\frac{\partial C}{\partial x}\right)$$

式中 $E_{z,x}$——x 轴方向的扩散系数。

因此，在 x 轴方向的扩散作用可以忽略不计。

④ 污染源源强连续且均匀，在预测范围内没有其他同类的源、汇。同时污染物在迁移、扩散过程中，污染物质是守恒的，即污染物在大气中只有物理运动，没有化学、生物变化，即：

$$Q=\int_{-\infty}^{+\infty}\int_{-\infty}^{+\infty}CU\mathrm{d}y\mathrm{d}z \tag{7-1-8}$$

⑤ 浓度分布不随时间改变，即：

$$\frac{\partial C}{\partial t}=0$$

由式（7-1-7）可以得到下风向任何一点污染物浓度的分布函数，即：

$$C(x,y,z)=A(x)\exp(-ay^2)\exp(-bz^2) \tag{7-1-9}$$

式中 $A(x)$——待定函数。

由概率论和统计理论，可以写出方差的表达式：

$$\sigma_y^2=\frac{\int_0^{+\infty}y^2C\mathrm{d}y}{\int_0^{+\infty}C\mathrm{d}y}, \sigma_z^2=\frac{\int_0^{+\infty}z^2C\mathrm{d}z}{\int_0^{+\infty}C\mathrm{d}z} \tag{7-1-10}$$

将式（7-1-10）代入式（7-1-9）中，解得：

$$a=\frac{1}{2\sigma_y^2}, b=\frac{1}{2\sigma_z^2} \tag{7-1-11}$$

将式（7-1-9）与式（7-1-11）代入式（7-1-8）中，解得：

$$A(x)=\frac{Q}{2\pi U\sigma_y\sigma_z} \tag{7-1-12}$$

将式（7-1-11）与式（7-1-12）代入式（7-1-9）中，得无界高斯烟流扩散模式为：

$$C(x,y,z)=\frac{Q}{2\pi U\sigma_y\sigma_z}\exp\left(\frac{-y^2}{2\sigma_y^2}\right)\exp\left(\frac{-z^2}{2\sigma_z^2}\right) \tag{7-1-13}$$

式中 $C(x,y,z)$——下风向某点处，大气污染物浓度贡献值，mg/m^3；

x,y,z——预测点位空间坐标，m；

Q——源强，mg/s；

U——污染源口平均风速，m/s；

σ_y——垂直于平均风向的水平横向（y 方向）扩散参数，m；

σ_z——铅直方向（z 方向）扩散参数，m。

式(7-1-13)表明，无边界的空间里，连续点源所排放的污染物有如下规律。

① 在平流输送下，污染物随 x 距离的增加，其水平及垂直分布范围逐渐扩大，浓度不断降低，其 y、z 方向的污染物浓度呈正态分布且随 x 距离的增加 σ_y、σ_z 也逐步增大（图 7-1-4）。

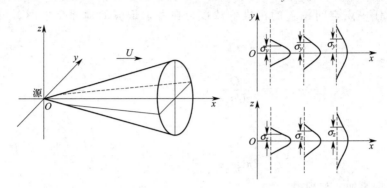

图 7-1-4 无界连续点源各方向污染物浓度分布特征

② $C(x, y, z)$ 与污染源的强源 Q 成正比。

③ $C(x, y, z)$ 与风速 U 成反比，U 越大，$C(x, y, z)$ 衰减得越快。

④ 在沿下风向的垂直截面上，烟流中心的污染物浓度最高，无界烟流下风向轴线浓度最高，此时，$C(x, y, z)$ 可表达为：

$$C(x,0,0)=\frac{Q}{2\pi U\sigma_y\sigma_z} \tag{7-1-14}$$

7.1.3.2 有风点源正态烟羽扩散模式

现实存在的大气污染点源主要是指烟气由排气筒（烟囱）排放的大气污染源，排气筒口距离地面的高度是有限的，烟流排出后向下风向扩散，作为扩散的边界，地面起到反射作用，假设地面为光滑、平坦的硬表面，对污染物无吸收，则烟流触地完全反射，反射的烟流可视为以地面为镜面的虚源所排放的烟流（图 7-1-5）。

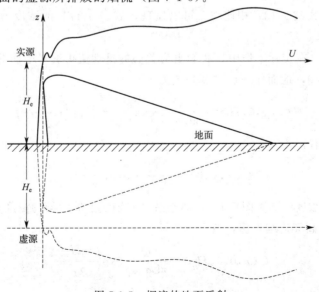

图 7-1-5 烟流的地面反射

有风时（指距地面 10m 高处的平均风速 $U_{10} \geqslant 1.5\text{m/s}$），烟流在 y、z 方向形成的夹角较小，能很好地符合无界高斯烟流扩散模式的条件设定。烟流排出排气筒后，在动量与热浮力的作用下还能继续上升一段距离 ΔH（烟气抬升高度），排气筒几何高度 H 与烟流抬升高度构成排气筒的有效高度 H_e，记为 $H_e = H + \Delta H$。烟流可以看成是在 H_e 高度向下风向扩散，其下风向任一点空间位置的污染物浓度，在考虑烟流的地面反射时，可以列出以下公式。

实源作用：

$$C(x,y,z) = \frac{Q}{2\pi U \sigma_y \sigma_z} \exp\left[\frac{-y^2}{2\sigma_y^2} + \frac{-(z-H_e)^2}{2\sigma_z^2}\right]$$

虚源作用：

$$C(x,y,z) = \frac{Q}{2\pi U \sigma_y \sigma_z} \exp\left[\frac{-y^2}{2\sigma_y^2} + \frac{-(z+H_e)^2}{2\sigma_z^2}\right]$$

实、虚作用叠加，整理得：

$$C(x,y,z,H_e) = \frac{Q}{2\pi U \sigma_y \sigma_z} \exp\left(\frac{-y^2}{2\sigma_y^2}\right) \left\{\exp\left[\frac{-(z-H_e)^2}{2\sigma_z^2}\right] + \exp\left[\frac{-(z+H_e)^2}{2\sigma_z^2}\right]\right\} \tag{7-1-15}$$

式(7-1-15) 即为高架连续点源的扩散模式。

此时，若地面对大气污染物完全吸收，那么公式中无反射项，即虚源贡献为零，式(7-1-15) 变为

$$C(x,y,z,H_e) = \frac{Q}{2\pi U \sigma_y \sigma_z} \exp\left(\frac{-y^2}{2\sigma_y^2}\right) \exp\left[\frac{-(z-H_e)^2}{2\sigma_z^2}\right] \tag{7-1-16}$$

若大气污染物排放源为地面源，即 H_e 近似为零，考虑地面刚性、对污染物全反射的情况下，可表达为：

$$C(x,y,z) = \frac{Q}{\pi U \sigma_y \sigma_z} \exp\left(\frac{-y^2}{2\sigma_y^2}\right) \exp\left(\frac{-z^2}{2\sigma_z^2}\right) \tag{7-1-17}$$

式(7-1-17) 与式(7-1-13) 相比较，可以发现，式(7-1-17) 的浓度值恰巧为无界模式的两倍。

(1) 地面浓度　在实际工作中，我们更为关心的是烟流扩散对地面的影响。高架连续点源烟流落地时，$z=0$，地面任一点浓度公式为：

$$C(x,y,0,H_e) = \frac{Q}{\pi U \sigma_y \sigma_z} \exp\left(\frac{-y^2}{2\sigma_y^2}\right) \exp\left(\frac{-H_e^2}{2\sigma_z^2}\right) \tag{7-1-18}$$

若为地面源，有：

$$C(x,y,0) = \frac{Q}{\pi U \sigma_y \sigma_z} \exp\left(\frac{-y^2}{2\sigma_y^2}\right) \tag{7-1-19}$$

(2) 地面轴线浓度　参看图 7-1-4，烟流沿风向轴线上的污染物浓度最大；地面轴线上，$z=0$，$y=0$，对于高架连续点源，有：

$$C(x,0,0,H_e) = \frac{Q}{\pi U \sigma_y \sigma_z} \exp\left(\frac{-H_e^2}{2\sigma_z^2}\right) \tag{7-1-20}$$

对于地面源，有：

$$C(x,0,0)=\frac{Q}{\pi U\sigma_y\sigma_z} \tag{7-1-21}$$

图 7-1-6 显示了高架源与地面源的地面轴线污染物浓度（C）分布情况。其中，高架源造成的轴线浓度先随轴线距离（x）的增加而快速增大，在距源一定距离上，地面轴线浓度达到最大值，而后随着地面轴线距离的增加浓度逐渐降低；地面源所造成的地面污染物轴线分布情况则是在排放源处为最大，并随着与源距离（x）的增加而降低。

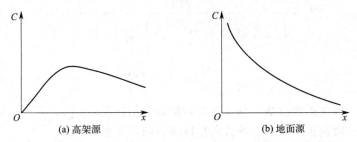

图 7-1-6　高架源与地面源的地面轴线污染物浓度分布

（3）高架连续点源最大落地浓度　高架连续点源最大落地浓度反映了高架源对地面污染物的最大贡献。

参看图 7-1-4，可以发现 σ_y、σ_z 随着下风向距离 x 的增长逐步变大，x 可以表达为 $x=Ut$，因此构造关系式为：

$$\sigma_y^2 = 2E_{y,t}t = 2E_{y,t}\frac{x}{U} \tag{7-1-22}$$

$$\sigma_z^2 = 2E_{z,t}t = 2E_{z,t}\frac{x}{U} \tag{7-1-23}$$

将式(7-1-22)、式(7-1-23) 代入式(7-1-20) 中，得：

$$C(x,0,0,H_e)=\frac{Q}{2\pi x\sqrt{E_{y,t}E_{z,t}}}\exp\left(-\frac{UH_e^2}{4xE_{z,t}}\right) \tag{7-1-24}$$

将式(7-1-24) 对 x 进行求导，得：

$$\frac{\mathrm{d}C}{\mathrm{d}x}=\frac{Q}{2\pi x^2\sqrt{E_{y,t}E_{z,t}}}\exp\left(-\frac{UH_e^2}{4xE_{z,t}}\right)-\frac{Q}{2\pi x\sqrt{E_{y,t}E_{z,t}}}\left(\frac{UH_e^2}{4x^2E_{z,t}}\right)\exp\left(-\frac{UH_e^2}{4xE_{z,t}}\right) \tag{7-1-25}$$

当 $\dfrac{\mathrm{d}C}{\mathrm{d}x}=0$ 时，可以得到高架连续点源出现最大落地浓度时的距离为：

$$x_{\max}=\frac{UH_e^2}{4E_{z,t}} \tag{7-1-26}$$

令式(7-1-23) 中 $x=x_{\max}$，代入式 (7-1-26)，则有：

$$\sigma_z\big|_{x=x_{\max}}=\frac{H_e}{\sqrt{2}} \tag{7-1-27}$$

将式(7-1-26)、式(7-1-23)、式(7-1-27) 顺序代入式(7-1-24)，则可得到高架连续点源最大落地浓度公式：

$$C_{\max}=C(x_{\max},0,0,H_e)=\frac{2Q\sqrt{E_{z,t}}}{\pi eUH_e^2\sqrt{E_{y,t}}}=\frac{2Q\sigma_z}{\pi eUH_e^2\sigma_y}=\frac{Q}{\pi eU\sigma_y\sigma_z} \tag{7-1-28}$$

法规模式中，$C_{\max}$ 通过式（7-1-20）对 x 进行求导，由 $\dfrac{\mathrm{d}C}{\mathrm{d}x}=0$ 求解得到，其中 $\sigma_y=\gamma_1 x^{\alpha_1}$，$\sigma_z=\gamma_2 x^{\alpha_2}$，解得：

$$C_{\max}=\dfrac{2Q}{\pi \mathrm{e} U H_e^2 P_1} \tag{7-1-29}$$

$$P_1=\dfrac{2\gamma_1 \gamma_2^{-\frac{\alpha_1}{\alpha_2}}}{\left(1+\dfrac{\alpha_1}{\alpha_2}\right)^{\frac{1}{2}\left(1+\frac{\alpha_1}{\alpha_2}\right)} H_e^{\left(1-\frac{\alpha_1}{\alpha_2}\right)} \exp\left[\dfrac{1}{2}\left(1-\dfrac{\alpha_1}{\alpha_2}\right)\right]} \tag{7-1-30}$$

$$x_{\max}=\left(\dfrac{H_e}{\gamma_2}\right)^{\frac{1}{\alpha_2}}\left(1+\dfrac{\alpha_1}{\alpha_2}\right)^{-\frac{1}{2\alpha_2}} \tag{7-1-31}$$

式中　α_1、α_2——横向扩散参数、垂直向扩散参数回归指数；
　　　γ_1、γ_2——横向扩散参数、垂直向扩散参数回归系数。

7.1.3.3　静小风扩散模式

在小风（$1.5\mathrm{m/s}>U_{10}\geqslant 0.5\mathrm{m/s}$）、静风（$U_{10}<0.5\mathrm{m/s}$）情况下，大气污染物在 x 方向的扩散就不可忽略了。

静小风扩散模式是由静止无界烟团扩散模式推导简化而来的。模式以排气筒地面位置为原点，平均风向为 x 轴，地面任一点（x，y）小于 24 h 取样时间的浓度 $C_1(\mathrm{mg/m^3})$ 的表达式为：

$$C_1(x,y)=\dfrac{2Q}{(2\pi)^{\frac{3}{2}}\gamma_{02}\eta}\times G \tag{7-1-32}$$

式中，η 与 G 分别为：

$$\eta^2=x^2+y^2+\dfrac{\gamma_{01}^2}{\gamma_{02}^2}H_e^2 \tag{7-1-33}$$

$$G=\left[1+\sqrt{2\pi}\times s\times \exp\left(\dfrac{s^2}{2}\right)\times \phi(s)\right]\exp\left(\dfrac{-U^2}{2\gamma_{01}^2}\right) \tag{7-1-34}$$

$$\phi(s)=\dfrac{1}{\sqrt{2\pi}}\int_{-\infty}^{s}\exp(-P^2/2)\mathrm{d}p \tag{7-1-35}$$

$$s=\dfrac{Ux}{\eta\gamma_{01}} \tag{7-1-36}$$

应用式（7-1-32）~式（7-1-36）计算 C_1 时，首先要求出 s，再根据 s 从数学手册中查找正态分布函数 $\phi(s)$ 进行计算。其中，γ_{01}、γ_{02} 分别是横向和垂直向扩散参数的回归系数（$\sigma_x=\sigma_y=\gamma_{01}t$，$\sigma_z=\gamma_{02}t$），$t$ 为扩散时间。

7.1.3.4　封闭性扩散模式

如果在排气筒出口上方存在一个稳定的逆温层，底层则是中性或不稳定结构，那么大气污染物向上的扩散会受到逆温层的限制，同时由于地面的反射，污染物的扩散如同被限制在逆温层与地面之间的封闭型空间内（图 7-1-7）。

在封闭性空间内，空间内一点的污染物浓度可以看成是实源及其虚源多次反射作用所得浓度之和。

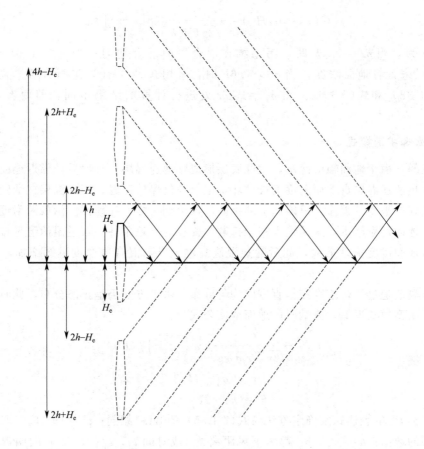

图 7-1-7 混合层多次反射示意图

封闭型扩散公式可以表述如下：

$$C(x,y,z,H_e)=\frac{Q}{2\pi U\sigma_z\sigma_y}\exp\left(\frac{-y^2}{2\sigma_z^2}\right)$$

$$\sum_{n=-\infty}^{+\infty}\left\{\exp\left[\frac{-(-z-H_e+2nh)^2}{2\sigma_z^2}\right]+\exp\left[\frac{-(-z+H_e+2nh)^2}{2\sigma_z^2}\right]\right\} \quad (7\text{-}1\text{-}37)$$

式中 h——混合层厚度（由地面到逆温层底部的高度），m；

n——烟流在地面和逆温层底之间发生的反射次数，n 一般取$-4\sim 4$。

若只要求得到地面浓度，则式(7-1-37)可以表达为：

$$C(x,y,0,H_e)=\frac{Q}{\pi U\sigma_z\sigma_y}\exp\left(\frac{-y^2}{2\sigma_y^2}\right)\sum_{n=-\infty}^{+\infty}\exp\left[\frac{-(H_e+2nh)^2}{2\sigma_z^2}\right] \quad (7\text{-}1\text{-}38)$$

地面轴线的浓度公式可表达为：

$$C(x,0,0,H_e)=\frac{Q}{\pi U\sigma_z\sigma_y}\sum_{n=-\infty}^{+\infty}\exp\left[\frac{-(H_e+2nh)^2}{2\sigma_z^2}\right] \quad (7\text{-}1\text{-}39)$$

污染物经过多次反射，其在垂直方向上的浓度趋于均匀，通过对式(7-1-38)的无穷和求积分，可求得污染物在垂直方向上均匀分布的地面浓度表达式为：

$$C(x,y,0,H_e) = \frac{Q}{\sqrt{2\pi}U\sigma_y h} \exp\left(\frac{-y^2}{2\sigma_y^2}\right) \qquad (7\text{-}1\text{-}40)$$

通常认为，当 $\sigma_z = 1.6h$ 时，污染物在混合层内混合均匀；当 $\sigma_z < 1.6h$ 时，采用式(7-1-38)来计算地面浓度；当 $\sigma_z > 1.6h$ 时，采用式(7-1-40)进行计算。需要指出，使用式(7-1-38)和式(7-1-40)对 $\sigma_z = 1.6h$ 处进行计算的结果不同，即两者计算结果不连续。

7.1.3.5 熏烟扩散模式

晴朗夜间，由于地面辐射冷却，大气底层形成贴地逆温层；日出后，靠近地面的低层空气被日照加热使逆温层自下而上逐渐被破坏，但上部仍保持逆温；当逆温层在烟囱高度之上时，烟云就好像被盖子盖住，只能向下部扩散，像熏烟一样直扑地面。污染源附近污染物的浓度很高，地面污染严重，这是最不利于扩散和稀释的气象条件。在逆温消退至排气筒烟流顶部时，对地面浓度贡献最大，此后随逆温层高度上升，混合层厚度继续增加，熏烟逐渐消退。

假设逆温消退过程，浓度在垂直方向均匀分布，水平方向仍呈正态分布，此时熏烟型扩散模式与封闭型模式近似，熏烟时的地面浓度公式为：

$$C_f = \frac{Q}{\sqrt{2\pi}Uh_f\sigma_{yf}z_f} \exp\left(\frac{-y^2}{2\sigma_{yf}^2}\right)\phi(P) \qquad (7\text{-}1\text{-}41)$$

$$\sigma_{yf} = \sigma_y + H/8 \qquad (7\text{-}1\text{-}42)$$

$$P = (h_f - H_e)/\sigma_z \qquad (7\text{-}1\text{-}43)$$

式中，$\phi(P)$ 的表达式及确定方法与式(7-1-35)的 $\phi(s)$ 相同；σ_y 和 σ_z 应选取逆温层破坏前稳定层的数值；h_f、σ_y、σ_z 都为下风距离 x_f（或时间 t_f，$t_f = x_f/U$）的函数，当给定 x_f 时，h_f 由以下两式确定：

$$h_f = H + \Delta h_f \qquad (7\text{-}1\text{-}44)$$

$$x_f = A(\Delta h_f^2 + 2H\Delta h_f) \qquad (7\text{-}1\text{-}45)$$

式中，A 与 h_f 按下式计算：

$$A = \rho_a c_p U/(4k_c) \qquad (7\text{-}1\text{-}46)$$

$$\Delta h_f = \Delta H + P_{\sigma_z} \qquad (7\text{-}1\text{-}47)$$

$$k_c = 4.186\exp\left[-0.99\left(\frac{d\theta}{dz}\right) + 3.22\right] \times 10^3 \qquad (7\text{-}1\text{-}48)$$

式中　ΔH——烟气抬升高度，m；

ρ_a——大气密度，g/m^3；

c_p——环境大气定压比热容，$J/(g \cdot K)$；

k_c——湍流热传导系数，$J/(m \cdot s \cdot K)$；

$\dfrac{d\theta}{dz}$——位温梯度，K/m，$\dfrac{d\theta}{dz} \approx \dfrac{dT_a}{dz} + 0.0098$，$T_a$ 为大气温度，如无实测值，$\dfrac{d\theta}{dz}$ 可在 $0.005 \sim 0.015$K/m 之间选取，弱稳定（D、E）可取下限，强稳定（F）可取上限。

计算过程中，C_f 最大值可以通过迭代法求出，P 的初始值可取 2.15。C_f 分布值可以 x_f 为自变量，由式(7-1-42)~式(7-1-48)解出 P、h_f 与 C_f。

7.1.3.6 颗粒物扩散模式

颗粒物从粒子直径上可以划分为降尘、总悬浮颗粒物与飘尘。直径大于 $100\mu m$ 的粒子称为降尘，在重力作用下很快下降，在一般天气情况下不会远距离输送；粒子直径小于 $10\mu m$ 的称为飘尘，也称为可吸入颗粒物；粒子直径介于降尘和飘尘之间的一般称为总悬浮颗粒物。

尘粒子与气体扩散相比较，除同样承受气流输送和大气扩散过程制约外，还在重力作用下向地面沉降。尘粒子到达地表时，由于静电吸附、化学反应等因素的影响，一部分粒子被地面阻留。在这个思路的基础上，可以提出颗粒物的地面浓度扩散模式，即部分反射的倾斜烟云扩散模式为：

$$C_p = \frac{(1+\alpha)Q}{2\pi U \sigma_z \sigma_y} \exp\left[-\frac{y^2}{2\sigma_y^2} - \frac{\left(V_g \frac{x}{U} - H_e\right)^2}{2\sigma_z^2} \right] \quad (7\text{-}1\text{-}49)$$

式中 C_p——地面浓度，mg/m^3；

α——尘粒子的地面反射系统，其定值见表 7-1-4；

V_g——尘粒子沉降速度，cm/s。

$$V_g = \frac{d^2 \rho g}{18\mu} \quad (7\text{-}1\text{-}50)$$

式中 d——尘粒子直径，cm；

ρ——尘粒子密度，g/cm^3；

g——重力加速度，$980 cm/s^2$；

μ——空气动力黏性系数，一般取 $1.8\times 10^{-4} g/(cm \cdot s)$。

表 7-1-4   地面反射系数 α

粒度范围/μm	15～30	31～47	48～75	76～100
平均粒径/μm	22	38	60	85
反射系数 α	0.8	0.5	0.3	0

7.1.3.7 长期平均浓度公式

7.1.3.1～7.1.3.6 小节所述的模式适用于短时间的浓度预测，一般指 30min 左右的平均浓度，前提要求在预测范围内风速、风向稳定等，通过取样时间的修正可以适当扩展到预测 1～24h 的平均浓度。但是，若要预测较长时间段（年、季、月、旬，乃至若干日）的大气污染物浓度，由于风向、风速、大气稳定度都发生了变化，必须改用长期浓度平均公式计算。常用的长期浓度平均公式为联合频率加权计算公式。

联合频率的全称是风向方位-风速-稳定度联合频率。

具体一段时间内的联合频率为：

$$\sum_i \sum_j \sum_k f_{ijk} = 1 \quad (7\text{-}1\text{-}51)$$

式中，i、j、k 分别为风向方位、稳定度、风速段的序号，其加和总数取决于所划分的稳定度和风速段的数目。其中风向方位 i 一般取 16；j 的总数不宜小于 3（稳定、中性、不稳定）；在不单独考虑静风频率时，k 的总数也不应小于 3。

对于任一风向方位 i 的孤立源下风距离 x 处的长期平均浓度 $\bar{C}(x)$ 可按下式计算：

$$\bar{C}(x)_i = \sum_j \left(\sum_k \bar{C}_{ijk} f_{ijk} + \sum_k \bar{C}_{Lijk} f_{Lijk} \right) \tag{7-1-52}$$

式中 f_{ijk}——有风时的风向方位-稳定度联合频率；

$\bar{C}_{ijk}$——有风、联合频率为 f_{ijk} 时，下风距离 x 处的平均浓度，常用扇形公式（7-1-53）表达；

f_{Lijk}——静小风时的风向方位-风速-稳定度联合频率；

$\bar{C}_{Lijk}$——静小风，在联合频率为 f_{Lijk} 时，下风距离 x 处的平均浓度，计算方法见 7.1.2.3 小节静小风计算模式。

采用式(7-1-52) 计算时，当有效源高较大（$H_e > 200m$），且得自常规地面气象资料的 f_{Lijk} 不太大（$f_{Lijk} < 20\%$）时，f_{Lijk} 可以不单独统计，此时 $\bar{C}(x)_i$ 表达式右侧括号中仅包括前一项。

鉴于长期平均浓度公式计算中，方位划分为 16 个，每个方位实质上代表的是 π/8 方位角的扇形区，$\bar{C}_{ijk}$ 可以表达为：

$$\bar{C}_{ijk} = \frac{Q}{(2\pi)^{\frac{3}{2}} U \sigma_z \left(\frac{x}{n}\right)} \sum_{m=-k}^{k} \left\{ \exp\left[-\frac{(2mh - H_e)^2}{2\sigma_z^2} \right] + \exp\left[-\frac{(2mh + H_e)^2}{2\sigma_z^2} \right] \right\}$$

$$\tag{7-1-53}$$

式中 n——风向方位数，一般取 16。

如果评价区内的排气筒数目多于 1 个，则评价范围内任一点（x，y）的长期平均浓度为：

$$\bar{C}(x,y) = \sum_i \sum_j \sum_k \left(\sum_r \bar{C}_{rijk} f_{ijk} + \sum_r \bar{C}_{Lrijk} f_{ijk} \right) \tag{7-1-54}$$

式中 r——第 r 个污染物排放源。

7.1.3.8 日平均浓度计算

计算日平均浓度的方法有典型日法、换算法与保证率法。

(1) **典型日法** 典型日法是最常用的计算日平均浓度的方法。典型气象条件是指对环境敏感区或关心点易造成严重污染的风向、风速、稳定度和混合层高度等的组合条件。确定典型日的方法有两种：a. 通过大气污染潜势分析或从大气质量现状监测结果中找出不利于扩散的气象条件下地面出现较高污染浓度的日子，即不利的典型日；b. 按全年内各气象要素（稳定度、风向、风速等）的组合划分为多种类型（有利于扩散和不利于扩散的），每种类型就算作一种典型日。根据典型日的逐时（次）气象数据，计算小时平均浓度，再按照选取的气象观测次数 n 求其平均值，即得日平均浓度，其表达式为：

$$\bar{C}(x,y)_d = \frac{1}{n} \sum_{i=1}^n C(x,y)_i \tag{7-1-55}$$

式中 $C(x,y)_i$——第 i 次的小时平均浓度。

(2) **换算法** 换算法是在缺乏地面气象观测资料时常采用的一种方法，通常采用的计算式为：

$$\bar{C}(x,y)_d = 0.33 C(x,y) \tag{7-1-56}$$

式中 $C(x,y)$——计算点的小时平均浓度。

也可采用如下换算方式：

$$\bar{C}(x,y)_d = C(x,y) \times \left(\frac{60}{1440}\right)^{0.3} \tag{7-1-57}$$

(3) 保证率法　保证率法在国际上比较通用，其计算步骤参见式(7-1-4)。

7.1.4 非点源扩散模式

通常接触的大气污染源根据几何形状，可以划分为点源、线源、面源与体源。通常把排放大气污染物的排气筒作为点源；流动源（主要是汽车等排放污染物的交通工具）作为线源，常被视为线源的还有交通干线、高速路、城市区域内的铁路机车及内河航船，此外也常把城市近郊机场的飞机作为线源；低矮点源、无组织排放源及城市区域的中小街巷常被视为面源；居民楼、多层工厂等被视为体源。

线源与面源在环境影响评价中较为常见，本节非点源扩散模式主要介绍线源与面源扩散模式。

7.1.4.1 线源扩散模式

在实际工作中，较为常见的是直线型线源。对于直线型线源，采用高斯烟流点源模式，在考虑风向的基础上沿线源长度积分，可以较方便地得出线源对下风向某点的浓度贡献，即：

$$C = \frac{Q_L}{U}\int_0^L f\,\mathrm{d}l \tag{7-1-58}$$

$$f = \frac{1}{2\pi\sigma_y\sigma_z}\exp\left(\frac{-y^2}{2\sigma_y^2}\right)\left\{\exp\left[\frac{-(z+H_e)^2}{2\sigma_z^2}\right] + \exp\left[\frac{-(z-H_e)^2}{2\sigma_z^2}\right]\right\} \tag{7-1-59}$$

式中　Q_L——考虑风向因素后的线源源强，mg/(m·s)；
　　　L——线源长度，m。

(1) 风向与线源垂直　在平坦地形上，平直高速路对于路边近处的大气敏感目标而言，可以视为一无限长线源。对于无限长直线源，式(7-1-58)可以写为：

$$C(x,0,z,H_e) = \frac{Q_L}{U}\int_{-\infty}^{+\infty} f\,\mathrm{d}y \tag{7-1-60}$$

式中　Q_L——线源源强，mg/(m·s)。

鉴于 $\int_0^{+\infty}\exp(-t^2)\,\mathrm{d}t = \frac{\sqrt{\pi}}{2}$，$\int_{-\infty}^{+\infty}\exp\left(\frac{-y^2}{2\sigma_y^2}\right)\mathrm{d}y = \sqrt{2\pi}\sigma_y$。因此，式(7-1-59)的积分结果为：

$$C(x,0,z,H_e) = \frac{Q_L}{\sqrt{2\pi}U\sigma_z}\left\{\exp\left[\frac{-(z+H_e)^2}{2\sigma_z^2}\right] + \exp\left[\frac{-(z-H_e)^2}{2\sigma_z^2}\right]\right\} \tag{7-1-61}$$

地面浓度为：

$$C(x,0,0,H_e) = \frac{\sqrt{2}Q_L}{\sqrt{\pi}U\sigma_z}\exp\left(-\frac{H_e^2}{2\sigma_z^2}\right) \tag{7-1-62}$$

对于有限长线源，以风向为 x 轴并通过关心点，线源的两个端点分别为 y_1、y_2，且有 $y_1 < y_2$，则有限长源为：

$$C(x,0,z,H_e) = \frac{Q_L}{U}\int_{y_1}^{y_2} f\,\mathrm{d}y \tag{7-1-63}$$

设 $p = y/\sigma_y$，即有 $p_1 = y_1/\sigma_y$，$p_2 = y_2/\sigma_y$，式(7-1-63)可化为：

$$C(x,0,z,H_e) = \frac{Q_L}{\sqrt{2\pi}U\sigma_z}\left\{\exp\left[\frac{-(z+H_e)^2}{2\sigma_z^2}\right] + \exp\left[\frac{-(z-H_e)^2}{2\sigma_z^2}\right]\right\} \cdot \int_{p_1}^{p_2}\frac{1}{\sqrt{2\pi}}\exp\left(\frac{p^2}{2}\right)dp \tag{7-1-64}$$

简化为：

$$C(x,0,z,H_e) = \frac{Q_L}{\sqrt{2\pi}U\sigma_z}\left\{\exp\left[\frac{-(z+H_e)^2}{2\sigma_z^2}\right] + \exp\left[\frac{-(z-H_e)^2}{2\sigma_z^2}\right]\right\}[\phi(p_2) - \phi(p_1)] \tag{7-1-65}$$

污染物地面浓度为：

$$C(x,0,0,H_e) = \frac{\sqrt{2}Q_L}{\sqrt{\pi}U\sigma_z}\exp\left(-\frac{H_e^2}{2\sigma_z^2}\right)[\phi(p_2) - \phi(p_1)] \tag{7-1-66}$$

式中，$\phi(p)$ 表达式同式(7-1-35)（将 s 换成 p）。

(2) 风向与线源平行 当风向与线源平行时，只有上风向的线源才对关心点的污染物浓度有贡献，设有：

$$\sigma_y(y) = 4.651 \times 10^{-3} y[\tan(a - b\ln y)], \sigma_z(r) = \gamma_\parallel \gamma^{\alpha_\parallel} \tag{7-1-67}$$

$$\sigma_z/\sigma_y = e \tag{7-1-68}$$

$$r = (y^2 + H_e^2/e^2)^{1/2} \tag{7-1-69}$$

式中 a、b——横向扩散参数的回归系数，取值见表7-1-5；

$\gamma_\parallel$、$\alpha_\parallel$——垂直向扩散参数的回归系数与回归指数，取值见表7-1-6；

e——常规扩散参数比，e 为 0.5~0.7，靠近线源中心线时取小值，反之取大值；

r——线源上各点到关心点的等效距离，m；

y——线源上各点到关心点的横向距离，m。

对于无线长线源，则有：

$$C(x,y,0,H_e) = \frac{Q_L}{\sqrt{2\pi}U\sigma_z(r)} \tag{7-1-70}$$

表 7-1-5 横向扩散参数的回归系数

大气稳定度等级	a	b
不稳定	30.833	1.8096
中性	26.564	1.7706
稳定	20.000	1.0857

表 7-1-6 垂直向扩散参数回归系数、回归指数值

大气稳定度等级	$\gamma_\parallel$	$\alpha_\parallel$
不稳定	0.17697	0.93198
中性	0.1469	0.92332
稳定	0.1102	0.91465

对于有限长线源，设坐标原点于线源中点，则线源长度为 $2x_0$，地面浓度为：

$$C(x,0,0) = \frac{Q_L}{\sqrt{2\pi}U\sigma_z(r)}[\text{erf}(\xi_1) - \text{erf}(\xi_2)] \tag{7-1-71}$$

式中：

$$\mathrm{erf}(\xi) = \frac{2}{\sqrt{\pi}} \int_0^\xi \exp(-t^2)\,\mathrm{d}t \tag{7-1-72}$$

$$\xi_1 = \frac{r}{\sqrt{2}\,[\sigma_y(x-x_0)]} \tag{7-1-73}$$

$$\xi_2 = \frac{r}{\sqrt{2}\,[\sigma_y(x+x_0)]} \tag{7-1-74}$$

（3）风向与线源成任意交角　当风向与线源呈任意交角且交角 $\theta \leqslant 90°$，可采用简单内插法估算地面浓度，其值为：

$$C_\theta(x,0,0) = \sin^2\theta(C_\perp) + \cos^2\theta(C_\parallel) \tag{7-1-75}$$

7.1.4.2　面源扩散模式

面源一般是指无组织排放或在不大范围内较均匀分布且数量多、源强及源高都不大的点源。常用面源扩散模式有两种：一种是采用对点源实行空间积分的方法（点源积分法）；另一种则是采用对点源修正的方法。

（1）点源积分法　点源积分法首先将评价区网格化，注意设接受点为坐标原点；其次，对接受点上风向每个可能影响到接受点的网格进行积分，有风时的积分路径参见图 7-1-8，图中仅给出 E、NE、ENE 三个风向方位，其余 13 个方位可利用 x 轴、y 轴对称关系导出。

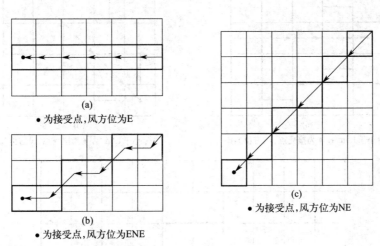

图 7-1-8　有风时面源模式风向路径

令面源对接受点的浓度贡献值为 C_s，C_s 可表达为：

$$C_s = \frac{1}{\sqrt{2\pi}} \sum Q_j \beta_j \tag{7-1-76}$$

$$\beta_j = \frac{2\eta}{U_j \bar{H}_j^{2\eta} \gamma \alpha}[\Gamma_j(\eta,\tau_j) - \Gamma_{j-1}(\eta,\tau_{j-1})] \tag{7-1-77}$$

式中　Q_j——第 j 个网格单位面积、单位时间排放量，$\mathrm{mg/(m^2 \cdot s)}$；

$\bar{H}_j$——第 j 个网格污染源平均排放高度，m；

U_j——第 j 个网格在 $\bar{H}_j$ 高度处的平均风速，m/s；

α、γ——垂直向扩散参数 σ_z 的回归指数和回归系数，$\sigma_z = \gamma x^\alpha$，$\alpha$、$\gamma$ 即为式（7-1-

100) 中的 $α_2$、$γ_2$。

$$\eta = \frac{\alpha-1}{2\alpha} \tag{7-1-78}$$

$$\tau_j = \frac{\bar{H}_j^2}{2\gamma^2 x_j^{2\alpha}} \tag{7-1-79}$$

$\Gamma(\eta,\tau)$ 为不完全伽马函数，由下式确定：

$$\Gamma(\eta,\tau) = \frac{a}{\tau + \left(b + \dfrac{1}{\tau}\right)} \tag{7-1-80}$$

$$a = 2.32\alpha + 0.28 \tag{7-1-81}$$

$$b = 10.00 - 5.00\eta \tag{7-1-82}$$

$$c = 0.88 + 0.82\eta \tag{7-1-83}$$

除有风外，风速<1.5m/s 时，也可以按式(7-1-76)～式(7-1-83)计算；但当风速<1m/s 时一律取 1m/s。风速<1.5m/s 时，积分路径参见图 7-1-9。

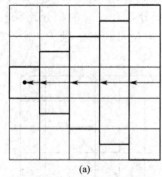
(a)
风速小于1.5m/s，●为接受点，风方位为E

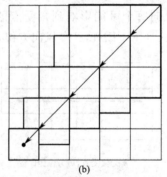
(b)
风速小于1.5m/s，●为接受点，风方位为NE

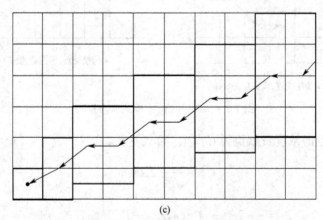
(c)
风速小于1.5m/s，●为接受点，风方位为ENE

图 7-1-9 小风时面源模式风向路径

当面源面积 S 较小（$S \leqslant 1.5\text{km}^2$）时，$C_s$ 宜按下式计算：

$$C_s = \frac{Q}{\sqrt{2\pi}} \beta_j(\eta,\tau) \tag{7-1-84}$$

式中，$\tau = \bar{H}^2/(2\gamma^2 x^{2\alpha})$，$x$ 为沿上风向自接受点到面源最远边缘的距离，一般情况下，也可按 $x = \sqrt{S/\pi}$ 取值。

(2) 点源修正法

① 直接修正法。当面源面积 S 较小（$S \leqslant 1.5 \text{km}^2$）时，面源之外的接受点的 C_s 可以按 7.1.3 节的点源扩散模式进行计算，但需要对扩散参数 σ_y、σ_x 进行修正，修正后的 σ_y、σ_x 分别为：

$$\sigma_y = \gamma_1 x^{\alpha_1} + \frac{a_y}{4.3} \tag{7-1-85}$$

$$\sigma_x = \gamma_2 x^{\alpha_2} + \frac{\bar{H}}{2.15} \tag{7-1-86}$$

式中　x——自接受点到面源中心的距离，m；

　　　σ_y——面源在 y 方向的长度，m；

　　　$\bar{H}$——面源平均排放高度，m。

② 虚点源后置法。虚点源后置法也称为点源后退法。与直接修正法类似，也是把面源看成点源处理，C_s 按点源扩散模式进行计算。该方法的思想核心如下：

a. 面源内所有排放的污染物可以看成在面源中心向上风向后退 x_y、x_z 距离的虚拟点源。

b. σ_y、σ_z 由下式确定：

$$\sigma'_y = \sigma_y(x + x_y) \tag{7-1-87}$$

$$\sigma'_z = \sigma_z(x + x_z) \tag{7-1-88}$$

式中　x——自接受点到面源中心的距离。

c. x_y、x_z 分别由下式反推求得：

$$\gamma_1 x_y^{\alpha_1} = \frac{a_y}{4.3} \tag{7-1-89}$$

$$\gamma_2 x_y^{\alpha_2} = \frac{\bar{H}}{2.15} \tag{7-1-90}$$

7.1.5　大气环境影响预测模型中参数的选择与计算

7.1.5.1　平均风速

根据《地面气象观测规范 总则》(GB/T 35221—2017) 的规定，风速器风杯中心安装在观测场高 10~12m 处，因此一般气象部门提供的风速资料是距地面 10m 高度定时的观测值。实际情况下，在大气边界层，风向、风速随着距地高度的增加而变化。但在一般情况下，不考虑风向随高度的变化，只考虑风速的变化情况。在大气环境影响预测模型中，烟囱口的平均风速是一个很重要的参数，一般情况下，采用幂律分布模式计算，即：

$$u_z = u_{z_0} \left(\frac{z}{z_0}\right)^m, z \leqslant 200 \tag{7-1-91}$$

$$u_z = u_{z_0} \left(\frac{200}{z_0}\right)^m, z > 200 \tag{7-1-92}$$

式中　z_0——相应气象台（站）风速器高度（一般指 10m 处），m；

z——计算高度（与 z_0 有相同高度基准），m；

u_z——z 高度处的平均风速，m/s；

u_{z_0}——z_0 高度处的平均风速（一般指距地高 10m 处的观测风速），m/s；

m——风速高度指数。

风速高度指数与大气稳定度和地面粗糙度有关，见表 7-1-7。

表 7-1-7 风速高度指数 m 值

稳定度	A	B	C	D	E	F
城市	0.10	0.15	0.20	0.25	0.30	0.30
农村	0.07	0.07	0.10	0.15	0.25	0.25

在实际工作中，m 值最好采用实测值。

平均风速的计算方法除幂律外，还使用一种对数风速廓线来进行计算，即：

$$u=\frac{u'}{K}\ln\left(\frac{z}{z_f}\right) \tag{7-1-93}$$

式中 u'——摩擦速度，m/s；

K——卡门常数，一般取 0.35；

z_f——地面粗糙度长度，m。

u'、z_f 一般通过不同高度处观测到的平均风速回归求解得来。

式（7-1-93）可以构造成 $u=a\ln z+b$ 的形式，其中，$a=\frac{u'}{K}$、$b=\frac{u'}{K}\ln z_f$。

当 $u=0$ 时，即直线在 $\ln z$ 轴上的截距为：

$$\ln z|_{n=0}=\ln z_f \tag{7-1-94}$$

此时，有：

$$u'=\frac{n\sum u_i \ln z_i - \sum u_i \sum \ln z_i}{K[n\sum(\ln z_i)^2 - \sum(\ln z_i)^2]} \tag{7-1-95}$$

式中 n——不同高度处风速观测次数；

u_i——在高度 z_i 处的风速，$i=1, 2, \cdots, n$。

7.1.5.2 大气稳定度分级

（1）大气稳定度的判定条件 在大气中，气团受到外力的作用，会产生向上或向下的垂直运动，这种偏离平衡位置的垂直运动能否维持，由大气层结即大气温度和湿度的垂直分布决定。这种影响气团垂直运动的特性称为大气稳定度（又称为大气静力稳定度、层结稳定度）。

判断大气稳定度，通常是使一气团受力离开平衡位置，向上或向下移动，撤除外力，若气团到达新位置后存在继续移动的趋势，则认为大气呈不稳定状态；若气团存在回到原平衡位置的趋势，则大气是稳定的；如果气团既不远离原平衡位置也不返回，则认为大气呈中性状态。稳定与不稳定大气条件参见图 7-1-10。

烟团处于稳定状态时，烟团上方大气环境温度较高、密度较小，因此烟团不易上升；当烟团上方大气环境温度较低、密度较大时，有利于烟团向上移动，表观即为烟团处于不稳定状态。

利用气温的垂直递减率 γ 与干绝热递减率 γ_d 可以很方便地判断大气层结的稳定度。实

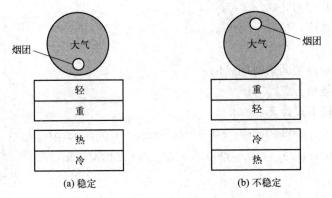

图 7-1-10 大气稳定与不稳定条件

际运用中,气温的垂直递减率一般由探空气温曲线斜率替代。判定大气稳定度的条件参见图 7-1-11。

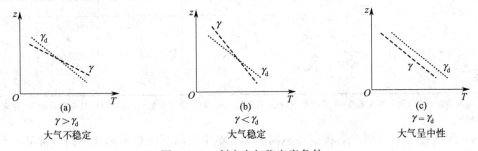

图 7-1-11 判定大气稳定度条件

气温垂直递减率的数学表达式为:

$$\gamma = \frac{dT}{dz} \tag{7-1-96}$$

在对流层,平均的气温垂直递减率为 0.65℃/(100m),干绝热递减率为 0.98℃/(100m)。

(2) 大气稳定度等级的划分方法　大气稳定度有多种分类方法。目前,较常使用的是修订的帕斯奎尔(Pasquill)分类方法简记为 P.S),该方法把稳定度分为 6 个等级,即:A——极不稳定;B——不稳定;C——弱不稳定;D——中性;E——较稳定;F——稳定。

确定大气稳定度等级时,首先由云量与太阳高度角按表 7-1-8 查出太阳辐射等级数。

表 7-1-8　太阳辐射等级

云量(1/10)		太阳辐射等级数				
总云量	低云量	夜间	$h_0 \leq 15°$	$15° < h_0 \leq 35°$	$35° < h_0 \leq 65°$	$h_0 > 65°$
≤4	≤4	−2	−1	+1	+2	+3
5~7	≤4	−1	0	+1	+2	+3
≥8	≥4	−1	0	0	+1	+1
≥5	5~7	0	0	0	0	+1
≥8	≥8	0	0	0	0	0

注:云量(全天空十分制)观测规则与《地面气象观测规范》相同。

表 7-1-8 中,太阳高度角 h_0 用下式表达:

$$h_0 = \arcsin[\sin\varphi\sin\sigma + \cos\varphi\cos\sigma\cos(15t + \lambda - 300)] \tag{7-1-97}$$

式中 h_0——太阳高度角,(°);
φ——当地纬度,(°);
λ——当地经度,(°);
t——进行观测的北京时间,h;
σ——太阳倾角,(°)。

太阳倾角 σ 可按下式计算:

$$\sigma = \begin{bmatrix} 0.006918 - 0.399913\cos\theta_0 + 0.070257\sin\theta_0 - 0.006758\cos(2\theta_0) \\ + 0.000907\sin(2\theta_0) - 0.002697\cos(3\theta_0) + 0.001480\sin(3\theta_0) \end{bmatrix} 180/\pi \quad (7\text{-}1\text{-}98)$$

式中 θ_0——$360 d_n/365$,(°);
d_n——一年中的日期序数,0,1,2,…,364。

确定了太阳辐射等级后,再根据地面风速查表 7-1-9 确定大气稳定度。

表 7-1-9 大气稳定度等级

地面风速/(m/s)	太阳辐射等级					
	+3	+2	+1	0	−1	−2
≤1.9	A	A~B	B	D	E	F
2~2.9	A~B	B	C	D	E	F
3~4.9	B	B~C	C	D	D	E
5~5.9	C	C~D	D	D	D	D
≥6	D	D	D	D	D	D

注:地面风速(m/s)是指距地面 10m 高度处、10min 的平均风速,如果使用气象台(站)资料,其观测规则与《地面气象观测规范》相同。

(3) 大气稳定度与烟流形状 在不同的大气稳定层结下的烟流形状不同,常见的六种情形参见图 7-1-12。

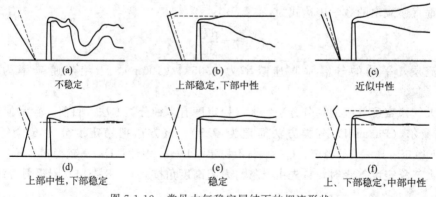

(a) 不稳定   (b) 上部稳定,下部中性   (c) 近似中性

(d) 上部中性,下部稳定   (e) 稳定   (f) 上、下部稳定,中部中性

图 7-1-12 常见大气稳定层结下的烟流形状
——γ;----γ_d

① 不稳定。烟流形态为环链形或链条形、翻卷形、波浪形。烟流在扩展过程中呈不规律的波浪状,这是由于大气处于不稳定层结条件,存在较大尺度的湍流,导致烟流各部分的运动速度与方向不规则。在这种情况下,烟流消散很快。但对于高架源,在源近处的下风向,可能存在较高的地面浓度。

② 上部稳定,下部中性。烟流形态为熏烟形(或漫烟形)。由于上部大气层结稳定,烟流向上受到抑制,向下扩散至地面,使地面浓度增高,造成局部地区严重污染。

③ 近似中性。烟流呈圆锥形。此时大气层结的气温垂直递减率 γ 与干绝热递减率 γ_d 相

近。这时的烟流外形在离开排放口一段距离后，为一清晰的圆锥形。

④ 上部中性，下部稳定。烟流形态为屋脊形（或城堡形、爬升形）。下部大气层结稳定，烟流向下扩散受到抑制，此时烟流不易落地，对于高架源排放十分有利。

⑤ 稳定。烟流形态呈扇形（或平展形）。在稳定情况下，烟流在垂直方向上的扩散受到抑制，水平方向的扩散远大于垂直方向的，导致烟流在水平方向上呈扇形展开。如果为地面源，此时会造成很大的地面污染，但对于高架源，烟流不易落地，地面污染较小。

⑥ 上、下部稳定，中部中性。烟流形态一般为受限型。烟流不易向上、下部稳定层结扩散，但在中部受限空间扩散，对于高架源，烟流不易落地，地面污染较小。

7.1.5.3 大气扩散参数

（1）有风时扩散参数的确定

① 0.5h 取样时间。横向扩散参数 σ_y 与垂直向扩散参数 σ_z 的表达式分别为：

$$\sigma_y = \gamma_1 x^{\alpha_1} \tag{7-1-99}$$

$$\sigma_z = \gamma_2 x^{\alpha_2} \tag{7-1-100}$$

式中 γ_1、α_1——横向扩散参数的回归系数和回归指数；

γ_2、α_2——垂直向扩散参数的回归系数和回归指数；

x——下风距离，m。

平原地区农村及城市远郊区的扩散参数选取方法：A、B、C 级稳定度直接由表 7-1-10 及表 7-1-11 查得，D、E、F 级稳定度则需要向不稳定方向提半级后再由表 7-1-10 及表 7-1-11 查得。

工业区或城区中点源的扩散参数选取方法：A、B 级稳定度不提级，C 级稳定度提到 B 级，D、E、F 级稳定度则需要向不稳定方向提一级后由表 7-1-10 及表 7-1-11 查得。

丘陵山区的农村或城市的扩散参数的选取方法同工业区。

表 7-1-10 横向扩散参数幂函数表达式数据

稳定度等级	α_1	γ_1	下风距离/m
A	0.901074	0.425809	0~1000
	0.850934	0.602052	>1000
B	0.914370	0.281846	0~1000
	0.865014	0.396353	>1000
B~C	0.919325	0.229500	0~1000
	0.875086	0.314238	>1000
C	0.924279	0.177154	0~1000
	0.885157	0.232123	>1000
C~D	0.926849	0.143940	0~1000
	0.886940	0.186396	>1000
D	0.929418	0.110726	0~1000
	0.888723	0.146669	>1000
D~E	0.923118	0.0985631	0~1000
	0.892794	0.124308	>1000
E	0.920818	0.0864001	0~1000
	0.896864	0.101947	>1000
F	0.929418	0.0553634	0~1000
	0.888723	0.0733348	>1000

表 7-1-11 垂直向扩散参数幂函数表达式数据

稳定度等级	α_2	γ_2	下风距离/m
A	1.12154	0.0799904	0~300
	1.52360	0.00854771	300~500
	2.10881	0.000211545	>500
B	0.964435	0.127190	0~500
	1.09356	0.0570251	>500
B~C	0.941015	0.114682	0~500
	1.00770	0.0757182	>500
C	0.917595	0.106803	0
C~D	0.838628	0.126152	0~2000
	0.756410	0.235667	2000~10000
	0.815575	0.136659	>10000
D	0.826212	0.104634	0~1000
	0.632023	0.400167	1000~10000
	0.555360	0.810763	>10000
D~E	0.776864	0.111771	0~2000
	0.572347	0.528992	2000~10000
	0.499149	1.03810	>10000
E	0.788370	0.0927529	0~1000
	0.565188	0.433384	1000~10000
	0.414743	1.73241	>10000
F	0.784400	0.0620765	0~1000
	0.525969	0.370015	1000~10000
	0.322659	2.40691	>10000

② 大于 0.5h 取样时间。垂直向扩散参数不变，横向扩散参数及稀释系数满足下式：

$$\sigma_{y_{\tau_2}} = \sigma_{y_{\tau_1}} \left(\frac{\tau_2}{\tau_1}\right)^q \tag{7-1-101}$$

或 σ_y 的回归指数 α_1 不变，回归系数 γ_1 满足下式：

$$\gamma_{1_{\tau_2}} = \gamma_{1_{\tau_1}} \left(\frac{\tau_2}{\tau_1}\right)^q \tag{7-1-102}$$

式中 $\sigma_{y_{\tau_2}}$、$\sigma_{y_{\tau_1}}$——对应取样时间为 τ_2、τ_1 时的横向扩散参数，m；

$\gamma_{1_{\tau_2}}$、$\gamma_{1_{\tau_1}}$——对应取样时间为 τ_2、τ_1 时的横向扩散参数的回归系数；

q——时间稀释指数，由表 7-1-12 确定。

表 7-1-12 时间稀释指数 q

适用时间范围/h	q
$1 \leq \tau < 100$	0.3
$0.5 \leq \tau < 1$	0.2

在应用表 7-1-10 计算取样时间大于 0.5h 的 $\sigma_{y_{\tau_2}}$ 或 $\gamma_{1_{\tau_2}}$ 时，应先根据 0.5h 取样时间值计算时间为 0.5h 的 σ_y 或 γ_1，以其作为 $\sigma_{y_{\tau_1}}$ 或 $\gamma_{1_{\tau_1}}$，来计算 $\sigma_{y_{\tau_2}}$ 或 $\gamma_{1_{\tau_2}}$。

(2) 小风和静风时扩散参数的确定 0.5h 取样时间的扩散参数按表 7-1-13 选取；当取样时间大于 0.5h 时，可参照式(7-1-101)及式(7-1-102)计算。

表 7-1-13 小风和静风时扩散参数的系数 γ_{01}、γ_{02}
($\sigma_x = \sigma_y = \gamma_{01} T, \sigma_z = \gamma_{02} T$)

稳定度等级	γ_{01}		γ_{02}	
	$U_{10} < 0.5$m/s	1.5m/s $> U_{10} \geq 0.5$m/s	$U_{10} < 0.5$m/s	1.5m/s $> U_{10} \geq 0.5$m/s
A	0.93	0.76	1.57	1.57
B	0.76	0.56	0.47	0.47
C	0.55	0.35	0.21	0.21
D	0.47	0.27	0.12	0.12
E	0.44	0.24	0.07	0.07
F	0.44	0.24	0.05	0.05

注：小风时，1.5m/s $> U_{10} \geq 0.5$m/s；静风时 $U_{10} < 0.5$m/s。

7.1.5.4 有效源高

最常见的固定源为烟囱，烟囱排出的污染物出了烟囱口，一般还会上升一段距离。图 7-1-13 展示了烟气抬升的主要物理过程。

烟气抬升的距离主要取决于烟气温度 T_s 与环境温度 T_a 的差异，以及烟气的出口速度 v_s。排气筒有效高度 H_e（见图 7-1-14）可以用下式表达：

$$H_e = H + \Delta H \tag{7-1-103}$$

式中 H——排气筒距地面几何高度，m；

ΔH——烟气抬升高度，m。

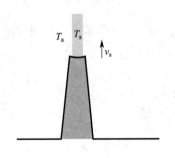

图 7-1-13 烟气抬升

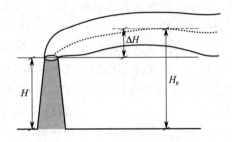

图 7-1-14 排气筒有效高度

计算烟气抬升高度的公式很多，目前国内主要采用《制定地方大气污染物排放标准的技术方法》(GB/T 3840—1991) 推荐的烟气抬升公式。

(1) 有风时，中性和不稳定条件

① 当烟气热释放速率 $Q_h \geq 2100$kJ/s 且烟气出口温度与环境大气温度的差值 $\Delta T \geq 35$K 时，ΔH 采用下式计算：

$$\Delta H = n_0 Q_h^{n_1} H^{n_2} U^{-1} \tag{7-1-104}$$

$$Q_h = 0.35 p_a Q_v \frac{\Delta T}{T_s} \tag{7-1-105}$$

$$\Delta T = T_s - T_a \tag{7-1-106}$$

式中 n_0——烟气热状况及地表状况系数，见表 7-1-14；

n_1——烟气热释放速率指数，见表 7-1-14；

n_2——排气筒高度指数，见表 7-1-14；

H——排气筒距地面几何高度，m，当 H 超过 240m 时，取 $H = 240$m；

Q_h——烟气热释放速率，kJ/s；

p_a——大气压力，hPa，如果无实测值，可取临近气象台（站）季或年平均值；

Q_v——实际排烟率，m³/s；

ΔT——烟气出口温度与环境大气温度的差值，K；

T_s——烟气出口温度，K；

T_a——环境大气温度，K，如果无实测值，可取临近气象台（站）季或年平均值；

U——排气筒出口处平均风速，如果无实测值，确定方法参见7.1.5.1小节。

表 7-1-14 n_0、n_1、n_2 的选取

Q_h	地表状况（平原）	n_0	n_1	n_2
$Q_h \geq 21000$ kJ/s	农村或城市远郊区	1.427	1/3	2/3
	城市及近郊区	1.303	1/3	2/3
2100kJ/s $\leq Q_h <$ 21000kJ/s 且 $\Delta T \geq 35$K	农村或城市远郊区	0.332	3/5	2/5
	城市及近郊区	0.292	3/5	2/5

② 当 1700kJ/s $< Q_h <$ 2100kJ/s 时，ΔH 采用下式计算：

$$\Delta H = \Delta H_1 + (\Delta H_2 - \Delta H_1)\frac{Q_h - 1700}{400} \tag{7-1-107}$$

$$\Delta H_1 = 2(1.5v_s D + 0.01Q_h)/U - 0.048(Q_h - 1700)/U \tag{7-1-108}$$

式中 v_s——排气筒出口处烟气排出速度，m/s；

D——排气筒出口直径，m；

ΔH_2——按式(7-1-104)～式(7-1-106)计算，m；n_0、n_1、n_2 按表 7-1-14 中 Q_h 值较小的一类选取；

Q_h、U——与式(7-1-104)～式(7-1-106)的定义相同。

③ 当 $Q_h \leq 1700$kJ/s 或者 $\Delta T < 35$K 时，ΔH 采用下式计算：

$$\Delta H = 2(1.5v_s D + 0.01Q_h)/U \tag{7-1-109}$$

式中，各参数定义见式(7-1-104)～式(7-1-108)。

(2) 有风时，稳定条件 ΔH 采用下式计算：

$$\Delta H = Q_h^{1/3}\left(\frac{dT_a}{dz} + 0.0098\right)^{-1/3} U^{-1/3} \tag{7-1-110}$$

式中 $\frac{dT_a}{dz}$——排气筒几何高度以上的大气温度梯度，K/m；

Q_h、U——与式(7-1-104)～式(7-1-106)的定义相同。

(3) 小风和静风时，稳定条件 ΔH 采用下式计算：

$$\Delta H = 5.50 Q_h^{1/4}\left(\frac{dT_a}{dz} + 0.0098\right)^{-3/8} \tag{7-1-111}$$

式中 $\frac{dT_a}{dz}$——取值宜小于 0.01K/m。

7.1.5.5 混合层厚度

混合层厚度又称为混合层高度，是指大气中污染物得到混合和进行扩散的高度。它主要取决于当地的地表粗糙度、风速及太阳辐射。混合层厚度越大，说明污染物进行稀释的空间就越大。图 7-1-15 表示：当干绝热递减率 γ_d 与气温的垂直递减率 γ 相交时，交点处的高度

为最大混合层厚度（MMD）。

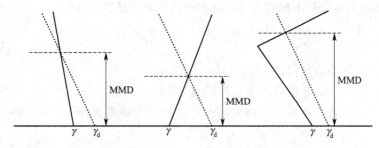

图 7-1-15　最大混合层厚度的确定

混合层厚度有多种确定方法，如采用低空探测资料绘图求得，也可以利用常规地面气象资料，利用经验公式求取等。目前，在环境影响评价中，确定混合层厚度多采用国家标准《制定地方大气污染物排放标准的技术方法》(GB/T 3840—1991) 对混合层高度的规定。

7.1.5.6　防护距离

烟气在地面、近地面排放时，大气污染物对污染源近处影响较大 [参见式（7-1-19）及图 7-1-8]。地面及近地面的大气污染物排放源主要由无组织排放源构成。无组织排放是指大气污染物不经过排气筒的无规则排放。无组织排放源是指设置于露天环境中具有无组织排放的设施，或指具有无组织排放的建筑构造（如车间、工棚等）。低矮排气筒的大气污染物排放属于有组织排放，但在一定气象条件下会造成与无组织排放相同的后果。因此，习惯上将排气筒高度小于 15m 的排放源也视为无组织排放源。

无组织排放的有害气体进入呼吸带大气层时，其浓度如超过 GB 3095—2012 与 HJ 2.2—2018 规定的其他污染物空气质量浓度参考限值，则无组织排放源所在的生产单元（生产区、车间或工段）与居住区之间应设置防护距离，包括大气环境防护距离与卫生防护距离。当两者涵盖范围不一致时，取大者。

(1) 大气环境防护距离　大气环境防护距离是为保护人群健康，减少正常排放条件下大气污染物对居住区的环境影响，在项目场界以外设置环境防护距离，以确保大气环境防护区域外的污染物贡献浓度满足环境质量标准。在大气环境防护距离内不应有长期居住的人群。

大气环境防护距离设置前提，应是项目厂界浓度满足大气污染物厂界浓度限值，但厂界外大气污染物短期贡献浓度超过环境质量浓度限值的，可以自厂界向外设置一定范围的大气环境防护区域，以确保大气环境防护区域外的污染物贡献浓度满足环境质量标准；若项目厂界浓度超过大气污染物厂界浓度限值，应要求削减排放源源强或调整工程布局，待满足厂界浓度限值后，再核算大气环境防护距离。

大气环境防护距离确定采用进一步预测模型模拟评价基准年内，本项目所有污染源（改建、扩建项目应包括全厂现有污染源）对厂界外主要污染物的短期贡献浓度分布。厂界外预测网格分辨率不应超过 50m。

在底图上标注从厂界起所有超过环境质量短期浓度标准值的网格区域，以自厂界起至超标区域的最远垂直距离作为大气环境防护距离。

(2) 卫生防护距离　卫生防护距离是指产生有害因素的部门（车间或工段）的边界至居住区边界的最小距离。某些行业已有卫生防护距离推荐标准，如 GB/T 17222—2012《煤制气业卫生防护距离标准》、GB/T 18078.1—2012《农副食品加工业卫生防护距离第Ⅰ部分：

屠宰及肉类加工业》等；没有行业标准的，可以参照 GB/T 3840—1991《制定地方大气污染物排放标准的技术方法》中推荐的卫生防护距离估算方法进行计算：

$$\frac{Q_c}{C_m} = \frac{1}{A}\sqrt{BL^C + 0.25\gamma^2 L^D} \tag{7-1-112}$$

式中　C_m——标准浓度限值，mg/m³；

　　　　L——工业企业所需卫生防护距离，m；

　　　　γ——有害气体无组织排放源所在生产单元的等效半径，m，根据该生产单元占地面积 S 计算，$\gamma = \sqrt{S/\pi}$；

A、B、C、D——卫生防护距离计算系数，无量纲，根据工业企业所在地区近 5 年平均风速及工业企业大气污染源构成类别从表 7-1-15 中查取；

　　　　Q_c——工业企业有害气体无组织排放量可以达到的控制水平。

Q_c 取同类企业中生产工艺流程合理、生产管理与设备维护处于先进水平的工业企业在正常运行时的无组织排放量。

卫生防护距离在 100m 以内时，级差为 50m；超过 100m，但不大于 1000m 时，级差为 100m；超过 1000m 时，级差为 200m。当按式（7-1-106）计算的 L 值在两级之间时，取偏宽的一级。

表 7-1-15　卫生防护距离计算系数

计算系数	工业企业所在地区近 5 年平均风速/(m/s)	卫生防护距离 L/m								
		$L \leq 1000$			$1000 < L \leq 2000$			$L > 2000$		
		工业企业大气污染源构成类别								
		Ⅰ	Ⅱ	Ⅲ	Ⅰ	Ⅱ	Ⅲ	Ⅰ	Ⅱ	Ⅲ
A	<2	400	400	400	400	400	400	80	80	80
	2～4	700	470	350	700	470	350	380	250	190
	>4	530	350	260	530	350	260	290	190	110
B	<2	0.01			0.015			0.015		
	>2	0.021			0.036			0.036		
C	<2	1.85			1.79			1.79		
	>2	1.85			1.77			1.77		
D	<2	0.78			0.78			0.57		
	>2	0.84			0.84			0.76		

注：工业企业大气污染源构成分为三类。
Ⅰ类：与无组织排放源共存的排放同种有害气体的排气筒的排放量大于标准规定的允许排放量的 1/3 者。
Ⅱ类：与无组织排放源共存的排放同种有害气体的排气筒的排放量小于标准规定的允许排放量的 1/3，或虽无排放同种大气污染物之排气筒共存，但无组织排放的有害物质的允许浓度指标是按急性反应指标确定者。
Ⅲ类：无排放同种有害物质的排气筒与无组织排放源共存，且无组织排放的有害物质的允许浓度是按慢性反应指标确定者。

无组织排放多种有害气体的工业企业，按 Q_c/C_m 的最大值计算其所需卫生防护距离。但当按两种或两种以上的有害气体的 Q_c/C_m 值计算的卫生防护距离在同一级别时，该类工业企业的卫生防护距离级别应该高一级。

地处复杂地形条件下的工业企业所需卫生防护距离应由建设单位主管部门与建设项目所在省（自治区、直辖市）的卫生与生态环境主管部门，根据环境影响评价报告书共同确定。

7.1.6　大气环境影响评价

大气环境影响评价是从预防性环境保护的角度出发，采用适当的评价手段，对项目实施的大气环境影响的程度、范围和概率进行分析、预测和评估,以避免、消除或减少项目对大气环境的负面影响,为项目的厂址选择、污染源设置、制定大气污染防治措施及其他有关的工程设计提供科学依据或指导性意见。

大气环境影响评价的工作程序一般分为三个阶段:第一阶段,主要工作包括研究有关文件、环境空气质量现状调查、初步工程分析、环境空气敏感区调查、评价因子筛选、评价标准确定、气象特征调查、地形特征调查、编制工作方案、确定评价工作等级和评价范围等;第二阶段,主要工作包括污染源的调查与核实、环境空气质量现状监测、气象观测资料调查与分析、地形数据收集和大气环境影响预测与评价等;第三阶段,主要工作包括给出大气环境影响评价结论与建议、完成环境影响评价文件的编写等。大气环境影响评价工作程序参见图 7-1-16。

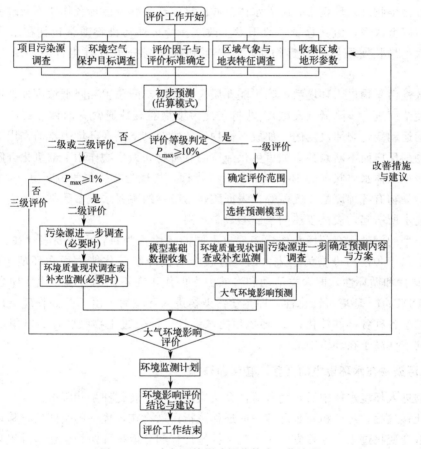

图 7-1-16 大气环境影响评价技术工作流程

7.2 地表水环境影响预测与评价

7.2.1 水体中污染物的迁移与转化

任何一条天然河流的河水都有其天然水质,常称为"背景值"或者"本底值"。由于大气、土壤、水的自然再循环机制具有一定的自净能力,除特殊地区下垫面的特殊性造成"本底"(即已污染)外,一般不受或较少受到人类活动影响的天然河流的河水水质都是好的。

污染物质排入河流之后，在不超过一定限度的情况下，存在着一种正常的生态平衡，在这种平衡生态系统中，只要没有过量的营养物质和废物，不需人类帮助，污染物进入河流后通过凝聚、吸附、沉淀、再浮、挥发等都能使河水净化，生态系统能自动保持水体清洁，这就是河流的自净能力。

由于现代工业文明的发展及人口的剧增，排入水体（江、河、湖、海）中的废物含量超过了水体的自净能力，使水质变坏，水的用途受到影响。了解污染物在水体中的迁移转化规律十分重要，它可以帮助我们更经济、更有效地解决污染物造成的环境问题。

7.2.1.1 环境中污染物的特性

不同污染物在水体中的迁移转化特性均不同，根据污染物在水环境中的迁移、衰减特点，污染物可分为四类：持久性污染物、非持久性污染物、酸碱及废热。

持久性污染物进入环境后，随着水体介质的推流迁移和分散稀释作用不断改变所处空间位置，同时降低浓度，但其总量一般不发生改变。持久性污染物通常包括在水环境中难降解、毒性大、易长期积累的有毒物质，重金属和很多高分子有机化合物都属于持久性污染物。

非持久性污染物进入环境后，除了随介质运动改变空间位置和降低浓度外，还因降解和转化作用使浓度进一步降低（衰减）。非持久性污染物的衰减通常有两种方式：一是由污染物质自身的运动变化规律决定的，如放射性物质的蜕变；二是在环境因素的作用下，由于化学的或生物的反应而不断衰减，如可生化降解的有机物在微生物作用下的氧化分解过程。通常，用于表征水体水质状况的 BOD_5、COD 等指标，均视为非持久性污染物。

酸碱污染物有各种废酸、废碱等，表征酸碱污染物的主要水质参数是 pH 值。废热主要由排放热废水所引起，表征废热的水质参数是水温。

不同类型的污染物在环境水体中表现出不同的环境行为特性，主要表现在：a. 环境残留持久性，以持久性污染物为代表，因具有较强的抗降解转化能力而在环境中长期残存；b. 环境迁移性和循环性，即人类活动和自然因素的作用在不同的环境、生物体之间迁移并循环，如 DDT；c. 环境可转化性，即化学污染物进入环境后，由于受到物理、化学和生物的作用而发生各种各样的转化；d. 环境生物浓缩性，即通过生物吸收逐步富集，污染物在生物体内的浓度高于在环境中的浓度。

7.2.1.2 污染物在水环境中的迁移、转化和降解

污染物进入环境水体中后，随着流体介质发生迁移、转化和生物降解。

（1）迁移过程　污染物在水环境中的迁移是指污染物在环境中的空间位置移动及其引起的污染物浓度变化过程。迁移方式主要包括推流迁移和分散稀释两种。迁移过程只能改变污染物的空间位置，降低水中污染物的浓度，不能减少其总量。影响迁移的因素包括内部因素和外部因素。内部因素是指污染物的物理、化学性质，外部因素则包括环境条件，如酸碱度、胶体数量和种类等。

① 推流迁移。推流迁移是指污染物在气流或水流作用下产生的转移作用。定义单位时间内通过单位面积的物质量为通量，单位为 $mg/(m^2 \cdot s)$，则在推流作用下污染物的迁移通量可以表示为：

$$\Delta m_{1x} = u_x C, \Delta m_{1y} = u_y C, \Delta m_{1z} = u_z C \tag{7-2-1}$$

式中　Δm_{1x}、Δm_{1y}、Δm_{1z}——x、y、z 方向上的污染物推流迁移通量；

u_x、u_y、u_z——环境介质在 x、y、z 方向上的流速分量；

C——污染物在环境介质中的浓度。

② 分散稀释。分散稀释是指污染物在环境介质中通过分散作用得到稀释，分散的机理有分子扩散、湍流扩散和弥散作用三种。

a. 分子扩散是由分子的随机运动引起的质点分散现象。分子扩散过程为各向同性，服从斐克（Fick）第一定律，即分子扩散的质量通量与扩散物质的浓度梯度成正比，即：

$$\Delta m_{2x}=-D_\mathrm{m}\frac{\partial C}{\partial x},\Delta m_{2y}=-D_\mathrm{m}\frac{\partial C}{\partial y},\Delta m_{2z}=-D_\mathrm{m}\frac{\partial C}{\partial z} \tag{7-2-2}$$

式中 Δm_{2x}、Δm_{2y}、Δm_{2z}——x、y、z 方向上的污染物分子扩散通量；

D_m——分子扩散系数，常温下，分子扩散系数 D_m 在水流中为 $10^{-10} \sim 10^{-9}$，$\mathrm{m^2/s}$；

"−"——质点的迁移指向负梯度方向。

b. 湍流扩散又称为紊流扩散，是指污染物质点之间及污染物质点与水介质之间由于各自不规则的运动而发生的相互碰撞、混合，是在湍流流场中质点的各种状态（流速、压力、浓度等）的瞬时值相对于其时段平均值的随机脉动而导致的分散现象，即：

$$\Delta m_{3x}=-D_{1x}\frac{\partial \bar{C}}{\partial x},\Delta m_{3y}=-D_{1y}\frac{\partial \bar{C}}{\partial y},\Delta m_{3z}=-D_{1z}\frac{\partial \bar{C}}{\partial z} \tag{7-2-3}$$

式中 Δm_{3x}、Δm_{3y}、Δm_{3z}——x、y、z 方向上的污染物湍流扩散通量；

D_{1x}、D_{1y}、D_{1z}——x、y、z 方向上的湍流扩散系数，$\mathrm{m^2/s}$，常温下，湍流扩散系数 D_{1x} 和 D_{1z} 在河流中为 $10^{-6} \sim 10^{-4} \mathrm{m^2/s}$；

$\bar{C}$——时段平均的污染物浓度。

c. 弥散作用是由流体的横断面上各点的实际流速分布不均匀所产生的剪切而导致的分散现象。弥散作用可以定义为：由空间各点湍流流速（或其他状态）的时平均值与流速时平均值的空间平均值的系统差别所产生的分散现象。弥散作用所导致的扩散通量也可以用斐克第一定律来描述，即：

$$\Delta m_{4x}=-D_{2x}\frac{\partial \bar{\bar{C}}}{\partial x},\Delta m_{4y}=-D_{2y}\frac{\partial \bar{\bar{C}}}{\partial y},\Delta m_{4z}=-D_{2z}\frac{\partial \bar{\bar{C}}}{\partial z} \tag{7-2-4}$$

式中 Δm_{4x}、Δm_{4y}、Δm_{4z}——x、y、z 方向上的污染物弥散扩散通量；

D_{2x}、D_{2y}、D_{2z}——x、y、z 方向上的弥散扩散系数；

$\bar{\bar{C}}$——污染物时间平均浓度的空间平均值。

湖泊中弥散作用很小，而在流速较大的水体（如河流和河口）中弥散作用很强，河流的弥散系数 D_{2x} 为 $10^{-2} \sim 10 \mathrm{m^2/s}$，而河口的弥散系数很大，达 $10 \sim 10^3 \mathrm{m^2/s}$。

从数值上而言，分子扩散系数 D_m、湍流扩散系数 D_1、弥散扩散系数 D_2 三者存在一定区别，$D_\mathrm{m} \ll D_1 \ll D_2$；从量纲上而言，三者相同，均为加速度量纲（$\mathrm{m^2/s}$），因此在大尺度下，可将三者合并表达为扩散系数，统一用 E_x、E_y、E_z 表示。同时在实际计算中通常认为 $C=\bar{C}=\bar{\bar{C}}$，因此分散稀释通量可表示为：

$$\Delta m_x=-E_x\frac{\partial C}{\partial x},\Delta m_y=-E_y\frac{\partial C}{\partial y},\Delta m_z=-E_z\frac{\partial C}{\partial z} \tag{7-2-5}$$

式中 Δm_x、Δm_y、Δm_z——x、y、z 方向上的污染物分散稀释通量；
E_x、E_y、E_z——x、y、z 方向上的扩散系数。

(2) 转化过程　转化过程是指污染物在环境中通过物理、化学作用改变其形态或转变成另一种物质的过程。转化与迁移有所不同，迁移只是空间位置的相对移动，转化则是物质量上的改变，但两者往往相伴而行。物理转化主要是指通过蒸发、渗透、凝聚、吸附、悬浮及放射性蜕变等一种或多种物理变化而发生的转化，天然水体中含有各种胶体，它们具有混凝沉淀作用和吸附作用，从而使有些污染物随着这些作用从水体中去除；化学转化则是指通过各种化学反应而发生的转化，如氧化还原反应、水解反应、配合反应、光化学反应等，流动的水体通过水面波浪不断地将大气中的氧溶于水体中，这些溶解氧与水体中的污染物将发生氧化反应，同时水体中也会发生还原作用，但这类反应多在微生物的作用下进行。

(3) 生物降解过程　生物降解过程是指污染物进入生物机体后，在有关酶系统的催化作用下的代谢变化过程。生物降解能力最强大的是微生物，其次是植物和动物。水体中的微生物（尤其是细菌）种类繁多、数量巨大，代谢途径多样，代谢速度惊人。在溶解氧充分的情况下，微生物将一部分有机污染物当作食饵消耗掉，将另一部分有机污染物氧化分解成无害的简单无机物，从而实现对各种各样的化学污染物的降解转化。生物降解的快慢与有机污染物的数量和性质有关。另外，水体温度、溶解氧的含量、水流状态、风力、天气等物理和水文条件及水面条件（如有无影响复氧作用的油膜、泡沫等）均对生物降解有影响。

图 7-2-1 是典型的受污染水体水样在实验室中测得的 BOD 曲线。从图 7-2-1 中可知，水体中污染物的降解可分为两个阶段。第一阶段为碳氧化阶段，主要是不含氮有机物的氧化，同时也包含部分含氮有机物的氨化及氨化后生成的不含氮有机物的继续氧化，这一阶段一般要持续 7~8d，氧化的最终产物为水和 CO_2，该阶段的 BOD 被称为碳化需氧量，常以 L_a 或 $CBOD_u$ 表示。第二阶段为氨氮硝化阶段，此阶段的需氧量常以 L_N 或 $NBOD_u$ 表示。当然第一阶段与第二阶段并不是完全独立的，在受污染较轻的水体中，往往第一阶段和第二阶段是同时进行的，而受污染较严重的水体一般是先进行碳化阶段再进行硝化阶段。L_a 与 L_N 之和反映了水体受有机物污染的程度。水质标准中通常用于衡量有机污染的指标 BOD_5（5 日生化需氧量），实际上也反映了部分污染物碳化的需氧量。

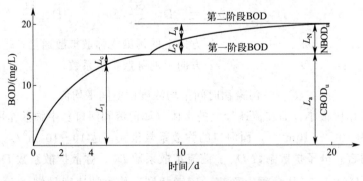

图 7-2-1　受污染水体的 BOD 曲线

① 有机物的生化降解。一般认为水体中有机物的生化降解可用一级反应动力方程式表达，即：

$$\frac{dL_c}{dt} = -k_1 L_c \tag{7-2-6}$$

由于 $L_c = L_a - L_1$，故式（7-2-6）可改写为：

$$\frac{d(L_a - L_1)}{dt} = -k_1(L_a - L_1) \tag{7-2-7}$$

解得

$$L_1 = L_a[1 - \exp(-k_1 t)] \tag{7-2-8}$$

式中　L_c——t 时刻的剩余碳化需氧量，mg/L；

　　　L_a——水中总的碳化需氧量（可理解为起始时刻的 BOD 值），mg/L；

　　　L_1——已降解的 BOD 值，mg/L；

　　　k_1——有机物碳化衰减速率系数（耗氧系数），d^{-1}；

　　　t——污染物在水体中的停留时间，d。

温度对 k_1 有影响，一般以 20℃的 $k_{1,20}$ 为基准，温度为 T 时的 k_1 按下式计算：

$$k_{1,T} = k_{1,20} \theta_1^{T-20} \tag{7-2-9}$$

式中　θ_1——温度系数，当 10℃＜T＜35℃时，θ 取 1.047。

② 硝化作用。硝化作用是指天然水体中含氮化合物经过一系列的生化反应过程，由氨氮氧化为硝酸盐的过程。硝化反应也具有一级反应性质。

$$\frac{dL_n}{dt} = -k_N L_n \tag{7-2-10}$$

解得

$$L_n = L_N \exp(-k_N t) \tag{7-2-11}$$

式中　L_n——t 时刻的剩余硝化需氧量，mg/L；

　　　L_N——水中总的硝化需氧量，mg/L；

　　　k_N——有机物硝化衰减速率系数，d^{-1}。

k_N 同样也受温度的影响，其与温度的函数关系为：

$$k_{N,T} = k_{N,20} \theta_N^{T-20} \tag{7-2-12}$$

式中　$k_{N,20}$——20℃时硝化衰减速率系数；

　　　θ_N——温度系数，当 10℃＜T＜30℃时，θ_N 取 1.08。

水体中有机物在衰减变化过程中不仅发生氧化、硝化作用，同时还进行着脱氮作用、硫化作用、细菌的衰减作用（随着水体自净过程的进行，细菌也在逐渐减少）等。

(4) 水体的耗氧与复氧过程　在有机物不断衰减的同时，水中的溶解氧不断地被消耗，随着水中溶解氧的降低，水面处气-液的氧平衡被破坏，大气中的氧就开始溶入水中，水体中耗氧-复氧过程不断地进行着。

水体中溶解氧在以下过程被消耗：碳氧化阶段耗氧、含氮化合物硝化耗氧、水生植物呼吸耗氧、水体底泥耗氧等。一般而言，这些耗氧过程所导致的溶解氧变化均可用一级反应方程式表达。对于复氧过程，则主要来自大气复氧和水生植物的光合作用。

① 大气复氧。氧气由大气进入水体的传质速率与水体中的氧亏量 D 成正比。氧亏量是指水体中的溶解氧[$C(O)$]与当时水温下水体的饱和溶解氧[$C(O_s)$]间的差距，即 $D = C(O_s) - C(O)$。设 k_2 为大气复氧速率系数，则：

$$\frac{dD}{dt} = -k_2 D \tag{7-2-13}$$

式中，k_2 为河流流态及温度的函数。如以 20℃ 的 $k_{2,20}$ 为基准，温度为 T 时的 k_2 按下式计算：

$$k_{2,T} = k_{2,20} \theta_r^{T-20} \tag{7-2-14}$$

式中 θ_r——大气复氧速率系数的温度系数，通常 $\theta_r = 1.024$。

饱和溶解氧 $C(O_s)$ 是温度、盐度和大气压力的函数，在 101kPa 压力下，温度为 T (℃) 时，淡水中的饱和溶解氧可以用下式计算：

$$C(O_s) = \frac{468}{31.6+T} \tag{7-2-15}$$

当水体中含盐量较高时（如河口），可用海尔（Hyer, 1971）经验公式 [式(7-2-16)]，也可以使用《环境影响评价技术导则 地表水环境》推荐的公式 [式(7-2-17)] 计算饱和溶解氧：

$$C(O_s) = 14.6244 - 0.367134T + 0.0044972T^2$$
$$- 0.0966S + 0.00205ST + 0.0002739S^2 \tag{7-2-16}$$

$$C(O_s) = (491 - 2.65S)/(33.5+T) \tag{7-2-17}$$

式中 T——水温，℃；

S——水中含盐量，‰。

② 光合作用。水生植物的光合作用是水体复氧的另一重要来源。奥康纳（O'Connor, 1965）假定光合作用的速率随着光照强弱的变化而变化，中午光照最强时，产氧速率最快，夜晚没有光照时，产氧速率为零。如果将产氧速率取为一天中的平均值，则有：

$$\left[\frac{\partial C(O)}{\partial t}\right]_P = P \tag{7-2-18}$$

式中 P——一天中产氧速率的平均值；

$C(O)$——光合作用产氧量。

7.2.2 预测方法的选择

预测环境影响时应尽量选用通用、成熟、简便并能满足准确度要求的方法。目前使用较多的预测方法有数学模式法、物理模型法、类比调查法和专业判断法等。

数学模式法是依据人们的实践经验或客观系统的观测结果归纳出的一套反应系统内部状态变化与输入、输出之间数量关系的数学公式和具体算法。在水环境影响预测中，数学模式法是利用表达水体净化机制的数学方程预测建设项目引起的水体水质变化。一般情况下此方法比较简便，并可以给出定量的结果，在水环境影响预测中应优先考虑，同时也是最常用的方法。选用数学模式时要注意模式的应用条件，如实际情况不能很好地满足模式的应用条件而又拟采用时，要对模式进行修正并验证。

物理模型法是依据相似理论，在以一定比例缩小的环境模型上模拟污染物在大气、地表水、地下水中的迁移转化的过程及噪声的传播衰减过程。物理模型法定量化程度较高，再现性好，能反映比较复杂的环境特征，但需要有合适的试验条件和必要的基础数据，且制作复杂的环境模型需要较多的人力、物力和时间。在无法利用数学模式法预测而又要求预测结果定量精度较高时，应选用此方法。

类比调查法的预测结果属于半定量性质,是参照现有相似工程对水体的影响来预测拟建项目对水环境的影响。一般在评价工作级别较低,且评价时间较短,无法取得足够的参数、数据,不能采用前述两种方法进行预测时,可选用此方法。

专业判断法可以定性地反映建设项目的环境影响,它是根据专家的专长和经验,运用专家判断法、情景分析法等经验推断建设项目对水环境的影响。建设项目的某些环境影响很难定量估测(如对文物与"珍贵"景观的环境影响),或由于评价时间过短等原因无法应用常规方法进行预测时,可选用此方法。

7.2.3 预测条件的确定

在选定预测方法后,还必须确定必要的预测条件。预测条件包括预测范围、预测点布设、预测水质参数、预测时期和预测时段等。

7.2.3.1 预测范围

建设项目地表水环境影响评价范围指建设项目整体实施后可能对地表水环境造成影响的范围。

地表水环境预测的范围与地表水环境现状调查的范围相同或略小(特殊情况下也可以略大)。确定预测范围的原则与现状调查相同,应能包括建设项目对周围水环境影响较显著的区域,并能全面说明与地下水环境相联系的环境基本状况,能充分满足环境影响预测的要求。该原则同样也适用于地下水环境影响预测范围的确定。

建设项目对水环境的影响类型分为水污染影响型与水文要素影响型两类。

① 水污染影响型建设项目评价范围,根据评价等级、工程特点、影响方式及程度、地表水环境质量管理要求等确定。

一级、二级及三级 A,其评价范围应符合以下要求:

a. 应根据主要污染物迁移转化状况,至少需覆盖建设项目污染影响所及水域。

b. 受纳水体为河流时,应满足覆盖对照断面、控制断面与削减断面等关心断面的要求。

c. 受纳水体为湖泊、水库时,一级评价其评价范围宜不小于以入湖(库)排放口为中心,半径为 5km 的扇形区域;二级评价其评价范围宜不小于以入湖(库)排放口为中心,半径为 10km 的扇形区域;三级 A 评价其评价范围宜不小于以入湖(库)排放口为中心,半径为 1km 的扇形区域。

d. 受纳水体为入海河口和近岸海域时,评价范围按照 GB/T 19485—2014 执行。

e. 影响范围涉及水环境保护目标的,评价范围至少应扩大到水环境保护目标内受到影响的水域。

f. 同一建设项目有两个及两个以上废水排放口,或排入不同地表水体时,按各排放口及所排入地表水体分别确定评价范围;有叠加影响的,叠加影响水域应作为重点评价范围。

三级 B 其评价范围应符合以下要求:

a. 应满足其依托污水处理设施环境可行性分析的要求。

b. 涉及地表水环境风险的,应覆盖环境风险影响所及的水环境保护目标水域。

② 水文要素影响型建设项目评价范围,根据评价等级、水文要素影响类别、影响及恢复程度确定,评价范围应符合以下要求:

a. 水温要素影响评价范围为建设项目形成水温分层水域,以及下游未恢复到天然(或建设项目建设前）水温的水域；

b. 径流要素影响评价范围为水体天然性状发生变化的水域，以及下游增减水影响水域；

c. 地表水域影响评价范围为相对建设项目建设前日均或潮均流速及水深或高（累计频率5%）低（累计频率90%）水位（潮位）变化幅度超过5%的水域；

d. 建设项目影响范围涉及水环境保护目标的，评价范围至少应扩大到水环境保护目标未受影响的水域；

e. 存在多类水文要素影响的建设项目，应分别确定各水文要素影响评价范围，取各水文要素评价范围的外包线作为水文要素的评价范围。

预测范围内的河段可以分为充分混合段、混合过程段和上游河段。充分混合段是指污染物浓度在断面上均匀分布的河段。当断面上任意一点的浓度与断面平均浓度之差小于平均度的5%时，可以认为达到均匀分布。混合过程段是指排放口下游达到充分混合以前的河段。上游河段是指排放口上游的河段（见图7-2-2）。混合过程段的长度L可由式(7-2-19)估算，也可由式(7-2-20)计算：

$$L=\frac{(0.4B-0.6a)Bu}{(0.058H+0.0065B)\sqrt{gHI}} \tag{7-2-19}$$

$$L=0.11+0.7\left[0.5-\frac{a}{B}-1.1\left(0.5-\frac{a}{B}\right)^2\right]^{\frac{1}{2}}\frac{uB^2}{E_y} \tag{7-2-20}$$

式中　u——河流断面平均流速，m/s；

B——河面宽度，m；

H——河流平均深度，m；

g——重力加速度，m/s^2；

I——水力坡降；

a——排放口距岸边距离，m，当污染源为岸边排放时（见图7-2-2中点A），a取0；

E_y——污染物横向扩散系数，m^2/s。

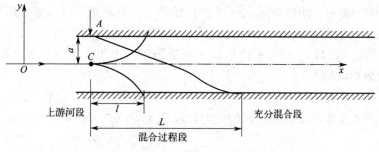

图7-2-2　预测河段示意图

7.2.3.2　预测点布设

预测点的布设应能全面地反映拟建项目对该范围内水环境的影响，并综合考虑点位布设的可操作性、代表性和经济性。应将常规监测点、补充监测点、水环境保护目标、水质水量突变处及控制断面等作为预测重点；当需要预测排放口所在水域形成的混合区范围时，应适当加密预测点位。具体预测点的布设还需要根据实际情况进行调整。

对于地下水，其预测点宜选在已有的取水井、观测井和试验井附近，以便进行验证。

7.2.3.3 预测时期

建设项目地表水环境影响预测、评价时期根据受影响地表水体类型、评价等级等确定，其中三级 B 评价，可不考虑预测、评价时期。水环境影响预测的时期应满足不同评价等级的评价时期要求（表 7-2-1）。

水污染影响型建设项目，水体自净能力最不利以及水质状况相对较差的不利时期，水环境现状补充监测时期应作为重点预测时期；水文要素影响型建设项目，以水质状况相对较差或对评价范围内水生生物影响最大的不利时期为重点预测时期。

表 7-2-1 预测评价时期的确定

受影响地表水体类型	评价等级		水污染影响型（三级 A）/水文要素影响型（三级）
	一级	二级	
河流、湖库	丰水期、平水期、枯水期；至少丰水期和枯水期	丰水期和枯水期；至少枯水期	至少枯水期
入海河口（感潮河段）	河流：丰水期、平水期和枯水期；河口：春季、夏季和秋季；至少丰水期和枯水期，春季和秋季	河流：丰水期和枯水期；河口：春季、秋季 2 个季节；至少枯水期或 1 个季节	至少枯水期或 1 个季节
近岸海域	春季、夏季和秋季；至少夏季、秋季 2 个季节	春季或秋季；至少 1 个季节	至少 1 次调查

注：1. 感潮河段、入海河口、近岸海域在丰、枯水期（或春夏秋冬四季）均应选择大潮期或小潮期中一个潮期开展评价（无特殊要求时，可不考虑一个潮期内高潮期、低潮期的差别）。选择原则为：依据调查监测海域的环境特征以影响范围较大或影响程度较重为目标，定性判断和选择大潮期或小潮期作为调查潮期。

2. 冰封期较长且作为生活饮用水与食品加工用水的水源或有渔业用水需求的水域，应将冰封期纳入评价时期。

3. 具有季节性排水特点的建设项目，根据建设项目排水期对应的水期或季节确定评价时期。

4. 水文要素影响型建设项目对评价范围内的水生生物生长、繁殖与洄游有明显影响的时期，需将对应的时期作为评价时期。

5. 复合影响型建设项目分别确定评价时期，按照覆盖所有评价时期的原则综合确定。

7.2.3.4 预测情景

预测情景应根据建设项目特点分别选择建设期、生产运行期和服务期满后三个阶段进行设置。

生产运行期应预测正常排放、非正常排放两种工况对水环境的影响，如建设项目具有充足的调节容量，可只预测正常排放对水环境的影响。应对建设项目污染控制和减缓措施方案进行水环境影响模拟预测。受纳水体环境质量不达标区域，应考虑区（流）域环境质量改善目标要求情景下的模拟预测。

7.2.3.5 预测内容

预测分析内容根据影响类型、预测因子、预测情景、预测范围地表水体类别、所选用的预测模型及评价要求确定。

水污染影响型建设项目的预测内容主要包括：a. 各关心断面（控制断面、取水口、污染源排放核算断面等）水质预测因子的浓度及变化；b. 到达水环境保护目标处的污染物浓度；c. 各污染物最大影响范围；d. 湖泊、水库及半封闭海湾等，还需关注富营养化状况与水华、赤潮等；e. 排放口混合区范围。

水文要素影响型建设项目的预测内容主要包括：a. 河流、湖泊及水库的水文情势预测分析主要包括水域形态、径流条件、水力条件以及冲淤变化等内容，具体包括水面面积、水量、水温、径流过程、水位、水深、流速、水面宽、冲淤变化等因子，湖泊和水库需要重点关注湖库水域面积、蓄水量及水力停留时间等因子；b. 感潮河段、入海河口及近岸海域水动力条件预测分析主要包括流量、流向、潮区界、潮流界、纳潮量、水位、流速、水面宽、水深、冲淤变化等因子。

7.2.3.6 预测评价因子的筛选

对于地表水环境预测评价因子，应分析建设项目建设阶段、生产运行阶段和服务期满后（可根据项目情况选择）各阶段对地表水环境质量、水文要素的影响行为，并根据建设项目对水环境影响的类别进行筛选。

① 水污染影响型建设项目评价因子的筛选应符合以下要求：按照污染源源强核算技术指南，开展建设项目污染源与水污染因子识别，结合建设项目所在水环境控制单元或区域水环境质量现状，筛选出水环境现状调查评价与影响预测评价的因子。

a. 行业污染物排放标准中涉及的水污染物应作为评价因子；

b. 在车间或车间处理设施排放口排放的第一类污染物应作为评价因子；

c. 水温应作为评价因子；

d. 面源污染所含的主要污染物应作为评价因子；

e. 建设项目排放的且为建设项目所在控制单元的水质超标因子或潜在污染因子（指近三年来水质浓度值呈上升趋势的水质因子），应作为评价因子。

② 水文要素影响型建设项目评价因子，应根据建设项目对地表水体水文要素影响的特征确定。河流、湖泊及水库主要评价水面面积、水量、水温、径流过程、水位、水深、流速、水面宽、冲淤变化等因子，湖泊和水库需要重点关注湖底水域面积或蓄水量及水力停留时间等因子。感潮河段、入海河口及近岸海域主要评价流量、流向、潮区界、潮流界、纳潮量、水位、流速、水面宽、水深、冲淤变化等因子。

③ 建设项目可能导致受纳水体富营养化的，评价因子还应包括与富营养化有关的因子（如总磷、总氮、叶绿素 a、高锰酸盐指数和透明度等。其中，叶绿素 a 为必须评价的因子）。

7.2.4 模型概化

当选用解析方法进行水环境影响预测时，可对预测水域进行合理的概化。对于不同的预测水体，其概化要求不尽相同。

① 河流水域概化

a. 预测河段及代表性断面的宽深比≥20 时，可视为矩形河段。

b. 河段弯曲系数>1.3 时，可视为弯曲河段，其余可概化为平直河段。

c. 对于河流水文特征值、水质急剧变化的河段，应分段概化，并分别进行水环境影响预测；河网应分段概化，分别进行水环境影响预测。

② 湖库水域概化。根据湖库的入流条件、水力停留时间、水质及水温分布等情况，分别概化为稳定分层型、混合型和不稳定分层型。

③ 受人工控制的河流，根据涉水工程（如水利水电工程）的运行调度方案及蓄水、泄流情况，分别视其为水库或河流进行水环境影响预测。

④ 入海河口、近岸海域概化

a. 可将潮区界作为感潮河段的边界。

b. 采用解析方法进行水环境影响预测时，可按潮周平均、高潮平均和低潮平均三种情况，概化为稳态进行预测。

c. 预测近岸海域可溶性物质水质分布时，可只考虑潮汐作用，预测密度小于海水的不可溶物质时应考虑潮汐、波浪及风的作用。

d. 注入近岸海域的小型河流可视为点源，可忽略其对近岸海域流场的影响。

7.2.5 预测模型

地表水环境影响预测模型包括数学模型、物理模型。地表水环境影响预测宜选用数学模型。数学模型包括面源污染负荷估算模型、水动力模型、水质（包括水温及富营养化）模型等，可根据地表水环境影响预测的需要选择。评价等级为一级且有特殊要求时选用物理模型，物理模型应遵循水工模型实验技术规程等要求。

7.2.5.1 河流常用数学模型

（1）河流完全混合模式　废水排放河流如能迅速与河水混合，或所含特征污染物为持久性污染物，则废水与河水充分混合后污染物的浓度可用式（7-2-21）计算：

$$c = \frac{c_p Q_p + c_h Q_h}{Q_p + Q_h} \tag{7-2-21}$$

式中　c——混合后污染物浓度，mg/L；

Q_p——废水流量，m^3/s；

c_p——废水中污染物浓度，mg/L；

Q_h——河流水流量，m^3/s；

c_h——上游河水中污染物浓度，mg/L。

该式使用条件：a. 废水与河水充分混合；b. 持久性污染物，不考虑降解或沉淀；c. 河流为恒定流动；d. 废水连续稳定排放。

对于沿河有非点源（面源）分布入流时，可按下式计算河流（$x=0$km 至 $x=x_s$ km）内 x 处污染物浓度：

$$c = \frac{c_p Q_p + c_h Q_h}{Q} + \frac{W_s}{86.4 Q} \tag{7-2-22}$$

$$Q = Q_p + Q_h + \frac{Q_s}{x_s} x \tag{7-2-23}$$

式中　W_s——沿程河流内非点源汇入的污染物总量，kg/d；

Q——下游 x 处河流水流量，m^3/s；

Q_s——河段内非点源汇入的污水总量，m^3/s。

【例 7-2-1】某企业产生 $3600m^3/d$ 的含锌废水，经处理达到《污水综合排放标准》的二级标准后排入附近河流（水功能区划为Ⅳ类），废水中锌浓度为 4.5mg/L，该河的平均流速为 0.5m/s，平均河宽为 14m，平均水深为 0.6m，锌浓度为 1.0mg/L，该厂废水如排入河中能与河水迅速混合，则该企业的废水排入河后，锌浓度是否超标？

解：废水流量 $Q_p = 3600m^3/d = 0.042m^3/s$

河水流量 $Q_h = uWh = 0.5 \times 14 \times 0.6 = 4.2(m^3/s)$

根据完全混合模型，废水与河水充分混合后锌的浓度为：

$$c=\frac{c_p Q_p + c_h Q_h}{Q_p + Q_h}=\frac{4.5\times0.042+1.0\times4.2}{0.042+4.2}=1.03(\text{mg/L})$$

对照《地表水环境质量标准》(GB 3838—2002) Ⅳ类水体中锌的浓度限值（2.0mg/L），可知河水中锌浓度未超标。

(2) 河流一维稳定模式　在河流的流量和其他水文条件不变的稳定情况下，废水排入河流并充分混合后，非持久性污染物或可降解污染物沿河下游 x 处的污染物浓度可按下式计算：

$$c=c_0 \exp\left[\frac{ux}{2E_x}\left(1-\sqrt{1+\frac{1KE_x}{u^2}}\right)\right] \quad (7\text{-}2\text{-}24)$$

式中　c——计算断面污染物浓度，mg/L；
　　　c_0——初始断面污染物浓度，可按式（7-2-3）计算；
　　　E_x——废水与河流的纵向混合系数，m^2/d；
　　　K——污染物降解系数，d^{-1}；
　　　u——河水平均流速，m/s。

对于一般条件下的河流，推流形成的污染物迁移作用要比弥散作用大得多，弥散作用可以忽略，则有：

$$c=c_0 \exp\left(-\frac{K_x}{86400u}\right) \quad (7\text{-}2\text{-}25)$$

该式适用条件：a. 非持久性污染物；b. 河流为恒定流动；c. 废水连续稳定排放；d. 废水与河水充分混合后河段，混合段长度可按下式计算：

$$L=\frac{(0.4B-0.6a)Bu}{(0.058H+0.0065B)(gHI)^{1/2}} \quad (7\text{-}2\text{-}26)$$

式中　L——混合段长度，m；
　　　B——河流宽度，m；
　　　a——排放口到岸边的距离，m；
　　　H——平均水深，m；
　　　u——河流平均流速，m/s；
　　　g——重力加速度，m/s^2；
　　　I——河流底坡，m/m。

【例 7-2-2】某一个建设项目拟向附近河流排放达标废水，废水量 $Q_p=0.1 m^3/s$，氨氮浓度 $c_p=12\text{mg/L}$，河水流量 $Q_h=5.0 m^3/s$，流速 $u=0.5\text{m/s}$，河水中氨氮本底浓度为 0.8mg/L，氨氮的降解速率常数 $K=0.15 d^{-1}$，纵向弥散系数 $E_x=10 m^2/s$。求废水排放点下游 10km 处的氨氮浓度。

解：① 计算起始点处完全混合后的氨氮初始浓度：

$$c=\frac{c_p Q_p + c_h Q_h}{Q_p + Q_h}=\frac{12\times0.1+0.8\times5.0}{0.1+5.0}=1.02(\text{mg/L})$$

② 考虑纵向弥散条件的下游 10km 处的浓度：

$$c=1.02\exp\left[\frac{0.5\times10000}{2\times10}\left(1-\sqrt{1+\frac{4\times0.15\times10}{86400\times0.5^2}}\right)\right]=0.98(\text{mg/L})$$

③ 忽略纵向弥散条件的下游 10km 处的浓度：

$$c = 1.02\exp\left(-\frac{0.15\times 10000}{86400\times 0.5}\right) = 0.98(\text{mg/L})$$

由此看出，在稳定条件下，忽略纵向弥散系数与考虑纵向弥散系数的差异很小，常可以忽略。

（3）Streeter-Phelps（S-P）模式　S-P 模式反映了河流水中溶解氧与 BOD 的关系，水中的溶解氧只用需氧有机物的生物降解，而水中溶解氧的补充主要来自大气。即在其他条件一定时，溶解氧的变化取决于有机物的耗氧和大气的复氧，生物氧化和复氧均为一级反应。则有：

$$c = c_0 \exp\left(-\frac{K_1 x}{86400 u}\right) \tag{7-2-27}$$

$$D = \frac{K_1 c_0}{K_2 - K_1}\left[\exp\left(-K_1 \frac{x}{86400 u}\right) - \exp\left(-K_2 \frac{x}{86400 u}\right)\right] + D_0 \exp\left(-K_2 \frac{x}{86400 u}\right) \tag{7-2-28}$$

$$D_0 = \frac{D_p D_p + D_h + Q_h}{Q_p + Q_h}$$

式中　D——亏氧量，即 DO_f-DO，mg/L；
　　　D_0——计算初始断面氧亏量，mg/L；
　　　D_p——废水中溶解氧亏量，mg/L；
　　　D_h——上游水中溶解氧亏量，mg/L；
　　　K_1——耗氧系数，d^{-1}；
　　　K_2——大气复氧系数，d^{-1}。

（4）河流二维稳态混合模式
① 岸边排放：

$$c(x,y) = c_h + \frac{c_p Q_p}{H\sqrt{\pi M_y x u}}\left\{\exp\left(-\frac{uy^2}{4M_y x}\right) + \exp\left[-\frac{u(2B-y)^2}{4M_y x}\right]\right\} \tag{7-2-29}$$

② 非岸边排放：

$$c(x,y) = c_h + \frac{c_p Q_p}{2H\sqrt{\pi M_y x u}}\left\{\exp\left(-\frac{uy^2}{4M_y x}\right) + \exp\left[-\frac{u(2a+y)^2}{4M_y x}\right] + \exp\left[-\frac{u(2b-2a-y)^2}{4M_y x}\right]\right\} \tag{7-2-30}$$

式中　H——平均水深，m；
　　　B——平均河宽，m；
　　　a——排放口与岸边距离，m；
　　　M_y——横向混合系数，m^2/s。

该式适用条件：a. 平直、断面形状规则的混合过程段；b. 持久性污染物；c. 河流为恒定流动；d. 废水连续稳定排放；e. 对于非持久性污染物，需采用相应的衰减式。

（5）河流二维稳定混合累积流量模式　岸边排放：

$$c(x,y) = c_h + \frac{c_p Q_p}{\sqrt{\pi M_q x}}\left\{\exp\left(-\frac{q^2}{4M_q x}\right) + \exp\left[-\frac{u(2Q-q)^2}{4M_q x}\right]\right\} \tag{7-2-31}$$

$$q = Huy; M_q = H^2 u M_y$$

式中 $c(x, q)$ ——累计流量坐标系下的污染物浓度，mg/L；

M_y ——累计流量坐标系下的横向混合系数，m²/s。

该式适用条件：a. 弯曲河流、断面形状不规则的混合过程段；b. 持久性污染物；c. 河流为恒定流动；d. 废水连续稳定排放；e. 对于非持久性污染物，需采用相应的衰减式。

（6）河流数学模型的选用　河流数学模型众多，在选用模型时应特别注意模型的适用条件和适用范围，模型选用恰当与否直接影响预测结果的可信度。在利用数学模型预测河流水质时，应注意河流数学模型的适用条件（表7-2-2）。

表7-2-2　河流数学模型适用条件

模型分类	模型空间分类						模型时间分类	
	零维	纵向一维模型	河网模型	平面	立面	三维	稳态	非稳态
适用条件	水域基本均匀混合	沿程横断面均匀混合	多条河道相互连通，使得水流运动和污染物交换相互影响的河网地区	垂向均匀混合	垂向分层特征明显	垂向及平面分布差异明显	水流恒定、排污稳定	水流不恒定，或排污不稳定

7.2.5.2　湖库数学模型的选用

在利用数学模型预测湖库水质时，湖库数学模型的适用条件见表7-2-3。在模拟湖库水域形态规则、水流均匀且排污稳定时可以采用解析解模型。

表7-2-3　湖库数学模型适用条件

模型分类	模型空间分类						模型时间分类	
	零维	纵向一维	平面	垂向	立面	三维	稳态	非稳态
适用条件	水流交换作用较充分、污染物质分布基本均匀	污染物在断面上均匀混合的河道型水库	浅水湖库，垂向分层不明显	深水湖库，水平分布差异不明显，存在垂向分层	深水湖库，横向分布差异不明显，存在垂向分层	垂向及平面分布差异明显	流场恒定、源强稳定	流场不恒定或源强不稳定

7.2.5.3　面源污染负荷估算模型

根据污染源类型分别选择适用的污染源负荷估算或模拟方法，预测污染源排放量与入河量。面源污染负荷预测可根据评价要求与数据条件，采用源强系数法、水文分析法以及面源模型法等，有条件的地方可以综合采用多种方法进行比对分析确定。各方法适用条件如下。

① 源强系数法。当评价区域有可采用的源强产生、流失及入河系数等面源污染负荷估算参数时，可采用源强系数法。

② 水文分析法。当评价区域具备一定数量的同步水质水量监测资料时，可基于基流分割确定暴雨径流污染物浓度、基流污染物浓度，采用通量法估算面源的负荷量。

③ 面源模型法。面源模型选择应结合污染特点、模型适用条件、基础资料等综合确定。

7.2.5.4　水质模型参数的确定

（1）耗氧系数 K_1 的估算方法

① 实验室测定法。对于清洁河流（现状水质为Ⅰ、Ⅱ、Ⅲ级水体）可以采用实验室测

定法。取研究河段或湖（库）的水样，采用自动 BOD 测定仪，也可将水样分成 10 瓶或更多瓶，置于 20℃ 培养箱中培养，分别测定 1～10d 或更长时间的 BOD 值。试验数据可采用最小二乘法，按下式求得 K_1。

$$\ln \frac{c_0}{c_t} = K_1 t \tag{7-2-32}$$

实验室测定的 K_1 可以直接用于湖泊、水库的预测。对于河流或河口的预测，K_1 值需按下式进行修订：

$$K'_1 = K_1 + (0.11 + 54I)u/H \tag{7-2-33}$$

式中 I——河流底坡，m/m。

② 两点法。现场测定河段上、下游断面的 BOD 浓度（或利用常规检测数据），以及该河段长度 x 和河水平均流速 u，则可按下式求算 K_1：

$$K_1 = \frac{u}{x} \ln \frac{c_1}{c_2} \tag{7-2-34}$$

式中，c_1、c_2 分别为上、下游断面的 BOD 浓度。

(2) 复氧系数 K_2 的估算方法 复氧系数 K_2 的估算可采用实验室测定法，但费时费力，一般采用经验公式估算。

① 欧康那-道宾斯（O'Conner-Dobbins）公式：

$$K_{2(20℃)} = 294 \frac{(D_m u)^{1/2}}{H^{3/2}} (C_z \geqslant 17) \tag{7-2-35}$$

$$K_{2(20℃)} = 824 \frac{D_m^{0.5} I^{0.25}}{H^{1.25}} (C_z < 17) \tag{7-2-36}$$

式中，谢才系数 $C_z = \frac{1}{n} H^{1/6}$；氧分子在水中的扩散系数 $D_m = 1.774 \times 10^{-4} \times 1.037^{(T-20)}$；$n$ 为河床糙率。

② 欧文斯等（Owens 等）经验式：

$$K_{2(20℃)} = 5.34 \frac{u^{0.67}}{H^{1.85}} (0.1m \leqslant H \leqslant 0.6m, u \leqslant 1.5m/s) \tag{7-2-37}$$

③ 丘吉尔（Churchill）经验式：

$$K_{2(20℃)} = 5.03 \frac{u^{0.696}}{H^{1.673}} (0.6m \leqslant H \leqslant 8m, 0.6m/s \leqslant u \leqslant 1.8m/s) \tag{7-2-38}$$

表 7-2-4 给出了我国某些河流 K_1 和 K_2 的实测结果。

表 7-2-4 我国某些河流的 K_1 和 K_2 值

河流名称	K_1/d^{-1}	K_1/d^{-1}	河流名称	K_1/d^{-1}	K_1/d^{-1}
第一松花江(黑龙江)	0.015~0.13	0.0006~0.07	黄河兰州段	0.41~0.87	0.82~1.9
第二松花江(吉林)	0.14~0.26	0.008~0.18	渭河(咸阳)	1.0	1.7
图们江(吉林)	0.20~3.45	1~4.20	清安河(江苏)	0.88~2.52	—
丹东大沙河	0.5~1.4	7~9.6	漓江(象山)	0.1~0.13	0.3~0.52

(3) K_1 和 K_2 的温度校正 温度对 K_1 和 K_2 有影响，一般以 20℃ 的值为基准，则温度 T(10~30℃ 范围) 时的 K 值分别为：

$$K_{1,T} = K_{1,20} \theta^{T-20} \tag{7-2-39}$$

$$K_{2,T}=K_{2,20}\theta^{T-20} \tag{7-2-40}$$

对于 K_1，$\theta=1.02\sim1.06$，一般取 1.047；对于 K_2，$\theta=1.015\sim1.047$，一般取 1.024。

（4）混合系数的估算方法　混合系数的估算方法一般有实验测定和经验估算两种方法。

① 经验公式法。对于流量稳定的顺直河流，其垂直、横向和纵向混合系数 E_z、E_y、E_x 可分别按下列公式估算。

$$E_z=a_z H(gHI)^{1/2} \tag{7-2-41}$$

$$E_y=a_y H(gHI)^{1/2} \tag{7-2-42}$$

$$E_x=a_x H(gHI)^{1/2} \tag{7-2-43}$$

一般河流的 a_z 在 0.067 左右。据菲希尔（Fischer）统计分析，矩形明渠的 $a_y=0.1\sim0.2$，平均 0.15，有些灌溉渠可达 0.25。天然河流的 a_x 变化幅度较大，对于 15～60m 宽的河流 $a_x=140\sim300$。

河流的横向混合系数 M_y 可采用泰勒（Taylor）公式法求得：

$$M_y=(0.058H+0.0065B)(gHI)^{1/2} \tag{7-2-44}$$

河流的纵向混合系数 M_x 可采用爱尔德（Elder）公式法求得：

$$M_x=5.93H(gHI)^{1/2} \tag{7-2-45}$$

② 示踪实验测定法。示踪实验法是向某河段断面瞬间投放示踪剂，并在投放点下游断面取样测定不同时间 t 时示踪剂的浓度 $c(x,t)$，按下式计算纵向混合系数 M_x：

$$c(x,t)=\frac{W}{A\sqrt{4\pi M_x t}}\exp\left[-\frac{(x-ut)^2}{4M_x t}\right] \tag{7-2-46}$$

式中　A——河流断面面积，m^2；

W——示踪剂计量，g。

示踪剂有无机盐类（NaCl、LiCl）、荧光染料（如工业碱性玫瑰红）和放射性同位素等，示踪剂的选择应满足下列要求：a. 在水体中不沉降，不产生化学反应；b. 测定简单准确；c. 经济；d. 对环境无害。

7.2.6　地表水环境影响评价

7.2.6.1　评价内容

一级、二级、水污染影响型三级 A 及水文要素影响型三级评价的主要评价内容包括：a. 水污染控制和水环境影响减缓措施有效性评价；b. 水环境影响评价。

水污染影响型三级 B 评价的主要评价内容包括：a. 水污染控制和水环境影响减缓措施有效性评价；b. 依托污水处理设施的环境可行性评价。

7.2.6.2　评价要求

① 水污染控制和水环境影响减缓措施有效性评价应满足以下要求：

a. 污染控制措施及各类排放口排放浓度限值等应满足国家和地方相关排放标准及符合有关标准规定的排水协议关于水污染物排放的条款要求；

b. 水动力影响、生态流量、水温影响减缓措施应满足水环境保护目标的要求；

c. 涉及面源污染的，应满足国家和地方有关面源污染控制治理要求；

d. 受纳水体环境质量达标区的建设项目选择废水处理措施或多方案比选时，应满足行

业污染防治可行技术指南要求,确保废水稳定达标排放且环境影响可以接受;

e. 受纳水体环境质量不达标区的建设项目选择废水处理措施或多方案比选时,应满足区(流)域水环境质量限期达标规划和替代源的削减方案要求、区(流)域环境质量改善目标要求及行业污染防治可行技术指南中最佳可行技术要求,确保废水污染物达到最低排放强度和排放浓度,环境影响可以接受。

② 水环境影响评价应满足以下要求:

a. 排放口所在水域形成的混合区,应限制在达标控制(考核)断面以外水域,不得与已有排放口形成的混合区叠加,混合区外水域应满足水环境功能区或水功能区的水质目标要求。

b. 水环境功能区或水功能区、近岸海域环境功能区水质达标。说明建设项目对评价范围内的水环境功能区或水功能区、近岸海域环境功能区的水质影响特征,分析水环境功能区或水功能区、近岸海域环境功能区水质变化状况,在考虑叠加影响的情况下,评价建设项目建成以后各预测时期水环境功能区或水功能区、近岸海域环境功能区达标状况。涉及富营养化问题的,还应评价水温、水文要素、营养盐等变化特征与趋势,分析判断富营养化演变趋势。

c. 满足水环境保护目标水域水环境质量要求。评价水环境保护目标水域各预测时期的水质(包括水温)变化特征、影响程度与达标状况。

d. 水环境控制单元或断面水质达标。说明建设项目污染排放或水文要素变化对所在控制单元各预测时期的水质影响特征,在考虑叠加影响的情况下,分析水环境控制单元或断面的水质变化状况,评价建设项目建成以后水环境控制单元或断面在各预测时期的水质达标状况。

e. 满足重点水污染物排放总量控制指标要求,重点行业建设项目主要污染物排放满足等量或减量替代要求。

f. 满足区(流)域水环境质量改善目标要求。

g. 水文要素影响型建设项目同时应包括水文情势变化评价、主要水文特征值影响评价、生态流量符合性评价。

h. 对于新设或调整入河(湖库、近岸海域)排放口的建设项目,应包括排放口设置的环境合理性评价。

i. 满足"三线一单"(生态保护红线、水环境质量底线、资源利用上线和环境准入清单)管理要求。

③ 依托污水处理设施的环境可行性评价,主要从污水处理设施的日处理能力、处理工艺、设计进水水质、处理后的废水稳定达标排放情况及排放标准是否涵盖建设项目排放的有毒有害的特征水污染物等方面开展评价,满足依托的环境可行性要求。

7.3 地下水环境影响预测与评价

7.3.1 地下水环境影响预测

(1)预测原则　建设项目地下水环境影响预测应遵循 HJ 2.1—2016 中确定的原则。考虑到地下水环境污染的复杂性、隐蔽性和难恢复性,还应遵循保护优先、预防为主的原则,预测应为评价各方案的环境安全和环境保护措施的合理性提供依据。

预测的范围、时段、内容和方法均应根据评价工作等级、工程特征与环境特征，结合当地环境功能和环保要求确定，应预测建设项目对地下水水质产生的直接影响，重点预测对地下水环境保护目标的影响。

在结合地下水污染防控措施的基础上，对工程设计方案或可行性研究报告推荐的选址（选线）方案可能引起的地下水环境影响进行预测。

（2）预测范围　地下水环境影响预测范围一般与调查评价范围一致。预测层位应以潜水含水层或污染物直接进入的含水层为主，兼顾与其水力联系密切且具有饮用水开发利用价值的含水层。当建设项目场地天然包气带垂向渗透系数小于 1×10^{-6} cm/s 或厚度超过 100m 时，预测范围应扩展至包气带。

（3）预测时段　地下水环境影响预测时段应选取可能产生地下水污染的关键时段，至少包括污染发生后 100d、1000d，服务年限或能反映特征因子迁移规律的其他重要的时间节点。

（4）情景设置　一般情况下，建设项目须对正常状况和非正常状况的情景分别进行预测。

已依据《生活垃圾填埋场污染控制标准》（GB 16889—2008）、《危险废物贮存污染控制标准》（GB 18597—2023）、《危险废物填埋污染控制标准》（GB 18598—2019）、《一般工业固体废物贮存和填埋污染控制标准》（GB 18599—2020）、《石油化工工程防渗技术规范》（GB/T 50934—2013）设计地下水污染防渗措施的建设项目，可不进行正常状况情景下的预测。

（5）预测因子　预测因子应包括以下几种：

① 将特征因子按照重金属、持久性有机污染物和其他类别进行分类，并对每一类别中的各项因子采用标准指数法进行排序，分别取标准指数最大的因子作为预测因子；

② 现有工程已经产生的且改、扩建后将继续产生的特征因子，改、扩建后新增加的特征因子；

③ 污染场地已查明的主要污染物；

④ 国家或地方要求控制的污染物。

（6）预测源强　地下水环境影响预测源强的确定应充分结合工程分析。正常状况下，预测源强应结合建设项目工程分析和相关设计规范确定；非正常状况下，预测源强可根据工艺设备或地下水环境保护措施因系统老化或腐蚀程度等设定。

（7）预测方法　建设项目地下水环境影响预测方法包括数学模型法和类比分析法。其中，数学模型法包括数值法、解析法等方法。预测方法的选取应根据建设项目工程特征、水文地质条件及资料掌握程度来确定，当数值方法不适用时，可用解析法或其他方法预测。一般情况下，一级评价应采用数值法，不宜概化为等效多孔介质的地区除外；二级评价中水文地质条件复杂且适宜采用数值法时，建议优先采用数值法；三级评价可采用解析法或类比分析法。

采用数值法预测前，应先进行参数识别和模型验证。

采用解析模型预测污染物在含水层中的扩散时，一般应满足以下条件：a. 污染物的排放对地下水流场没有明显的影响；b. 评价区内含水层的基本参数（如渗透系数、有效孔隙率等）不变或变化很小。

采用类比分析法时，应给出类比条件。类比分析对象与拟预测对象之间应满足以下要求：a. 二者的环境水文地质条件、水动力场条件相似；b. 二者的工程类型、规模及特征因子对地下水环境的影响具有相似性。

(8) 预测内容　建设项目地下水环境影响预测内容应包含以下几个方面：

① 特征因子不同时段的影响范围、程度，最大迁移距离。

② 预测期内场地边界或地下水环境保护目标处特征因子随时间的变化规律。

③ 当建设项目场地天然包气带垂向渗透系数小于 1×10^{-6} cm/s 或厚度超过 100m 时，须考虑包气带阻滞作用，预测特征因子在包气带中迁移。

④ 污染场地修复治理工程项目应给出污染物变化趋势或污染控制的范围。

7.3.2　地下水环境影响评价

(1) 评价原则　评价应以地下水环境现状调查和地下水环境影响预测结果为依据，对建设项目各实施阶段（建设期、运营期及服务期满后）不同环节及不同污染防控措施下的地下水环境影响进行评价。地下水环境影响预测未包括环境质量现状值时，应叠加环境质量现状值后再进行评价。应评价建设项目对地下水水质的直接影响，重点评价建设项目对地下水环境保护目标的影响。

(2) 评价方法　采用标准指数法对建设项目地下水水质影响进行评价。对属于《地下水质量标准》(GB/T 14848—2017) 水质指标的评价因子，应按其规定的水质分类标准值进行评价；对于不属于《地下水质量标准》(GB/T 14848—2017) 水质指标的评价因子，可参照国家（行业、地方）相关标准的水质标准值进行评价。

(3) 评价结论　评价建设项目对地下水水质影响时，可采用以下判据评价水质能否满足标准的要求。

① 以下情况应得出可以满足标准要求的结论：

a. 建设项目各个不同阶段，除场界内小范围以外地区，均能满足《地下水质量标准》(GB/T 14848—2017) 或国家（行业、地方）相关标准要求的；

b. 在建设项目实施的某个阶段，有个别评价因子出现较大范围超标，但采取环保措施后，可满足《地下水质量标准》(GB/T 14848—2017) 或国家（行业、地方）相关标准要求的。

② 以下情况应得出不能满足标准要求的结论：

a. 新建项目排放的主要污染物，改、扩建项目已经排放的及将要排放的主要污染物在评价范围内地下水中已经超标的；

b. 环保措施在技术上不可行，或在经济上明显不合理的。

7.4　土壤环境影响预测与评价

土壤环境影响预测和评价应根据影响识别结果与评价工作等级，结合当地土地利用规划确定影响预测的范围、时段、内容和方法。在此基础上选择适宜的预测方法，预测评价建设项目各实施阶段不同环节与不同环境影响防控措施下的土壤环境影响，给出预测因子的影响范围与程度，明确建设项目对土壤环境的影响结果。土壤环境影响分析可定性或半定量地说明建设项目对土壤环境产生的影响及趋势。

7.4.1 预测评价范围与因子

预测评价范围一般与现状调查评价范围一致。

污染影响型建设项目应根据环境影响识别出的特征因子选取关键预测因子。可能造成土壤盐化、酸化、碱化影响的建设项目，分别选取土壤盐分含量、pH值等作为预测因子。

7.4.2 预测与评价方法

土壤环境影响预测与评价方法根据建设项目土壤环境影响类型与评价工作等级确定。

7.4.2.1 面源污染影响预测方法

面源污染影响预测方法适用于评价工作等级是一级、二级时，某种物质可概化为以面源形式进入土壤环境的影响预测，包括大气沉降、地面漫流以及盐、酸、碱类等物质进入土壤环境引起的土壤盐化、酸化、碱化等。

（1）面源污染影响预测的一般方法和步骤

① 可通过工程分析计算土壤中某种物质的输入量。

② 土壤中某种物质的输出量主要包括淋溶或径流排出、土壤缓冲消耗两部分；植物吸收量通常较小，不予考虑；涉及大气沉降影响的，可不考虑输出量。

③ 分析比较输入量和输出量，计算土壤中某种物质的增量。

④ 将土壤中某种物质的增量与土壤现状值进行叠加后，进行土壤环境影响预测。

（2）预测方法

① 单位质量土壤中某种物质的增量可用下式计算：

$$\Delta S = n(I_s - L_s - R_s)/(\rho_b A D) \tag{7-4-1}$$

式中　ΔS——单位质量表层土壤中某种物质的增量，g/kg；或表层土壤中游离酸或游离碱浓度增量，mmol/kg；

　　　I_s——预测评价范围内单位年份表层土壤中某种物质的输入量，g/a；或预测评价范围内单位年份表层土壤中游离酸、游离碱输入量，mmol/a；

　　　L_s——预测评价范围内单位年份表层土壤中某种物质经淋溶排出的量，g/a；或预测评价范围内单位年份表层土壤中经淋溶排出的游离酸、游离碱的量，mmol/a；

　　　R_s——预测评价范围内单位年份表层土壤中某种物质经径流排出的量，g/a；或预测评价范围内单位年份表层土壤中经径流排出的游离酸、游离碱的量，mmol/a；

　　　ρ_b——表层土壤容重，kg/m³；

　　　A——预测评价范围，m²；

　　　D——表层土壤深度，m，一般取 0.2m，可根据实际情况适当调整；

　　　n——持续时间（年份），a。

② 单位质量土壤中某种物质的预测值可根据其增量叠加现状值进行计算，即：

$$S = S_b + \Delta S \tag{7-4-2}$$

式中　S——单位质量土壤中某种物质的预测值，g/kg；

　　　S_b——单位质量土壤中某种物质的现状值，g/kg。

③ 酸性物质或碱性物质排放后表层土壤 pH 预测值，可根据表层土壤游离酸或游离碱浓度的增量进行计算，即：

$$pH = pH_b \pm \Delta S / BC_{pH} \tag{7-4-3}$$

式中　pH——土壤 pH 预测值；
　　　pH_b——土壤 pH 现状值；
　　　ΔS——表层土壤中游离酸或游离碱浓度增量，mmol/kg；
　　　BC_{pH}——缓冲容量，mmol/(kg·pH 单位)。

7.4.2.2 点源污染影响预测方法

点源污染影响预测方法适用于评价工作等级是一级、二级时，某种污染物以点源形式垂直进入土壤环境的影响预测，重点预测污染物可能影响到的深度。

(1) 一维非饱和溶质垂向运移控制方程

$$\frac{\partial(\theta C)}{\partial t} = \frac{\partial}{\partial z}\left(\theta D \frac{\partial C}{\partial z}\right) - \frac{\partial}{\partial z}(qC) \tag{7-4-4}$$

式中　C——污染物在介质中的浓度，mg/L；
　　　D——弥散系数，m³/d；
　　　q——渗流速率，m/d；
　　　z——沿 z 轴的距离，m；
　　　t——时间，d；
　　　θ——土壤含水率。

(2) 初始条件

$$C(z,t) = 0 (t=0, L \leqslant z < 0) \tag{7-4-5}$$

(3) 边界条件

① 第一类 Dirichlet 边界条件，其中式 (7-4-6) 适用于连续点源情况，式 (7-4-7) 适用于非连续点源情况。

$$C(z,t) = C_0 (t>0, z=0) \tag{7-4-6}$$

$$C(z,t) = \begin{cases} C_0 & (0<t \leqslant t_0) \\ 0 & (t>t_0) \end{cases} \tag{7-4-7}$$

② 第二类 Neumann 零梯度边界。

$$-\theta D \frac{\partial C}{\partial z} = 0 (t>0, z=L) \tag{7-4-8}$$

7.4.2.3 土壤盐化综合评分预测方法

评价工作等级为一级、二级，土壤盐化综合评分可以根据表 7-4-1 选取各项影响因素的分值与权重，采用式 (7-4-10) 计算土壤盐化综合评分值 (Sa)，对照表 7-4-2 得出土壤盐化综合评分预测结果。

$$Sa = \sum_{i=1}^{n} (w_i I_i) \tag{7-4-9}$$

式中　n——影响因素指标数目；
　　　I_i——影响因素 i 指标评分；
　　　w_i——影响因素 i 指标权重。

表 7-4-1 土壤盐化影响因素赋值

影响因素	分值				权重
	0分	2分	4分	6分	
地下水位埋深(GWD)/m	GWD≥2.5	1.5≤GWD<2.5	1.0≤GWD<1.5	GWD<1.0	0.35
干燥度(蒸降比值)(EPR)	EPR<1.2	1.2≤EPR<2.5	2.5≤EPR<6	EPR≥6	0.25
土壤本底含盐量(SSC)/(g/kg)	SSC<1	1≤SSC<2	2≤SSC<4	SSC≥4	0.15
地下水溶解性总固体(TDS)/(g/L)	TDS<1	1≤TDS<2	2≤TDS<5	TDS≥5	0.15
土壤质地	黏土	砂土	壤土	砂壤、粉土、砂粉土	0.10

表 7-4-2 土壤盐化预测

土壤盐化综合评分值(Sa)	Sa<1	1≤Sa<2	2≤Sa<3	3≤Sa<4.5	Sa≥4.5
土壤盐化综合评分预测结果	未盐化	轻度盐化	中度盐化	重度盐化	极重度盐化

评价工作等级为三级的建设项目，可采用定性描述或类比分析法进行预测。

7.4.2.4 预测评价结论

① 以下情况可得出建设项目土壤环境影响可接受的结论：

a. 建设项目各个阶段，土壤环境敏感目标处及占地范围内各评价因子均满足相关标准要求的；

b. 生态影响型建设项目各个阶段，出现或加重土壤盐化、酸化、碱化等问题，但采取防控措施后，可满足相关标准要求的；

c. 污染影响型建设项目各个阶段，土壤环境敏感目标处或占地范围内有个别点位、层位或评价因子出现超标，但采取必要措施后，可满足《土壤环境质量 农用地土壤污染风险管控标准(试行)》(GB 15618—2018)、《土壤环境质量 建设用地土壤污染风险管控标准(试行)》(GB 36600—2018)或其他土壤污染防治相关管理规定的。

② 以下情况不能得出建设项目土壤环境影响可接受的结论：

a. 生态影响型建设项目，土壤盐化、酸化、碱化等对预测评价范围内土壤原有生态功能造成重大不可逆影响的；

b. 污染影响型建设项目各个阶段，土壤环境敏感目标处或占地范围内多个点位、层位或评价因子出现超标，采取必要措施后，仍无法满足 GB 15618—2018、GB 36600—2018 或其他土壤污染防治相关管理规定的。

7.5 声环境影响预测与评价

7.5.1 声环境评价任务与步骤

7.5.1.1 基本任务

声环境评价的基本任务是：

① 评价建设项目实施引起的声环境质量的变化情况。

② 提出合理可行的防治对策措施，降低噪声影响。

③ 从声环境影响角度评价建设项目实施的可行性。

④ 为建设项目优化选址、选线、合理布局以及国土空间规划提供科学依据。

7.5.1.2 评价步骤

声环境影响评价的步骤见图 7-5-1。

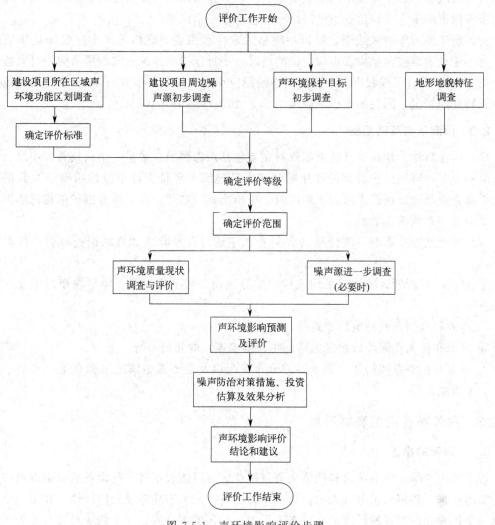

图 7-5-1 声环境影响评价步骤

7.5.1.3 评价水平年

根据建设项目实施过程中噪声影响特点，可按施工期和运行期分别开展声环境影响评价。运行期声源为固定声源时，将固定声源投产运行年作为评价水平年；运行期声源为移动声源时，将工程预测的代表性水平年作为评价水平年。

7.5.2 声环境影响预测评价

7.5.2.1 预测范围

声环境影响预测范围与评价范围相同。

7.5.2.2 预测点和评价点的确定

建设项目评价范围内声环境保护目标和建设项目厂界（场界、边界）应作为预测点和评价点。

对于地面水平分布敏感目标注意按其所属的环境噪声功能区分不同距离段预测；对于楼

房垂直分布敏感目标注意按不同层数的垂直声场分布来预测；预测点根据评价等级和环境管理需求不同可以是一个评价点也可以是一栋楼房或一个区域。

为了便于绘制等声级线图，可以用网格法确定预测点，网格的大小应根据具体情况确定。对于建设项目包含呈线状声源特征的情况，平行于线状声源走向的网格间距可大些（如100~300m），垂直于线状声源走向的网格间距应小些（如20~60m）；对于建设项目包含呈点声源特征的情况，网格的大小一般为20m×20m~100m×100m。

7.5.2.3 预测所需基础数据

（1）声源数据　建设项目的声源资料主要包括声源种类、数量、空间位置、声级、发声持续时间和对声环境保护目标的作用时间等，环境影响评价文件中应标明噪声源数据的来源。工业企业等建设项目声源置于室内时，应给出建筑物门、窗、墙等围护结构的隔声量和室内平均吸声系数等参数。

（2）环境数据　影响声波传播的各类参数应通过资料收集和现场调查取得，各类数据如下：

① 建设项目所处区域的年平均风速和主导风向、年平均气温、年平均相对湿度、大气压强。

② 声源和预测点间的地形、高差。

③ 声源和预测点间障碍物（如建筑物、围墙等）的几何参数。

④ 声源和预测点间树林、灌木等的分布情况以及地面覆盖情况（如草地、水面、水泥地面、土质地面等）。

7.5.3 户外声传播的衰减计算

7.5.3.1 声源的描述

广义的噪声源，例如路面和铁路交通或工业区（可能包括有一些设备或设施以及在场地内的交通往来）将用一组分区表示，每一个分区有一定的声功率及指向特性，在每一个分区内以一个代表点的声音所计算的衰减来表示这一分区的声衰减。一个线源可以分为若干线分区，一个面积源可以分为若干面积分区，而每一个分区用处于中心位置的点声源表示。

另外，点声源组可以用处在组的中部的等效点声源来描述，特别是声源具有如下特点时：

① 有大致相同的强度和离地面高度；

② 到接收点有相同的传播条件；

③ 从单一等效点声源到接收点间的距离 d 超过声源最大尺寸 H_{max} 的二倍（$d > 2H_{max}$）。

假若距离 d 较小（$d \leqslant 2H_{max}$），或分量点声源传播条件不同时，其总声源必须分为若干分量点声源。

等效点声源声功率等于声源组内各声源声功率的和。

7.5.3.2 基本公式

户外声传播衰减包括几何发散（A_{div}）、大气吸收（A_{atm}）、地面效应（A_{gr}）、障碍物屏蔽（A_{bar}）、其他多方面效应（A_{misc}）引起的衰减。

① 在环境影响评价中，应根据声源声功率级或参考位置处的声压级、户外声传播衰减，计算预测点的声级，分别按式（7-5-1）或式（7-5-2）计算。

$$L_p(r) = L_w + D_C - (A_{div} + A_{atm} + A_{gr} + A_{bar} + A_{misc}) \quad (7-5-1)$$

式中　$L_p(r)$——预测点处声压级，dB；

L_w——由点声源产生的声功率级（A计权或倍频带），dB；

D_C——指向性校正，它描述点声源的等效连续声压级与产生声功率级 L_w 的全向点声源在规定方向的声级的偏差程度，dB；

A_{div}——几何发散引起的衰减，dB；

A_{atm}——大气吸收引起的衰减，dB；

A_{gr}——地面效应引起的衰减，dB；

A_{bar}——障碍物屏蔽引起的衰减，dB；

A_{misc}——其他多方面效应引起的衰减，dB。

$$L_p(r) = L_p(r_0) + D_C - (A_{div} + A_{atm} + A_{gr} + A_{bar} + A_{misc}) \quad (7-5-2)$$

式中　$L_p(r)$——预测点处声压级，dB；

$L_p(r_0)$——参考位置 r_0 处的声压级，dB；

D_C——指向性校正，它描述点声源的等效连续声压级与产生声功率级 L_w 的全向点声源在规定方向的声级的偏差程度，dB；

A_{div}——几何发散引起的衰减，dB；

A_{atm}——大气吸收引起的衰减，dB；

A_{gr}——地面效应引起的衰减，dB；

A_{bar}——障碍物屏蔽引起的衰减，dB；

A_{misc}——其他多方面效应引起的衰减，dB。

② 预测点的 A 声级 $L_A(r)$ 可按式(7-5-3)计算，即将 8 个倍频带声压级合成，计算出预测点的 A 声级 $[L_A(r)]$。

$$L_A(r) = 10\lg\left\{\sum_{i=1}^{8} 10^{0.1[L_{pi}(r) - \Delta L_i]}\right\} \quad (7-5-3)$$

式中　$L_A(r)$——距声源 r 处的 A 声级，dB(A)；

$L_{pi}(r)$——预测点（r）处，第 i 倍频带声压级，dB；

ΔL_i——第 i 倍频带的 A 计权网络修正值，dB。

③ 在只考虑几何发散衰减时，可按式（7-5-4）计算。

$$L_A(r) = L_A(r_0) - A_{div} \quad (7-5-4)$$

式中　$L_A(r)$——距声源 r 处的 A 声级，dB（A）；

$L_A(r_0)$——参考位置 r_0 处的 A 声级，dB（A）；

A_{div}——几何发散引起的衰减，dB。

7.5.3.3　衰减项的计算

（1）几何发散引起的衰减（A_{div}）

① 点声源的几何发散衰减

a. 无指向性点声源几何发散衰减。无指向性点声源几何发散衰减的基本公式是：

$$L_p(r) = L_p(r_0) - 20\lg(r/r_0) \quad (7-5-5)$$

式中 $L_p(r)$——预测点处声压级，dB；

$L_p(r_0)$——参考位置 r_0 处的声压级，dB；

r——预测点距声源的距离；

r_0——参考位置距声源的距离。

式(7-5-5)中第二项表示了点声源的几何发散衰减：

$$A_{div} = 20\lg(r/r_0) \tag{7-5-6}$$

式中 A_{div}——几何发散引起的衰减，dB；

r——预测点距声源的距离；

r_0——参考位置距声源的距离。

当 $r=2r_0$ 时，$A_{div}=-6$dB，即点声源传播距离增加1倍，衰减6dB。

【例 7-5-1】已知距离冷却塔 10m 处噪声测量值为 74dB，距居民楼 50m；距离锅炉房 8m 处噪声测量值为 70dB，距离居民楼 65m，求两设备噪声对居民楼共同影响的声级。

解：

冷却塔对居民楼的噪声贡献值为：

$$L_1 = 74 - 20\lg(50/10) = 60.02(dB)$$

锅炉房对居民楼的噪声贡献值为：

$$L_2 = 70 - 20\lg(65/8) = 51.80(dB)$$

两设备对居民楼噪声贡献叠加值为：

$$L = 10\lg(10^{0.1L_1} + 10^{0.1L_2}) = 10\lg(10^{6.002} + 10^{5.180}) = 61(dB)$$

如果已知点声源的倍频带声功率级或 A 计权声功率级（L_{Aw}），且声源处于自由声场，则式（7-5-5）等效为式（7-5-7）或式（7-5-8）：

$$L_p(r) = L_w - 20\lg r - 11 \tag{7-5-7}$$

式中 $L_p(r)$——预测点处声压级，dB；

L_w——由点声源产生的倍频带声功率级，dB；

r——预测点距声源的距离。

$$L_A(r) = L_{Aw} - 20\lg r - 11 \tag{7-5-8}$$

式中 $L_A(r)$——距声源 r 处的 A 声级，dB(A)；

L_{Aw}——点声源 A 计权声功率级，dB；

r——预测点距声源的距离。

如果声源处于半自由声场，则式(7-5-5)等效为式(7-5-9)或式(7-5-10)：

$$L_p(r) = L_w - 20\lg r - 8 \tag{7-5-9}$$

式中 $L_p(r)$——预测点处声压级，dB；

L_w——由点声源产生的倍频带声功率级，dB；

r——预测点距声源的距离。

$$L_A(r) = L_{Aw} - 20\lg r - 8 \tag{7-5-10}$$

式中 $L_A(r)$——距声源 r 处的 A 声级，dB(A)；

L_{Aw}——点声源 A 计权声功率级，dB；

r——预测点距声源的距离。

b. 指向性点声源几何发散衰减。指向性点声源几何发散衰减按式（7-5-11）计算。

声源在自由空间中辐射声波时，其强度分布的一个主要特性是指向性。例如，喇叭发声,喇叭正前方声音大,而侧面或背面就小。

对于自由空间的点声源,其在某一 θ 方向上距离 r 处的声压级 $[L_p(r)_\theta]$:

$$L_p(r)_\theta = L_w - 20\lg(r) + D_{I\theta} - 11 \tag{7-5-11}$$

式中 $L_p(r)_\theta$——自由空间的点声源在某一 θ 方向上距离 r 处的声压级,dB;

L_w——点声源声功率级(A 计权或倍频带),dB;

r——预测点距声源的距离;

$D_{I\theta}$——θ 方向上的指向性指数,$D_{I\theta}10\lg R_\theta$,其中,$R_\theta$ 为指向性因数,$R_\theta = I_\theta/I$(I 为所有方向上的平均声强,W/m^2;I_θ 为某一 θ 方向上的声强,W/m^2)。

按式(7-5-5)计算指向性点声源几何发散衰减时,式(7-5-5)中的 $L_p(r)$ 与 $L_p(r)_0$ 必须是在同一方向上的倍频带声压级。

c. 反射体引起的修正(ΔL_r)。如图 7-5-2 所示,当点声源与预测点处在反射体同侧附近时,到达预测点的声级是直达声与反射声叠加的结果,从而使预测点声级增高。

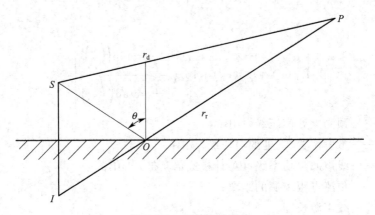

图 7-5-2 反射体的影响

当满足下列条件时,需考虑反射体引起的声级增高:

ⅰ. 反射体表面平整、光滑、坚硬;

ⅱ. 反射体尺寸远远大于所有声波波长 λ;

ⅲ. 入射角 $\theta < 85°$。

$r_r - r_d \gg \lambda$ 反射引起的修正量 ΔL_r 与 r_r/r_d 有关($r_r = $ IP、$r_d = $ SP),可按表 7-5-1 计算。

表 7-5-1 反射体引起的修正量

r_r/r_d	ΔL_r/dB
约 1	3
约 1.4	2
约 2	1
>2.5	0

② 线声源的几何发散衰减

a. 无限长线声源。无限长线声源几何发散衰减的基本公式是:

$$L_p(r) = L_p(r_0) - 10\lg(r/r_0) \tag{7-5-12}$$

式中　$L_p(r)$——预测点处声压级，dB；
　　　$L_p(r_0)$——参考位置 r_0 处的声压级，dB；
　　　　r——预测点距声源的距离；
　　　　r_0——参考位置距声源的距离。

式(7-5-4)中第二项表示了无限长线声源的几何发散衰减：

$$A_{\text{div}} = -10\lg(r/r_0) \tag{7-5-13}$$

式中　A_{div}——几何发散引起的衰减，dB；
　　　　r——预测点距声源的距离；
　　　　r_0——参考位置距声源的距离。

当 $r = 2r_0$ 时，$A_{\text{div}} = -3\text{dB}$，即线声源传播距离增加1倍，衰减3dB。

b. 有限长线声源。如图7-5-3所示，假设线声源长度为 l_0，单位长度线声源辐射的倍频带声功率级为 L_w。在线声源垂直平分线上距声源 r 处的声压级为：

$$L_p(r) = L_w + 10\lg\left[\frac{1}{r}\arctan\left(\frac{l_0}{2r}\right)\right] - 8 \tag{7-5-14}$$

或

$$L_p(r) = L_p(r_0) + 10\lg\left[\frac{\dfrac{1}{r}\arctan\left(\dfrac{l_0}{2r}\right)}{\dfrac{1}{r_0}\arctan\left(\dfrac{l_0}{2r_0}\right)}\right] \tag{7-5-15}$$

式中　$L_p(r)$——预测点处声压级，dB；
　　　$L_p(r_0)$——参考位置 r_0 处的声压级，dB；
　　　　L_w——线声源声功率级（A计权或倍频带），dB；
　　　　r——预测点距声源的距离；
　　　　l_0——线声源长度。

当 $r > l_0$ 且 $r_0 > l_0$ 时，式(7-5-15)可近似简化为：

$$L_p(r) = L_p(r_0) - 20\lg(r/r_0) \tag{7-5-16}$$

式中　$L_p(r)$——预测点处声压级，dB；
　　　$L_p(r_0)$——参考位置 r_0 处的声压级，dB；
　　　　r——预测点距声源的距离；
　　　　r_0——参考位置距声源的距离。

即在有限长线声源的远场，有限长线声源可当作点声源处理。当 $r < l_0/3$ 且 $r_0 < l_0/3$ 时，式(7-5-15)可近似简化为：

$$L_p(r) = L_p(r_0) - 10\lg(r/r_0) \tag{7-5-17}$$

式中　$L_p(r)$——预测点处声压级，dB；
　　　$L_p(r_0)$——参考位置 r_0 处的声压级，dB；
　　　　r——预测点距声源的距离；
　　　　r_0——参考位置距声源的距离。

当 $l_0/3 < r < l_0$，且 $l_0/3 < r_0 < l_0$ 时，式（7-5-15）可作近似计算：

$$L_p(r) = L_p(r_0) - 15\lg(r/r_0) \tag{7-5-18}$$

式中　$L_p(r)$——预测点处声压级，dB；

$L_p(r_0)$——参考位置 r_0 处的声压级，dB；

r——预测点距声源的距离；

r_0——参考位置距声源的距离。

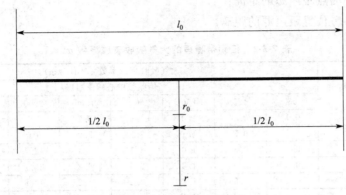

图 7-5-3　有限长线声源

③ 面声源的几何发散衰减。一个大型机器设备的振动表面，车间透声的墙壁，均可以认为是面声源。如果已知面声源单位面积的声功率为 W，各面积元噪声的位相是随机的，面声源可看作由无数点声源连续分布组合而成，其合成声级可按能量叠加法求出。

图 7-5-4 给出了长方形面声源中心轴线上的声衰减曲线。当预测点和面声源中心距离 r 处于以下条件时，可按下述方法近似计算：$r < a/\pi$ 时，几乎不衰减（$A_{div} \approx 0$）；$a/\pi < r < b/\pi$ 时，距离加倍衰减 3dB 左右，类似线声源衰减特性 [$A_{div} \approx 10\lg(r/r_0)$]；$r > b/\pi$ 时，距离加倍衰减趋近于 6dB，类似点声源衰减特性 [$A_{div} \approx 20\lg(r/r_0)$]。其中面声源的 $b > a$。图 7-5-4 中虚线为实际衰减量。

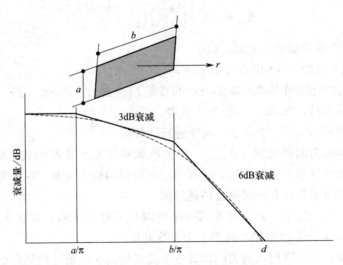

图 7-5-4　长方形面声源中心轴线上的衰减特性

（2）大气吸收引起的衰减（A_{atm}）　大气吸收引起的衰减按式（7-5-19）计算：

$$A_{atm} = \frac{\alpha(r-r_0)}{1000} \quad (7\text{-}5\text{-}19)$$

式中　A_{atm}——大气吸收引起的衰减，dB；

α——与温度、湿度和声波频率有关的大气吸收衰减系数,预测计算中一般根据建设项目所处区域常年平均气温和湿度选择相应的大气吸收衰减系数(表7-5-2);

r——预测点距声源的距离;

r_0——参考位置距声源的距离。

表 7-5-2　倍频带噪声的大气吸收衰减系数 α

温度/℃	相对湿度/%	大气吸收衰减系数 α/(dB/km)							
		倍频带中心频率/Hz							
		63	125	250	500	1000	2000	4000	8000
10	70	0.1	0.4	1.0	1.9	3.7	9.7	32.8	117.0
20	70	0.1	0.3	1.1	2.8	5.0	9.0	22.9	76.6
30	70	0.1	0.3	1.0	3.1	7.4	12.7	23.1	59.3
15	20	0.3	0.6	1.2	2.7	8.1	28.1	28.8	202.0
15	50	0.1	0.5	1.2	2.2	4.2	10.8	36.2	129.0
15	80	0.1	0.3	1.1	2.4	4.1	8.3	23.7	82.8

空气吸收系数与声音频率的关系很大,空气对中高频噪声的吸收远大于低频,对于中、低频特性的噪声源可不考虑空气吸收。

(3) 地面效应引起的衰减(A_{gr})　地面类型可分为:

① 坚实地面,包括铺筑过的路面、水面、冰面以及夯实地面;

② 疏松地面,包括被草或其他植物覆盖的地面,以及农田等适合于植物生长的地面;

③ 混合地面,由坚实地面和疏松地面组成。

声波掠过疏松地面传播时,或大部分为疏松地面的混合地面,在预测点仅计算 A 声级前提下,地面效应引起的倍频带衰减可用式(7-5-20)计算。

$$A_{gr} = 4.8 - \left(\frac{2h_m}{r}\right)\left(17 + \frac{300}{r}\right) \tag{7-5-20}$$

式中　A_{gr}——地面效应引起的衰减,dB;

　　　r——预测点距声源的距离,m;

　　　h_m——传播路径的平均离地高度,m,可按图 7-5-5 进行计算,$h_m = Fr$ (F 为面积,m²)。

若 A_{gr} 计算出负值,则 A_{gr} 可用"0"代替。

其他情况可参照 GB/T 17247.2—1998 进行计算。

(4) 障碍物屏蔽引起的衰减(A_{bar})　位于声源和预测点之间的实体障碍物,如围墙、建筑物、土坡或地堑等起声屏障作用,从而引起声能量的较大衰减。在环境影响评价中,可将各种形式的屏障简化为具有一定高度的薄屏障。

如图 7-5-6 所示,S、O、P 三点在同一平面内且垂直于地面。定义 $\delta = SO + OP - SP$ 为声程差,$N = 2\delta/\lambda$ 为菲涅尔数,其中 λ 为声波波长。

在噪声预测中,声屏障插入损失的计算方法需要根据实际情况做简化处理。

屏障衰减 A_{bar} 在单绕射(即薄屏障)情况,衰减最大取 20dB;在双绕射(即厚屏障)情况,衰减最大取 25dB。

① 有限长薄屏障在点声源声场中引起的衰减

a. 首先计算图 7-5-7 所示三个传播途径的声程差 δ_1、δ_2、δ_3 和相应的菲涅尔数 N_1、N_2、N_3。

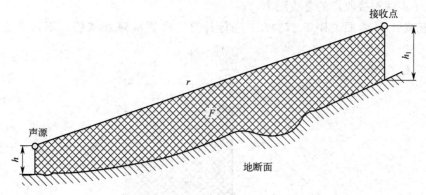

图 7-5-5　估计平均高度 h_m 的方法

b. 声屏障引起的衰减按式（7-5-21）计算：

$$A_{bar} = -10\lg\left(\frac{1}{3+20N_1} + \frac{1}{3+20N_2} + \frac{1}{3+20N_3}\right) \tag{7-5-21}$$

式中　　A_{bar}——障碍物屏蔽引起的衰减，dB；

N_1、N_2、N_3——图 7-5-7 所示三个传播途径的声程差 δ_1、δ_2、δ_3 相应的菲涅尔数。

当屏障很长（做无限长处理）时，可仅考虑顶端绕射衰减，按式（7-5-22）进行计算。

$$A_{bar} = -10\lg\left(\frac{1}{3+20N_1}\right) \tag{7-5-22}$$

式中　　A_{bar}——障碍物屏蔽引起的衰减，dB；

N_1——顶端绕射的声程差 δ_1 相应的菲涅尔数。

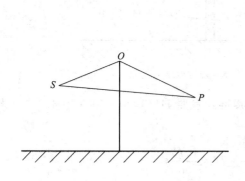

图 7-5-6　无限长声屏障示意图

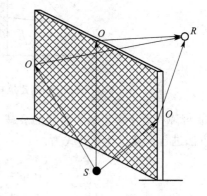

图 7-5-7　有限长声屏障传播路径

② 双绕射计算。对于图 7-5-8 所示的双绕射情形，可由式（7-5-23）计算绕射声与直达声之间的声程差 δ：

$$\delta = [(d_{ss} + d_{sr} + e^2) + a^2]^{\frac{1}{2}} - d \tag{7-5-23}$$

式中　　δ——声程差，m；

a——声源和接收点之间的距离在平行于屏障上边界的投影长度，m；

d_{ss}——声源到第一绕射边的距离，m；

d_{sr}——第二绕射边到接收点的距离，m；

e——在双绕射情况下两个绕射边界之间的距离，m；

d——声源到接收点的直线距离，m。

屏障衰减 A_{bar} 参照 GB/T 17247.2 进行计算。计算屏障衰减后，不再考虑地面效应衰减。

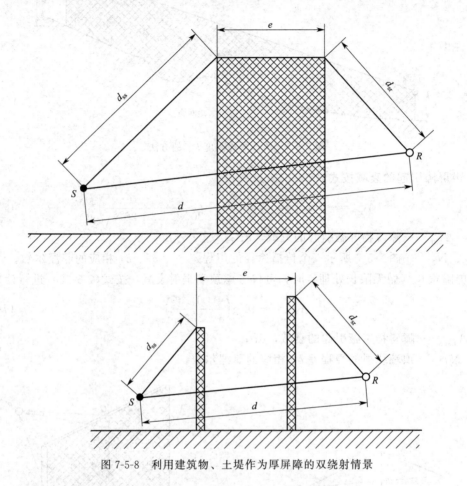

图 7-5-8　利用建筑物、土堤作为厚屏障的双绕射情景

③ 屏障在线声源声场中引起的衰减。无限长声屏障参照 HJ/T 90—2004 中 4.2.1.2 规定的方法进行计算，计算公式为：

$$A_{bar}=\begin{cases}10\lg\dfrac{3\pi\sqrt{1-t^2}}{4\arctan\sqrt{\dfrac{1-t}{1+t}}} & (t=\dfrac{40f\delta}{3c}\leqslant 1)\\[2ex]10\lg\dfrac{3\pi\sqrt{t^2-1}}{2\ln t+\sqrt{t^2-1}} & (t=\dfrac{40f\delta}{3c}\leqslant 1)\end{cases} \quad (7\text{-}5\text{-}24)$$

式中　A_{bar}——障碍物屏蔽引起的衰减，dB；
　　　f——声波频率，Hz；
　　　δ——声程差，m；
　　　c——声速，m/s。

在公路建设项目评价中可采用 500Hz 频率的声波计算得到的屏障衰减量近似作为 A 声级的衰减量。

在使用式(7-5-24)计算声屏障衰减时,当菲涅尔数 $0>N>-0.2$ 时也应计算衰减量,同时保证衰减量为正值,负值时舍弃。

有限长声屏障的衰减量(A'_{bar})可按式(7-5-25)近似计算:

$$A' \approx 10\lg\left(\frac{\beta}{\theta}10^{-0.4A_{\text{bar}}}+1-\frac{\beta}{\theta}\right) \tag{7-5-25}$$

式中 A'_{bar}——有限长声屏障引起的衰减,dB;

β——受声点与声屏障两端连接线的夹角(图7-5-9),(°);

θ——受声点与线声源两端连接线的夹角(图7-5-9),(°);

A_{bar}——无限长声屏障的衰减量,dB,可按式(7-5-24)计算。

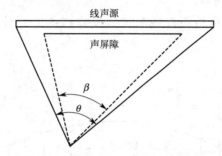

图 7-5-9　受声点与声屏障、线声源两端连接线的夹角(遮蔽角)

声屏障的透射、反射修正可参照 HJ/T 90—2014 计算。

(5) 其他方面效应引起的衰减(A_{misc})　其他衰减包括通过工业场所的衰减、通过建筑群的衰减等。在声环境影响评价中,一般情况下,不考虑自然条件(如风、温度梯度、雾)变化引起的附加修正。

工业场所的衰减可参照 GB/T 17247.2—1998 进行计算。

① 绿化林带引起的衰减(A_{fol})。绿化林带的附加衰减与树种、林带结构和密度等因素有关。在声源附近的绿化林带,或在预测点附近的绿化林带,或两者均有的情况都可以使声波衰减,见图7-5-10。

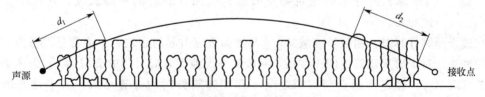

图 7-5-10　通过树和灌木时噪声衰减示意图

通过树叶传播造成的噪声衰减随通过树叶传播距离 d_f 的增长而增加,其中 $d_f=d_1+d_2$,为了计算 d_1 和 d_2,可假设弯曲路径的半径为5km。

表 7-5-3 中的第一行给出了通过总长度为 10~20m 之间的乔灌结合郁闭度较高的林带时,由林带引起的衰减;第二行为通过总长度 20~200m 之间林带时的衰减系数;当通过林带的路径长度大于 200m 时,可使用 200m 的衰减值。

② 建筑群噪声衰减(A_{hous})。建筑群衰减 A_{hous} 不超过 10dB 时,近似等效连续 A 声级按式(7-5-26)估算。当从受声点可直接观察到线路时,不考虑此项衰减。

表 7-5-3　倍频带噪声通过林带传播时产生的衰减

项目	传播距离 d_f/m	倍频带中心频率/Hz							
		63	125	250	500	1000	2000	4000	8000
衰减/dB	$10 \leqslant d_f < 20$	0	0	1	1	1	1	2	3
衰减系数/(dB/m)	$20 \leqslant d_f < 200$	0.02	0.03	0.04	0.05	0.06	0.08	0.09	0.12

$$A_{hous}=A_{hous,1}+A_{hous,2} \tag{7-5-26}$$

式中，$A_{hous,1}$ 按式（7-5-27）计算，单位为 dB。

$$A_{hous,1}=0.1Bd_b \tag{7-5-27}$$

式中　B——沿声传播路线上的建筑物的密度，等于建筑物总平面面积除以总地面面积（包括建筑物所占面积）；

d_b——通过建筑群的声传播路线长度，按式（7-5-28）计算，d_1 和 d_2 如图 7-5-11 所示。

$$d_b=d_1+d_2 \tag{7-5-28}$$

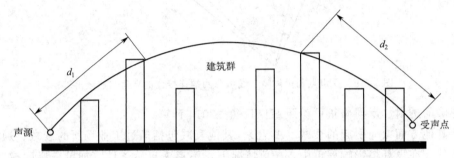

图 7-5-11　建筑群中声传播路径

假如声源沿线附近有成排整齐排列的建筑物时，则可将附加项 $A_{hous,2}$ 包括在内（假定这一项小于在同一位置上与建筑物平均高度等高的一个屏障插入损失）。$A_{hous,2}$ 按式（7-5-29）计算。

$$A_{hous,2}=-10\lg(1-p) \tag{7-5-29}$$

式中　p——沿声源纵向分布的建筑物正面总长度除以对应的声源长度，其值小于或等于 90%。

在进行预测计算时，建筑群衰减 A_{hous} 与地面效应引起的衰减 A_{gr} 通常只需考虑一项最主要的衰减。对于通过建筑群的声传播，一般不考虑地面效应引起的衰减 A_{gr}；但地面效应引起的衰减 A_{gr}（假定预测点与声源之间不存在建筑群时的计算结果）大于建筑群衰减 A_{hous} 时，则不考虑建筑群插入损失 A_{hous}。

7.5.4　典型行业噪声预测模型

7.5.4.1　工业噪声预测计算模型

（1）声源描述　声环境影响预测，一般采用声源的倍频带声功率级、A 声功率级或靠近声源某一位置的倍频带声压级、A 声级来预测计算距声源不同距离的声级。工业声源有室外和室内两种声源，应分别计算。

（2）室外声源在预测点产生的声级计算模型　室外声源在预测点产生的声级计算模型见 7.5.3 节内容。

（3）室内声源等效室外声源声功率级计算方法　如图7-5-12所示，声源位于室内，室内声源可采用等效室外声源声功率级法进行计算。设靠近开口处（或窗户）室内、室外某倍频带的声压级或A声级分别为L_{p1}和L_{p2}。若声源所在室内声场为近似扩散声场，则室外的倍频带声压级可按式（7-5-30）近似求出：

$$L_{p2}=L_{p1}-(TL+6) \tag{7-5-30}$$

式中　L_{p1}——靠近开口处（或窗户）室内某倍频带的声压级或A声级，dB；
　　　L_{p2}——靠近开口处（或窗户）室外某倍频带的声压级或A声级，dB；
　　　TL——隔墙（或窗户）倍频带或A声级的隔声量，dB。

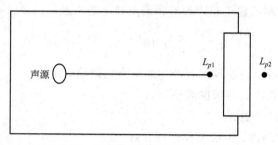

图7-5-12　室内声源等效为室外声源图例

也可按式（7-5-31）计算某一室内声源靠近围护结构处产生的倍频带声压级或A声级：

$$L_{p1}=L_w+10\lg\left(\frac{Q}{4\pi r^2}+\frac{4}{R}\right) \tag{7-5-31}$$

式中　L_{p1}——靠近开口处（或窗户）室内某倍频带的声压级或A声级，dB；
　　　L_w——点声源声功率级（A计权或倍频带），dB；
　　　Q——指向性因数（通常对无指向性声源，当声源放在房间中心时，$Q=1$；当放在一面墙的中心时，$Q=2$；当放在两面墙夹角处时，$Q=4$；当放在三面墙夹角处时，$Q=8$）；
　　　R——房间常数，$R=S\alpha/(1-\alpha)$（S为房间内表面面积，m^2；α为平均吸声系数）；
　　　r——声源到靠近围护结构某点处的距离，m。

然后按式（7-5-32）计算出所有室内声源在围护结构处产生的i倍频带叠加声压级：

$$L_{p1i}(T)=10\lg\left(\sum_{j=1}^{N}10^{0.1L_{p1ij}}\right) \tag{7-5-32}$$

式中　$L_{p1i}(T)$——靠近围护结构处室内N个声源i倍频带的叠加声压级，dB；
　　　L_{p1ij}——室内j声源i倍频带的声压级，dB；
　　　N——室内声源总数。

在室内近似为扩散声场时，按式（7-5-33）计算出靠近室外围护结构处的声压级：

$$L_{p2i}(T)=L_{p1i}(T)-(TL_i+6) \tag{7-5-33}$$

式中　$L_{p2i}(T)$——靠近围护结构处室外N个声源i倍频带的叠加声压级，dB；
　　　$L_{p1i}(T)$——靠近围护结构处室内N个声源i倍频带的叠加声压级，dB；
　　　TL_i——围护结构i倍频带的隔声量，dB。

然后按式（7-5-34）将室外声源的声压级和透过面积换算成等效的室外声源，计算出中心位置位于透声面积（S）处的等效声源的倍频带声功率级。

$$L_w=L_{p2}(T)+10\lg S \tag{7-5-34}$$

式中 L_w——中心位置位于透声面积（S）处的等效声源的倍频带声功率级，dB；

$L_{p2}(T)$——靠近围护结构处室外声源的声压级，dB；

S——透声面积，m²。

然后按室外声源预测方法计算预测点处的 A 声级。

（4）靠近声源处的预测点噪声预测模型　如预测点在靠近声源处，但不能满足点声源条件时，需按线声源或面声源模型计算。

（5）工业企业噪声计算　设第 i 个室外声源在预测点产生的 A 声级为 L_{Ai}，在 T 时间内该声源工作时间为 t_i；第 j 个等效室外声源在预测点产生的 A 声级为 L_{Aj}，在 T 时间内该声源工作时间为 t_j。则拟建工程声源对预测点产生的贡献值（L_{eqg}）为：

$$L_{eqg}=10\lg\left[\frac{1}{T}\left(\sum_{i=1}^{N}t_i10^{0.1L_{Ai}}+\sum_{j=1}^{M}t_j10^{0.1L_{Aj}}\right)\right] \quad (7\text{-}5\text{-}35)$$

式中 L_{eqg}——建设项目声源在预测点产生的噪声贡献值，dB；

T——用于计算等效声级的时间，s；

N——室外声源个数；

t_i——在 T 时间内 i 声源工作时间，s；

M——等效室外声源个数；

t_j——在 T 时间内 j 声源工作时间，s。

（6）预测值计算　预测点的贡献值和背景值按能量叠加方法计算得到的声级。噪声预测值（L_{eq}）计算公式为：

$$L_{eq}=10\lg(10^{0.1L_{eqg}}+10^{0.1L_{eqb}}) \quad (7\text{-}5\text{-}36)$$

式中 L_{eq}——预测点的噪声预测值，dB；

L_{eqg}——建设项目声源在预测点产生的噪声贡献值，dB；

L_{eqb}——预测点的背景噪声值，dB。

机场航空器噪声评价时，不叠加其他噪声源产生的噪声影响。

7.5.4.2 公路（道路）交通运输噪声预测模型

（1）公路（道路）交通运输噪声预测基本模型

① 车型分类及交通量折算。车型分类方法按照 JTG B01—2014 中有关车型划分的标准进行，交通量换算根据工程设计文件提供的小客车标准车型，按照不同折算系数分别折算成大、中、小型车，见表 7-5-4。

表 7-5-4　车型分类表

车型	汽车代表车型	车辆折算系数	车型划分标准
小	小客车	1.0	座位≤19 座的客车和载质量≤2t 的货车
中	中型车	1.5	座位＞19 座的客车和 2t＜载质量≤7t 的货车
大	大型车	2.5	7t＜载质量≤20t 的货车
	汽车列车	4.0	载质量＞20t 的货车

② 基本预测模型

a. 第 i 类车等效声级的预测模型：

$$L_{eq}(h)_i = (\overline{L_{0E}})_i + 10\lg\left(\frac{N_i}{V_iT}\right) + \Delta L_{距离} + 10\lg\left(\frac{\psi_1+\psi_2}{\pi}\right) + \Delta L - 16 \quad (7\text{-}5\text{-}37)$$

式中 $L_{eq}(h)_i$——第 i 类车的小时等效声级，dB(A)；

$\overline{(L_{0E})_i}$——第 i 类车速度为 V_i(km/h)、水平距离为 7.5m 处的能量平均 A 声级，dB；

N_i——昼间、夜间通过某个预测点的第 i 类车的平均小时车流量，辆/h；

V_i——第 i 类车的平均车速，km/h；

T——计算等效声级的时间，1h；

$\Delta L_{距离}$——距离衰减量，dB(A) ［小时车流量大于等于 300 辆/h，$\Delta L_{距离}=10\lg(7.5/r)$；小时车流量小于 300 辆/h，$\Delta L_{距离}=15\lg(7.5/r)$］；

r——从车道中心线到预测点的距离，m，式(7-5-37) 适用于 $r>7.5$m 的预测点的噪声预测；

ψ_1、ψ_2——预测点到有限长路段两端的张角，弧度，如图 7-5-13 所示。

由其他因素引起的修正量（ΔL_1）可按下式计算：

$$\Delta L = \Delta L_1 - \Delta L_2 + \Delta L_3 \quad (7\text{-}5\text{-}38)$$

$$\Delta L_1 = \Delta L_{坡度} + \Delta L_{路面} \quad (7\text{-}5\text{-}39)$$

$$\Delta L_2 = A_{atm} + A_{gr} + A_{bar} + A_{misc} \quad (7\text{-}5\text{-}40)$$

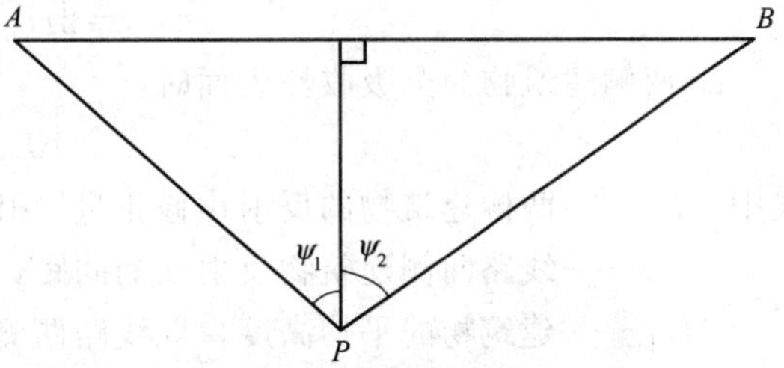

式中 ΔL_1——线路因素引起的修正量，dB(A)；

$\Delta L_{坡度}$——公路纵坡修正量，dB(A)；

图 7-5-13 有限路段的修正函数
（$A\sim B$ 为路段，P 为预测点）

$\Delta L_{路面}$——公路路面引起的修正量，dB(A)；

ΔL_2——声波传播途径中引起的衰减量，dB(A)；

ΔL_3——由反射等引起的修正量，dB(A)。

b. 总车流等效声级。总车流等效声级按式(7-5-41) 计算：

$$L_{eq}(T) = 10\lg[10^{0.1L_{eq}(h)大} + 10^{0.1L_{eq}(h)中} + 10^{0.1L_{eq}(h)小}] \quad (7\text{-}5\text{-}41)$$

式中 $L_{eq}(T)$——总车流等效声级，dB(A)；

$L_{eq}(h)大$、$L_{eq}(h)中$、$L_{eq}(h)小$——大、中、小型车的小时等效声级，dB(A)。

如某个预测点受多条线路交通噪声影响（如高架桥周边预测点受桥上和桥下多条车道的影响，路边高层建筑预测点受地面多条车道的影响），应分别计算每条道路对该预测点的声级，经叠加后得到贡献值。

(2) 修正量和衰减量的计算

① 线路因素引起的修正量（ΔL_1）

a. 纵坡修正量（$\Delta L_{坡度}$）。公路纵坡修正量（$\Delta L_{坡度}$）可按下式计算：

$$\Delta L_{坡度} \begin{cases} 98\beta（大型车） \\ 73\beta（中型车） \\ 50\beta（小型车） \end{cases} \quad (7\text{-}5\text{-}42)$$

式中 $\Delta L_{坡度}$——公路纵坡修正量；

β——公路纵坡坡度，%。

b. 路面修正量（$\Delta L_{路面}$）。不同路面的噪声修正量见表 7-5-5。

表 7-5-5　常见路面噪声修正量

路面类型	不同行驶速度/(km/h)		
	30	40	≥50
沥青混凝土/dB(A)	0	0	0
水泥混凝土/dB(A)	1.0	1.5	2.0

② 声波传播途径中引起的衰减量（ΔL_2）。A_{bar}、A_{atm}、A_{gr}、A_{misc} 衰减项计算按 7.5.3.3 相关模型计算。

③ 两侧建筑物的反射声修正量（ΔL_3）。公路（道路）两侧建筑物反射影响因素的修正，当线路两侧建筑物间距小于总计算高度时其反射声修正量计算如下。

a. 两侧建筑物是反射面时：

$$\Delta L_3 = 4H_b/w \leqslant 3.2 \text{dB} \tag{7-5-43}$$

b. 两侧建筑物是一般吸收性表面时：

$$\Delta L_3 = 2H_b/w \leqslant 1.6 \text{dB} \tag{7-5-44}$$

c. 两侧建筑物为全吸收性表面时：

$$\Delta L_3 \approx 0 \tag{7-5-45}$$

式中　L_3——两侧建筑物的反射声修正量，dB；

w——线路两侧建筑物反射面的间距，m；

H_b——建筑物的平均高度，取线路两侧较低一侧高度平均值代入计算，m。

7.5.4.3　预测和评价内容

① 预测建设项目在施工期和运营期所有声环境保护目标处的噪声贡献值和预测值，评价其超标和达标情况。

② 预测和评价建设项目在施工期和运营期厂界（场界、边界）噪声贡献值，评价其超标和达标情况。

③ 对于铁路、城市轨道交通、机场等建设项目，还需预测列车通过时段内声环境保护目标处的等效连续 A 声级（$L_{Aeq,Tp}$）、单架航空器通过时在声环境保护目标处的最大 A 声级（L_{Amax}）。

④ 一级评价应绘制运行期代表性评价水平年噪声贡献值等声级线图，二级评价根据需要绘制等声级线图。

⑤ 对工程设计文件给出的代表性评价水平年噪声级可能发生变化的建设项目，应分别预测。

7.6　固体废物环境影响评价

建设项目在建设和运行阶段都会产生固体废物，对环境造成不同程度的影响。固体废物环境影响评价是确定拟开发行动或建设项目在建设和运行过程中所产生的固体废物的种类、产生量，对人群和生态环境影响的范围和程度，提出处理处置方法，以及避免、消除和减少其影响的措施。

铁路、城市轨道交通噪声预测模型

机场航空器噪声预测模型

7.6.1　固体废物的分类

固体废物是指在生产、生活和其他活动中产生的丧失原有利用价值或者虽未丧失利用价值但被抛弃或者放弃的固态、半固态和置于容器中的气态物、物质，以及法律、行政法规规定纳入固体废物管理的物品、物质。不能排入水体的液态废物和不能排入大气的置于容器中的气态废物，由于多数具有较大的危害性，一般也被归入固体废物管理体系。

固体废物种类繁多，主要来自生产过程和生活活动的一些环节。按其污染特性可分为一般废物和危险废物。按废物来源又可分为城市固体废物、工业固体废物和农业固体废物。

(1) 城市固体废物　城市固体废物是指居民生活、商业活动、市政建设与维护、机关办公等过程产生的固体废物，一般分为以下几类。

① 生活垃圾：指在日常生活中或者为日常生活提供服务的活动中产生的固体废物，以及法律、行政法规规定视为生活垃圾的固体废物，主要包括厨余物、废纸、废塑料、废金属、废玻璃、陶瓷碎片、废家具、废旧电器等。

② 城建渣土：包括废砖瓦碎石、渣土、混凝土碎块（板）等。

③ 商业固体废物：包括废纸，各种废旧的包装材料，丢弃的主、副食品等。

④ 粪便：工业先进国家城市居民产生的粪便，大都通过下水道输入污水处理厂处理。我国情况不同，城市下水处理设施少，粪便需要收集、清运，是城市固体废物的重要组成部分。

(2) 工业固体废物　工业固体废物是指在工业生产活动中产生的固体废物，主要包括以下几类。

① 冶金工业固体废物：主要包括各种金属冶炼或加工过程中所产生的各种废渣，如高炉炼铁产生的高炉渣，平炉转电炉炼钢产生的钢渣、铜镍铅锌等，有色金属冶炼过程中产生的有色金属渣、铁合金渣及提炼氧化铝时产生的赤泥等。

② 能源工业固体废物：主要包括燃煤电厂产生的粉煤灰、炉渣、烟道灰、采煤机洗煤过程中产生的煤矸石等。

③ 石油化学工业固体废物：主要包括石油及加工工业产生的油泥、焦油页岩渣、废催化剂、废有机溶剂等，化学工业生产过程中产生的硫铁矿渣、酸渣、碱渣、盐泥、釜底泥、精（蒸）馏残渣，以及医药和农药生产过程中产生的医药废物、废药品、废农药等。

④ 矿业固体废物：主要包括采矿石和尾矿。采矿石是指各种金属、非金属矿山开采过程中从矿上剥离下来的各种围岩；尾矿是指在选矿过程中提取精矿以后剩下的尾渣。

⑤ 轻工业固体废物：主要包括食品工业、造纸印刷工业、纺织印染工业、皮革工业等工业加工过程中产生的污泥、动物残物、废酸、废碱及其他废物。

⑥ 其他工业固体废物：主要包括机械加工过程产生的金属碎屑、电镀污泥、建筑废料及其他工业加工过程产生的废渣等。

(3) 农业固体废物　农业固体废物来自农业生产、畜禽饲养、农副产品加工所产生的废物，如农作物秸秆、农田薄膜及畜禽排泄物等。

(4) 危险废物　危险废物泛指除放射性废物以外，具有毒性、易燃性、反应性、腐蚀性、爆炸性、传染性，因而可能对人类的生活环境产生危害的废物。《中华人民共和国固体废物污染环境防治法》中规定："危险废物是指列入国家危险废物名录或者根据国家规定的危险废物鉴别标准和鉴别方法认定的具有危险特性的固体废物。"

原环境保护部（现生态环境部）和国家发改委联合发布的《国家危险废物名录》中，危险废物类别有49种，把具有腐蚀性、毒性、易燃性、反应性或者感染性等特性的固体废物和液态废物均列入名录，还特别将医疗废物因其具有感染性而列入危险废物范畴，同时明确家庭日常生活中产生的废药品及其包装物、废杀虫剂和消毒剂及其包装物、废油漆和溶剂及其包装物、电子类危险废物等可以不按照危险废物进行管理，但是将上述家庭生活中产生的废物从生活垃圾中分类收集后，其运输、存储、利用或者处置须按照危险废物进行管理。

7.6.2 固体废物环境影响评价

固体废物的环境影响评价主要分为两大类型：第一类是对一般建设项目产生的固体废物，从产生、收集、运输、处理到最终处置的环境影响评价；第二类是以处理、处置固体废物为建设内容项目（如一般工业废物的存储、处置场，危险废物存储场所，生活垃圾填埋场，生活垃圾焚烧厂，危险废物填埋场，危险废物焚烧厂等）的环境影响评价。

7.6.2.1 固体废物处理的环境影响评价

固体废物对环境的危害很大，其污染往往是多方面、多环境要素的。固体废物不适当地堆放、处置除有损环境美观外，还产生有毒有害气体和扬尘，污染周围环境空气；废物经雨水淋溶或地下水浸泡，有毒有害物质随渗滤液迁移，污染附近江河湖泊及地下水；同时渗滤液的渗透，破坏土壤团粒结构和微生物的生存条件，影响植物生长发育；大量未经处理的人畜粪便和生活垃圾又是病原菌的滋生地，所以固体废物是污染环境的重要污染源。

(1) 对大气环境的影响　固体废物在堆放和处理处置过程中会产生有害气体，若不加以妥善处理将对大气环境造成不同程度的影响。例如，露天堆放和填埋的固体废物会由于有机组分的分解而产生沼气：一方面，沼气中 NH_3、H_2S、甲硫醇等的扩散会造成恶臭的影响；另一方面，沼气的主要成分 CH_4 气体，这是一种温室气体，其温室效应是 CO_2 的 21 倍，而 CH_4 在空气中含量达到 5%～15% 时很容易发生爆炸，对生命安全造成很大威胁。固体废物在焚烧过程中会产生粉尘、酸性气体等，也会对大气环境造成污染。

另外，堆放的固体废物中的细微颗粒、粉尘等可随风飞扬，从而对大气环境造成污染。研究表明：当发生 4 级以上的风力时，在粉煤灰或尾矿堆表层的粉末将出现剥离，其飘扬的高度可达 20～50m 以上；在季风期间可使平均视程降低 30%～70%。一些有机固体废物，在适宜的湿度和温度下被微生物分解，能释放出有害气体，可以在不同程度上产生毒气或恶臭，造成地区性空气污染。

此外，采用焚烧法处理固体废物，如露天焚烧法处理塑料，排出 Cl_2、HCl 和大量粉尘，也将造成大气污染；一些工业和民用锅炉，由于收尘效率不高造成的大气污染更是屡见不鲜。

(2) 对水环境的影响　固体废物对水环境的污染途径有直接污染和间接污染两种。前者是把水体作为固体废物的接纳体，向水体直接倾倒废物，从而导致水体的直接污染，并缩减水体的有效面积，进而影响水体的排洪、航运、养殖和灌溉能力。后者是固体废物在堆放过程中，经过自身分解和雨水淋溶将会产生含有有害化学物质的渗滤液，流入相关地表水和渗入地下而导致地表水和地下水的污染。

(3) 对土壤环境的影响　固体废物对土壤环境的影响有两个方面。第一个影响是废物堆放、存储和处置过程中，其中有害组分容易污染土壤。土壤是许多细菌、真菌等微生物聚居的场所，这些微生物与其周围环境构成了一个生态系统，在大自然的物质循环中，担负着碳循环和氮循环的一部分重要任务。工业固体废物特别是有害固体废物，经过风化、雨雪淋溶、地表径流的侵蚀，产生高温和有毒液体渗入土壤，能杀害土壤中的微生物，改变土壤的性质和土壤结构，破坏土壤的腐解能力，导致草木不生。第二个影响是固体废物的堆放需要占用土地。据估计，每堆积 10000t 废渣约需占用土地 $0.067 \times 10^{-4} km^2$。我国许多城市的近郊也常常是城市垃圾的堆放场所，形成垃圾围城的状况。

（4）固体废物对人体健康的影响　固体废物处理或处置过程中，特别是露天存放，其中的有害成分在物理、化学和生物的作用下会发生浸出，含有害成分的浸出液可通过地表水、地下水、大气和土壤等环境介质直接或间接被人体吸收，从而对人体健康造成威胁。

根据物质的化学特性，当某些不相容物质相混时，可能发生不良反应，包括热反应（燃烧或爆炸），产生有毒气体（砷化氢、氰化氢、氯气等）和产生可燃性气体（氯气、乙炔等）。若人体皮肤与废强酸或废强碱接触，将发生烧灼性腐蚀作用。若误吸收一定量的农药，能引起急性中毒，出现呕吐、头晕等症状。存储化学物品的空容器，若未经适当处理或管理不善，能引起严重中毒事件。化学废物的长期暴露会产生对人类健康有不良影响的恶性物质。对这类潜存的负面效应，应予以高度重视。

7.6.2.2　固体废物处置的环境影响评价

以处置固体废弃物为建设内容的项目包括生活垃圾处理厂、一般工业固体废物处置场、医疗废物处置中心、危险废物处置中心等。在进行这些项目的环境影响评价时应根据处理处置的工艺特点，根据《环境影响评价技术导则》及相应的污染控制标准进行环境影响评价。评价的重点应放在处理、处置固体废物设施的选址、污染控制项目、污染物排放等内容上。除此之外，为了保证固体废物处理、处置设施的安全稳定运行，必须建立一个完整的收集、贮存、运输系统，因此在环境影响评价中这个系统是与处理、处置设施构成一个整体的。如果这一系统运行的过程中，可能对周围环境敏感目标造成威胁（如危险废物的运输），如何规避环境风险也是环境影响评价的主要任务。

由于一般固体废物和危险废物在性质上差别较大，因此其环境影响评价的内容和重点也有所不同。

（1）一般固体废物集中处置设施建设项目环境影响评价　根据处理、处置设施建设及其排污特点，一般固体废物处理、处置设施建设项目环境影响评价的主要工作内容有厂址选择评价、环境质量现状评价、工程污染因素分析、施工期影响评价、地表水和地下水环境影响预测与评价，以及大气环境影响预测与评价。

以生活垃圾卫生填埋场的建设为例，其厂（场）址选择和公众参与两项评价内容显得尤其重要；对周围环境（特别是周围居民）影响最直接、周围居民反应最强烈的恶臭气体、轻物质（废纸片、废塑料袋等）和苍蝇等生物对周围居民正常生活的影响；而一旦污染造成严重后果且难以消除的是对水环境（特别是地下水环境、生活水源地）的影响。

（2）危险废物和医疗废物集中处置设施建设项目环境影响评价

① 评价技术原则。由于危险废物和医疗废物具有较大的危险性、危害性和对环境影响的滞后性，开展集中处置设施的建设也刚起步，所以此类建设项目的环境影响评价应谨慎。为了认真落实国务院国函〔2003〕128号《国务院关于全国危险废物和医疗废物处置设施建设规划的批复》，解决危险废物和医疗废物带来的环境污染问题，实现危险废物和医疗废物无害化集中处置的目标，防止在处置危险废物和医疗废物过程中产生二次污染，明确危险废物和医疗废物集中处置设施建设项目环境影响评价的技术要求，环境保护部于2004年4月15日颁布了《危险废物和医疗废物处置设施建设项目环境影响评价技术原则（试行）》，内容主要包括厂址选择、工程分析、环境现状调查、环境空气影响评价、水环境影响评价、生态环境影响评价、污染防治措施经济技术论证、环境风险评价、环境监测与管理、公众参与

结论和建议等。《危险废物和医疗废物处置设施建设项目环境影响评价技术原则（试行）》是进行危险废物和医疗废物集中处置设施建设项目环境影响评价的主要技术依据。在评价中除严格执行有关法律法规外，还应遵循以下几个原则。

a. 安全合理的原则。由于危险废物和医疗废物具有较大的危险性和危害性，给集中处置设施建设带来了潜在的风险，如果处置不当，将直接威胁人体健康和生命安全。该类建设项目的环境影响评价工作与一般工程建设项目的环境影响评价工作有很大的区别，所以《危险废物和医疗废物处置设施建设项目环境影响评价技术原则（试行）》中特别强调了厂址选择的重要性和风险评价的特殊要求。

b. 从严管理原则。危险废物和医疗废物集中处置，考虑到其环境影响的滞后性，充分估计可能产生的风险就显得十分重要。在项目建设过程中，环境影响评价有着举足轻重的作用。所以，在《危险废物和医疗废物处置设施建设项目环境影响评价技术原则（试行）》中特别规定了危险废物和医疗废物处置设施建设项目环境影响评价必须编制环境影响报告书，同时把厂址选择放到首要位置，并按危险废物和医疗废物处置污染控制的有关标准对厂址的要求做了进一步细化。

② 危险废物和医疗废物集中处置设施建设项目环境影响评价。危险废物和医疗废物集中处置设施建设项目与一般工程项目的环境影响评价相比主要有以下几方面的特点。

a. 厂址选择至关重要。由于危险废物和医疗废物所具有的危险性和危害性，因此在环境影响评价中，首要关注的就是厂址选择。处置设施选址除要符合国家法律法规要求外，还要就社会环境、自然环境、场地环境、工程地质、水文地质、气候条件、应急救援等因素进行综合分析。结合《危险废物焚烧污染控制标准》(GB 18484—2020)、《危险废物填埋污染控制标准》(GB 18598—2019)、《医疗废物集中焚烧处置工程建设技术要求（试行）》（环发 2004 15 号）等规定的对厂址选择的要求，详细论证拟选厂址的合理性。确定厂址的各种因素（表 7-6-1）可分成 A、B、C 三类。A 类为必须满足，B 类为场址比选优劣的重要性，C 类为参考条件。

表 7-6-1 处置设施选址各种因素

环境	条件	因素区划
社会环境	符合当地发展规划、环境保护规划、环境功能区划	A
	减少因缺乏联系而使公众产生过度担忧，得到公众支持	
	确保城市市区和规划区边缘的安全距离，不得位于城市主导风向上风向	
	确保与重要目标(包括重要的军事设施、大型水利电力设施、交通通信主要干线、核电站、飞机场、重要桥梁、易燃易爆危险设施等)的安全距离	
	社会安定、治安良好地区，避开人口稠密区、宗教圣地等敏感区。危险废物焚烧厂厂界距居民区应大于 1000m，危险废物填埋场场界应位于 800m 以外	
自然环境	不属于河流溯源地、饮用水源保护区	B
	不属于自然保护区、风景区、旅游度假区	
	不属于国家、省(自治区、直辖市)规定的文物保护区	
	不属于重要资源丰富区	
场地环境	避开现有和规划中的地下设施	A
	地形开阔，避免大规模平整土地、砍伐森林、占用基本保护农田	B
	减少设施用地对周围环境的影响，避免公用设施或居民的大规模拆迁	B
	具备一定的基础条件(水、电、交通、通信、医疗等)	C
	可以常年获得危险废物和医疗废物供应	A
	危险废物和医疗废物运输风险	B

续表

环境	条件	因素区划
工程地质/水文地质	避免自然灾害多发区和地质条件不稳定地区（废弃矿区、坍塌区、崩塌区、岩堆区、滑坡区、泥石流多发区、活动断层、其他危及设施安全的地质不稳定区），设施选址应在百年一遇洪水位以上	A
	地震烈度在Ⅶ度以下	B
	最高地下水位应在不透水层以下3.0m	B
	土壤不具有强烈腐蚀性	B
气候条件	有明显的主导风向，静风频率低	B
	暴雨、暴雪、雷暴、尘暴、台风等灾害性天气出现概率小	
	冬季冻土层厚度低	
应急救援	有实施应急救援的水、电、通信、交通、医疗条件	A

b. 全时段的环境影响评价。处置的对象是危险废物和医疗废物，处置的方法包括焚烧、安全填埋及其他物化技术等。无论使用何种技术处置何种对象，其建设项目都经历建设期、营运期和服务期满后的全时段。至于采用焚烧和其他物化技术的处置厂，主要关注的是营运期，而对于填埋场则关注的是建设期、营运期和服务期满后的全时段的环境影响。填埋场在建设期势必有永久占地和临时占地，植被将受到影响，可能造成生物资源和农业资源的损失，甚至对生态环境敏感目标产生影响。而在服务期满后，需要提出封场、植被恢复层和植被建设的具体措施，并要求提出封场后30年内的管理和监测方案。

c. 全过程的环境影响评价。危险废物和医疗废物处置的环境影响评价应包括收集、运输、贮存、预处理、处置全过程的环境影响评价。分类收集、专业运输、安全贮存和防止不相容废物的混配都直接影响物化方法、焚烧工况、填埋工艺和运行安全。同时各环节的污染物及对环境的影响又有所不同，因此，制定污染防治措施是保证在处置过程中不产生二次污染的重要评价内容。

d. 必须有环境风险评价。危险废物种类繁多、成分复杂，具有传染性、毒性、腐蚀性和易燃易爆性。环境风险评价的目的是分析和预测建设项目存在的潜在危险，预测项目营运期和服务期满后可能发生的突发性事件，以及因此而产生的有毒有害和易燃易爆等物质的泄漏，造成对人身的损害和对环境的污染，从而提出合理可行的防范、减缓措施及应急预案，以使建设项目的事故率降到最小，使事故带来的损失及对环境的影响到达可以接受的水平。所以环境风险评价是该类项目环境影响评价的必有内容。

e. 充分重视环境管理与环境监测。为了保证危险废物和医疗废物处置设施安全、有效地运行，必须有健全的管理机构和完整的规章制度。环境影响报告书中必须提出风险管理及应急救援制度、转移联单管理制度、处置过程安全操作规程、人员培训考核制度、档案管理制度、处置全过程管理制度以及职业健康、安全、环境保护管理体系等。在环境监测方面，焚烧处置厂的监测重点是环境空气监测，而对安全填埋场监测的重点是地下水环境监测。

临时灰渣场设置应注意临时灰渣场、周围敏感点分布及对环境的影响。

7.7 生态环境影响预测与评价

7.7.1 生态影响预测与评价方法

生态影响预测与评价尽量采用定量方法进行描述和分析。常用的方法包括列表清单法、图形叠置法、生态机理分析法、景观生态学评价方法、指数法与综合指数法、类比分析法、生物多样性评价方法等。生态评价中的方法选用，应根据评价问题的层次特点、结构复杂性、评价目的和要求等因素决定。

7.7.1.1 列表清单法

列表清单法是 Little 等人于 1971 年提出的一种定性分析方法。该方法的特点是简单明了，针对性强。列表清单法适合于规模较小、工程简单的项目。

列表清单法的基本做法：将拟实施的开发建设活动的影响因素与可能受影响的环境因子分别列在同一张表格的行与列内，逐点进行分析，并逐条阐明影响的性质、强度等。由此分析开发建设活动的生态环境影响。

列表清单法可应用于下列情况：

① 进行开发建设活动对生态因子的影响分析；

② 进行生态保护措施的筛选；

③ 进行物种或栖息地重要性或优先度比选。

【例 7-7-1】应用列表清单法分析某煤矿建设项目对区域生态造成的影响

某煤炭矿区位于湖区，规模 $30km^2$，湖内动植物资源丰富，国家级保护鸟类有 11 种，距矿区 $200\sim300m$ 外有国家重要湿地保护区。根据矿区生态背景和项目性质，矿区的影响主要来自矿区占地和矿区开采后地表塌陷的危险，在这两种因素的影响下，可能受影响的生物和非生物如表 7-7-1 所示。

表 7-7-1 项目影响因素及可能受影响的生物和非生物

影响因素	可能受影响的生物和非生物
矿区用水	陆生植被、湿地
矿区占地	陆生植被、湿地植被、鸟类栖息地
地表塌陷	建筑、道路、水生生物群落

根据表 7-7-1 列出的项目影响因素及可能受影响的生物和非生物进行分析：

① 矿区用水。项目所在区域为湖区，水资源丰富，地下水位高，矿区主要用水为煤炭洗选用水，拟建设规模较小，因此矿区用水不会占用湖区很多水资源，湖区的陆生植被生长及湿地水域面积和植被不会受到影响。

② 矿区占地

a. 矿区占地对陆生植被的影响。矿区属于温带阔叶林带，由于人类活动区域自然植被所剩无几，以人工植被占主导。矿区建设规模占地 $30km^2$，主要是农田占用，而且区域内无稀有濒危物种，因此矿区占地不会对陆生植被造成很大影响。

b. 矿区占地对湿地植被的影响。根据调查，矿区与最近的湖堤的距离为 $200\sim300m$，矿区占用部分鱼塘，鱼塘周围均为矮生芦苇，而且不属于区域主要保护的湿地类型，因此矿区占地对湿地植被的影响不大。

c. 矿区占地对鸟类栖息地的影响。矿区所在湖区鸟类资源丰富，但矿区植被占用主要是农田植被，并且农田作业对鸟类的干扰较大，因此矿区基本无鸟巢和鸟类分布，对鸟类栖息地影响不大。

③ 地表塌陷。矿井采煤一般会带来诸如下沉、倾斜移动及水平变形等地表形态变化，并造成地表塌陷现象，根据项目所在地理位置和项目性质，预测矿区塌陷会对以下两个方面造成影响。

a. 地表塌陷对建筑、道路的影响。矿区所在湖区的湖泊类型为河迹洼地型湖泊，年淤积厚度4mm，矿井预测塌陷区绝大部分位于湖中部的某区域，塌陷深度一般在 $1\sim2m$，因此矿井塌陷将会给区域内的建筑物、道路等带来一定影响。

b. 矿区占地对水生生物群落的影响。项目所在湖区为淡水湖，水深 1.5m，浮游植物混生，群落分层现象不明显，因此湖区塌陷有利于水生生物分层，但是塌陷较深时导致湖区面积缩小，影响水生生物的生境。此外，湖区突然崩塌会导致湖内鱼类资源减少。

根据上述分析得出矿区建设对湖区生态的主要影响是矿区塌陷后对区域内建筑、道路的影响以及矿区塌陷严重时对湖区面积和水生生物的影响。因此，矿区建设后要以预防塌陷为主。

7.7.1.2 图形叠置法

图形叠置法，是把两个以上的生态信息叠合到一张图上，构成复合图，用以表示生态变化的方向和程度。该方法的特点是直观、形象，简单明了。图形叠加法一般适合于具有区域性质的大型项目，如大型水利工程、交通建设等。

图形叠置法有两种基本制作手段：指标法和3S叠图法。

(1) 指标法

① 确定评价区域范围；

② 开展生态调查，收集评价范围及周边地区自然环境、动植物等信息；

③ 进行影响识别并筛选评价因子，其中包括识别和分析主要生态问题；

④ 建立表征评价因子特性的指标体系，通过定性分析或定量方法对指标赋值或分级，依据指标值进行区域划分；

⑤ 将上述区划信息绘制在生态图上。

【例7-7-2】某铁路沿线土壤侵蚀以风蚀为主，因此选取风力、坡度坡向、土壤类型、植被类型几个因素对土壤侵蚀敏感性进行评价。其中，风力选取年平均大风（>8级）日数指标反映，坡度坡向使用该地区DEM数据生成，植被与土壤资料来自遥感解译的植被、土壤类型图。利用专家经验对这四个指标进行权重赋值（风力：10；坡度坡向：4；土壤类型：7；植被类型：7）及各指标赋值。借助GIS按公式将各图层叠加、计算，得到土壤侵蚀敏感性等级分布图。

(2) 3S叠图法

① 选用地形图，或正式出版的地理地图，或经过精校正的遥感影像作为工作底图，底图范围应大于评价工作范围；

② 在底图上描绘主要生态因子信息，如植被覆盖、动植物分布、河流水系、土地利用、生态敏感区等；

③ 进行影响识别与筛选评价因子；

④ 运用3S技术，分析评价因子的影响性质、方式和程度；

⑤ 将影响因子图和底图叠加，得到生态影响评价图。

图形叠置法的应用：

① 主要用于区域生态质量评价和影响评价；

② 用于具有区域性影响的特大型建设项目评价中，如大型水利枢纽工程、新能源基地建设、矿业开发项目等；

③ 用于土地利用开发和农业开发中。

7.7.1.3 生态机理分析法

生态机理分析法是根据建设项目的特点和受影响物种的生物学特征，依照生态学原理分析、预测建设项目生态影响的方法。生态机理分析法的工作步骤如下：

① 调查环境背景现状，收集工程组成、建设、运行等有关资料；
② 调查植物和动物分布，动物栖息地和迁徙、洄游路线；
③ 根据调查结果分别对植物或动物种群、群落和生态系统进行分析，描述其分布特点、结构特征和演化特征；
④ 识别有无珍稀濒危物种、特有种等需要特别保护的物种；
⑤ 预测项目建成后该地区动物、植物生长环境的变化；
⑥ 根据项目建成后的环境变化，对照无开发项目条件下动物、植物或生态系统演替或变化趋势，预测建设项目对个体、种群和群落的影响，并预测生态系统演替方向。

评价过程中可根据实际情况进行相应的生物模拟试验，如环境条件、生物习性模拟试验，生物毒理学试验，实地种植或放养试验等；或进行数学模拟，如种群增长模型的应用。该方法需与生物学、地理学、水文学、数学及其他多学科合作评价，才能得出较为客观的结果。

7.7.1.4 类比分析法

类比分析法是根据已有的开发建设活动（项目、工程）对生态系统产生的影响来分析或预测拟进行的开发建设活动（项目、工程）可能产生的影响。这是一种比较常用的定性和半定量评价方法，一般有生态整体类比、生态因子类比和生态问题类比等。

指数法

选择好类比对象（类比项目）是进行类比分析或预测评价的基础，也是该方法成败的关键。类比对象的选择条件是：工程性质、工艺和规模与拟建项目基本相当，生态因子（地理、地质、气候、生物因素等）相似，项目建成已有一定时间，所产生的影响已基本全部显现。

类比对象确定后，则需选择和确定类比因子及指标，并对类比对象开展调查与评价，再分析拟建项目与类比对象的差异。根据类比对象与拟建项目的比较，得出类比分析结论。

类比分析法可应用于下列情况：
① 进行生态影响识别和评价因子筛选；
② 以原始生态系统作为参照，可评价目标生态系统的质量；
③ 进行生态影响的定性分析与评价；
④ 进行某一个或几个生态因子的影响评价；
⑤ 预测生态问题的发生与发展趋势及其危害；
⑥ 确定环保目标和寻求最有效、可行的生态保护措施。

7.7.1.5 景观生态学评价方法

景观生态学主要研究宏观尺度上景观类型的空间格局和生态过程的相互作用及其动态变

化特征。景观格局是指大小和形状不一的景观斑块在空间上的排列,是各种生态过程在不同尺度上综合作用的结果。

项目对区域景观的切割作用导致区域景观的破碎化,致使斑块出现多样性,但是这种多样性对区域生态产生的影响是有利的还是不利的没有统一的标准,不能一概而论。例如,拟建高速公路穿越草原,导致草原的自然景观破坏,致使草原景观美感受损,同时景观破碎化加剧,导致草原的人为干扰加大,影响草原的防风固沙功能。相反,坡耕地改梯田,也增加了区域斑块多样性,导致景观破碎,但是相比于坡耕地,梯田能够防止水土流失,提高区域土壤保持的功能,因此同样是区域景观的破碎化,但在不同的区域项目对生态的影响不同,所以应用景观生态学法进行生态影响预测与分析时要根据区域的差异性来分析景观破碎化、多样化给区域生态带来的影响。

景观变化的分析方法主要有三种:定性描述法、景观生态图叠置法和景观动态的定量化分析法。目前较常用的方法是景观动态的定量化分析法,主要是对收集的景观数据进行解译或数字化处理,建立景观类型图,通过计算景观格局指数或建立动态模型对景观面积变化和景观类型转化等进行分析,揭示景观的空间配置以及格局动态变化趋势。

景观指数是能够反映景观格局特征的定量化指标,分为三个级别,代表三种不同的应用尺度,即斑块级别指数、斑块类型级别指数和景观级别指数,可根据需要选取相应的指标,采用 FRAGSTATS 等景观格局分析软件进行计算分析。涉及显著改变土地利用类型的矿山开采、大规模的农林业开发以及大中型水利水电建设项目等可采用该方法对景观格局的现状及变化进行评价,公路、铁路等线性工程造成的生境破碎化等累积生态影响也可采用该方法进行评价。常用的景观指数及其含义见表 7-7-2。

表 7-7-2　常用的景观指数及其含义

名称	含义
斑块类型面积(CA)	斑块类型面积是度量其他指标的基础,其值的大小影响以此斑块类型作为生境的物种数量及丰度
斑块所占景观面积比例(PLAND)	某一斑块类型占整个景观面积的百分比,是确定优势景观元素的重要依据,也是决定景观中优势种和数量等生态系统指标的重要因素
最大斑块指数(LPI)	某一斑块类型中最大斑块占整个景观的百分比,用于确定景观中的优势斑块,可间接反映景观变化受人类活动的干扰程度
香农多样性指数(SHDI)	反映景观类型的多样性和异质性,对景观中各斑块类型非均衡分布状况较敏感,值增大表明斑块类型增加或各斑块类型呈均衡趋势分布
蔓延度指数(CONTAG)	高蔓延值表明景观中的某种优势斑块类型形成了良好的连接性,反之则表明景观具有多种要素的密集格局,破碎化程度较高
散布与并列指数(IJI)	反映斑块类型的隔离分布情况,值越小表明斑块与相同类型斑块相邻越多,而与其他类型斑块相邻的越少
聚集度指数(AI)	基于栅格数量测度景观或者某种斑块类型的聚集程度

7.7.2　生态影响预测与评价

7.7.2.1　总体要求

生态影响预测和评价内容应与现状评价内容相对应,根据建设项目特点、

生境评价方法

区域生物多样性保护要求及生态系统功能等选择评价预测指标。

生态影响预测与评价尽量采用定量方法进行描述和分析。

7.7.2.2 生态影响预测与评价内容

（1）一级、二级评价预测与评价内容　一级、二级评价应根据现状评价内容选择以下全部或部分内容开展预测评价：

① 采用图形叠置法分析工程占用的植被类型、面积及比例；通过引起地表沉陷或改变地表径流、地下水水位、土壤理化性质等方式对植被产生影响的，采用生态机理分析法、类比分析法等方法分析植物群落的物种组成、群落结构等变化情况。

② 结合工程的影响方式预测分析重要物种的分布、种群数量、生境状况等变化情况；分析施工活动和运行产生的噪声、灯光等对重要物种的影响；涉及迁徙、洄游物种的，分析工程施工和运行对迁徙、洄游行为的阻隔影响；涉及国家重点保护野生动植物、极危或濒危物种的，可采用生境评价方法预测分析物种适宜生境的分布及面积变化、生境破碎化程度等，图示建设项目实施后的物种适宜生境分布情况。

③ 结合水文情势、水动力和冲淤、水质（包括水温）等影响预测结果，预测分析水生生境质量、连通性以及产卵场、索饵场、越冬场等重要生境的变化情况，图示建设项目实施后的重要水生生境分布情况；结合生境变化预测分析鱼类等重要水生生物的种类组成、种群结构、资源时空分布等变化情况。

④ 采用图形叠置法分析工程占用的生态系统类型、面积及比例；结合生物量、生产力、生态系统功能等变化情况预测分析建设项目对生态系统的影响。

⑤ 结合工程施工和运行引入外来物种的主要途径、物种生物学特性以及区域生态环境特点，参考 HJ 624 分析建设项目实施可能导致外来物种造成生态危害的风险。

⑥ 结合物种、生境以及生态系统变化情况，分析建设项目对所在区域生物多样性的影响；分析建设项目通过时间或空间的累积作用方式产生的生态影响，如生境丧失、退化及破碎化，生态系统退化，生物多样性下降等。

⑦ 涉及生态敏感区的，结合主要保护对象开展预测评价；涉及以自然景观、自然遗迹为主要保护对象的生态敏感区时，分析工程施工对景观、遗迹完整性的影响，结合工程建筑物、构筑物或其他设施的布局及设计，分析与景观、遗迹的协调性。

（2）三级评价预测要求　三级评价可采用图形叠置法、生态机理分析法、类比分析法等预测分析工程对土地利用、植被、野生动植物等的影响。

（3）不同行业项目评价重点　不同行业应结合项目规模、影响方式、影响对象等确定评价重点。

① 矿产资源开发项目应对开采造成的植物群落及植被覆盖率变化，重要物种的活动、分布及重要生境变化，以及生态系统结构和功能变化、生物多样性变化等开展重点预测与评价；

② 水利水电项目应对河流、湖泊等水体天然状态改变引起的水生生境变化、鱼类等重要水生生物的分布及种类组成、种群结构变化，水库淹没、工程占地引起的植物群落、重要物种的活动、分布及重要生境变化，调水引起的生物入侵风险，以及生态系统结构和功能变化、生物多样性变化等开展重点预测与评价；

③ 公路、铁路、管线等线性工程应对植物群落及植被覆盖率变化，重要物种的活动、

分布及重要生境变化，生境连通性及破碎化程度变化，生物多样性变化等开展重点预测与评价；

④ 农业、林业、渔业等建设项目应对土地利用类型或功能改变引起的重要物种的活动、分布及重要生境变化，生态系统结构和功能变化，生物多样性变化以及生物入侵风险等开展重点预测与评价；

⑤ 涉海工程海洋生态影响评价应符合 GB/T 19485—2014 的要求，对重要物种的活动、分布及重要生境变化，海洋生物资源变化，生物入侵风险以及典型海洋生态系统的结构和功能变化，生物多样性变化等开展重点预测与评价。

第8章

建设项目环境风险评价

8.1 概述

为了规范环境风险评价技术工作，2004年12月环境保护总局颁布了《建设项目环境风险评价技术导则》（HJ/T 169—2004）。针对2005年发生的吉林化工厂爆炸导致松花江水污染特大风险事故，环境保护总局接连下达了《关于加强环境影响评价管理防范环境风险的通知》（环办〔2005〕152号）、《关于检查化工石化等新建项目环境风险的通知》（环办〔2006〕4号）、《关于在石化企业集中区域开展环境风险后评价试点工作的通知》（环函〔2006〕386号）。环境风险评价在我国受到了空前的重视和关注，环境风险评价技术得到了长足的发展。

《建设项目环境风险评价技术导则》（HJ/T 169—2004）自颁布以来，极大地促进了建设项目环境风险评价工作的开展，但是仍然不尽完善。2009年11月18日环境保护部在广泛征求意见的基础上，补充、修订、编制完成了《建设项目环境风险评价技术导则》（征求意见稿）（环办函〔2009〕1207号）。2016年1月7日，评估中心重新启动风险导则修订工作。2017年3月27日，环境保护部召开《建设项目环境风险评价技术导则（征求意见稿）》技术审查会。2017年6月，环境保护部再次公开对该导则征求意见。本节关于建设项目环境风险评价的内容将以《建设项目环境风险评价技术导则》（HJ 169—2018）为主，介绍环境风险评价的基本内容。目前，开展环境风险评价的建设项目有矿山项目和涉及环境风险的所有建设项目。

8.1.1 环境风险

环境风险是指突发性事故对环境造成的危害程度及可能性。

环境风险具有不确定性和危害性两个特点。不确定性是指人们对事件发生的时间、地点、强度等事先很难预计；危害性是指具有风险的事件对风险的承受者会造成损失或危害，包括对人身健康、经济财产、社会福利乃至生态系统等带来不同程度的危害。

环境风险主要有化学风险、物理风险。化学风险是指对人类、动物和植物能产生毒害或其他不利作用的化学物品的排放、泄漏，或是易燃易爆材料的泄漏所引发的风险；物理风险是指机械设备或机械结构的故障所引发的风险。

建设项目环境风险主要包括两个方面：一是建设项目本身，含设备管理，误操作，水、电、汽供应等引起的风险；二是外界因素，如自然灾害、战争等使项目受到破坏而引发的各种事故。国内环境风险分析主要是对第一种情况进行分析。

按承受风险的对象分为人群风险、设施风险和生态风险。人群风险是指因危害性事件而导致人病、伤、残、死等损失的概率；设施风险是指危害性事件对人类社会的经济活动的依托设施（如水库大坝、房屋、桥梁等）造成破坏的概率；生态风险是指危害性事件对生态系统中的某些要素或生态系统本身造成破坏的可能性，对生态系统的破坏作用可以是使某种群数量减少，乃至灭绝，导致生态系统的结构、功能发生异变。

8.1.2 环境风险评价

建设项目环境风险评价是对建设项目建设和运行期间发生的可预测突发性事件或事故（不包括人为破坏及自然灾害）引起有毒有害、易燃易爆等物质泄漏，或突发事件产生的新的有毒有害物质，所造成的环境影响和损害，进行分析、预测和评估，提出环境风险预防、控制与减缓措施。

发生风险事故的频次尽管很低，但一旦发生，引发的环境问题将十分严重，必须予以高度重视。在环境影响评价中做好环境风险评价，对维护环境安全具有十分重要的意义。

8.1.3 环境风险评价与其他评价的区别

8.1.3.1 环境风险评价与环境要素环境影响评价的区别

环境风险评价是环境影响评价中的重要组成部分，但是环境风险评价与环境要素环境影响评价研究的重点和方法存在着一定的差异。环境要素环境影响评价是指对拟建的建设项目和规划项目实施后可能对环境要素产生的影响进行分析、预测和评估的过程，而环境风险评价是对有毒有害物质危害人体健康和生态系统的影响程度进行概率估计，并提出减小环境风险的方案和对策的过程。

环境风险评价与环境要素环境影响评价的主要区别见表8-1-1。由此可以看出：环境要素环境影响评价偏重于对项目运行过程中污染物的排放对环境产生长期、持续性影响的评价，它通过提出污染控制措施等手段降低项目对环境产生的不良影响。环境风险评价则偏重于项目运行中，由突发性的事故导致在短期内对周围环境产生的危害，这种事故的发生具有一定的随机性，而且造成的后果往往是灾难性的，通常采用事故预防和应急预案等风险管理措施来降低危害发生的概率，减少危害发生后的损失。因此，从完整的环境影响评价角度来说，环境风险评价应是特定条件下、特殊类型的环境影响评价，是涉及风险问题的环境影响评价。

表 8-1-1　环境风险评价与环境要素环境影响评价的主要区别

序号	项目	环境风险评价	环境要素环境影响评价
1	分析重点	突发事故	正常运行工况
2	持续时间	很短	很长
3	应计算的物理效应	泄漏、火灾、爆炸、向空气和水环境释放污染物	向空气、地面水、地下水释放污染物、噪声及热污染等
4	释放类型	瞬时或短时间连续释放	长时间的连续释放
5	应考虑的影响类型	突发性的激烈的效应及事故后期的长远效应	连续的、累积的效应
6	主要危害受体	人、建筑物、生态等	人和生态
7	危害性质	急性中毒，灾难性的	慢性中毒

续表

序号	项目	环境风险评价	环境要素环境影响评价
8	大气扩散模式	烟团模式、分段烟羽模式	连续烟羽模式
9	影响时间	较短	较长
10	源项确定	较大的不确定性	不确定性很小
11	评价方法	概率方法	确定论方法
12	防范措施与应急计划	需要	不需要

8.1.3.2 环境风险评价与安全评价的区别

在条件允许的情况下，可利用安全评价数据开展环境风险评价。由于环境风险评价与安全评价两者联系紧密，实际工作中最容易混淆，但事实上两者的侧重点不同，在研究内容上也存在区别。

安全评价以实现工程和系统安全为目的，应用安全系统工程原理和方法，对工程、系统中存在的危险、有害因素进行辨识与分析，判断工程、系统发生事故和职业危害的可能性及其严重程度，为制定预防措施和管理决策提供科学依据。环境风险评价的关注点是事故对厂（场）界外环境和人群的影响。环境风险评价应把事故引起厂（场）界外人群的伤害、环境质量的恶化及对生态系统影响的预测和防护作为评价工作重点。

表 8-1-2 列出了常见事故类型下环境风险评价与安全评价的内容。从表 8-1-2 中可以看出，环境风险评价侧重于通过自然环境如空气、水体和土壤等传递的突发性环境危害，而安全评价则主要针对人为和设备因素等引起的火灾、爆炸、中毒等重大安全危害。

表 8-1-2　常见事故类型下环境风险评价与安全评价的内容对比

序号	事故类型	环境风险评价	安全评价
1	石油化工厂输管线油品泄漏	土壤污染和生态破坏	火灾、爆炸
2	大型码头油品泄漏	海洋污染	火灾、爆炸
3	储罐、工艺设备有毒物质泄漏	空气污染、人员毒害	火灾、爆炸；人员急性中毒
4	油井井喷	土壤污染和生态破坏	火灾、爆炸
5	高硫化氢井井喷	空气污染、人员毒害	火灾、爆炸
6	石化工艺设备易燃烃类泄漏	空气污染、人员毒害	火灾、爆炸；人员急性中毒
7	炼化厂 SO_2 等事故排放	空气污染、人员毒害	人员急性中毒

概括而言，环境风险评价与安全评价的主要区别是：

① 环境风险评价主要关注事故对厂（场）界外环境和人群的影响，而安全评价主要关注事故对厂（场）界内环境和职工的影响。

② 环境风险评价不仅关注由火灾产生的热辐射、爆炸产生的冲击波带来的破坏影响，而且更关注由火灾、爆炸产生、伴生或诱发的有毒有害物质泄漏于环境造成的危害或环境污染影响；安全评价主要关注火灾产生的热辐射、爆炸产生的冲击波带来的破坏影响。

③ 我国目前环境风险评价导则关注的是概率很小或极小但环境危害最严重的最大可信事故，而安全评价主要关注的是概率相对较大的各类事故。

8.2　环境风险评价程序与内容

环境风险评价工作流程见图 8-2-1。

建设项目环境风险评价的基本内容包括风险调查、环境风险潜势初判、风险识别、风险

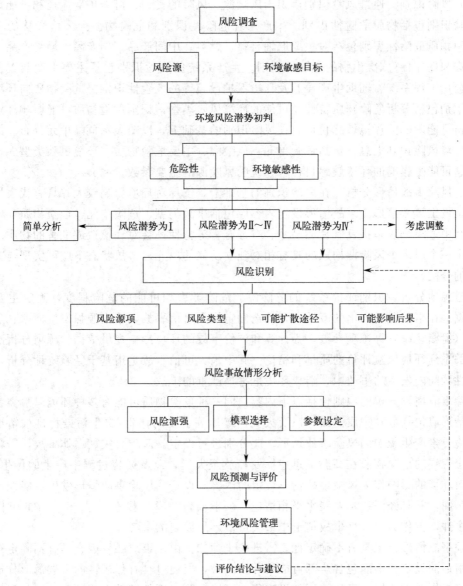

图 8-2-1 环境风险评价工作流程

事故情形分析、风险预测与评价、环境风险管理 6 个方面。

(1) 风险调查　建设项目工程情况和周围环境敏感性调查是建设项目环境风险评价的基础,包括建设项目风险源(指存在物质或能量意外释放,并可产生环境危害的源)调查和环境敏感目标(保护对象)调查。其中建设项目风险源调查是指调查建设项目危险物质数量和分布情况、生产工艺特点,收集危险物质安全技术说明书等基础资料。环境敏感目标调查是根据危险物质可能影响途径,明确环境敏感目标,给出敏感目标区位相对位置图,列表明确对象、属性、相对方位及距离等信息。

(2) 环境风险潜势初判　环境风险潜势是对建设项目潜在环境危害程度的概化分析表达,是基于建设项目涉及的物质危险性及其所在地环境敏感程度的综合表征。建设项目环境风险潜势划分为Ⅰ、Ⅱ、Ⅲ、Ⅳ、Ⅳ$^+$级。

(3) **风险识别** 通过风险识别辨识出风险源、风险的类型、可能扩散途径和可能影响后果。风险识别包括物质危险性识别、生产系统危险性识别和危险物质向环境转移的途径识别。其中物质危险性识别包括对主要原辅材料、燃料、中间产品、副产品、最终产品、污染物、火灾和爆炸伴生/次生物的危险性识别。生产系统危险性识别包括主要生产装置、贮运系统、公用工程系统、辅助生产设施及环境保护设施等的危险性识别。危险物质向环境转移的途径识别包括分析危险物质特性及可能的环境风险类型、识别危险物质可能影响环境的途径，分析可能影响的环境敏感目标。在风险识别的基础上，以图表示危险单元分布。给出建设项目环境风险识别汇总，包括危险单元、风险源、主要危险物质、环境风险类型、环境影响途径、可能受影响的环境敏感目标等，说明风险源的主要参数。

(4) **风险事故情形分析** 在风险识别的基础上，选择对环境影响较大并具有代表性的事故类型，设定事故情形。事故情形设定内容应包括事故类型、危险单元、危险物质和影响途径等。其中危险物质是指具有易燃易爆、有毒有害等特性，会对环境造成危害的物质。危险单元是由一个或多个风险源构成的具有相对独立功能的单元，事故状态下应可实现与其他功能单元的分割。

通过源项分析，识别评价系统的危险源、危险类型和可能的危险程度，确定主要危险源。根据潜在事故分析列出的事故树，筛选确定最大可信事故，给出源强发生概率、危险物泄漏量（泄漏速率）等源项参数，为计算和评价事故的环境影响提供依据。源项分析准确与否直接关系到环境风险评价的质量和结论。其中最大可信事故是指基于经验统计分析，在一定可能性区间内发生的事故中，造成环境危害最严重的事故。

风险事故情形分析的原则包括以下内容：同一种危险物质可能有多种环境风险类型。风险事故情形应包括危险物质泄漏，以及火灾、爆炸等引发的伴生/次生污染物排放情形。对不同环境要素产生影响的风险事故情形，应分别进行设定。对于火灾、爆炸事故，需将事故中未完全燃烧的危险物质在高温下迅速挥发释放至大气，以及燃烧过程中产生的伴生/次生污染物对环境的影响作为风险事故情形设定的内容。设定的风险事故情形发生可能性应处于合理的区间，并与经济技术发展水平相适应。一般而言，发生频率小于 $10^{-6}/a$ 的事件是极小概率事件，可作为代表性事故情形中最大可信事故设定的参考。

风险事故情形设定具有不确定性，需进一步筛选。由于事故触发因素具有不确定性，因此事故情形的设定并不能包含全部可能的环境风险，但通过具有代表性的事故情形分析可为风险管理提供科学依据。事故情形的设定应在环境风险识别的基础上筛选，设定的事故情形应具有危险物质、环境危害和影响途径等方面的代表性。

(5) **风险预测与评价** 在风险事故情形分析基础上，选取各环境要素风险事故的预测模型，设定好模型参数，进行事故后果预测。在事故后果预测的基础上，分析说明建设项目环境风险的危害范围与程度，以避免急性伤害为重点，按大气、地表水和地下水等要素分别进行。大气环境风险的影响范围和程度由大气毒性终点浓度确定，大气毒性终点浓度是指人员短期暴露可能会导致健康影响或死亡的大气污染物浓度，用于判断周边环境风险影响程度。地表水对照功能区质量标准浓度（或参考浓度）进行说明。

(6) **环境风险管理** 主要是结合成本效益分析等工作，制定和执行合理的风险防范措施和应急预案，以防范、降低和应对可能存在的风险。由于事故的不确定性和现有资料、评价方法的局限性，在进行建设项目环境风险评价时，制定严格、可行的环境风险管理方案极为重要。风险防范措施主要包括调整选址、优化总图布置、改进工艺技术、加强危险化学品贮运管理和电器电信安全防范、增加自动报警和在线分析系统等。应急预案包括应急组织机构、人员，报警和通信方式，抢险、救援设备，应急培训计划，公众教育和信息发布等内容。应特别注意，必须根据具体情况制定防止二次污染的应急措施。

8.3 环境风险评价方法

8.3.1 环境风险潜势级别划分方法

建设项目环境风险潜势划分为 Ⅰ、Ⅱ、Ⅲ、Ⅳ、Ⅳ$^+$ 级。

根据建设项目涉及的物质和工艺系统的危险性及其所在地的环境敏感程度，结合事故情形下环境影响途径，对建设项目潜在环境危害程度进行概化分析，按照表 8-3-1 确定环境风险潜势级别。

表 8-3-1 建设项目环境风险潜势划分

环境敏感程度(E)	危险物质及工艺系统危险性(P)			
	极高危害(P_1)	高度危害(P_2)	中度危害(P_3)	轻度危害(P_4)
环境高度敏感区(E_1)	Ⅳ$^+$	Ⅳ	Ⅲ	Ⅲ
环境中度敏感区(E_2)	Ⅳ	Ⅲ	Ⅲ	Ⅱ
环境低度敏感区(E_3)	Ⅲ	Ⅲ	Ⅱ	Ⅰ

注：Ⅳ$^+$ 为极高环境风险。

（1）危险物质及工艺系统危险性（P）的分级确定　分析建设项目生产、使用、储存过程中涉及的有毒有害、易燃易爆物质，参见《建设项目环境风险评价技术导则》（HJ 169—2018）附录 B 确定危险物质的临界量。定量分析危险物质数量与临界量的比值（Q）和所属行业及生产工艺特点（M），对危险物质及工艺系统危险性（P）等级进行判断。按照表 8-3-2 确定危险物质及工艺系统危险性等级（P），分别以 P_1、P_2、P_3、P_4 表示。

表 8-3-2 危险物质及工艺系统危险性（P）等级判断

危险物质数量 与临界量比值(Q)	所属行业及生产工艺特点(M)			
	M_1	M_2	M_3	M_4
$100 \leqslant Q$	P_1	P_1	P_2	P_3
$10 \leqslant Q < 100$	P_1	P_2	P_3	P_4
$1 \leqslant Q < 10$	P_2	P_3	P_4	P_4

① 危险物质数量与临界量比值（Q）。计算所涉及的每种危险物质在厂界内的最大存在总量（如存在总量呈动态变化，则按公历年度内某一天最大存在总量计算；在不同厂区的同一种物质，按其在厂界内的最大存在总量计算）与其在《建设项目环境风险评价技术导则》（HJ 169—2018）附录 B 中对应临界量的比值 Q。对于管道类项目，按照两个截断阀室之间管段危险物质最大存在总量计算。

a. 当只涉及一种危险物质时，计算该物质的总数量与其临界量比值，即为 Q。

b. 当存在多种危险物质时，则按式(8-3-1)计算物质数量与其临界量比值（Q）：

$$Q = \sum_{i=1}^{n} \frac{q_i}{Q_i} \tag{8-3-1}$$

式中，q_i 为第 i 种危险物质的最大存在总量，t；Q_i 为第 i 种危险物质的临界量，t；n 为危险物质种类数。

当 $Q<1$ 时，该项目环境风险潜势为Ⅰ。

当 $Q \geqslant 1$ 时，将 Q 值划分为：$1 \leqslant Q<10$；$10 \leqslant Q<100$；$Q \geqslant 100$。

② 所属行业及生产工艺特点（M）。分析项目所属行业及生产工艺特点，按照表8-3-3评估生产工艺情况。具有多套工艺单元的项目，对每套生产工艺分别评分并求和。将 M 值划分为 $M>20$；$10<M \leqslant 20$；$5<M \leqslant 10$；$M \leqslant 5$，分别以 M_1、M_2、M_3、M_4 表示。

表8-3-3 所属行业及生产工艺特点（M）

行业	评估依据	分值
石化、化工、医药、轻工、纺织、化纤、有色冶炼等	涉及光气及光气化工艺、电解工艺(氯碱)、氯化工艺、硝化工艺、合成氨工艺、裂解(裂化)工艺、氟化工艺、加氢工艺、重氮化工艺、氧化工艺、过氧化工艺、胺基化工艺、磺化工艺、聚合工艺、烷基化工艺、新型煤化工工艺、电石生产工艺、偶氮化工艺	10/套
	其他高温或高压，且涉及危险物质的工艺过程和贮存过程①	5/套
管道、港口/码头等	涉及危险物质管道运输项目、港口/码头等	10
石油天然气②	石油、天然气、页岩气开采(含净化)、气库(不含加气站的气库)、石油、天然气、成品油管线(不含城市天然气管线)	10
城镇基础设施社会与服务业	涉及危险物质使用、贮存的项目	5

① 高温指工艺温度 $\geqslant 300$℃，高压指压力容器的设计压力（p）$\geqslant 10.0$MPa。
② 长输管道运输项目应按站场、管线分段进行评价。

(2) 环境敏感性（E）的分级

① 大气环境。依据保护目标环境敏感性及人口密度划分环境风险受体的敏感性，共分为三种类型：E_1 为环境高度敏感区；E_2 为环境中度敏感区；E_3 为环境低度敏感区。分级原则见表8-3-4。

表8-3-4 大气环境敏感程度分级

分级	大气环境敏感性
E_1	周边5km范围内居住区、医疗卫生、文化教育、科研、行政办公等机构人口总数大于5万人，或其他需要特殊保护区域；或周边500m范围内人口总数大于1000人；油气、化学品输送管线管段周边200m范围内人口数大于200人
E_2	周边5km范围内居住区、医疗卫生、文化教育、科研、行政办公等机构人口总数大于1万人，小于5万人；或周边500m范围内人口总数大于500人，小于1000人；油气、化学品输送管线管段周边200m范围内人口数大于100人，小于200人
E_3	周边5km范围内存在特殊高密度场所(居住区、医疗卫生、文化教育、科研、行政办公等)人口总数小于1万人；或周边500m范围内人口总数小于500人；油气、化学品输送管线管段周边200m范围内人口数小于100人

② 地表水环境。依据风险事故情况下危险物质泄漏到水体的排放点受纳地表水体功能敏感性与下游敏感保护目标情况，分为三种类型：E_1 为环境高度敏感区；E_2 为环境中度敏感区；E_3 为环境低度敏感区。分级原则见表8-3-5。其中地表水功能敏感性分区和敏感保护目标分级分别见表8-3-6和表8-3-7。

表8-3-5 地表水环境敏感程度分级

敏感保护目标	地表水功能敏感性		
	F_1	F_2	F_3
S_1	E_1	E_1	E_2
S_2	E_1	E_2	E_3
S_3	E_1	E_2	E_3

表 8-3-6 地表水功能敏感性分区

敏感性	地表水环境敏感特征
敏感 F_1	排放点进入地表水水域环境功能为Ⅱ类及以上,或海水水质分类第一类;或以发生事故时,危险物质泄漏到水体的排放点算起,排放进入受纳河流最大流速时,24h 流经范围内涉跨国界的
较敏感 F_2	排放点进入地表水水域环境功能为Ⅲ类,或海水水质分类第二类;或以发生事故时,危险物质泄漏到水体的排放点算起,排放进入受纳河流最大流速时,24h 内流经范围内涉跨省界的
低敏感 F_3	上述地区之外的其他地区

表 8-3-7 敏感保护目标分级

分级	敏感保护目标
S_1	发生事故时,危险物质泄漏到内陆水体的排放点下游(顺水流向)10km 范围内、近岸海域一个超周期水质点可能达到的最大水平距离的两倍范围内,有如下一类或多类环境风险受体的:集中式地表水饮用水水源保护区(包括一级保护区、二级保护区及准保护区);农村及分散式饮用水水源保护区;自然保护区;重要湿地;珍稀濒危野生动植物天然集中分布区;重要水生生物的自然产卵场及索饵场、越冬场和洄游通道;世界文化和自然遗产地;红树林、珊瑚礁等滨海湿地生态系统;珍稀、濒危海洋生物的天然集中分布区;海洋特别保护区;海上自然保护区;盐场保护区;海水浴场;海洋自然历史遗迹;风景名胜区;或其他特殊重要保护区域
S_2	发生事故时,危险物质泄漏到内陆水体的排放点下游(顺水流向)10km 范围内、近岸海域一个超周期水质点可能达到的最大水平距离的两倍范围内,有如下一类或多类环境风险受体的:水产养殖区;天然渔场;森林公园;地质公园;海滨风景游览区;具有重要经济价值的海洋生物生存区域
S_3	排放点下游(顺水流向)10km 范围内、近岸海域一个超周期水质点可能达到的最大水平距离的两倍范围内无上述类型 1 和类型 2 包括的敏感保护目标

③ 地下水环境。依据地下水功能敏感性与包气带防污性能,共分为三种类型:E_1 为环境高度敏感区;E_2 为环境中度敏感区;E_3 为环境低度敏感区。分级原则见表 8-3-8。其中地下水功能敏感性分区和包气带防污性能分级分别见表 8-3-9 和表 8-3-10。当同一建设项目涉及两个 G 分区或 D 分级及以上时,取相对高值。

表 8-3-8 地下水环境敏感度分级

包气带防污性能	地下水功能敏感性		
	G_1	G_2	G_3
D_1	E_1	E_1	E_2
D_2	E_1	E_2	E_3
D_3	E_2	E_3	E_3

表 8-3-9 地下水功能敏感性分区

敏感性	地下水环境敏感特征
敏感 G_1	集中式饮用水水源(包括已建成的在用、备用、应急水源,在建和规划的饮用水水源)准保护区;除集中式饮用水水源以外的国家或地方政府设定的地下水环境相关的其他保护区,如热水、矿泉水、温泉等特殊地下水资源保护区
较敏感 G_2	集中式饮用水水源(包括已建成的在用、备用、应急水源,在建和规划的饮用水水源)准保护区以外的补给径流区;未划定准保护区的集中式饮用水水源,其保护区以外的补给径流区;分散式饮用水水源地;特殊地下水资源(如热水、矿泉水、温泉等)保护区以外的分布区等其他未列入上述敏感分级的环境敏感区[①]
不敏感 G_3	上述地区之外的其他地区

① "环境敏感区"是指《建设项目环境影响评价分类管理名录》中所界定的涉及地下水的环境敏感区。

表 8-3-10　包气带防污性能分级

分级	包气带岩土的渗透性能
D_3	$M_b \geq 1.0\text{m}, K \leq 1.0 \times 10^{-6}\text{cm/s}$，且分布连续、稳定
D_2	$0.5\text{m} \leq M_b < 1.0\text{m}, K \leq 1.0 \times 10^{-6}\text{cm/s}$，且分布连续、稳定
D_1	$M_b \geq 1.0\text{m}, 1.0 \times 10^{-6}\text{cm/s} < K \leq 1.0 \times 10^{-4}\text{cm/s}$，且分布连续、稳定

注：M_b 为岩土层单层厚度；K 为渗透系数。

8.3.2　风险识别方法

（1）资料收集和准备　根据危险物质泄漏、火灾和爆炸等突发性事故可能造成的环境风险类型，收集和准备建设项目工程资料，周边环境资料，国内外同行业、同类型事故统计分析及典型事故案例资料。对已建工程应收集环境管理制度，操作和维护手册，突发环境事件应急预案，应急培训、演练记录，历史突发环境事件及生产安全事故调查资料，设备失效统计数据等。

（2）物质危险性识别　按 HJ 169—2018 附录 B 识别出的危险物质，以图表的方式给出其易燃易爆、有毒有害危险特性，明确危险物质的分布。

（3）生产系统危险性识别　按工艺流程和平面布置功能区划，结合物质危险性识别，以图表的方式给出危险单元划分结果及单元内危险物质的最大存在量。按生产工艺流程分析危险单元内潜在的风险源。按危险单元分析风险源的危险性、存在条件和转化为事故的触发因素。采用定性或定量分析方法筛选确定重点风险源。

（4）环境风险类型及危害分析　环境风险类型包括危险物质泄漏，以及火灾、爆炸等引发的伴生/次生污染物排放。根据物质及生产系统危险性识别结果，分析环境风险类型、危险物质向环境转移的可能途径和影响方式。

8.3.3　源项分析方法

源项分析应基于风险事故情形的设定，合理估算源强。可采用事故树分析法、事件树分析法或类比法等确定。

（1）事故树分析法　事故树是一种演绎分析工具，用以系统地描述能导致到达某一特定危险状态（通常称为顶事件）的所有可能的故障。顶事件是一个事故序列。通过事故树的分析，能估算出某一特定事故（顶事件）的发生概率。泄漏概率可参考表 8-3-11 的推荐方法确定。

表 8-3-11　泄漏概率的推荐值

部件类型	泄漏模式	泄漏概率
反应器/工艺储罐/气体储罐/塔器	泄漏孔径 10mm 孔径	1.00×10^{-4}/a
	10min 内储罐泄漏完	5.00×10^{-6}/a
	储罐全破裂	5.00×10^{-6}/a
常压单包容储罐	泄漏孔径 10mm 孔径	1.00×10^{-4}/a
	10min 内储罐泄漏完	5.00×10^{-6}/a
	储罐全破裂	5.00×10^{-6}/a
常压双包容储罐	泄漏孔径 10mm 孔径	1.00×10^{-4}/a
	10min 内储罐泄漏完	1.25×10^{-8}/a
	储罐全破裂	1.25×10^{-8}/a
常压全包容储罐	储罐全破裂	1.00×10^{-8}/a

续表

部件类型	泄漏模式	泄漏概率
内径≤75mm 的管道	泄漏孔径为 10%孔径	$5.00 \times 10^{-6}/(m \cdot a)$
	全管径泄漏	$1.00 \times 10^{-6}/(m \cdot a)$
75mm＜内径≤150mm 的管道	泄漏孔径为 10%孔径	$2.00 \times 10^{-6}/(m \cdot a)$
	全管径泄漏	$3.00 \times 10^{-7}/(m \cdot a)$
内径＞150mm 的管道	泄漏孔径为 10%孔径（最大 50mm）	$2.40 \times 10^{-6}/(m \cdot a)$
	全管径泄漏	$1.00 \times 10^{-7}/(m \cdot a)$
泵体和压缩机	泵体和压缩机最大连接管泄漏孔径为 10%（最大 50mm）	$5.00 \times 10^{-4}/a$
	泵体和压缩机最大连接管全管径泄漏	$1.00 \times 10^{-4}/a$
装卸臂	装卸臂连接管泄漏孔径为 10%（最大 50mm）	$3.00 \times 10^{-7}/h$
	连接管全管径泄漏	$3.00 \times 10^{-8}/h$
装卸软管	连接管泄漏孔径为 10%（最大 50mm）	$4.00 \times 10^{-5}/h$
	装卸臂连接管全管径泄漏	$4.00 \times 10^{-6}/h$

事故树分析法是通过建立顶事件发生的逻辑树图，自上而下地分析导致顶事件发生的原因及其相互逻辑关系，直至可直接求解的基本事件为止。事故树分析的关键是需知每个基本事件发生的概率。运用事故树方法，通常依照以下的分析程序进行：

① 划分事故系统，确定事故树的顶事件。

② 分析导致顶事件发生的原因事件及其逻辑关系，作事故树图。

③ 求解事故树的最小割集，进行事故树定性分析。这里的最小割集是指导致顶事件发生所必需的最小限度的基本事件的集合。通过求解最小割集，可以获得顶事件发生的所有可能途径的信息。

④ 求解顶事件概率，进行事故树定量分析。计算时可将事故树经布尔代数化简后，求得事故树的最小割集后再进行计算，并通过结构重要度、概率重要度以及临界重要度的分析来确定出基本事件的重要度，以便分出基本事件对顶事件发生所起的作用大小，分出轻重缓急，有的放矢地采取措施，控制事故的发生。

(2) 事件树分析法　以污染系统向环境的事故排放为顶事件的事故树分析，给出了导致事故排放的故障原因事件及其发生概率，而事故排放的源强或事故后果的各种可能性需要结合事件树的分析做进一步的分析。

事件树分析是从初因事件出发，按照事件发展的时序，划分阶段，对后继事件一步一步地进行分析，每一步都从成功（Y）和失败（N）[可能（Y）和不可能（N）]两种或多种状态进行考虑（分支），最后直到用水平树枝图表示其可能后果的一种分析方法，以定性、定量了解整个事故的动态变化过程及其各种状态的发生概率。例如图 8-3-1 给出某化工厂冷却系统失效初因事件的事件树，由此可知，这一失冷事故可能导致气体从阀门泄入环境，也可导致爆炸。

需要注意的是，事件树分析中后继事件的出现是以前一事件发生为条件，而与再前面的事件无关的，是许多事件按时间顺序相继出现、发展的结果。以所选择的不同故障事件作为初因事件，事件树分析可能得出不同的相应事件链。事故排放事故树分析所确定的能导致向环境排放污染物的各种事件，由于其故障原因和所导致的污染物排放形态各异，使得事故排放的强度有所差别，因此都应作为源强事件树分析的初因事件。简单的污染源源强分析，可取其事故排放顶事件为事件树的初因事件。

(3) 类比法　通过类比行业、工艺和规模相似的建设项目，取近似值。

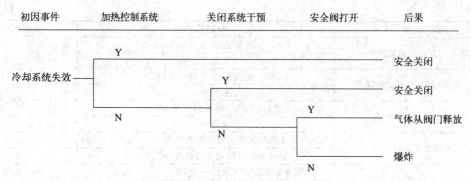

图 8-3-1 冷却系统失效初因事件的事件树

8.3.4 事故源强计算方法

根据风险识别结果,对火灾、爆炸和泄漏三种类型进行事故源项的确定。事故源项参数包括有毒有害物质名称、排放方式、排放速率、排放时间、排放量和排放源几何参数等。

事故源强的确定采用计算法和经验估算法。计算法适用于以腐蚀或应力作用等引起的泄漏型为主的事故;经验估算法适用于以火灾、爆炸或碰撞等突发事故为前提的危险物质的释放。

8.3.4.1 物质泄漏量计算

(1) 液体泄漏速率 Q_L 用伯努利方程计算(限制条件为液体在喷口内不应有急骤蒸发)[见式(8-3-2)]:

$$Q_L = C_d A \rho \sqrt{\frac{2(p-p_0)}{\rho} + 2gh} \tag{8-3-2}$$

式中,Q_L 为液体泄漏速率,kg/s;p 为容器内介质压力,Pa;p_0 为环境压力,Pa;ρ 为泄漏液体密度,kg/m³;g 为重力加速度,9.81m/s²;h 为裂口之上液位高度,m;C_d 为液体泄漏系数,按表 8-3-12 选取;A 为裂口面积,m²,按事故实际裂口情况或按表 8-3-13 选取。

表 8-3-12 液体泄漏系数

雷诺数 Re	裂口形状		
	圆形(多边形)	三角形	长方形
>100	0.65	0.60	0.55
≤100	0.50	0.45	0.40

表 8-3-13 事故裂口情况

序号	设备名称	设备类型	典型泄漏	损坏尺寸
1	管道	管道、法兰、接头、弯头	(1)法兰泄漏 (2)管道泄漏 (3)接头损坏	20%管径 20%或100%管径 20%或100%管径
2	绕行连接器	软管、波纹管、铰接管	(1)破裂泄漏 (2)接头泄漏 (3)连接机构损坏	20%或100%管径 20%管径 100%管径

续表

序号	设备名称	设备类型	典型泄漏	损坏尺寸
3	过滤器	滤器、滤网	(1)滤体泄漏 (2)管道泄漏	20%或100%管径 20%管径
4	阀	球、阀门、栓、阻气门、保险等	(1)壳泄漏 (2)盖子泄漏 (3)杆损坏	20%或100%管径 20%管径 20%管径
5	压力容器、反应槽	分离器、气体洗涤器、反应器、热交换器、火焰加热器等	(1) 容器破裂 　　容器泄漏 (2)进入孔盖泄漏 (3)喷嘴断裂 (4)仪表管路破裂 (5)内部爆炸	全部破裂 100%管径 20%管径 100%管径 20%或100%管径 全部破裂
6	泵	离心泵、往复泵	(1)机壳损坏 (2)密封压盖泄漏	20%或100%管径 20%管径
7	压缩机	离心式、轴流式、往复式	(1)机壳损坏 (2)密封套泄漏	20%或100%管径 20%管径
8	贮罐	露天贮罐	(1)容器损坏 (2)接头泄漏	全部破裂 20%或100%管径
9	贮存容器 (用于加压或冷冻)	压力、运输、冷冻、填埋、露天等容器	(1)气爆(不埋设情况下) (2)破裂 (3)焊点断裂	全部破裂(点燃) 全部破裂 20%或100%管径
10	放空燃烧装置/放空管	放空燃烧装置或放空管	(1)多歧接头/圆筒泄漏 (2)超标排气	20%或100%管径

(2) 气体泄漏速率 假定气体的特性是理想气体,气体泄漏速度 Q_G 按式(8-3-3) 计算:

$$Q_G = YC_d A p \sqrt{\frac{M\kappa}{RT_G}\left(\frac{2}{\kappa+1}\right)^{\frac{\kappa+1}{\kappa-1}}} \tag{8-3-3}$$

式中,p 为容器压力,Pa;C_d 为气体泄漏系数,当裂口形状为圆形时取 1.00,三角形时取 0.95,长方形时取 0.90;A 为裂口面积,m^2;M 为分子量;R 为气体常数,J/(mol·K);T_G 为气体温度,K;κ 为气体的绝热指数(热容比),即定压比热容 C_p 与定容比热容 C_V 之比;Y 为流出系数,当临界流 $Y=1.0$ 时对于次临界流按式(8-3-4) 计算:

$$Y = \left(\frac{p_0}{p}\right)^{\frac{1}{\kappa}} \times \left[1-\left(\frac{p_0}{p}\right)^{\frac{\kappa-1}{\kappa}}\right]^{\frac{1}{2}} \times \left[\frac{2}{\kappa-1}\times\left(\frac{\kappa+1}{2}\right)^{\frac{\kappa+1}{\kappa-1}}\right]^{\frac{1}{2}} \tag{8-3-4}$$

当气体流速在声速范围内(临界流)时:

$$\frac{p_0}{p} \leqslant \left(\frac{2}{\kappa+1}\right)^{\frac{\kappa}{\kappa-1}} \tag{8-3-5}$$

当气体流速在亚声速范围内(次临界流)时:

$$\frac{p_0}{p} > \left(\frac{2}{\kappa+1}\right)^{\frac{\kappa}{\kappa-1}} \tag{8-3-6}$$

式中,p 为容器内介质压力,Pa;p_0 为环境压力,Pa;其他符号意义同前。

(3) 两相流泄漏 假定液相和气相是均匀的,且互相平衡,两相流泄漏速率按式(8-3-7) 计算:

$$Q_{LG} = C_d A \sqrt{2\rho_m(p-p_C)} \tag{8-3-7}$$

$$\rho_m = \cfrac{1}{\cfrac{F_v}{\rho_1} + \cfrac{1-F_v}{\rho_2}}$$

$$F_v = \frac{C_p(T_{LG}-T_C)}{H}$$

式中，Q_{LG} 为两相流泄漏速率，kg/s；C_d 为两相流泄漏系数，可取 0.8；p_C 为临界压力，Pa，可取 0.55Pa；p 为操作压力或容器压力，Pa；A 为裂口面积，m^2；ρ_m 为两相混合物的平均密度，kg/m^3；ρ_1 为液体蒸发的蒸气密度，kg/m^3；ρ_2 为液体密度，kg/m^3；F_v 为蒸发的液体占液体总量的比例，无量纲；C_p 为两相混合物的定压比热容，$J/(kg \cdot K)$；T_{LG} 为两相混合物的温度，K；T_C 为液体在临界压力下的沸点，K；H 为液体的气化热，J/kg。

当 $F_v > 1$ 时，表明液体将全部蒸发成气体，此时应按气体泄漏计算；如果 F_v 很小，则可近似地按液体泄漏公式计算。

(4) 泄漏时间和蒸发时间的确定方法　泄漏时间应结合建设项目探测和隔离系统的设计原则确定。一般情况下，设置紧急隔离系统的单元，泄漏时间可设定为 10min；未设置紧急隔离系统的单元，泄漏时间可设定为 30min。泄漏液体蒸发时间应结合物质特征、气象条件、工况等综合考虑，一般情况下，可按 15~30min 计；泄漏物质形成的液池面积以不超过泄漏单元的围堰（或堤）内面积计。

(5) 泄漏液体蒸发速率　泄漏液体的蒸发分为闪蒸蒸发、热量蒸发和质量蒸发三种，蒸发总量是三者之和。

① 闪蒸蒸发估算

a. 液体中闪蒸部分：

$$F_v = \frac{C_p(T_T-T_b)}{H_v} \tag{8-3-8}$$

式中，F_v 为泄漏液体的闪蒸比例；T_T 为储存温度，K；T_b 为泄漏液体的沸点，K；H_v 为泄漏液体蒸发热，J/kg；C_p 为泄漏液体的定压比热容，$J/(kg \cdot K)$。

b. 过热液体闪蒸蒸发速率可按下式估算：

$$Q_1 = Q_L F_v \tag{8-3-9}$$

式中，Q_1 为过热液体闪蒸蒸发速率，kg/s；Q_L 为物质泄漏速率，kg/s。

② 热量蒸发估算。当液体闪蒸不完全，有一部分液体在地面形成液池，并吸收地面热量而汽化时，其蒸发速率按下式计算，并应考虑对流传热系数：

$$Q_2 = \frac{\lambda S(T_0-T_b)}{H\sqrt{\pi\alpha t}} \tag{8-3-10}$$

式中，Q_2 为热量蒸发速率，kg/s；T_0 为环境温度，K；T_b 为泄漏液体沸点，K；H 为液体汽化热，J/kg；t 为蒸发时间，s；λ 为表面热导率（取值见表 8-3-14），$W/(m \cdot K)$；S 为液面积，m^2；α 为表面热扩散系数（取值见表 8-3-14），m^2/s。

表 8-3-14　不同地面的热传递性质

地面情况	表面热导率(λ)/[W/(m·K)]	表面热扩散系数(α)/(m²/s)
水泥	1.1	1.29×10^{-7}
土地(含水 8%)	0.9	4.3×10^{-7}
干涸土地	0.3	2.3×10^{-7}
湿地	0.6	3.3×10^{-7}
砂砾地	2.5	11.0×10^{-7}

③ 质量蒸发估算。当热量蒸发结束后，转由液池表面气流运动使液体蒸发，称之为质量蒸发。其蒸发速率按下式计算：

$$Q_3 = \alpha p \frac{M}{RT_0} u^{\frac{2-n}{2+n}} r^{\frac{4+n}{2+n}} \tag{8-3-11}$$

式中，Q_3 为质量蒸发速率，kg/s；p 为液体表面蒸气压，Pa；R 为气体常数，J/(mol·K)；T_0 为环境温度，K；M 为物质的摩尔质量，kg/mol；u 为风速，m/s；r 为液池半径，m；α、n 为大气稳定度系数，取值见表 8-3-15。

表 8-3-15　大气稳定度系数取值

大气稳定度	n	α
不稳定(A,B)	0.2	3.846×10^{-3}
中性(D)	0.25	4.685×10^{-3}
稳定(E,F)	0.3	5.285×10^{-3}

液池最大直径取决于泄漏点附近的地域构型、泄漏的连续性或瞬时性。有围堰时，以围堰最大等效半径为液池半径；无围堰时，设定液体瞬时扩散到最小厚度时，推算液池等效半径。

④ 液体蒸发总量的计算：

$$W_p = Q_1 t_1 + Q_2 t_2 + Q_3 t_3 \tag{8-3-12}$$

式中，W_p 为液体蒸发总量，kg；Q_1 为闪蒸液体蒸发速率，kg/s；Q_2 为热量蒸发速率，kg/s；Q_3 为质量蒸发速率，kg/s；t_1 为闪蒸蒸发时间，s；t_2 为热量蒸发时间，s；t_3 为从液体泄漏到全部清理完毕的时间，s。

8.3.4.2　火灾爆炸事故有毒有害物质释放比例

火灾爆炸事故中未参与燃烧的有毒有害物质的释放比例取值见表 8-3-16。

表 8-3-16　火灾爆炸事故有毒有害物质释放比例　　　　单位：%

Q	LC_{50}					
	<200	≥200, <1000	≥1000, <2000	≥2000, <10000	≥10000, <20000	≥20000
≤100	5	10				
>100,≤500	1.5	3	6			
>500,≤1000	1	2	4	5	8	
>1000,≤5000		0.5	1	1.5	2	3
>5000,≤10000			0.5	1	1	2
>10000,≤20000				0.5	1	1
>20000,≤50000					0.5	0.5
>50000,≤100000						0.5

注：LC_{50} 为物质半致死浓度，mg/m³；Q 为有毒有害物质在线量，t。

8.3.4.3 火灾伴生/次生污染物产生量估算

(1) 二氧化硫产生量 油品火灾伴生/次生二氧化硫产生量按下式计算：

$$G_{\text{二氧化硫}} = 2BS \tag{8-3-13}$$

式中，$G_{\text{二氧化硫}}$ 为二氧化硫排放速率，kg/h；B 为物质燃烧量，kg/h；S 为物质中硫的含量，%。

(2) 一氧化碳产生量 油品火灾伴生/次生一氧化碳产生量按下式计算：

$$G_{\text{一氧化碳}} = 2330qCQ \tag{8-3-14}$$

式中，$G_{\text{一氧化碳}}$ 为一氧化碳的产生量，kg/s；C 为物质中碳的含量，取 85%；q 为化学不完全燃烧值，取 1.5%～6.0%；Q 为参与燃烧的物质量，t/s。

8.3.4.4 其他估算方法

① 船舶运输碰撞、触礁等事故，物质泄漏量按所在航道和港口区域事故统计最大泄漏量计算。车载运输碰撞等事故，物质泄漏量按所在道路和地区事故统计最大泄漏量计算。装载事故泄漏量按装卸物质流速和管径及失控时间（5～30min）计算。管道运输事故按管道截面积100%断裂估算泄漏量。应考虑截断阀启动前、后的泄漏量：截断阀启动前，泄漏量按实际工况确定；截断阀启动后，泄漏量以管道泄压至与环境压力平衡所需要时间计。船舶运输碰撞触礁、车载运输碰撞，危险物质释放比例见表 8-3-17。

表 8-3-17 以碰撞等突发事故为前提的危险物质释放比例

船舶运输		车载运输	
单舱载量/m³	释放/%	单车载量/t	释放/%
400	30	3	50
1000	20	5	40
1600	15	8	30
2000	15	10	25
3000	10	15	20
8000	5	20	20
15000	5	30	15
20000	4	50	10
25000	4	80	10
30000	4	100	10
40000	3	120	10

② 油气长输管线泄漏事故，按管道截面100%断裂估算泄漏量。应考虑截断阀启动前、后的泄漏量：截断阀启动前，泄漏量按实际工况确定；截断阀启动后，泄漏量以管道泄压至与环境压力平衡所需要时间计。

③ 水体污染事故源强应结合污染物释放量、消防用水量及雨水量等因素综合确定。

8.3.4.5 源强参数确定

根据风险事故情形确定事故源参数（如泄漏点高度、温度、压力、泄漏液体蒸发面积等）、释放/泄漏速率、释放/泄漏时间、释放/泄漏量、泄漏液体蒸发量等，给出源强汇总。

8.3.5 环境风险预测方法

8.3.5.1 有毒有害物质在大气中的扩散

（1）推荐模型清单 《建设项目环境风险评价技术导则》（HJ 169—2018）推荐的预测模型包括 SLAB 模型和 AFTOX 模型。

① SLAB 模型。SLAB 模型适用于平坦地形下重质气体排放的扩散模拟。该模型处理的排放类型包括地面水平挥发池、抬升水平喷射、烟囱或抬升垂直喷射以及瞬时体源。SLAB 模型可以在一次运行中模拟多组气象条件，但模型不适用于实时气象数据输入。

② AFTOX 模型。AFTOX 模型适用于平坦地形条件下中性气体和轻质气体排放以及液池蒸发气体的扩散模拟。AFTOX 模型可模拟连续排放或瞬时排放，液体或气体，地面源或高架源，点源或面源的指定位置浓度、下风向最大浓度及其位置等。

（2）预测模型筛选

① 气体性质。预测计算时，应区分重质气体与轻质气体排放，选择合适的大气风险预测模型。重质气体和轻质气体的判断依据可采用理查森数进行判定。而判定烟团/烟羽是否为重质气体，取决于它相对空气的"过剩密度"和环境条件等因素。通常采用理查森数（Ri）作为标准进行判断。Ri 的概念公式为：

$$Ri = \frac{烟团势能}{环境的湍流势能} \tag{8-3-15}$$

Ri 是个流体动力学参数。根据不同的排放性质，理查森数的计算公式不同。一般地，依据排放类型，理查森数的计算分连续排放、瞬时排放两种形式。

a. 连续排放：

$$Ri = \frac{\left[\dfrac{g(Q/\rho_{rel})}{D_{rel}} \times \dfrac{\rho_{rel}-\rho_a}{\rho_a}\right]^{1/3}}{U_r} \tag{8-3-16}$$

b. 瞬时排放：

$$Ri = \frac{g(Q/\rho_{rel})^{1/3}}{U_r^2} \times \frac{\rho_{rel}-\rho_a}{\rho_a} \tag{8-3-17}$$

式中，ρ_{rel} 为排放物质进入大气的初始密度，kg/m^3；ρ_a 为环境空气密度，kg/m^3；g 为连续排放烟羽的排放速率，kg/s；Q 为瞬时排放的物质质量，kg；D_{rel} 为初始的烟团宽度，即源直径，m；U_r 为 10m 高处风速，m/s。

判定连续排放还是瞬时排放，可以通过对比排放时间 T_d 和污染物到达最近受体点（网格点或敏感点）的时间 T 确定。

$$T = 2X/U_r \tag{8-3-18}$$

式中，X 为事故发生地与计算点的距离，m；U_r 为 10m 高处风速，m/s。

假设风速和风向在 T 时间段内保持不变。$T_d > T$ 时，可认为是连续排放；当 $T_d \leq T$ 时，可认为是瞬时排放。

重质气体和轻质气体判断标准：对于连续排放，$Ri \geq 1/6$ 为重质气体，$Ri < 1/6$ 为轻质气体；对于瞬时排放，$Ri > 0.04$ 为重质气体，$Ri \leq 0.04$ 为轻质气体。当 Ri 处于临界值附近时，说明烟团/烟羽既不是典型的重质气体扩散，也不是典型的轻质气体扩散，可以进行敏感性分析，分别采用重质气体模型和轻质气体模型进行模拟，选取影响范围最大的结果。

② 地形条件。当泄漏事故发生在丘陵、山地等时，应考虑地形对扩散的影响，选择适合的大气风险预测模型。选择其他技术成熟的风险扩散模型时，应说明模型选择理由，分析其应用合理性。

(3) 模型参数

① 地表粗糙度。地表粗糙度一般由事故发生地周围 1km 范围内占地面积最大的土地利用类型来确定。地表粗糙度取值可依据模型推荐值，或参考表 8-3-18 确定。

表 8-3-18　不同土地利用类型对应地表粗糙度取值　　　　　　　　　单位：m

地表类型	春季	夏季	秋季	冬季
水面	0.0001	0.0001	0.0001	0.0001
落叶林	1.0000	1.3000	0.8000	0.5000
针叶林	1.3000	1.3000	1.3000	1.3000
湿地或沼泽地	0.2000	0.2000	0.2000	0.0500
农作地	0.0300	0.2000	0.0500	0.0100
草地	0.0500	0.1000	0.0100	0.0010
城市	1.0000	1.0000	1.0000	1.0000
沙漠化荒地	0.3000	0.3000	0.3000	0.1500

② 地形数据。当考虑地形对扩散的影响时，所采用的地形原始数据分辨率一般不应小于 30m。

③ 推荐模型获取。

④ 推荐模型的说明、源代码、执行文件、用户手册以及技术文档可在"国家环境保护环境影响评价数值模拟重点实验室"网站下载。

(4) 预测范围与计算点　预测范围即预测物质浓度达到评价标准时的最大影响范围，通常由预测模型计算获取。预测范围一般不超过 10km。

计算点分特殊计算点和一般计算点。特殊计算点指大气环境敏感目标等关心点，一般计算点指下风向不同距离点。一般计算点的设置应具有一定的分辨率，距离风险源 500m 范围内可设置 10～50m 间距，大于 500m 范围内可设置 50～100m 间距。

(5) 环境风险参数　根据大气风险预测模型的需要，调查泄漏设备类型、尺寸、操作参数（压力、温度等），泄漏物质理化特性（摩尔质量、沸点、临界温度、临界压力、比热容比、气体定压比热容、液体定压比热容、液体密度和汽化热等）。

(6) 气象参数

① 一级评价。需选取最不利气象条件及事故发生地的最常见气象条件分别进行后果预测。其中最不利气象条件取 F 类稳定度，风速 1.5m/s，温度 25℃，相对湿度 50%；最常见气候条件由当地近 3 年内至少连续 1 年的气象观测资料统计分析得出，包括出现频率最高的稳定度、该稳定度下的平均风速（非静风）、日最高平均气温、年平均湿度。

② 二级评价。需选取最不利气象条件进行后果预测。最不利气象条件取 F 类稳定度，风速 1.5m/s，温度 25℃，相对湿度 50%。

(7) 大气毒性终点浓度值选取　大气毒性终点浓度即预测评价标准。大气毒性终点浓度值选取参见《建设项目环境风险技术导则》（HJ 169—2018）附录 H，分为 1、2 级。其中 1 级为当大气中危险物质浓度低于该限值时，绝大多数人员暴露 1h 不会对生命造成威胁，当超过该限值时，有可能对人群造成生命威胁；2 级为当大气中危险物质浓度低于该限值时，暴露 1h 一般不会对人体造成不可逆的伤害，或出现的症状一般不会损伤该个体采取有效防护措施的能力。

（8）预测结果表述　给出下风向不同距离处有毒有害物质的最大浓度，以及预测浓度达到不同毒性终点浓度的最大影响范围。给出各关心点的有毒有害物质浓度随时间变化的情况，以及关心点的预测浓度超过评价标准时对应的时刻和持续时间。

对于存在极高大气环境风险的建设项目，应开展关心点概率分析，即有毒有害气体（物质）剂量负荷对个体的大气伤害概率、关心点处气象条件的频率、事故发生概率的乘积，以反映关心点处人员在无防护措施条件下受到伤害的可能性。有毒有害气体大气伤害概率估算见《建设项目环境风险评价技术导则》（HJ 169—2018）附录I。

8.3.5.2　有毒有害物质在地表水、地下水环境中的运移扩散

（1）有毒有害物质进入水环境的方式　有毒有害物质进入水环境包括事故直接导致和事故处理处置过程间接导致的情况，一般为瞬时排放源和有限时段内排放的源。

（2）预测模型

① 地表水。根据风险识别结果，有毒有害物质进入水体的方式、水体类别及特征，以及有毒有害物质的溶解性，选择适用的预测模型。

对于油品类泄漏事故，流场计算按《环境影响评价技术导则　地表水环境》（HJ 2.3—2018）中的相关要求，选取适用的预测模型，溢出漂移扩散过程按《海洋工程环境影响评价技术导则》（GB/T 19485—2014）中的溢油粒子模型进行溢油轨迹预测。

其他事故，地表水风险预测模型及参数参照《环境影响评价技术导则　地表水环境》（HJ 2.3—2018）选取。

② 地下水。地下水风险预测模型及参数参照《环境影响评价技术导则　地下水环境》（HJ 610—2016）选取。

（3）终点浓度选取　终点浓度即预测评价标准。终点浓度值根据水体分类及预测点水体功能要求，按照 GB 3838—2002、GB 5749—2022、GB 3097—1997 或 GB/T 14848—2017 选取。对于未列入上述标准，但确需进行分析预测的物质，其终点浓度选取可参照《环境影响评价技术导则　地表水环境》（HJ 2.3—2018）、《环境影响评价技术导则　地下水环境》（HJ 610—2016）。

对于难以获取终点浓度值的物质，可按质点运移到达判定。

（4）预测结果表述

① 地表水。根据风险事故情形对水环境的影响特点，预测结果可采用以下表述方式：给出有毒有害物质进入地表水最远超标距离及时间；给出有毒有害物质经排放通道到达下游（按水流方向）环境敏感目标处的到达地点、超标时间、超标持续时间及最大浓度，对于水体中漂移类物质，应给出漂移轨迹。

② 地下水。给出有毒有害物质进入地下水体到达下游厂区边界和环境敏感目标处的到达时间、超标时间、超标持续时间及最大浓度。

8.3.6　环境风险评价

结合各要素风险预测，分析说明建设项目环境风险的危害范围与程度。大气环境风险的影响范围与程度由大气毒性终点浓度确定，明确影响范围内的人口分布情况；地表水、地下水对照功能区质量标准浓度（或参考浓度）进行分析，明确对下游环境敏感目标的影响情

况。环境风险可采用后果分析、概率分析等方法开展定性或定量评价,以避免急性损害为重点,确定环境风险防范的基本要求。

8.4 环境风险管理

8.4.1 环境风险管理目标

环境风险管理目标是采用最低合理可行原则(as low as reasonable practicable, ALARP)管控环境风险。采取的环境风险防范措施与社会经济技术发展水平相适应,运用科学的技术手段和管理方法,对环境风险进行有效的预防、监控和响应。

8.4.2 环境风险防范措施

大气环境风险防范应结合风险源状况明确环境风险的防范、减缓措施,提出环境风险监控要求,并结合环境风险预测分析结果、区域交通道路和安置场所位置等,提出事故状态下人员的疏散通道及安置等应急建议。

事故废水环境风险防范应明确"单元-厂区-园区/区域"的环境风险防控体系要求,设置事故废水收集(尽可能以非动力自流方式)和应急储存设施,以满足事故状态下收集泄漏物料、污染消防水和污染雨水的需要,明确并图示防止事故废水进入外环境的控制、封堵系统。应急储存设施应根据发生事故的设备容量、事故时消防用水量及可能进入应急储存设施的雨水量等因素综合确定。应急储存设施内的事故废水,应及时进行有效处置,做到回用或达标排放。结合环境风险预测分析结果,提出实施监控和启动相应的园区/区域突发环境事件应急预案的建议要求。

地下水环境风险防范应重点采取源头控制和分区防渗措施,加强地下水环境的监控、预警,提出事故应急减缓措施。

针对主要风险源,提出设立风险监控及应急监测系统,实现事故预警和快速应急监测跟踪,提出应急物资、人员等的管理要求。

对于改建、扩建和技术改造项目,应分析依托企业现有环境风险防范措施的有效性,提出完善意见和建议。

环境风险防范措施应纳入环保投资和建设项目竣工环境保护验收内容中。

考虑事故触发具有不确定性,厂内环境风险防控系统应纳入园区/区域环境风险防控体系,明确风险防控措施和管理的衔接要求。极端事故风险防控及应急处置应结合所在园区/区域环境风险防控体系统筹考虑,按分级响应要求及时启动园区/区域环境风险防范措施,实施厂内与园区/区域环境风险防控措施及管理有效联动,有效防控环境风险。

8.4.3 突发环境事件应急预案编制要求

按照国家、地方和相关部门要求,提出企业突发环境事件应急预案编制或完善的原则要求,包括预案适用范围、环境事件分类与分级、组织机构与职责、监控与预警、应急响应、应急保障、善后处置、预案管理与演练等内容。

明确企业、园区/区域、地方政府环境风险应急体系。企业突发环境事件应急预案应体现分级响应、区域联动原则,与地方政府突发环境事件应急预案相衔接,明确分级响应程序。

8.5 环境风险评价结论与建议

8.5.1 项目危险因素

简要说明主要危险物质、危险单元及其分布，明确项目危险因素，提出优化平面布局、调整危险物质存在量及危险性控制的建议。

8.5.2 环境敏感性及事故环境影响

简要说明项目所在区域环境敏感目标及其特点，根据预测分析结果，明确突发性事故可能造成环境影响的区域和涉及的环境敏感目标，提出保护措施及要求。

8.5.3 环境风险防范措施和应急预案

结合区域环境条件和园区/区域环境风险防控要求，明确建设项目环境风险防控体系，重点说明防止危险物质进入环境及进入环境后的控制、消减和监测等措施，提出优化调整风险防范措施建议及突发环境事件应急预案原则要求。

8.5.4 环境风险评价结论与建议

综合环境风险评价专题的工作过程，明确给出建设项目环境风险是否可防控的结论。根据建设项目环境风险可能影响的范围与程度，提出缓解环境风险的建议措施。对存在较大环境风险的建设项目，须提出环境影响后评价的要求。

第 9 章

环境保护措施及其技术经济论证

环境保护措施及其技术经济论证是环境影响评价的重要内容与基本任务之一，是根据环境影响评价的结果，提出相应的污染防治和环境保护对策与建议，并进行技术经济可行性论证，还要给出各项措施的投资估算。具体要求包括：明确项目拟采取的具体环境保护措施；分析论证拟采取措施的技术可行性、经济合理性、长期稳定运行和达标排放的可靠性，满足环境质量与污染物排放总量控制要求的可行性，如不能满足要求应提出必要的补充环境保护措施要求；生态保护措施须落实到具体时段和具体位置上，并特别注意施工期的环境保护措施；结合国家对不同区域的相关要求，从保护、恢复、补偿、建设等方面提出和论证实施生态保护措施的基本框架；按工程实施不同时段，分别列出相应的环境保护工程内容，并分析合理性。在环境影响报告中给出各项环境保护措施及投资估算一览表和环境保护设施分阶段验收一览表。

9.1 大气污染防治措施

9.1.1 大气污染物的分类

大气污染来源可分为天然来源和人为来源两大类。前者是由自然界的自身原因所引起的，例如火山爆发、森林火灾引起的空气污染。后者是由人们从事生产和生活活动而产生的污染。其中生产和生活活动是造成大气污染的主要原因，主要有以下几种。

① 生产性污染。包括：a. 燃料的燃烧；b. 生产过程排出的烟尘和废气等污染物，污染物的种类与生产性质和工艺过程有关；c. 农业生产过程中喷洒农药产生的粉尘和雾滴。

② 由生活炉灶和采暖锅炉耗用煤炭产生的烟尘、二氧化硫等有害气体。

③ 交通运输性污染，汽车、火车、轮船和飞机等排出的尾气，其污染物主要是氮氧化物、碳氢化合物、一氧化碳等。

根据在大气中的存在状态，污染物可分为气溶胶状态污染物和气体状态污染物两种。

① 气溶胶状态污染物（又称颗粒污染物）。气溶胶是指沉降速度可以忽略的小固体粒子、液体粒子或它们在气体介质中的悬浮体系。气溶胶按照来源和物理性质，可分为粉尘、烟、飞灰、黑烟、雾。

在大气污染控制中，还根据大气中的粉层（或烟层）颗粒的大小，将其分为可吸入颗粒、降尘和总悬浮微粒。

② 气体状态污染物。气体状态污染物是在常温、常压下以分子状态存在的污染物。气体状态污染物的种类很多，大部分为无机气体和有机气体。常见的有五类：以 SO_2 为主的含硫化合物、以 NO 和 NO_2 为主的含氮化合物、碳的氧化物、碳氢化合物及卤素化合物；有机污染物包括多环芳烃、甲烷、氟氯烃类等。

9.1.2 颗粒物污染防治技术

颗粒污染物净化过程是气溶胶两相分离，由于污染物颗粒与载气分子大小悬殊，作用在二者上的外力（质量力、势差力等）差异很大，利用这些外力差异，可实现气-固或气-液分离。常见的颗粒物净化技术为除尘技术，它是将颗粒物从废气中分离出来并加以回收的操作过程。除尘器按照作用原理分为机械式除尘器、湿式除尘器、袋式除尘器和静电除尘器。

选择除尘器应主要考虑如下因素：烟气及粉尘的物理、化学性质；烟气流量、粉尘浓度和粉尘允许排放浓度；除尘器的压力损失以及除尘效率；粉尘回收、利用的价值及形式；除尘器的投资以及运行费用；除尘器占地面积以及设计使用寿命；除尘器的运行维护要求。

① 机械除尘器。是采用机械力（重力、离心力等）将气体中所含颗粒污染物沉降的除尘器，包括重力沉降室、惯性除尘器和旋风除尘器等。机械除尘器用于处理密度较大、颗粒较粗的粉尘，在多级除尘工艺中作为高效除尘器的预除尘设备。重力沉降室适用于捕集粒径大于 $75\mu m$ 的尘粒，惯性除尘器适用于捕集粒径 $20\mu m$ 以上的尘粒，旋风除尘器适用于捕集粒径 $5\mu mm$ 以上的尘粒。

② 湿式除尘器。是利用喷淋液体，通过液滴、液膜或鼓泡通过液层等方式来洗涤含尘气体，将颗粒污染物从气体中洗出去的除尘器。包括喷淋塔、填料塔、筛板塔（又称泡沫洗涤器）、湿式水膜除尘器、喷射式除尘器和文丘里式除尘器等。这种除尘器适于处理高温、高湿、易燃、易爆的含尘气体，对雾滴也有很好的去除效果。此外，在除尘的同时还能去除部分气态污染物，通常只能除去粒径大于 $10\mu m$ 的尘粒。

③ 袋式除尘器。是让含尘气体通过用棉、毛或人造纤维等制成的过滤袋来滤去粉尘的除尘器。其除尘效率高（一般高达 99% 以上），可处理不同类型的颗粒污染物，操作弹性大，入口气体含尘量有较大变化时对除尘效率影响也很小，但袋式除尘器的应用受到滤布耐高温、耐腐蚀性能的限制。黏结性强和吸湿性强的尘粒，有可能在滤袋上黏结，堵塞滤袋的孔隙。

④ 静电除尘器。是利用尘粒通过高压直流电晕吸收电荷后在静电力的作用下从气流中分离的除尘器，包括板式静电除尘器和管式静电除尘器。静电除尘器适用于处理大风量的高温烟气，对粒径很小的尘粒具有较高的去除效率，几乎可以捕集一切细微粉尘及雾状液滴，其捕集粒径范围在 $0.01\sim100\mu m$ 之间。

9.1.3 气态污染物防治技术

气态污染物与载气呈均相分散状态，作用在两类分子上的外力差异很小，只能通过污染物与载气系统物理、化学或生物性质（沸点、溶解度、吸附性、反应性、氧化性等）的差异实现分离或转化。常用的方法有吸收法、吸附法、催化法、燃烧法、冷凝法、膜分离法和生物净化法等。

9.1.3.1 吸收法

吸收法净化气态污染物就是利用混合气体中各成分在吸收剂中的溶解度不同，或与吸收剂中的组分发生选择性化学反应,分离气体混合物的方法,是治理气态污染物的常用方法。主要用于吸收效率和速率较高的有毒有害气体的净化,尤其是对于大气量、低浓度的气体多使用吸收法。

(1) 吸收剂的选择及种类

① 吸收剂选择的一般原则是：吸收剂对混合气体中被吸收组分具有良好的选择性和较大的吸收能力；同时吸收剂的蒸气压要低,热化学稳定性好,黏度低,腐蚀性小,而且廉价易得；使用中有利于有害组分的回收利用。

② 常见的吸收剂主要有：水、碱性吸收剂（如氢氧化钠、氢氧化钙等）、酸性吸收剂（如稀硝酸）、有机吸收剂（如冷甲醇、二乙醇胺等）。

③ 吸收剂应循环使用或经进一步处理后循环使用,不能循环使用的应按照相关标准和规范处理处置,避免二次污染。使用过的吸收剂可采用沉淀分离再生、化学置换再生、蒸发结晶回收和蒸馏分离。吸收剂再生过程中产生的副产物应回收利用,产生的有毒有害产物应按照相关规定处理处置。

(2) 吸收装置　吸收装置应处理能力大,操作稳定可靠,有较大的有效接触面积和处理效率,有较高的界面更新强度,有良好的传质条件,有较小的阻力和较高的推动力。常用的吸收装置有填料塔、喷淋塔、板式塔、鼓泡塔、湍球塔和文丘里等。

选择吸收装置时应遵循以下原则：a. 填料塔用于小直径塔及不易吸收的气体,不宜用于气液相中含有较多固体悬浮物的场合；b. 板式塔用于大直径塔及容易吸收的气体；c. 喷淋塔用于反应吸收快、含有少量固体悬浮物、气体量大的吸收工艺；d. 鼓泡塔用于吸收反应较慢的气体。

9.1.3.2　吸附法

吸附法是利用多孔性固体吸附剂来处理气态（或液态）混合物,使其中的一种或几种组分在固体表面未平衡的分子引力或化学键力的作用下被吸附在固体表面,从而达到分离的目的。这种方法主要依靠固体吸附剂对气体混合物中各组分吸附选择性的不同来分离气体混合物,主要适用于低浓度有毒有害气体的净化。

(1) 吸附剂的选择及种类　吸附剂选择的一般原则是：比表面积大,孔隙率高,吸附容量大；吸附选择性强；有足够的机械强度、热稳定性和化学稳定性；易于再生和活化；原料来源广泛,价廉易得。

常用的吸附剂主要有：活性炭（主要用于吸附乙烯、其他烯烃、H_2S、HF、SO_2）、分子筛（主要用于吸附氮氧化物、CO、CS_2、NH_3、C_nH_m）、活性氧化铝（主要用于吸附H_2S、SO_2、HF、C_nH_m）和硅胶（主要用于吸附氮氧化物、SO_2、C_2H_2）等。

吸附剂的容量有限,当吸附剂达到饱和或接近饱和时,必须对其进行再生操作。常用的再生方法有升温、降压、吹扫、置换脱附和化学转化等方式或几种方式的组合。

(2) 吸附装置　根据吸附剂在吸附器内的运动状态可分为固定床吸附器、移动床吸附器和流化床吸附器。

9.1.3.3　催化燃烧法（RCO）

催化燃烧法（RCO）净化气态污染物是利用固体催化剂在较低温度下将废气中的污染物通过氧化作用转化为二氧化碳和水等化合物的方法。该法适用于由连续、稳定的生产工艺产生的固定源气态及气溶胶态有机化合物的净化,净化效率不应低于97%。根据废气加热方式的不同，分为常规催化燃烧工艺和蓄热催化燃烧工艺。用于催化燃烧的催化剂主要有以 Al_2O_3 为载体的催化剂（蜂窝陶瓷钯催化剂、蜂窝陶瓷铂催化剂、稀土催化剂等）和以金属为载体的催化剂（镍铬丝蓬体球钯催化剂、铂钯镍铬带状催化剂、不锈钢丝网钯催化剂等）。

9.1.3.4 热力燃烧法（RTO）

热力燃烧法（RTO）净化气态污染物是利用辅助燃料燃烧产生的热能、废气本身的燃烧热能或者利用蓄热装置所贮存的反应热能，将废气加热到着火温度，进行氧化（燃烧）反应，有害组分经过充分的燃烧，氧化成 CO_2 和 H_2O。该法适用于处理连续、稳定生产工艺产生的有机废气。目前的热力燃烧系统通常使用气体或者液体燃料进行辅助燃烧加热。

各类燃烧法的特点详见表9-1-1。

表9-1-1　各类燃烧法的特点

燃烧种类	热力燃烧	催化燃烧
燃烧温度	预热至600~800℃进行氧化反应	预热至200~400℃进行催化氧化反应
燃烧状态	在高温下停留一定时间,不生成火焰	与催化剂接触,不生成火焰
特点	预热耗能较多,燃烧不完全时产生恶臭,可用于各种气体燃烧	预热耗能较少,催化剂成本高,不能用于催化剂中毒的气体

9.1.3.5 其他处理方法

（1）催化转化法　催化转化法是利用催化剂的催化作用，使废气中的有害组分发生化学反应（氧化、还原、分解），并转化为无害物质或易于去除物质的一种方法。包括：催化燃烧（氧化）、光氧催化（氧化）、催化还原、催化分解等。选择合适的催化剂是催化转化法的关键，催化转化时使待处理气体通过催化剂床层，在催化剂的作用下，有毒、有害组分发生化学反应。

（2）冷凝法　冷凝法是采用降低系统温度或提高系统压力的方法使气态污染物冷凝并从废气中分离出来的过程，尤其适用于处理含浓度较高且有回收价值的有机气态污染物。单纯的冷凝法往往达不到规定的分离要求，故此方法常作为净化高浓度废气的预处理过程。

（3）生物净化法　生物净化法是利用微生物的生化反应，使气态中的污染物降解，从而达到气体净化的目的，主要用于有机污染物和部分无机污染物的去除。其原理是利用微生物的生化作用使外界物质转化为代谢产物、二氧化碳和水，并使部分外界物质转化为自身的细胞物质。

生物净化法是让废气与含有微生物、营养物和水组成的悬浮液接触，或与表面上长有微生物膜的固体物料接触，吸收和降解废气中的有毒、有害组分。

（4）等离子体净化法　利用等离子体净化气态污染物是20世纪70年代开始研究的。等离子体被称为物质的第四种状态，由电子、离子、自由基和中性粒子组成，是导电性流体。等离子体中存在许多具有极高化学活性的粒子，使得很多需要更高化学能的化学反应能够发生。等离子体中的大量活性粒子能使难降解的污染物转化，是一种效能高、能耗低、适用范围广的气态污染物净化手段。

9.1.4 主要气态污染物的治理工艺

9.1.4.1 二氧化硫

SO_2 是大气污染物中数量最大、影响面广的主要气态污染物。大气中的 SO_2 主要来自大型燃烧过程,以及硫化物矿石的焙烧、冶炼等加工过程,其中较突出的是火力发电厂烟气,虽然含硫浓度较低,但总量很大,造成严重的大气污染。烟气脱硫根据使用脱硫剂的形态可分为干法脱硫和湿法脱硫。干法脱硫采用粉状和粒状吸收剂、吸附剂或催化剂等脱除烟气中的SO_2;湿法脱硫是采用液体吸收剂洗涤烟气,以去除SO_2。干法脱硫净化后的烟气温度降低较少,从烟囱排出时易于扩散,无废水产生和二次污染问题。湿法脱硫效率高,易于操作控制,但存在废水的后处理问题,而且由于洗涤过程中烟气温度降低较多,不利于烟囱排放后扩散稀释,易造成污染。常用工艺包括石灰石/石灰-石膏法、烟气循环流化床法、氨法、镁法、海水法、吸附法、炉内喷钙法、旋转喷雾法、氧化锌法和亚硫酸钠法等。其中石灰石/石灰-石膏法、海水法、循环流化床法、回流式循环流化床法比较成熟,是常用的主流技术。

(1)石灰石/石灰-石膏法 采用石灰石、生石灰或消石灰[$Ca(OH)_2$]的乳浊液为吸收剂吸收烟气中的SO_2,吸收生成的$CaSO_3$经空气氧化后可得到石膏。脱硫效率达到80%以上,因石灰石来源广、价格低,是应用最为广泛的脱硫技术。

典型石灰石/石灰-石膏法脱硫工艺流程见图9-1-1。

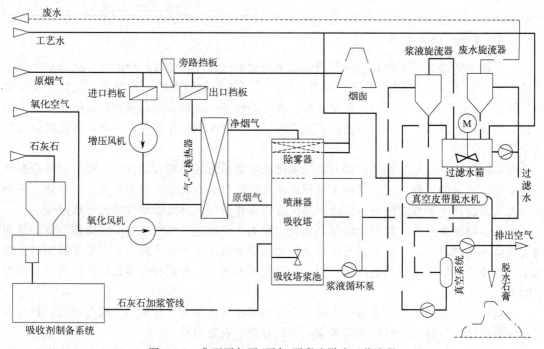

图9-1-1 典型石灰石/石灰-石膏法脱硫工艺流程

在资源落实的条件下,优先选用石灰石作为吸收剂。为保证脱硫石膏的综合利用及减少废水排放量,用于脱硫的石灰石中$CaCO_3$的含量宜高于90%。脱硫副产物为脱硫石膏,应进行脱水处理,鼓励综合利用。石灰/石灰石法的主要缺点是装置容易结垢堵塞。解决的办法是在吸收液中加入添加剂,目前采用的添加剂有己二酸、镁离子、氯化钙等。添加剂不仅能抑制结垢和堵塞现象,而且还能提高吸收效率。

(2)氨吸收法 氨吸收法是用氨基物质作为吸收剂,脱除烟气(或废气)中的SO_2并回收副产物(硫酸铵等)的湿式烟气脱硫工艺。氨吸收法吸收剂的再生方法有热解法、氧化法和酸化法。氨-酸法具有工艺成熟、方法可靠、所用设备简单、吸收剂价廉、操作方便等优点,其副产物为氮肥,实用价值高。但该法需耗用大量的氨和硫酸等,对缺乏这些原料来源的冶金、电力等生产部门来说,应用有一定限制。

(3) 海水法　海水法利用天然海水的酸碱缓冲能力及吸收酸性气体的能力来吸收 SO_2。在吸收塔中,烟气中的 SO_2 与喷淋海水相接触,SO_2 溶于水中并转化成亚硫酸,亚硫酸水解成大量 H^+ 使得海水的 pH 值下降。海水脱硫法利用天然纯海水作为吸收剂,工艺简单,无结垢、无堵塞现象,但产生的废弃物会对海洋生态产生影响。海水法烟气脱硫工艺系统主要由海水输送系统、烟气系统、吸收系统、海水水质恢复系统和监控调节系统等组成。

(4) 烟气循环流化床法（CFB-FGD）　该法是在循环流化床反应器内,以钙基物质或其他碱性物质作为吸收剂和循环床料脱除二氧化硫的方法。典型的 CFB-FGD 系统由预电除尘器、吸收剂制备、吸收塔、脱硫灰再循环、注水系统、脱硫除尘器以及仪表控制系统等组成。其主要优点是脱硫剂反应停留时间长及对锅炉负荷变化的适应性强、脱硫效率高、不产生废水、不受烟气负荷限制。

工业锅炉/炉窑应因地制宜、因物制宜、因炉制宜,选择适宜的脱硫工艺,采用湿法脱硫工艺应符合相关环境保护产品技术要求的规定。

钢铁行业根据烟气流量和 SO_2 体积分数,结合吸收剂的供应情况,应选用半干法、氨法、石灰石/石灰-石膏法脱硫工艺。

有色冶金行业中硫化矿冶炼烟气中 SO_2 体积分数大于 3.5% 时,应以生产硫酸为主。烟气制造硫酸后,其尾气中 SO_2 体积分数仍不能达标时,应经脱硫或其他方法处理达标后排放。

9.1.4.2　氮氧化物

大气污染物中,氮氧化物的量比较大,次于二氧化硫,能促进酸雨的形成,对动物呼吸系统的危害较大。煤燃烧和机动车的油燃烧过程是工业生产中主要的氮氧化物形成源。煤燃烧过程中,主要通过低氮燃烧器从根本上减少氮氧化物的排放,在采用低氮燃烧器后氮氧化物的排放仍不达标的情况下,燃煤烟气还须采用烟气处理控制技术；机动车的尾气排放时,主要通过催化转化工艺控制氮氧化物的排放。

9.1.4.2.1　低氮燃烧技术

低氮燃烧技术是通过改变燃烧设备的燃烧条件来降低 NO_x 的形成,是通过调节燃烧温度、烟气中的氧浓度、烟气在高温区的停留时间等方法来抑制 NO_x 的生成或破坏已生成的 NO_x。其采用的方法有低氮燃烧器（LNB）、烟道气循环燃烧法、燃料直接喷射燃烧法（FDI）、催化助热燃烧法（CST）等低氮氧化物燃烧技术。

9.1.4.2.2　燃烧后烟气处理控制技术

目前燃烧后烟气处理控制技术可分为湿法技术和干法技术两大类。湿法技术包括酸吸收、碱吸收、氧化吸收和化学吸收-生物还原法等。干法脱硝包括选择性催化还原法、催化分解法、选择性非催化还原法、吸附法和等离子法。

(1) 湿法技术　湿法脱除 NO_x 技术是利用液相化学试剂将烟气中的 NO_x 吸收并将之转化为较稳定的其他物质。通常应用于烟气中较少 NO_x 的脱除,它的优点在于易实现 SO_2 和 NO_x 的同时脱除,而且脱除 NO_x 效率较高（90%）。湿法吸收 NO_x 的方法较多,应用也较广。NO_x 可以用水、碱溶液、稀硝酸、浓硫酸吸收。由于 NO 极难溶于水或碱溶液,必须采用氧化、还原或络合吸收的办法将 NO 转化为 NO_2 以提高 NO 的净化效果。

(2) 干法技术　干法脱除 NO_x 技术是国际上应用最广泛的脱硝技术。干法脱除技术根据脱除 NO_x 机理一般可以分为分解法、辐射法以及还原法。

① 分解法是使 NO 直接分解为 N_2 和 O_2。这个分解反应在低温下按热力学理论分析是可行的，但在动力学上该反应的反应速率非常低，所以必须要有合适的催化剂提高 NO 分解速率才能实现分解。

② 辐射法是利用电子束来辐射烟气，使烟气中的水蒸气、氧等分子激发产生高能自由基，并与 NO 和 SO_2 发生反应，同时脱除烟气中 NO_x 和 SO_x 的方法。

③ 还原法是通过添加还原剂将烟气中的 NO_x 还原为无害的 N_2 的方法，是目前研究最多、技术最成熟、应用最广泛的一种干法烟气脱硝技术。按照反应机理还原法又可分为选择性非催化还原（SNCR）技术和选择性催化还原（SCR）技术，二者的主要还原产物是无污染的 N_2 和 H_2O。

a. 选择性非催化还原（SNCR）技术是将 NH_3（或尿素）注入燃烧器的上部，在高温（900～1000℃）条件下，NH_3 选择性地与 NO_x 反应生成 N_2 和 H_2O。以 NH_3 为还原剂的 SNCR 技术主要包括以下反应：

$$6NO+4NH_3 \longrightarrow 5N_2+6H_2O \qquad (9-1-1)$$

$$6NO_2+8NH_3 \longrightarrow 7N_2+12H_2O \qquad (9-1-2)$$

SNCR 技术可以获得稳定的 NO_x 脱除率，但在采用 SNCR 技术时，反应过程中 NO_x 转化率与反应操作条件（温度、NH_3/NO_x、停留时间、O_2）有很大关系。SNCR 技术在工业上是一种经济有效的脱除 NO_x 的方法，很容易和现有工业锅炉匹配，设备费用低，常应用于电站锅炉、工业锅炉、市政垃圾焚烧炉和其他燃烧装置。

选择性催化还原（SCR）技术是目前国际上应用最广的烟气脱除 NO_x 技术，是在催化剂作用下还原剂优先与烟气中的 NO 反应的催化方法，作为还原剂的气体主要有 NH_3、CO 以及碳氢化合物。以 NH_3 为还原剂的 NO_x 脱除技术是目前研究最多、应用最广的烟气 NO_x 脱除技术。

b. SCR 反应过程是在催化剂参与作用下，通过加入还原剂（NH_3）把 NO_x 还原为氮气（N_2）和水（H_2O），一般在较低温度（200～450℃）下操作。影响 SCR 反应的操作条件有：反应温度、NH_3/NO_x、O_2 浓度、反应气氛等。

SCR 技术的主要反应机理是：

$$4NO+4NH_3+O_2 \longrightarrow 4N_2+6H_2O \qquad (9-1-3)$$

该方法存在催化剂的时效和烟气中残留氨的问题。为了增加催化剂的活性，应在 SCR 前加高效除尘器。

9.1.4.3　挥发性有机物（VOCs）

挥发性有机物（VOCs）是一类重要的空气污染物，包括烃类、卤代烃、芳香烃、多环芳香烃、醇类、酮类、醛类、醚类、酸类和胺类等。VOCs 来源广泛，主要污染源包括工业源、生活源。挥发性有机化合物的基本处理技术目前主要有两类：一是回收类方法，主要有吸附法、吸收法、冷凝法和膜分离法等；二是消除类方法，主要有燃烧法、生物法、低温等离子体法和催化氧化法等。

9.1.4.3.1　回收类方法

(1) 吸附法　吸附法是目前使用最为广泛的 VOCs 回收法，该法已经在制鞋、喷漆、印刷、电子行业得到广泛应用,适用于低浓度挥发性有机化合物废气的有效分离与去除。颗粒活性炭和活性炭纤维在工业上应用最广泛。由于每单元吸附量有限,宜与其他方法联合使用。

(2) 吸收法　吸收法适用于废气流量较大、浓度较高、温度较低和压力较高的挥发性有机化合物废气的处理。工艺流程简单,可用于喷漆、绝缘材料、黏接、金属清洗和化工等行业中。目前主要用吸收法来处理苯类有机废气。

(3) 冷凝法　冷凝法适用于高浓度的挥发性有机化合物废气回收和处理,属高效处理工艺,常作为降低废气有机负荷的前处理方法,与吸收法、吸附法、燃烧法等其他方法联合使用,回收有价值的产品。

(4) 膜分离法　膜分离法是指采用半透性的聚合膜从废气中分离有机废气,一般要求挥发性有机化合物废气体积分数在0.1%以上。该法适用于较高浓度挥发性有机化合物废气的分离与回收,具有流程简单、能耗小、无二次污染等特点。

9.1.4.3.2　消除类方法

(1) 燃烧法　目前常用的燃烧法有直接燃烧法、催化燃烧法和浓缩燃烧法,适用于处理小风量、高浓度、连续排放的场合,可以处理可燃、在高温下可分解和在目前技术条件下还不能回收的挥发性有机化合物废气。燃烧法应回收燃烧反应热量,提高经济效益。采用燃烧法处理挥发性有机化合物废气时有燃烧爆炸危险,不能回收溶剂,同时要避免二次污染。

(2) 生物法　生物法是利用微生物的新陈代谢过程对挥发性有机废气进行生物降解的方法。该法适用于在常温下处理低浓度、生物降解性好的各类挥发性有机化合物废气,对其他方法难处理的含硫、氮、苯酚和氰等的废气可采用特定微生物氧化分解的生物法。

① 生物过滤法。适用于处理气量大、浓度低和浓度波动较大的挥发性有机化合物废气,可实现对各类挥发性有机化合物的同步去除,工业应用较为广泛。

② 生物洗涤法。适用于处理气量小、浓度高、水溶性较好和生物代谢速率较低的挥发性有机化合物废气。

③ 生物滴滤法。适用于处理气量大、浓度低、降解过程中产酸的挥发性有机化合物废气,不宜处理入口浓度高和气量波动大的废气。

9.1.4.4　恶臭

恶臭气体的种类主要有五类:含硫的化合物,如硫化氢、二氧化硫、硫醇、硫醚类等;含氮的化合物,如胺、氨、酰胺等;卤素及衍生物,如卤代烃等;氧的有机物,如醇、酚、醛、酮、酸、酯等;烃类,如烷、烯、炔烃以及芳香烃等。

目前,恶臭气体的处理技术主要有三类:一是物理学方法,主要有水洗法、物理吸附法、稀释法和掩蔽法;二是化学方法,主要有药液吸收法(如氧化吸收、酸碱液吸收)、化学吸附法(如离子交换树脂吸附、碱性气体吸附剂吸附和酸性气体吸附剂吸附)和燃烧法(如直接燃烧和催化氧化燃烧);三是生物学方法,主要有生物过滤法、生物吸收法和生物滴滤法。

9.1.4.5　卤化物

在大气污染治理方面,卤化物主要包括无机卤化物气体和有机卤化物气体。有机卤化物(卤代烃类)气体属挥发性有机化合物,为重点关注的气态污染物质。有机卤化物气体治理技术参照挥发性有机化合物（VOCs）和恶臭的要求。重点控制的无机卤化物废气包括氟化氢、四氟化硅、氯气、溴气、溴化氢和氯化氢（盐酸酸雾）等。重点控制在化工、橡胶、制药、水泥、化肥、印刷、造纸、玻璃和纺织等行业排放废气中的无机卤化物。

卤化物气体的基本处理技术主要有物理化学类方法和生物学方法两类。物理化学类方法有固相（干法）吸附法、液相（湿法）吸收法和化学氧化脱卤法。生物学方法有生物过滤法、生物吸收法和生物滴滤法。对卤化物的治理，多年来一直采用传统的塔器吸收，随着吸收塔技术的进步而改进。

9.1.4.6 重金属

大气中应重点控制的重金属污染物有汞、铅、砷、镉、铬及其化合物。重金属废气的基本处理方法包括过滤法、吸收法、吸附法、冷凝法和燃烧法。一般而言，汞及其化合物废气常采用吸收法、吸附法、冷凝法；铅及其化合物废气常采用吸收法；砷、镉、铬及其化合物废气常采用过滤法和吸收法。

考虑重金属不能被降解的特性，大气污染物中重金属的治理应重点关注：

① 物理形态。应从气态转化为液态或固态，达到重金属污染物从气相中脱离的目的。

② 化学形态。应控制重金属元素价态朝利于稳定化、固定化和降低生物毒性的方向进行。

③ 二次污染。应按照相关标准要求处理重金属废气治理中使用过的洗脱剂、吸附剂和吸收剂，避免二次污染。

9.2 地表水污染防治措施

9.2.1 地表水污染的分类及污水处理工艺

9.2.1.1 地表水污染的分类及主要污染物

由于人类排放的各种外源性物质（包括自然界中原先没有的）进入水体后，超出水体本身自净作用所能承受的范围，就会导致水体污染。水污染主要是由人类活动产生的污染物造成的，它包括工业污染源、农业污染源和生活污染源三大部分。

根据污染物的特性，将水污染分为物理性污染、化学性污染和生物性污染三大类。其中物理性污染主要包括悬浮物质污染、热污染和放射性污染；化学性污染主要包括无机无毒物污染（如无机酸、无机碱、一般无机盐、氮、磷等）、无机有毒物污染（如非金属的氰化物、砷化物及重金属中的汞、镉、六价铬、铅等）、有机无毒物污染（如污水中所含的碳水化合物、蛋白质、脂肪等）、有机有毒物污染（如有机农药、多环芳烃、芳香胺等）和油类物质污染（包括石油类和动植物油类）；生物性污染主要指污水中含有的一些致病性微生物（如病原细菌、病毒和某些寄生虫病等）。

9.2.1.2 废水处理方法及分级

（1）废水处理方法　现代废水处理技术的基本任务是将污染物从废水中分离出来或是将其转化为无害物质。按作用原理可分为物理法、化学法、物理化学法和生物法四大类。

① 物理法是利用物理作用来分离废水中的悬浮物或乳浊物。常见的有隔滤、调节、沉淀、离心、澄清、隔油等方法。

② 化学法是利用化学反应的作用来去除废水中的溶解物质或胶体物质。常见的有中和、

沉淀、氧化还原、催化氧化、光催化氧化、微电解、电解絮凝等方法。

③ 物理化学法是利用物理化学作用来去除废水中溶解物质或胶体物质。常见的有混凝、气浮、离子交换、膜分离、萃取、气提、吹脱、蒸发、结晶等方法。

④ 生物法是利用微生物代谢作用，使废水中的有机污染物和无机微生物营养物转化为稳定、无害的物质。常见的有活性污泥法、生物膜法、厌氧生物消化法、稳定塘与湿地处理等。生物处理法也可按是否供氧而分为好氧处理和厌氧处理两类，前者主要有活性污泥法和生物膜法两种，后者包括各种厌氧消化法。

(2) 废水处理的分级　按废水处理程度，废水处理技术可分为一级、二级和三级处理。

一级处理通常被认为是一个沉淀过程，主要是通过物理处理法中的各种处理单元如沉降或气浮来去除废水中悬浮状态的固体、呈分层或乳化状态的油类污染物，多采用物理处理法中的各种处理单元。出水进入二级处理单元进一步处理或排放。

二级处理的任务是大幅度地去除废水中呈胶体和溶解状态的有机污染物。主要目的是去除一级处理出水中的溶解性 BOD，并进一步去除悬浮固体物质。二级处理过程可以去除大于 85% 的 BOD_5 及悬浮固体物质，但无法显著地去除氮、磷或重金属，也难以完全去除病原菌和病毒。一般工业废水经二级处理后，已能达到排放标准。

三级处理的任务是进一步去除前两级未能去除的污染物。三级处理所使用的处理方法是多种多样的，化学处理和生物处理的许多单元处理方法都可应用。还有以废水回收污染物资源化和净化回用为目的的深度处理。三级处理过程除常用于进一步处理二级处理出水外，还可用于替代传统的二级处理过程。

工业废水中的污染物质是多种多样的，不能设想只用一种处理方法就把所有污染物质去除殆尽。一种废水往往要采用多种方法组合的处理工艺系统，才能达到预期的处理效果。

9.2.2　废水的物理处理技术

9.2.2.1　隔滤

(1) 格栅和筛网　格栅是一种最简单的过滤设备，是用于去除污水中那些较大的悬浮物的一种装置。格栅用于截留废水中粗大的悬浮物或漂浮物，防止其后续处理构筑物的管道阀门或水泵堵塞以及减少后续处理工艺产生浮渣。格栅通常由互相平行的格栅条、栅框和清除栅渣机械组成。根据格栅上截留物清除方法的不同，可分成人工清理格栅和机械格栅。按栅条间隙，可分为粗格栅（栅条间隙＞40mm）、细格栅（栅条间隙 10～30mm）和密格栅（栅条间隙＜10mm）。格栅通常用在污水处理系统的预处理过程中，另外在水泵前也须设置格栅。

筛网主要用于纺织、印染、造纸、皮革等多种工业废水的处理，用以截留废水中含有的大量细小纤维状悬浮物（无法用格栅加以去除，也难用沉淀法处理）。筛网的滤层由穿孔金属板或金属网组成，按其孔眼大小，分为粗筛网（≥1mm）、中筛网（0.05～1mm）和微筛网（≤0.05mm），其形式则有固定筛和旋转筛。

(2) 过滤　废水处理中过滤的目的是去除废水中的微细悬浮物质，常用于活性炭吸附或离子交换设备之前。废水处理工程中的过滤是由滤池实现的。滤池的类型按滤速大小，可分为慢滤池（＜0.4m/h）、快滤池（4～10m/h）和高速滤池（10～60m/h）；按水流过滤层的方向，可分为上向流、下向流、双向流、径向流等；按滤料种类，可分为砂滤池、煤滤池、煤-砂滤池等；按滤料层数，可分为单层滤池、双层滤池、多层滤池；按水流性质，可分为压力滤池（水头为 15~35m）和重力滤池（水头为 4~5m）等。

9.2.2.2 调节

在一些废水处理系统中，废水量的不均匀性会使废水的流量或浓度变化较大。为使处理系统稳定工作，在废水处理系统之前设调节池，调节进入处理系统的水量和水质。根据调节池的功能，调节池分为均量池、均质池、均化池和事故池。

① 均量池。主要作用是均化水量，常用的均量池有线内调节式、线外调节式。

② 均质池（又称水质调节池）。主要作用是使不同时间或不同来源的废水进行混合，使出流水质比较均匀。常用的均质池形式有泵回流式、机械搅拌式、空气搅拌式、水力混合式。前三种形式利用外加的动力，其设备较简单、效果较好，但运行费用高；水力混合式无需搅拌设备，但结构较复杂，容易造成沉淀堵塞等问题。常见的均质池见图 9-2-1。

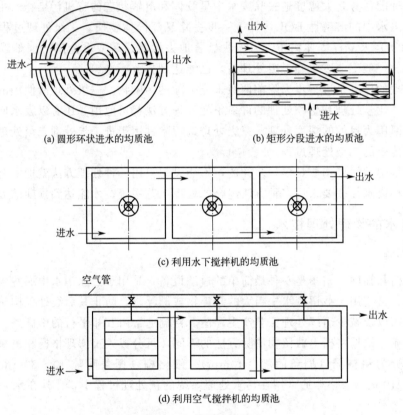

图 9-2-1 常见的均质池

③ 均化池。均化池兼有均量池和均质池的功能，既能调节废水水量，又能调节废水水质。

④ 事故池。事故池的作用是容纳生产事故废水或可能严重影响污水处理厂运行的事故废水。

9.2.2.3 沉砂与沉淀

沉砂与沉淀都是利用废水中悬浮物密度比水大，在重力的作用下下沉，从而与水分离的处理方法。

（1）沉砂池　除砂是为了减轻设备的磨损，防止砂粒在沉淀池和污泥处理构筑物内沉淀而影响排泥。沉砂池一般设置在泵站和沉淀池之前，用以分离废水中密度较大的砂粒、灰渣等无机固体颗粒。按原理或结构不同，沉砂池分为平流沉砂池、竖流沉砂池、曝气沉砂池、旋流沉砂池等。

① 平流沉砂池。截留效果好、工作稳定、构造较简。污水进入后，沿水平方向流至末端后经堰板流出沉砂池。

② 曝气沉砂池。曝气沉砂池集曝气和除砂为一体，进水与水流垂直，在沉砂池侧墙上设置空气扩散器，使污水横向流动，形成螺旋形的旋转流态，密度大的砂粒通过离心作用被旋至外圈。由于池中设有曝气设备，具有预曝气、脱臭、防止污水厌氧分解、除油和除泡等功能，可使沉砂中的有机物降低至5%以下，为后续的沉淀、曝气、污泥消化池的正常运行以及污泥的脱水提供有利条件。

（2）沉淀池　沉淀是指由于水中固体物质和水的密度差，利用重力沉降作用去除水中悬浮颗粒的过程。在生物处理法中用作预处理的称为初次沉淀池。设置在生物处理构筑物后的称为二次沉淀池，可分离生物污泥，使处理水得到澄清。根据池内水流方向，沉淀池可分为平流式沉淀池、辐流式沉淀池和竖流式沉淀池。

① 平流式沉淀池。池形呈长方形，水从池一端进入，从另一端流出，水在池内沿水平方向流动，通过沉降区并完成沉降过程。

② 辐流式沉淀池。是一种直径较大的、有效水深相应较浅的圆形池。进、出水的布置方式有中心进周边出、周边进中心出、周边进周边出、中心进中心出。

③ 竖流式沉淀池。池面多呈圆形或正方形，原水由设在池中心的中心管进入，在沉淀区流动方向是由池的下部向上做竖向流动，从池的顶部流出，池底锥体为贮泥斗。

9.2.2.4　离心

废水中的悬浮物在离心力作用下与水分离的方法称离心分离法。由于在离心力场中悬浮物所受的离心力远大于其所受的重力，所以能获得很好的分离效果。离心分离设备按离心力产生的方式不同，可分为两种类型：水利旋流器和器旋旋流器。水利旋流器是容器固定不动，由沿器壁切向高速进入旋流器的废水本身的旋转产生离心力。器旋旋流器是高速旋转的容器带动分离器内的废水旋转产生离心力。

9.2.2.5　隔油

隔油主要用于对废水中浮油的处理，它是利用水中油品与水的密度的差异与水分离并加以清除的过程。采用自然上浮法去除可浮油的设施称为隔油池。常用的隔油池有平流式隔油池和斜板式隔油池两类。

9.2.3　废水的化学处理技术

9.2.3.1　中和处理

中和主要是指对酸、碱废水的处理，废酸、碱水的互相中和。中和首先考虑的是废酸、碱水的相互中和，应遵循以废治废的原则，并考虑资源回收和综合利用。只有在中和后不平衡时，才考虑采用药剂中和。

① 酸、碱废水相互中和。酸、碱废水相互中和一般是在混合反应池内进行，池内设有搅拌装置。一般在混合反应池前设均质池，以确保两种废水相互中和时水量和浓度保持

稳定。

② 酸性废水的投药中和。酸性废水的中和药剂有石灰（CaO）、石灰石（$CaCO_3$）和氢氧化钠（NaOH）等。

③ 碱性废水的中和。碱性废水的投药中和主要是采用工业硫酸，使用盐酸的优点是反应产物的溶解度大，泥渣量小，但出水溶解固体浓度高。中和过程和设备与酸性废水投药中和基本相同。

9.2.3.2 化学沉淀处理

化学沉淀法是向废水中投加某些化学药剂（沉淀剂），使其与废水中溶解态的污染物直接发生化学反应，形成难溶的固体生成物，然后进行固废分离，除去水中污染物。

化学沉淀法的工艺过程：a. 投加化学沉淀剂，与水中污染物发生反应，生成难溶的沉淀物析出；b. 通过凝聚、沉降、上浮、过滤、离心等方法进行固液分离；c. 泥渣的处理和回收利用。

9.2.3.3 氧化还原处理

氧化还原法是利用有毒有害污染物在化学反应过程中能被氧化或还原的性质，改变污染物的形态，将它们变成无毒或微毒的新物质，或者转化成容易与水分离的形态，从而达到处理的目的。按照污染物的净化原理，氧化还原处理方法包括药剂法、电化学法（电解）和光化学法三大类。

废水处理中最常采用的氧化剂是空气、臭氧、氯气、次氯酸钠及漂白粉；常用的还原剂有硫酸亚铁、亚硫酸氢钠、硼氢化钠、铁屑等。

与生物氧化法相比，化学氧化还原法需较高的运行费用。因此，目前化学氧化还原法仅用于饮用水处理、特种事业用水处理、有毒工业废水处理和以回用为目的的废水深度处理等有限的场合。

9.2.4 废水的物理化学处理技术

9.2.4.1 混凝澄清法

混凝是在混凝剂的离解和水解产物作用下，使水中的胶体污染物和细微悬浮物脱稳，并凝聚为可分离的絮凝体的过程。混凝沉淀的处理过程包括投药、混合、反应及沉淀分离。

澄清池是用于混凝处理的一种设备。在澄清池内，可以同时完成混合、反应、沉淀分离过程。

9.2.4.2 浮选法

浮选法即通过投加混凝剂或絮凝剂使废水中的悬浮颗粒、乳化油脱稳、絮凝，以微小气泡作载体，黏附水中的悬浮颗粒，随气泡夹带浮升至水面，通过收集泡沫或浮渣来分离污染物。

浮选法主要用于处理废水中靠自然沉降或上浮难以去除的浮油，或相对密度接近1的悬浮颗粒。

9.2.4.3 吸附

吸附就是使液相中的污染物转移到吸附剂表面的过程。废水的吸附处理一般用来去除生化处理和物化处理单元难以去除的微量污染物质，不仅可以除臭、脱色、去除微量的元素及放射性污染物质，而且还能吸附诸多类型的有机物质。吸附可作为离子交换、膜分离等方法的预处理和二级处理后的深度处理。吸附剂可选用活性炭、活化煤、白土、硅藻土、膨润土、蒙脱石、黏土、沸石、活性氧化铝、树脂吸附剂、木屑、粉煤灰、腐殖酸等。

活性炭是最常用的吸附剂。在污水处理中，活性炭吸附主要用于处理难以生化降解的有机物或用于深度处理。活性炭吸附装置一般采用固定床、移动床及流动床。移动床的运行操作方式：原水从下而上流过吸附层，吸附剂由上而下间歇或连续移动。流动床是一种较为先进的床型，吸附剂在塔中处于膨胀状态，塔中吸附剂与废水逆向连续流动。

9.2.4.4 离子交换

对于工业废水，离子交换主要用来去除废水中的阳离子（如重金属），但也能去除阴离子，如氯化物、砷酸盐、铬酸盐等。离子交换操作是在装有离子交换剂的交换柱中以过滤方式进行的。整个工艺过程包括交换、反冲洗、再生和清洗等四个阶段，这四个阶段依次进行，形成循环。离子交换适用于原水脱盐净化，回收工业废水中有价金属离子、阴离子化工原料等。

离子交换树脂可以由沸石等无机材料制成，晶格中有数量不足的阳离子，也可以由合成的有机聚合材料制成，聚合材料有可离子化的官能团，如磺酸基、酚羟基、羧基、氨基等。在废水处理中，最常用的是钠离子树脂。

9.2.4.5 气浮

气浮是向水中通入空气，产生微小气泡，气泡与细小悬浮物之间互相黏附，利用气泡的浮力上升到水面，形成泡沫或浮渣，从而使水中的悬浮物得以分离的一种水处理方法。气浮适用于去除水中密度小于 1kg/L 的悬浮物、油类和脂肪，可用于污（废）水处理，也可用于污泥浓缩。浮选过程包括气泡产生、气泡与颗粒附着以及上浮分离等连续过程。

9.2.4.6 电渗析

电渗析适用于去除废水中的溶质离子，可用于海水或苦咸水（小于 10g/L）淡化、自来水脱盐制取初级纯水、与离子交换组合制取高纯水、废液的处理回收等。

9.2.5 废水的生物处理技术

生物处理法是利用自然环境中的微生物体内的生物化学作用来氧化分解废水中的有机物和某些无机毒物的水处理方法。

废水生物处理可根据微生物生长对氧环境的要求不同，分为好氧生物处理和厌氧生物处理两大类。好氧生物处理宜用于进水 $BOD_5/COD \geqslant 0.3$ 的可生化性较好的废水。厌氧生物处理宜用于高浓度、难生物降解有机废水和污泥等的处理。

9.2.5.1 好氧生物处理

好氧生物处理可分为活性污泥法（包括传统活性污泥、氧化沟、序批式活性污泥法）和生物膜法（包括生物接触氧化、生物滤池、曝气生物滤池等）。活性污泥法是依靠曝气池中悬浮流动着的活性污泥来分解有机物，而生物膜法则主要依靠固着于载体表面的微生物膜来净化有机物。

（1）传统活性污泥法　适用于以去除污水中碳源有机物为主要目标，无氮、磷去除要求的情况。按反应器类型划分，有推流式活性污泥法、阶段曝气法、完全混合法、吸附再生法，以及带有微生物选择池的活性污泥法。按供氧方式以及氧气在曝气池中分布特点，处理工艺分为传统曝气工艺、渐减曝气工艺和纯氧曝气工艺。按负荷类型分为传统负荷法、改进曝气法、高负荷法、延时曝气法。

传统（推流式）活性污泥法的曝气池为长方形，经过初沉的废水与回流污泥从曝气池的前端，借助空气扩散管或机械搅拌设备进行混合。活性污泥中微生物不断利用废水中的有机物进行新陈代谢，活性污泥数量不断增多，当超过一定浓度时应排放一部分，被排放的这部分称为剩余污泥。普通活性污泥法悬浮物和 BOD 的去除率都很高，可达 90%～95%。但其对水质变化的适应能力不强，曝气池的前端供氧不足，后端供氧过剩，所供的氧不能充分利用。传统（推流式）活性污泥法工艺流程见图 9-2-2。

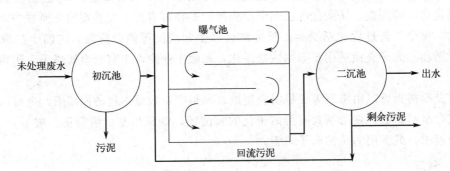

图 9-2-2　传统（推流式）活性污泥法工艺流程

① 阶段曝气法（又称多点进水活性污泥法）。通过阶段分配进水的方式避免曝气池中局部浓度过高的问题，以克服普通活性污泥法供氧与需氧不平衡的矛盾。采用阶段曝气后，曝气池沿程污染物浓度分布和溶解氧消耗明显改善。多点进水活性污泥法工艺流程见图 9-2-3。

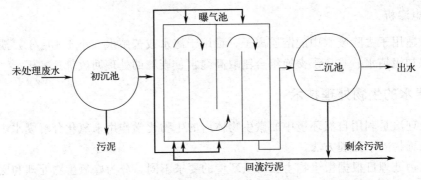

图 9-2-3　阶段曝气法（多点进水活性污泥法）工艺流程

② 完全混合法（又称为带沉淀和回流的完全混合反应器工艺）。在完全混合系统中废水的浓度是一致的，污染物的浓度和氧气需求沿反应器长度没有发生变化。因此，该工艺适合于含可生物降解污染物及浓度适中的有毒物质的废水。与运行良好的推流式活性污泥法工艺相比，它的污染物去除率较低。

③ 吸附再生法（又称为接触稳定工艺）。由接触池、稳定池和二沉池组成。来自初沉池的废水在接触反应器中与回流污泥进行短暂的接触，使可生物降解的有机物被氧化或被细胞吸收，颗粒物则被活性污泥絮体吸附，随后混合液流入二沉池进行泥水分离。分离后的废水被排放，沉淀后浓度较高的污泥则进入稳定池继续曝气，进行氧化过程。浓度较高的污泥回

流到接触池中继续用于废水处理。吸附再生法适用于运行管理条件较好且无冲击负荷的情况。

(2) 氧化沟　氧化沟（图 9-2-4）属延时曝气活性污泥法，氧化沟的池型，既是推流式，又具备完全混合的功能。

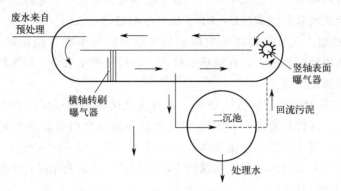

图 9-2-4　氧化沟工艺流程

(3) 序批式活性污泥法（SBR）　序批式活性污泥法，简称 SBR，是将曝气池与沉淀池合二为一，生化反应分批进行，工作周期由进水、反应、沉降、排水和闲置五个阶段组成。进水期是反应器从开始进水至达到最大反应体积的时间，同时进行着生物降解反应。在反应期中，反应器不再进水，废水被逐渐处理达到预期效果。进入沉降期时，活性污泥沉降，上清液即为处理后的水，于排放期排放。这以后的一段时间直至下一批废水进入之前即为闲置期。

(4) 生物接触氧化　适用于低浓度的生活污水和具有可生化性的工业废水的处理，生物接触氧化池应根据进水水质和处理程度确定采用一段式或多段式。

(5) 生物滤池　生物滤池也称滴滤池，主要由一个用碎石铺成的滤床组成。废水通过布水系统，从滤池顶部布洒下来。废水通过滤池时，滤料截留了废水中的悬浮物，使微生物很快繁殖起来，微生物又进一步吸附了废水中的胶体和溶解性有机物并逐渐生长形成了生物膜。生物滤池就是依靠滤料表面的生物膜对废水中有机物的吸附氧化作用而使废水得以净化。

(6) 生物转盘　又称浸没式生物滤池，它由许多平行排列的浸没在一个水槽（氧化槽）中的塑料圆盘组成。圆盘的盘面近一半浸没在废水之下，盘片上生长着生物膜。它的工作原理和生物滤池基本相同，盘片在与之垂直的水平轴的带动下缓慢地转动，浸入废水中的盘片上的生物膜便吸附废水中的有机物，当转出水面时，生物膜又从大气中吸收所需的氧气，使吸附于膜上的有机物被微生物所分解。随着盘片的不断转动，槽内的废水得到净化。

(7) 生物流化床　生物流化床是以粒径小于 1mm 的砂、焦炭、活性炭等的颗粒材料为载体，当污水以一定的压力和流量由下向上流过载体时，使载体呈流动状态或称之为"流化"状态，依靠载体表面生长着的生物膜，使污水得到净化。好氧生物流化床主要有两种类型：a. 两相生物流化床，是在流化床体外设置充氧设备和脱膜装置。污水与回流水在充氧设备中与氧混合，使水中的溶解氧浓度提高，充氧后的污水进入生物流化床进行生物反应。b. 三相生物流化床，在三相生物流化床中，空气（或纯氧）、液体（污水）、固体（带生物膜的载体）在流化床中进行生物反应，载体表面的生物膜靠气体的搅动作用，使颗粒之间激烈摩擦而脱落。

9.2.5.2 厌氧生物处理

废水厌氧生物处理是指在缺氧条件下通过厌氧微生物（包括兼氧微生物）的作用，将废水中的各种复杂有机物分解转化成甲烷和二氧化碳等物质的过程，也称厌氧消化。厌氧处理工艺主要包括升流式厌氧污泥床（UASB）、厌氧生物滤池（AF）、厌氧流化床（AFB）。

① 厌氧生物滤池。厌氧生物滤池的构造与一般的好氧生物滤池相似，池内设置填料，但池顶密封。废水由池底部进入，在池顶部排出。填料浸没于水中，微生物附着生长在填料上，滤池中微生物浓度很高。

② 升流式厌氧污泥床反应器（UASB）。在升流式厌氧污泥床反应器中，废水自下而上地通过厌氧污泥床，床体底部是一层颗粒状的絮凝和沉淀性能良好的污泥层，中部是悬浮区，上部是澄清区。澄清区设有三相分离器，用以完成气、液、固三相的分离。被分离的消化气由上部导出，被分离的污泥则自动落到下部反应区。厌氧消化过程中所产生的微小气泡对污泥床进行缓和的搅拌作用。

③ 厌氧流化床。适用于各种浓度有机废水的处理。典型工艺参数以 COD 去除率 80%～90%计，污泥负荷为 0.26～4.3kg COD/(kg MLVSS·d)。

9.2.5.3 生物脱氮除磷

当采用生物法去除废水中的氮、磷等污染物时，原水水质应满足《室外排水设计规范》（GB 50014）的相关规定，即：脱氮时，污水中的 BOD_5 与总凯氏氮的比大于 4；除磷时，污水中 BOD_5 与总磷之比大于 17。仅需脱氮时，应采用缺氧/好氧法；仅需除磷时，应采用厌氧/好氧法；当需要同时脱氮除磷时，应采用厌氧/缺氧/好氧法。

9.2.6 污泥的处理处置

工业废水和城市污水在处理过程中将产生各种污泥。有的是直接从废水中分离出来的，如初次沉淀池排出的沉渣、气浮池排出的油渣等；有的是在处理过程中产生的，如化学沉淀法产生的沉淀污泥、生物化学法产生的活性污泥，以及脱落的生物膜等。污泥量及其特性与原污水的性质、采用的处理方法、污泥的含水率等有关。

在污泥排入环境前，必须对其进行处理和处置，使有毒、有害物质转化为无毒、无害的物质，使有用物质得到回收或再利用。应根据工程规模、地区环境条件和经济条件进行污泥的减量化、稳定化、无害化和资源化处理与处置。污水污泥的减量化处理包括使污泥的体积减小和污泥的质量减小，前者可采用污泥浓缩、脱水、干化等技术，后者可采用污泥消化、污泥焚烧等技术。污水污泥的稳定化处理是使污泥得到稳定（不易腐败），以利于对污泥做进一步处理和利用，可以减少有机组分含量，改善污泥脱水性能便于污泥的贮存和利用，抑制细菌代谢，降低污泥臭味，产生沼气，回收资源等，实现污泥稳定可采用厌氧消化、好氧消化、污泥堆肥、加碱稳定化等技术。污水污泥的无害化处理是减少污泥中的致病菌、寄生虫卵数量及多种重金属离子和有毒有害的有机污染物，降低污泥臭味。

9.2.6.1 污泥的处理方法

（1）污泥浓缩处理 污泥浓缩应根据污水处理工艺、污泥性质、污泥量和污泥含水率要求进行选择，其目的是降低污泥含水率、减少污泥体积，主要减缩污泥的间隙水。可采用重力浓缩、气浮浓缩、离心浓缩、带式浓缩机浓缩和转鼓机械浓缩等。

(2) 污泥消化处理　为避免污泥进入环境后其有机部分发生腐败，常在脱水之前对其进行降解，称为污泥的稳定。污泥可采用厌氧消化或好氧消化工艺处理。厌氧消化是在没有游离氧的条件下对污泥进行生物降解，大部分有机物转化为甲烷、二氧化碳和水。污泥的厌氧消化也包括水解、酸化、产乙酸、产甲烷等过程。

好氧消化类似于活性污泥法，好氧细菌稳定污泥的过程比厌氧细菌快，操作简单。

(3) 污泥脱水处理　污泥经浓缩后含水率仍为 $95\%\sim97\%$，污泥脱水的作用是去除污泥中的毛细水和表面附着水，缩小体积、减小重量。经过脱水处理，污泥含水率能从 96% 左右降到 $60\%\sim80\%$，其体积降为原来的 $(1/10)\sim(1/5)$，有利于运输和后续处理。污泥脱水设备可采用压滤脱水机（包括带式压滤机和板框式压滤机）和离心脱水机。

(4) 污泥干燥处理和焚烧　脱水后的污泥含水率仍然很高，一般在 $60\%\sim80\%$，如需进一步降低它的含水率，可进行干燥处理或焚烧。

干燥的脱水对象是毛细管水、吸附水和颗粒内部水。经过干燥处理后，污泥含水率可降至 $10\%\sim20\%$，便于运输，还可作为农田和园林的肥料使用。这种方法同时也是污泥最终处置的一种有效方法。污泥干燥处理宜采用直接式干燥器，主要有带式干燥器、转筒式干燥器、急骤干燥器和流化床干燥器。

污泥焚烧工艺适用于：a. 污泥不符合卫生要求，有毒物质含量高，不能为农副业所利用；b. 污泥自身的燃烧热值高，可以自燃并利用燃烧热量发电；c. 可与城镇垃圾混合焚烧并利用燃烧热量发电。采用污泥焚烧工艺时，所需的热量靠污泥所含的有机物燃烧产生，所以前处理不需经过稳定处理，以免所含的有机物量减少。污泥焚烧的烟气和飞灰必须进行相应的处理。

9.2.6.2　污泥的资源化利用和最终处置

(1) 农业应用　污泥中含有植物所需的营养成分和有机物，而且污泥中含有硼、锰、锌等微量元素，但污泥的肥效主要取决于污泥的组成和性质。在利用前应进行堆肥等稳定处理，使污泥中的有机物好氧分解，达到腐化稳定有机物、杀死病原体、破坏污泥中恶臭成分和脱水的目的。

(2) 建筑材料应用　污泥可用于制砖或制纤维板材，还可用于铺路。可采用干化污泥直接制砖，也可采用污泥焚烧灰制砖。

(3) 污泥气利用　污泥发酵产生的气体主要是甲烷和二氧化碳，可用作燃料，也可作化工原料。

(4) 卫生填埋　污泥卫生填埋时，要严格控制污泥中金属和其他有毒物质的含量，并且要做好环境保护措施，防止污染地下水。

9.3　地下水污染防治措施

9.3.1　地下水污染原因、来源

在天然状态下，地下水具有一定的自净能力。人为的活动使这种平衡遭到破坏，使地下水中污染物的浓度超过规定的指标，就是地下水污染。地下水污染是人为因素造成地下水质恶化的现象。

地下水污染的原因主要有：工业废水向地下直接排放；受污染的地表水侵入地下含水层中；人畜粪便或因过量使用农药而受污染的水渗入地下等。

地下水污染的来源有：天然污染源（如地表污水体、地下高矿化度水或其他劣质水体、含水层或包气带所含的某些矿物等）、工业污染源、农业污染源、生活污染源、矿业污染源等。

9.3.2 地下水污染预防措施

（1）源头控制 主要包括提出各类废物循环利用的具体方案，减少污染物的排放量；提出工艺、管道、设备、污水储存及处理构筑物应采取的污染控制措施，将污染物跑、冒、滴、漏降到最低限度。

（2）分区防渗 结合地下水环境影响评价结果，对工程设计或可行性研究报告提出的地下水污染防控方案提出优化调整的建议，给出不同分区的具体防渗技术要求。

一般情况下，应以水平防渗为主，防控措施应满足以下要求：

① 已颁布污染控制国家标准或防渗技术规范的行业，水平防渗技术要求按照相应标准或规范执行，如生活垃圾、一般工业固体废物、危险废物贮存和填埋污染控制标准等。

② 未颁布相关标准的行业，根据预测结果和场地包气带特征及其防污性能，提出防渗技术要求；或根据建设项目场地天然包气带防污性能、污染控制难易程度和污染物特性，参照表 9-3-1 提出防渗技术要求。其中污染控制难易程度分级和天然包气带防污性能分级分别参照表 9-3-2 和表 9-3-3 进行相关等级的确定。

表 9-3-1 地下水污染防渗分区参照

防渗分区	天然包气带防污性能	污染控制难易程度	污染物类型	防渗技术要求
重点防渗区	弱	难	重金属、持久性有机污染物	等效黏土防渗层厚度 $M_b \geq 6.0m$，渗透系数 $K \leq 1 \times 10^{-7} cm/s$；或参照 GB 18598 执行
	中-强	难		
一般防渗区	中-强	易	重金属、持久性有机污染物	等效黏土防渗层 $M_b \geq 1.5m$，$K \leq 1 \times 10^{-7} cm/s$；或参照 GB 16889 执行
	弱	易-难	其他类型	
	中-强	难		
简单防渗区	中-强	易	其他类型	一般地面硬化

表 9-3-2 污染控制难易程度分级参照

污染控制难易程度	主要特征
难	对地下水环境有污染的物料或污染物泄漏后不能及时发现和处理
易	对地下水环境有污染的物料或污染物泄漏后可及时发现和处理

表 9-3-3 天然包气带防污性能分级参照

分级	包气带岩土的渗透性能
强	（土）层单层厚度 $M_b \geq 1.0m$，渗透系数 $K \leq 1 \times 10^{-6} cm/s$，且分布连续、稳定
中	岩（土层）单层厚度 $0.5m \leq M_b < 1.0m$，渗透系数 $K \leq 1 \times 10^{-6} cm/s$，且分布连续、稳定；岩（土层）单层厚度 $M_b \geq 1.0m$，渗透系数 $1 \times 10^{-6} cm/s < K \leq 1 \times 10^{-4} cm/s$，且分布连续、稳定
弱	岩（土层）不满足上述"强"和"中"条件

对难以采取水平防渗的场地，可采用垂向防渗为主、局部水平防渗为辅的防控措施。垂向防渗是利用场区底部的天然相对不透水层作为底部隔水层，在场区四周或地下水下游设置

垂向防渗帷幕，垂向防渗帷幕底部深入天然相对不透水层一定深度，阻断场地内填埋污染物与周边土壤和地下水的水力联系，使场区形成一个相对封闭的单元。

垂向防渗的设计与其施工工艺水平是紧密相关的，应根据工程的水文地质条件、污染物特性、地形及稳定性情况，结合防渗帷幕需要达到的渗透系数、深度和刚度，选择与之相适应的阻控类型。

垂向防渗一般根据污染特性、范围、水文地质条件及地形地貌，设置在地下水下游或污染场地周围，阻止污染物向外界迁移。对于已有重点污染源的垂向防渗主要应用于：a. 由于地形条件限制，无法进行地面防渗的；b. 由于已有装置的限制而无法开展地面防渗的；c. 已有大量固废堆存（贮存/填埋）而无法开展地面防渗的；d. 地下水污染范围已超出厂（场）界的，且需切断污染向厂（场）界外传输途径的。

（3）优化装置布局　结合国家产业政策，调整工农业产业结构，合理进行产业布局。严格限制能耗大、污染重的企业上马，按环境容量确定污染物允许排放总量，必须严格控制工业废水和生活污水排放量及排放浓度，在其排入环境之前应进行净化处理。根据水文地质条件，合理确定可能发生污染的建设项目选址及污染物储存或污水排放位置。工业企业应改进生产工艺，加强节水措施，提高污水资源化程度，减少水的消耗量和外排量。

9.3.3　地下水污染控制和修复措施

目前，较典型的地下水污染控制和修复技术主要有以下几种。

（1）物理屏蔽法　物理屏蔽法是在地下建立各种物理屏障，将受污染水体圈闭起来，以防止污染物进一步扩散蔓延。常用的有灰浆帷幕法、泥浆阻水墙、振动桩阻水墙、板桩阻水墙、块状置换、膜和合成材料帷幕圈闭法等。物理屏蔽法只有在处理小范围的剧毒、难降解污染物时才可考虑作为一种永久性的封闭方法，多数情况下，它只是在地下水污染治理的初期被用作一种临时性的控制方法。

（2）被动收集法　被动收集法是在地下水流的下游挖一条足够深的沟道，在沟内布置收集系统，将水面漂浮的污染物质如油类污染物等收集起来，或将所有受污染地下水收集起来以便处理的一种方法。

（3）水动力控制法　水动力控制法是利用井群系统，通过抽水或向含水层注水，人为地改变地下水的水力梯度，从而将受污染水体与清洁水体分隔开来。根据井群系统布置方式的不同，水力控制法又可分为上游分水岭法和下游分水岭法。上游分水岭法是在受污染水体的上游布置一排注水井，通过注水井向含水层注入清水，使得在该注水井处形成一地下分水岭，从而阻止上游清洁水体向下补给已被污染水体；同时，在下游布置一排抽水井将受污染水体抽出处理。而下游分水岭法则是在受污染水体下游布置一排注水井注水，在下游形成一分水岭以阻止污染羽流向下游扩散，同时在上游布置一排抽水井，抽出清洁水并送到下游注入。同样，水动力控制法一般也用作一种临时性的控制方法，在地下水污染治理的初期用于防止污染物的扩散蔓延。

（4）抽出处理技术　传统的抽出处理是把污染的地下水抽出来，然后在地面上进行处理。抽出处理的修复过程一般可分为两大部分：地下水动力控制过程和地上污染物处理过程。根据地下水污染范围，在污染场地布设一定数量的抽水井，通过水泵和水井将污染了的地下水抽取上来，然后利用地面净化设备进行治理。处理过的地下水可以选择排放、回灌或用于当地供水等。

(5) 原位修复技术　较典型的原位修复技术有渗透性反应墙技术、土壤气相抽提技术、空气注入修复技术、植物修复技术以及原位稳定-固化技术。

① 渗透性反应墙技术。沿地下水流方向，在污染场地下游安置连续或非连续的渗透性反应墙，使含有污染物质的地下水流经渗透墙的反应区，通过地下水与反应墙中添加剂的化学反应达到去除污染物质的目的，并利用渗透性反应墙物理屏障阻止污染物向下游扩散。一般根据不同污染场地特点，在反应墙中添加相应的化学试剂。

② 土壤气相抽提技术。土壤气相抽提技术是对土壤中挥发性有机污染进行原地恢复、处理的方法，它用来处理包气带中岩石介质的污染问题，使包气带土（或土-水）中的污染物进入气相排出。

③ 空气注入修复技术。空气注入修复技术通常用来治理地下饱和带（饱水带及毛细饱和带）的有机污染，其修复原理为：通过向地下注入空气，在污染物下方形成气流屏障，防止污染物进一步向下扩散和迁移，在气压梯度作用下，收集地下可挥发性污染物，并以供氧作为主要手段，促进地下污染物的生物降解。

④ 植物修复技术。植物修复方法使用植物来净化污染了的土壤和地下水，是利用植物的天然能力去吸收、聚积和降解土壤和水环境中的污染物。植物处理方法包括植物根部吸收、植物吸取、植物转化、植物激化或植物辅助下的微生物降解、植物稳定。

⑤ 原位稳定-固化技术。在已污染的包气带或含水层中注入可使污染物不继续迁移的介质，使有机或无机污染物达到稳定状态。污染物可以被介质凝固、黏合（固化），或者由于化学反应使其活动性降低。常用于重金属离子和放射性物质的稳定化和固化处理。

9.4　土壤污染防治与保护措施

9.4.1　土壤污染的主要途径

土壤中污染物质来源主要有以下三种：

一是土壤作为农业生产的基础条件，人们为了提高农作物的产量和质量，大量施用化肥和农药。

二是土壤作为垃圾、废渣和废水的重要处理、处置场所，大量有害的无机和有机污染物质等随之进入土壤。

三是土壤作为生态系统的组成部分之一，大气圈和水圈中存在的污染物质可经过多种迁移和转化途径而进入土壤，从而导致土壤环境受到污染。

9.4.2　土壤污染防治相关法律法规要求

我国《中华人民共和国土壤污染防治法》《工矿用地土壤环境管理办法》等有关法律法规明确规定：

① 尾矿库运营、管理单位应当按照规定，加强尾矿库的安全管理，采取措施防止土壤污染。危库、险库、病库以及其他需要重点监管的尾矿库的运营、管理单位应当按照规定，进行土壤污染状况监测和定期评估。

② 禁止向农用地排放重金属或者其他有毒有害物质含量超标的污水、污泥，以及可能造成土壤污染的清淤底泥、尾矿、矿渣等。

③ 农田灌溉用水应当符合相应的水质标准，防止土壤、地下水和农产品污染。

④ 对未利用地应当予以保护，不得污染和破坏。

⑤ 对开发建设过程中剥离的表土，应当单独收集和存放，符合条件的应当优先用于土地复垦、土壤改良、造地和绿化等。禁止将重金属或者其他有毒有害物质含量超标的工业固体废物、生活垃圾或者污染土壤用于土地复垦。

⑥ 实施风险管控、修复活动，不得对土壤和周边环境造成新的污染。

⑦ 修复施工单位转运污染土壤的，应当制订转运计划，将运输时间、方式、线路和污染土壤数量、去向、最终处置措施等，提前报所在地和接收地生态环境主管部门。转运的污染土壤属于危险废物的，修复施工单位应当依照法律法规和相关标准的要求进行处置。

⑧ 在永久基本农田集中区域，不得新建可能造成土壤污染的建设项目；已经建成的，应当限期关闭拆除。

⑨ 重点单位建设涉及有毒有害物质的生产装置、储罐和管道，或者建设污水处理池、应急池等存在土壤污染风险的设施，应当按照国家有关标准和规范的要求，设计、建设和安装有关防腐蚀、防泄漏设施和泄漏监测装置，防止有毒有害物质污染土壤和地下水。

⑩ 重点单位应当建立土壤和地下水污染隐患排查治理制度，定期对重点区域（重点区域包括涉及有毒有害物质的生产区，原材料及固体废物的堆存区、储放区和转运区等）、重点设施（重点设施包括涉及有毒有害物质的地下储罐、地下管线，以及污染治理设施等）开展隐患排查。发现污染隐患的，应当制定整改方案，及时采取技术、管理措施消除隐患。

9.4.3 土壤环境污染防治措施

（1）源头防控措施　为预防建设项目对土壤环境产生污染，应切断其对土壤环境的影响源头，包括通过提出污染物质减量化方案，控制废气、废水、固废的排放量和排放浓度；对涉及垂直入渗影响途径的装置、设备及构筑物重点做好防渗措施；对于土壤污染预防应当涉及对废水、废气、固体废物等诸多污染源的源头防控措施。

（2）过程防控措施　建设项目根据行业特点与占地范围内的土壤特性，按照相关技术要求采取过程阻断、污染物削减和分区防控措施。

建设项目应在充分考虑土壤特征的情况下，结合影响源造成不同类型影响的特点，对影响源可能影响的过程采取防控和截断措施，在影响源已经产生的情况下仍可在中途阻断、削减从而得到有效控制。涉及大气沉降影响的，占地范围内应采取绿化措施，以种植具有较强吸附能力的植物为主；涉及地面漫流影响的，应根据建设项目所在地的地形特点优化地面的布局，必要时设置围堰或防护栏，以防止土壤环境污染；涉及入渗途径影响的，应根据相关标准规范要求，对设施设备采取相应防渗措施，以防止土壤环境污染。

（3）具体分类　根据土壤污染治理方法可分为原位或异位物理/工程措施、化学措施、生物措施、农业措施及改变土地利用方式。物理/工程措施包括客土、换土、翻土、去表土、隔离、固化、玻璃化、热处理、土壤冲洗、电化学方法等。化学措施是指施用改良剂、抑制剂等降低土壤污染物的水溶性、扩散性和生物有效性，从而降低污染物进入食物链的能力，以减轻对土壤生态环境的危害。生物措施是利用特定的动、植物和微生物吸收或降解土壤中的污染物。农业措施则通过增加有机肥、选种抗污染农作物品种等来治理污染土壤。一般，异位物理/化学措施所需时间较短，而且更能确定处理的一致性，但挖掘土壤常导致花费和工程量增大，因而不适宜于大面积的土壤治理。对于已污染的土壤，应根据污染物的来源及污染实际情况进行改良。

① 重金属污染土壤

a. 物理、化学及农业措施：施用石灰、碱性磷酸盐等，提高土壤 pH 值，可促使 Cd、Hg、Cu、Zn 等形成碳酸盐或氢氧化物沉淀，降低其活性；水田土壤施用绿肥、稻草等，旱地土壤施用硫化钠、石灰硫黄合剂等有利于重金属生成硫化物沉淀。砷污染的土壤可施加 $Fe_2(SO_4)_3$ 和 $MgCl_2$ 生成 $FeAsO_4$、$Mg(NH_4)AsO_4$ 等难溶物，减少砷的危害。选种抗性植（作）物，如烟草、向日葵、玉米抗镉能力强，马铃薯、甜菜抗镍能力强。对于污染严重的土壤种植不进入食物链的经济作物（棉、麻等）或种树，也可以采用客土或换土法，但耗资大。

b. 植物修复：植物修复/整治技术，即利用自然生长植物或遗传工程培育植物原地修复和消除由有机毒物和无机废弃物造成的土壤环境污染。植物修复土壤重金属污染，是以不少植物忍耐和超量累积某种或某些化学元素的理论为基础，或利用除去生物量的方法机械地将重金属移除出土体（回收或填埋），或采用土壤改良剂使其转变成非生物活性形态。植物对重金属污染点位的修复有三种方式：植物固定、植物挥发和植物吸收。

② 有机物污染土壤

a. 物理、化学措施：针对有机物［包括石油、农药、PHAs（聚羟基脂肪酸酯）等］污染的土壤，可采用物理治理技术，如挖掘填埋法和通风去污法（尤其石油泄漏），以及化学治理方法，如化学焚烧法、化学清洗法（利用表面活性剂、有机溶剂及超临界萃取技术）、光化学降解法和化学栅防治法等。化学治理方法存在费用太高、对环境造成二次污染的可能以及可操作性差等缺陷。

b. 生物措施：包括微生物、植物和菌根修复。应用微生物治理土壤有机污染的方法分为原位治理（投菌法、生物培养法、生物通气法和农耕法）、异位治理（预制床法、堆肥法、生物反应器法和厌氧处理法）及原位-异位联合治理方法。对于被污染的土壤，可以通过提高土壤微生物的代谢条件，人为增加有效微生物的生物量和代谢活性或添加针对性的高效微生物来加速土壤中污染物的降解过程。

9.4.4 土壤环境生态影响保护措施

9.4.4.1 土壤环境生态影响的成因

(1) 土壤盐渍化的形成　指土壤底层或地下水的盐分随毛管水上升到地表，水分蒸发后，使盐分积累在表层土壤中的过程，即易溶性盐分在土壤表层积累的现象或过程。通常所说的土壤盐渍化包括土壤盐化过程和土壤碱化过程。土壤盐化是指可溶性盐类在土壤中的积累，特别是在土壤表层积累的过程；土壤碱化则是指土壤胶体被钠离子饱和的过程，也常称为钠质化过程。土壤盐渍化是一种渐变性的地质灾害，完全因自然因素而引起的土壤盐渍化过程称原生盐渍化过程，形成的盐渍土称为原生盐渍土；由人类的不合理灌溉而造成的盐渍化过程称次生盐渍化，其形成的盐渍土即称为次生盐渍土。土壤的次生盐渍化是影响全球农业生产和土壤资源可持续利用的严重问题，灌溉地区的土壤次生盐渍化所引起的土壤退化问题更为突出。

(2) 土壤酸化产生的原因　主要有酸沉降、不合理施肥、灌溉、雨水淋洗作用和微生物、有机酸作用等。

9.4.4.2 土壤环境生态影响的产生条件及后果

(1) 土壤盐渍化的影响　土壤盐渍化致使农作物减产或绝收，影响植被生长并间接造成生态环境恶化等；盐渍土还可以侵蚀桥梁、房屋等建筑物基础，引起基础开裂或破坏，另外如果采用盐渍土填筑路基时，会导致机床强度降低、膨胀松软或翻浆冒泥，有的地方还会因盐渍土被溶蚀，形成地下空洞，导致地基下沉等。

（2）土壤酸化的影响　土壤酸化的影响一是可导致土壤中盐基离子大量流失以及活性铝有毒重金属的活化、溶出等对土壤中化学元素的影响；二是土壤酸化及酸雨可导致土壤变贫瘠，使土壤中铝和重金属被活化从而对树木生长产生毒害，在持续干旱等诱发原因下会导致土壤酸化程度加剧，从而引起树木根系严重枯萎，致使树木死亡，对森林造成危害；三是土壤酸化对农业的危害，不仅对耕地造成影响，还会危害植物根系和茎叶。

9.4.4.3　土壤环境生态影响防治措施

（1）源头控制措施　生态影响型建设项目应结合项目的生态影响特征、按照生态系统功能优化的理念、坚持高效适用的原则提出源头防控措施。

（2）过程防控措施　涉及酸化、碱化影响的可采取相应措施调节土壤pH，以减轻土壤酸化、碱化的程度；涉及盐化影响的，可采取排水排盐或降低地下水位等措施，以减轻土壤盐化的程度。

（3）土壤盐渍化的防治　土壤盐渍化的防治应依据产生的原因与水盐运动规律来制定改良措施。

① 根据水盐运动规律采取的措施如下：一是控制盐源，充分的盐分来源是形成盐渍化的物质基础，因而通过控制盐分进入土壤的上层，使土壤中不致有过多盐分，是防止盐渍化产生的有效途径之一；二是转化盐类，通过施用一定的化学物质，将盐分转化为毒害作用较小的盐分；三是调控盐量，采用适宜的灌溉技术（滴灌、喷灌）使土壤保持适宜水分、控制盐分浓度，或者采用生物排水、水旱轮作等改变水盐运动的规律，以达到减少盐分累积的作用；四是消除过多的盐量，对已经发生盐化或者垦殖盐荒地时，通过冲洗、排水、客土等措施消除土壤中过多的盐量，来改良盐渍土；五是适应性种植，利用盐生植物、耐盐植物，控制地面蒸发、减少积盐过程。

② 根据土壤盐化成因采取的措施

a. 人为因素改善措施。要对盐碱地和盐渍化土地进行改良，必须排除土壤中过多的可溶性盐类，降低土壤溶液的浓度，改良土壤性质和空气、水分状况，使有益的微生物活动增强，提高土壤肥力，减轻土地盐渍化程度，改善农业生态环境。主要措施为：一是改变粗放的农业用水方式和改进落后的灌溉技术可有效防止产生盐渍化；二是减少人类不合理的生产和生活活动，降低土壤盐渍化的可能性。

b. 水利工程措施。合理利用水资源，避免不科学的水资源利用方式引起地下水位和水文导致的土壤盐渍化。利用排碱渠及排水站等水利工程措施可以有效地防治土地盐渍化情况。灌区排水工程应完整配套，符合防盐、排盐的排水标准，有效地控制地下水位，在低洼易涝地区还应满足防涝排水要求。必要时还应修建截留或截渗沟，防止地面径流和地下水的汇入，减少灌区地下水的补给来源，减轻土壤盐分的转移。使地下水深度保持在临界深度以下还需要建立完善的灌溉及排水系统。据研究，可能引起土壤盐渍化的矿化地下水的深度平均为2.5～3m。排水主要以明沟、暗管的形式进行，既能降低地下水位，又可以排出土壤中的盐分。

c. 农业技术措施。一是平整土地，做好渠旁取土坑的回填，防止积水；二是减少化肥使用量;三是根据土壤特性合理使用有机肥;四是通过深翻土壤打破土层结构,将上层全盐含量较高的表层土壤翻到底层,可降低土壤的盐渍化程度;五是适时合理耕耙,可疏松耕作层,防止底层盐分向上运行导致表层积盐,从而抑制土壤水和地下水的蒸发;六是通过大水漫灌的措施,以水压盐,通过土壤毛细管,把耕作层内的高浓度盐离子"带走";七是作物秸秆直接还田后,在其腐解的过程中,可吸附、利用土壤中的矿质元素,同时作物还田又增加了土壤有机质,促生了土壤的有益微生物,改善了土壤透气性;八是补充菌肥,生物菌肥富含大量土壤有益菌,生物菌肥中有益菌还能起到固氮、解磷、解钾等改土沃土、降低盐害的作用,通过"以菌抑菌"还可以预防土传病害。

d. 种植措施。一是在盐渍化土地上,如果有足够的水源灌溉,又有良好的排水条件,种植水稻是脱盐改土的一项有效措施;二是植树造林,广种绿肥,进行生物改良;三是实行草田轮作、套种,不仅能增加土壤有机质和速效养分,还可以改善土壤物理性状,增加土壤的孔隙率,提高土壤的持水量和透水性,抑制返盐。

e. 化学改良措施。在采取水利和农业技术措施的同时,施用一些化学改良剂,有更好的改良效果。

(4) 土壤酸化的控制 土壤酸化控制措施主要有三个方面:一是防治酸雨污染土壤的综合对策(包括完善环境法规、加强监管;调整能源结构,改进燃烧技术;改善交通环境,控制汽车尾气排放;加强植树栽花,扩大绿化面积;控制区域 SO_2 的排放量;划定酸雨控制区,避免或减少酸雨的发生)。二是合理、改进并控制氮肥的施用。三是对酸性土壤改良和管理。

9.5 噪声污染防治措施

声音是人们传递信息、相互交流的重要媒介。但是,某些时候的声音会影响人们的日常生活和工作,甚至危及人类的身心健康。噪声指在工业生产、建筑施工、交通运输和社会生活中所产生的干扰周围生活环境的声音。当噪声的"强度"超过人们日常生产活动和生活活动所能允许的程度时,就会产生噪声污染。

噪声污染大致分为交通噪声、工业噪声、建筑施工噪声和社会噪声。

9.5.1 噪声污染防治的基本方法及确定原则

9.5.1.1 防治环境噪声污染的基本方法

噪声由声源发生,经过一定的传播途径到达接受者,发生危害作用。因此对噪声的控制治理必须从分析声源、传声途径和接受者这三个环节进行考虑。

(1) 源强控制 应根据各种设备噪声、振动的产生机理,合理采用各种针对性的降噪减振技术,尽可能选用低噪声设备和减振材料,以减少或抑制噪声与振动的产生。

(2) 传播途径控制 在高噪声和强振动产生在设备已安装运行后,声源降噪受到很大局限甚至无法实施的情况下,应在传播途径上采取隔声、吸声、消声、隔振、阻尼处理等有效技术手段及综合治理措施,以抑制噪声与振动的扩散。

科学合理安排建筑物平面布局;采用合理的声学控制措施或技术,包括吸声、隔声、隔振、减振、消声等。

(3) 敏感点防护 对噪声源或传播途径均难以采取有效噪声与振动控制措施的情况下,

在噪声接受点进行个人防护，利用隔声原理来阻挡噪声进入人耳，从而保护人的听力和身心健康。常用的防护用具有耳塞、防声棉、耳罩、头盔等。

9.5.1.2　确定环境噪声污染防治对策的原则

① 基本原则是优先源强控制，其次应尽可能靠近污染源采取传输途径的控制技术措施，必要时再考虑敏感点防护措施。

② 以城市规划为先，避免产生环境噪声污染影响。

③ 管理手段和技术手段相结合控制环境噪声污染。

④ 关注敏感人群的保护，体现"以人为本"。

⑤ 针对性、具体性、经济合理、技术可行。

9.5.2　环境噪声污染防治的工程措施

由于噪声源类型多样、安装使用形式差异、周边环境状况不同，噪声防治很少有成套或者说成型的供直接选择的设备或设施。针对具体情况，采用合理的声学控制措施或技术，包括吸声、隔声、隔振、减振、消声等，来具体分析采用哪种措施。

(1) 吸声降噪　吸声降噪是利用一定的吸声材料或吸声结构来吸收声能，从而达到降低噪声强度的目的。主要适用于降低因室内表面反射而产生的混响噪声，其降噪量一般不超过10dB，在声源附近、以降低直达声为主的情况不宜单纯采用吸声处理。

吸声材料包括阻性吸声材料和构成抗性吸声结构的材料。前者指从表面至内部有许多细小、敞开孔道的多孔材料和有密集纤维状组织的各种有机或无机纤维制品；后者通常包括膜状材料和板状材料等。吸声材料选择具有适当孔径和孔隙率且孔洞开放、相互连通以达到适当流阻的多孔性和纤维类吸声材料，主要有无机纤维材料、泡沫塑料、有机纤维材料和建筑吸声材料等几大类。无机纤维材料主要有超细玻璃棉、玻璃丝、矿渣棉、岩棉及其制品等。泡沫塑料制品包括软性聚氨酯泡沫塑料、脲醛塑料、酚醛泡沫塑料等。有机纤维材料主要是植物性纤维材料（如棉麻、甘蔗、木丝、稻草）及其制品，现在多被化学纤维所代替。吸声建筑材料主要有微孔吸声砖、膨胀珍珠岩、加气混凝土等。

共振吸声结构是利用共振原理做成的各种吸声结构，常用的有薄板共振吸声结构、薄膜共振吸声结构、穿孔板、微穿孔板和空间吸声体等。

(2) 隔声降噪　隔声是利用墙体、各种板材及构件作为屏蔽物或是利用围护结构把噪声控制在一定范围之内，使噪声在空气中的传播受阻而不能顺利通过，从而达到降低噪声的目的。包括单层密实均匀构件和双层结构的隔声构件（双层结构是指两个单层结构中间夹有一定厚度的空气或多孔材料的复合结构）。

对固定声源进行隔声处理应尽可能靠近噪声源设置隔声措施；对敏感点采取隔声防护措施时，宜采用隔声间（室）的结构形式；对噪声传播途径进行隔声处理时，可采用具有一定高度的隔声墙或隔声屏障。必要时应同时采用上述几种结构相结合的形式。

(3) 消声降噪　消声降噪是利用消声器来降低空气动力性噪声的主要技术措施。消声器是既能允许气流通过，又能阻止或减弱声波传播的装置。

消声器根据其消声原理的不同，大致可分为以下两类。

① 阻性消声器。是利用装置在管道（或气流通道）的内壁或中部的阻性材料（吸声材料）的吸声作用使噪声衰减。常见的阻性消声器形式有管式、片式、蜂窝式、列管式、折板

式、声流式、小室式、圆盘式、弯头式等。

② 抗性消声器。是通过流道截面的突变或旁接共振腔的方法，利用声波的反射、干扰来达到消声的目的。常见的抗性消声器有扩张室式和共振腔式两种。

（4）隔振　隔振设计既适用于防护机器设备振动或冲击对操作者、其他设备或周围环境的有害影响，也适用于防止外界振动对敏感目标的干扰。控制振动的方法可归纳为三类：减小扰动、隔振、阻尼减振。

① 减小扰动。通过改造振动源的结构或工艺过程等措施来减小和消除振动源的振动。改造振源，降低乃至消除振动的产生，这是控制振动的根本途径，但实施中涉及的问题比较复杂。

② 隔振。隔振就是利用波动在物体间的传播规律，在振源和需要防振的设备之间安置隔振装置，使振源产生的大部分振动为隔振装置所吸收，减少了振源对设备的干扰，从而达到了减少振动的目的。根据振源的不同，隔振可分为两类，即主动隔振和被动隔振。

隔振装置可分为隔振器和隔振垫。前者包括金属弹簧隔振器和橡胶隔振器，后者主要有软木隔振垫、毛毡隔振垫和玻璃纤维隔振垫等。

③ 阻尼减振。阻尼减振是通过减弱金属板弯曲振动的强度来实现的。当金属薄板发生弯曲振动时，振动能量就迅速传给贴在薄板上的阻尼材料，由于阻尼材料内摩擦大，相当一部分的金属振动能量被损耗而变成热能，减弱了薄板的弯曲振动，并缩短薄板的振动时间，从而达到减振降噪的目的。阻尼层由沥青、软橡胶和各种高分子涂料等阻尼材料所构成。

9.6　固体废物处理处置措施

在生产、生活和其他活动中产生的丧失原有利用价值或者虽未丧失利用价值但被抛弃或者放弃的固态、半固态和置于容器中的气态的物品、物质以及法律、行政法规规定纳入固体废物管理的物品、物质，统称为固体废物。所有被称为"废物"的物质，都是具有价值的自然资源，只是由于受到技术或经济等条件的制约，暂时无法加以充分利用。

固体废物的分类方法很多。按其化学组成可分为有机固体废物和无机固体废物；按其危害可分为有害固体废物和一般固体废物；按其来源可分为工业固体废物、矿业固体废物、农业固体废物、生活垃圾等。

固体废物污染防治的原则为减量化、资源化、无害化。

9.6.1　固体废物处理与处置技术

9.6.1.1　预处理技术

固体废物的成分组成、性质、结构不同，对它们处理处置的方法就会有差异，为了便于对它们进行合适的处理和处置，需要对废物进行预处理。固体废物预处理是指采用物理、化学或生物方法，将固体废物转变成便于运输、储存利用和处置的形态。预处理技术主要有压实、破碎、分选、脱水和干燥等。

① 压实。压实是利用机械来减小固体废物的空隙率，增加固体废物的容重（容重即单位体积固体废物的质量），目的是增大容重和减小体积、便于装卸和运输、便于后续处理。压实设备主要是各种压实机。压实机通常由一个压实单元和一个容器单元组成，容器单元接受废物原料并把它们送入压实单元，然后在压实单元中利用液压或气压操作的高压，把废物

压成更致密的形式。压实设备主要有水平式压实机、三向联合压实机、回转式压实机等。

② 破碎。破碎是通过外力的作用，破坏物体内部的凝聚力和分子间作用力而使物体破裂变碎的过程。破碎是为了便于运输和贮存；为分选和进一步加工提供合适的粒度，以利于综合利用；增大固体废物的比表面积，提高焚烧、热分解的效果。破碎固体废物常用的机械设备主要有颚式破碎机、锤式破碎机、冲击式破碎机、剪切式破碎机、辊式破碎机等。

③ 分选。分选是根据固体废物不同的物理或化学性质，在进行最终处理之前，分离出可回收利用的和有害的成分。根据物料的物理性质或化学性质，采用不同的分选方法，包括人工手选、筛分、重力分选、浮选、磁选、电选等分选技术。

④ 脱水。固体废物的脱水主要用于污水处理厂排出的污泥、某些工业企业所排出的泥浆状废物和其他含水固体废物的处理。脱水可以达到减容的目的，便于进一步处理。脱水可分为机械脱水和自然干化脱水两类。脱水机械设备可选用真空脱水设备、板框压滤机、滚压带式过滤机和离心沉降脱水机等。

⑤ 干燥。机械脱水后，固体废物的含水率仍很高，不利于能源回收或焚烧处理，必须进行干燥。干燥所用的设备主要有回转圆筒式干燥器和带式流化床干燥器。

9.6.1.2 化学处理技术

化学处理是通过化学反应改变固体废物的有害组分或将它们转变成适合于下一步处理或处置的形态。由于化学反应涉及特定条件或特定过程，因此化学处理技术一般只适用于含有单一成分或几种化学成分性质类似的废物。

① 中和法。中和法主要用于处理工业企业排出的酸性或碱性固体废物。

② 氧化还原法。氧化还原法是通过氧化或还原反应，使固体废物中的有毒有害成分转化为无毒无害或低毒且化学稳定性的成分，以便进一步处理和处置。

③ 化学浸出法。化学浸出法是选用合适的化学溶剂，与固体废物发生作用，使其中有用组分发生选择性溶解，然后进一步回收处理的方法。

9.6.1.3 生物处理技术

固体废物的生物处理是通过生物转化将固体废物中易于生物降解的有机组分转化为腐殖质肥料、沼气等，达到固体废物无害化、资源化的处理方法。固体废物生物转化方式及工艺主要包括好氧堆肥技术和厌氧发酵技术。

好氧堆肥是在氧气充足的条件下利用好氧微生物的新陈代谢活动将有机物氧化降解为简单无机物的过程。

厌氧发酵法也称厌氧消化法，它是在完全隔绝氧气的条件下，利用厌氧微生物使废物中可生物降解的有机物分解为稳定的无毒或低毒物质，并同时获得沼气的方法。其基本操作流程由预处理、配料、厌氧消化和沼气回收组成。

9.6.1.4 焚烧

焚烧法是一种高温热处理技术，被处理的有机废物在焚烧炉内进行氧化燃烧反应，废物中的有害有毒物质在高温下氧化、热解而被破坏，是一种可同时实现废物无害化、减量化、资源化的处理技术。

焚烧的主要目的是尽可能焚毁废物，使被焚烧的物质变成无害或最大限度地减容，并尽量减少新的污染物质的产生，避免造成二次污染。焚烧能同时实现使废物减量、彻底焚毁废物中的毒性物质以及利用焚烧产生的废热三个目的。适用于处理有机成分多、热值高的废物。

焚烧处置后的尾气控制是焚烧法的关键。

9.6.1.5 热解

热解技术是在氧分压较低的条件下，利用热能将固体废物中所含的大分子量的有机物裂解为分子量相对较小的燃料气体、油和炭黑等有机物质，经简单加工后可作为燃料利用。按热解的温度不同，分为高温热解、中温热解和低温热解；按供热方式可分为直接加热和间接加热；按热解炉的结构可分为固定床、移动床、流化床和旋转炉等。

9.6.1.6 填埋

填埋处置是固体废物最终处置技术之一，它是一种按照工程理论和土工标准，利用天然地形或人工构造，形成一定空间，将固体废物填充、压实、覆盖达到贮存的目的。根据要处理的固体废物性质的不同，土地填埋处置又可分为卫生土地填埋和安全土地填埋两种。土地填埋处置最主要的问题就是浸出液的收集和控制问题，处理不当就会造成严重的环境污染。

卫生土地填埋用于处置一般固体废物，如城市垃圾和无害的工农业生产废渣等。需要采用严格的污染控制措施，将整个填埋过程的污染和危害减少到最低限度。安全填埋是一种把危险废物放置或贮存在环境中，使其与环境隔绝的处置方法，目的是割断废物和环境的联系，使其不再对环境和人体健康造成危害。

9.6.2 固体废物的收集和运输

固体废物应分类收集、贮存及运输，以利于后续的处理处置。对于工业固体废物与生活垃圾应分别收集，可回收利用物质和不可回收利用物质应分别收集。固体废物的收集、贮存和运输过程中，应遵守国家有关环境保护和环境卫生管理的规定，采取防遗洒、防渗漏等防止环境污染的措施，不应擅自倾倒、堆放、丢弃、遗撒固体废物。

(1) 城市生活垃圾的收集、贮存及运输　城市生活垃圾收集设施应与垃圾分类相适应。分类收集的垃圾应分类运输，城市生活垃圾转运站的设置数量及规模应根据城市区域特征、社会经济发展和服务区域等因素确定。另外，要科学性和经济性地设计合理的垃圾收运路线和中转站位置。

(2) 一般工业固体废物的收集和贮存　应根据经济、技术条件对产生的一般工业固体废物加以回收利用；对暂时不利用或者不能利用的工业固体废物，按照国务院环境保护行政主管部门的规定建设贮存设施、场所，安全分类存放，或者采取无害化处置措施。贮存、处置场周边设导流渠，防止雨水径流进入贮存、处置场内，避免渗滤液量增加和发生滑坡。构筑堤、坝、挡土墙等设施，防止一般工业固体废物和渗滤液的流失。设计渗滤液集排水设施，必要时设计渗滤液处理设施，对渗滤液进行处理。

(3) 危险废物的收集、贮存和运输　由于危险废物固有的化学反应性、毒性、腐蚀性、传染性或其他特性，其对人类健康及环境会产生危害。因此，在其收集、贮存及转运期间应特别注意。

① 收集与贮存。由产生者建造专用的危险废物贮存设施，对产生的危险废物进行收集、贮存。危险废物贮存设施必须满足《危险废物贮存污染控制标准》（GB 18597—2023）的要求。

② 危险废物的运输。通常多采用公路运输作为危废的主要运输途径，因而载重汽车的装卸作业是造成废物污染环境的重要环节。为了保证安全必须严格执行培训、考核及许可制度。

9.7 生态保护措施

9.7.1 生态保护措施的基本要求及应遵守的原则

9.7.1.1 生态保护措施的基本要求

建设项目生态环境影响减缓措施和生态环境保护措施是生态影响评价工作成果的重要内容。开发建设项目生态环境保护措施应遵循一些基本要求。

生态保护措施的基本要求：
① 体现法规的严肃性；
② 体现可持续发展思想与战略；
③ 体现产业政策方向与要求；
④ 满足多方面的目的要求；
⑤ 遵循生态环境保护科学原理；
⑥ 全过程评价与管理；
⑦ 突出针对性与可行性。

9.7.1.2 生态影响的防护、恢复与补偿原则

生态影响的防护、恢复与补偿必须遵守以下原则：
① 应按照避让、减缓、补偿和重建的次序提出生态影响防护与恢复的措施，所采取措施的效果应有利修复和增强区域生态功能。
② 凡涉及不可替代、极具价值、极敏感、被破坏后很难恢复的敏感生态保护目标（特殊生态敏感区、珍稀濒危物种）时，必须提出可靠的避让措施或生境替代方案。
③ 涉及采取措施后可恢复或修复的生态目标时，也应尽可能提出避让措施；否则，应制定恢复、修复和补偿措施。各项生态保护措施应按项目实施阶段分别提出，并提出实施时限和估算经费。

9.7.2 生态影响防护措施

应从工程项目的合理选址选线、合理的工程设计方案、合理的施工建设方式和有效的管理等角度来减少生态环境影响。评价应对替代方案进行生态可行性论证，优先选择生态影响最小的替代方案，最终选定的方案至少应该是生态保护可行的方案。

9.7.2.1 合理选址选线

从环境保护出发，合理的选址和选线主要是指：
① 选址选线避绕敏感的环境保护目标，不对敏感保护目标造成直接危害。这是"预防为主"的主要措施。
② 选址选线符合地方环境保护规划和环境功能（含生态功能）区划的要求，或者能够与规划相协调，不使规划区的主要功能受到影响。
③ 选址选线地区的环境特征和环境问题清楚，不存在"说不清"的科学问题和环境问题，即选址选线不存在潜在的环境风险。

④ 从区域角度或大空间长时间范围看，建设项目的选址选线不影响区域具有重要科学价值、美学价值或社会文化价值和潜在价值的地区或目标，保障区域可持续发展的能力不受到损害或威胁。

9.7.2.2 工程方案分析与优化

环境影响评价中，必须从可持续发展出发进行工程方案环境合理性分析，并在环保措施中提出方案优化建议。工程方案的优化措施主要有：

① 选择减少资源消耗的方案；
② 采用环境友好的方案，"环境友好"是指建设项目设计方案对环境的破坏和影响较少，或者虽有影响也容易恢复，这包括从选址选线、工艺方案到施工建设方案的各个时期；
③ 采用循环经济理念，优化建设方案；
④ 发展环境保护工程设计方案。

9.7.2.3 施工方案分析与合理化建议

施工建设期是许多建设项目对生态环境影响最显著的阶段，因而施工方案、施工方式、施工期环境保护管理都是非常重要的。在建设项目环境影响评价时需要根据具体情况作具体分析，提出有针对性的施工期环境保护工作建议，包括：

① 建立规范化操作程序和制度；
② 合理安排施工次序、季节、时间；
③ 改变落后的施工组织方式，采用科学的施工组织方法。

9.7.2.4 加强工程的环境保护管理

加强工程的环境保护管理，包括认真做好选址选线论证，做好环境影响评价工作，做好建设项目竣工环境保护验收工作，做好"三同时"管理工作等，尤其是：

① 施工期环境工程监理与施工队伍管理；
② 营运期生态环境监测与动态管理。

9.7.3 生态监理与监测

9.7.3.1 生态监理

生态监理是整个工程监理的一部分，是对工程质量为主监理的补充，主要是依据环境影响评价报告书执行，对报告书批准的要求进行监理的项目实施监理。施工期环境保护监理范围应包括施工区和施工影响区。

生态监理是环境监理中的重点，不同的建设项目确定不同的重点监理内容和重点监理区域。一般而言，水源和河流保护、土壤保护、植被保护、野生生物保护、景观保护都是必然要纳入监理的。遇有生态敏感保护目标时，需编制更具针对性的监理工作方案。

9.7.3.2 生态监测

生态监测是重要的生态环境保护措施，因为生态环境的变化、生态影响的程度都需要通过生态监测来了解。生态监测有施工期生态监测，也有长期的跟踪生态监测。

长期的生态监测方案应具备如下主要内容：

① 明确监测目的，或确定要认识或解决的主要问题。监测只针对环境影响报告书中确定的问题，而不是做全面的生态环境监测。

② 确定监测项目或监测对象，选取最具代表性的或最能反映环境状况变化的生态系统或生态因子作为监测对象。

③ 确定监测点位、频次或时间等，明确方案的具体内容。

④ 规定监测方法和数据统计规范，使监测的数据可进行积累与比较。

⑤ 确立保障措施。

9.7.4 绿化

建设项目的绿化内容包括：一是补偿建设项目造成的植被破坏，即重建植被工程，其补偿量一般不应少于其破坏量；二是建设项目为自身形象建设或根据所在地区环境保护要求进行的生态建设工程。

① 绿化方案一般原则。绿化方案编制中，一般应主张如下基本原则：采用乡土物种、生态绿化、因土种植、因地制宜。

② 方案的实施。绿化实施法包括立地条件分析、植物类型推荐、绿化结构建议以及实施时间要求等。

③ 绿化实施的保障措施。a. 投资有保障：环评应概算投资额度，明确投资责任人。b. 技术培训：根据绿化实施方式与技术要求进行人员培训，环评应提出培训建议。

④ 绿化管理。绿化管理措施包括：a. 绿化质量控制的检查，建设单位应检查委托绿化的执行情况；b. 建立绿化管理制度；c. 建立绿化管理机构或确定专门责任人。

上述绿化管理措施是否落实，由建设项目竣工环境保护验收调查和当地环保部门执行检查监督执行。

9.7.5 生态影响的补偿

补偿是一种重建生态系统，以补偿因开发建设活动而损失的环境功能的措施。补偿有就地补偿和异地补偿两种形式。就地补偿类似于恢复，但建立的新生态系统与原生态系统没有一致性；异地补偿则是在开发建设项目发生地无法补偿损失的生态功能时，在项目发生地以外实施补偿措施。

补偿措施的确定应考虑流域或区域生态功能保护的要求和优先次序，考虑建设项目对区域生态功能的最大依赖和需求。

9.8 环境风险防范措施

对建设项目建设和运行期间发生的可预测突发性事件或事故（一般不包括人为破坏及自然灾害）引起有毒有害、易燃易爆等物质泄漏，或突发事件产生新的有毒有害物质，所造成的对人身安全与环境的影响和损害，进行评估，提出防范、应急与减缓措施。

发生风险事故的频次尽管很低，但一旦发生，引发的环境问题将十分严重，必须予以高度重视。在环境影响评价中认真做好环境风险评价，对维护环境安全具有十分重要的意义。

9.8.1 环境风险的防范与减缓措施

环境风险的防范与减缓措施应从两个方面考虑：开发建设活动特点、强度与过程；所处环境的特点与敏感性。

建设项目环境风险评价中，关心的主要风险是生产和贮运中的有毒有害、易燃、易爆物的泄漏与着火、爆炸环境风险，如产品加工过程中产生的有毒、易燃、易爆物的风险。主要环境风险防范措施如下。

① 选址、总图布置和建筑安全防范措施。厂址及周围居民区、环境保护目标设置卫生防护距离，厂区周围工矿企业、车站、码头、交通干道等设置安全防护距离和防火间距。厂区总平面布置符合防范事故要求，有应急救援设施及救援通道、应急疏散及避难所。

② 危险化学品贮运安全防范及避难所。对贮存危险化学品数量构成危险源的贮存地点、设施和贮存量提出要求，与环境保护目标和生态敏感目标的距离符合国家有关规定。

③ 工艺技术设计安全防范措施。设自动监测、报警、紧急切断及紧急停车系统，防火、防爆、防中毒等事故处理系统，应急救援设施及救援通道，应急疏散通道及避难所。

④ 自动控制设计安全防范措施。有可燃气体、有毒气体检测报警系统和在线分析系统。

⑤ 电气、电信安全防范措施。爆炸危险区域、腐蚀区域划分及防爆、防腐方案。

⑥ 消防及火灾报警系统。

⑦ 紧急救援站或有毒气体防护站设计。

9.8.2 环境风险事故应急预案

环境风险事故应急预案应根据全厂（或工程）布局、系统关联、岗位工序、毒害物性质和特点等要素，结合周边环境及特定条件以及环境风险评价结果制定。

应急预案的主要内容为：

① 危险源情况。详细说明危险源类型、数量、分布及其对环境的风险。

② 应急计划区。危险目标为装置区、贮罐区、环境保护目标。

③ 应急组织机构、人员。建立企业、地区应急组织机构、人员。a. 企业：成立企业应急指挥小组，由公司最高领导层担任小组长，负责现场全面指挥，专业救援队伍负责事故控制、救援和善后处理。b. 地区：地区指挥部负责地区全面指挥、救援、管制和疏散。

④ 预案分级响应条件。规定预案的级别及分级响应程序。

⑤ 应急救援保障。配备应急设施、设备与器材等。

⑥ 报警、通信联络方式。规定应急状态下的报警通信方式、通知方式和交通保障、管制。

⑦ 应急环境监测、抢险、救援及控制措施。由专业队伍负责对事故现场进行侦察监测，对事故性质、参数与后果进行评估，为指挥部门提供决策依据。

⑧ 应急检测、防护措施、清除泄漏措施和器材。事故现场、邻近区域、控制防火区域设计控制和清除污染的措施及相应设备。

⑨ 人员紧急撤离、疏散，应急剂量控制，撤离组织计划。事故现场、工厂邻近区、受事故影响的区域，人员及公众对毒物应急剂量控制的规定，撤离组织计划及救护，医疗救护与公众健康。

⑩ 事故应急救援关闭程序与恢复措施。规定应急状态终止程序，事故现场善后处理，恢复措施，邻近区域解除事故警戒及善后恢复措施。

⑪ 应急培训计划。应急计划制订后，平时安排人员培训与演练。

⑫ 公众教育和信息。对工厂邻近地区开展公众教育、培训和发布有关信息。

⑬ 记录和报告。设应急事故专门记录并建立档案和报告制度。

9.9 环保投资和竣工环保验收

9.9.1 环保投资

9.9.1.1 投资与环保投资的差别

投资指的是用某种有价值的资产,其中包括资金、人力、知识产权等投入某个企业、项目或经济活动,以获取经济回报的商业行为或过程,是一种购买支付性活动,一种风险活动。

环保投资是为保护资源和环境污染所支出的资金总额,属于政策性投资。它反映了环境保护在整个国民经济中占有的地位和作用,它是环境保护与国民经济其他各部门在分配环节上进行综合平衡后的定量结果。一般来说,环境污染和资源破坏对经济、社会的危害越大,人体健康及国民投入所受到的损益也越大,环保投资也相应越多。因此,环保投资与投资主要是从其目的性和效果性方面来区分的。

9.9.1.2 环保投资的特点

我国的环保投资范围主要包括新建项目防治污染的投资、老企业治理污染的投资、城市环境基础设施建设的投资、环保部门自身建设投资和自然保护区建设投资等其他投资。

建设项目环保投资的特点有:
① 投资以企业为主;
② 投资主体与利益获取者往往不一致;
③ 投资效益主要表现为环境效益和社会效益;
④ 投资效益的价值难以用货币进行计量;
⑤ 微量效益与宏观效益的不一致性;
⑥ 近期效益与远期效益的不一致性。

9.9.2 竣工环保验收

建设项目竣工环境保护验收是指建设项目竣工后,建设单位根据《建设项目环境保护管理条例》(国务院令第253号)和《建设项目竣工环境保护验收暂行办法》(国环规环评〔2017〕4号)的规定,依据环境保护验收监测和调查结果,并通过现场检查等手段,考核建设项目是否达到环境保护要求的管理方式。

建设单位是建设项目竣工环境保护验收的责任主体,应公开相关信息,接受社会监督,确保建设项目需要配套建设的环境保护设施与主体工程同时投产或者使用,并对验收内容、结论和所公开信息的真实性、准确性和完整性负责。以排放污染物为主的建设项目,参照《建设项目竣工环境保护验收技术指南 污染影响类》(生态环境部公告〔2018〕9号)编制验收监测报告;以生态影响为主的建设项目,按照《建设项目竣工环境保护措施验收技术规范 生态影响类》编制验收调查报告。另外,对于火力发电、水利水电等已发布行业验收技术规范 HJ/T 394—2007 的建设项目,按照行业验收技术规范编制验收监测报告或者验收调查报告。

验收报告包括验收监测报告或验收调查报告、验收意见、其他需要说明的事项。

建设项目竣工环境保护验收的重点为:

① 工程变更及建设单位针对工程变更采取的环境保护措施及效果。
② 环境影响评价报告提出的环境保护措施或设施，特别是审批部门批复文件要求的落实情况。
③ 污染防治设施稳定运行及主要污染物排放达标情况（包括排放浓度、排放速率、排放总量）、排污许可证执行情况。
④ 生态保护措施落实情况及效果。
⑤ 环境风险防范措施及环境风险应急预案与演练情况。

第 10 章

环境影响经济损益分析

10.1 环境影响的经济评价概述

环境影响的经济损益分析，也称为环境影响的经济评价，就是要估算某一项目、规划或政策所引起环境影响的经济价值，并将环境影响的价值纳入项目、规划或政策的经济分析（即费用效益分析）中去，以判断这些环境影响对该项目、规划或政策的可行性会产生多大的影响。对负面的环境影响，估算出的是环境成本；对正面的环境影响，估算出的是环境效益。

10.1.1 环境影响经济评价的必要性

（1）法律依据

《中华人民共和国环境影响评价法》明确规定，要对建设项目的环境影响进行经济损益分析。

（2）政策工具

1997年世界银行在其中国环境报告《碧水蓝天》中，估算出中国环境污染损失每年至少540亿美元，占1995年GDP的8%，这一评估以及中国研究者所做的相关环境污染损失评估，对中国在第十个五年计划大幅提高环境投资方面起到了推动作用。

我国政府开始实行绿色GDP，将环境损益计入国民经济计量体系中，标志着一种新的发展战略的贯彻实施。

10.1.2 建设项目环境影响经济损益分析

建设项目环境影响的经济评价，是以大气、水、声、生态等环境影响评价为基础的，只有在得到各环境要素影响评价结果以后，才可能在此基础上进行环境影响的经济评价。

建设项目环境影响经济损益评价包括建设项目环境影响经济评价和环保措施的经济损益评价两部分。

环境保护措施的经济论证，是要估算环境保护措施的投资费用、运行费用、取得的效益，用于多种环境保护措施的比较，以选择费用比较低的环境保护措施。环境保护措施的经济论证不能代替建设项目的环境影响经济损益分析。

10.2 环境经济评价方法

10.2.1 环境价值

环境的总价值包括环境的使用价值和非使用价值。

环境的使用价值，是指环境被生产者或消费者使用时所表现出的价值。环境的使用价值通常包含直接使用价值、间接使用价值和选择价值。如森林的旅游价值就是森林的直接使用价值，森林防风固沙的价值就是森林的间接使用价值。选择价值是人们虽然现在不使用某一环境，但人们希望保留它，这样，将来就有可能使用它，也即保留了人们选择使用它的机会，环境所具有的这种价值就是环境的选择价值。有的研究者将选择价值看作是环境的非使用价值的一部分。

环境的非使用价值，是指人们虽然不使用某一环境物品，但该环境物品仍具有的价值。根据不同动机，环境的非使用价值又可分为遗赠价值和存在价值。如濒危物种的存在，有些人认为，其本身就是有价值的，这种价值与人们是否利用该物种牟取经济利益无关。

无论使用价值或非使用价值，价值的恰当量度都是人们的最大支付意愿，即一个人为获得某件物品（服务）而愿意付出的最大货币量。影响支付意愿的因素有：收入、替代品价格、年龄、教育、个人独特偏好以及对该物品的了解程度等。

环境价值也可以根据人们对某种特定的环境退化而表示的最低补偿意愿来度量。

10.2.2 环境价值评估方法

面对千差万别的环境对象，人们使用过许多方法来评估环境的价值，同时在不断发明新的环境价值评估技术。目前，全部的环境价值评估技术（方法）可分为三组：

第Ⅰ组评估方法
1. 旅行费用法（TCM，travel cost method）
2. 隐含价格法（HPM，hedonic pricing model）
3. 调查评价法（CVM，contingent valuation method）
4. 成果参照法（BT，benefit transfer）

第Ⅱ组评估方法
1. 医疗费用法（medical expenditure approach）
2. 人力资本法（human capital approach）
3. 生产力损失法（loss of productivity approach）
4. 恢复或重置费用法（restoration or replacement cost approach）
5. 影子工程法（shadow project approach）
6. 防护费用法（averting cost approach）

第Ⅲ组评估方法
1. 反向评估法（reverse valuation）
2. 机会成本法（opportunity cost approach）

三组评估方法各有特点，我们在环境影响价值评估中可能会用到其中一种价值评估方法。

10.3 费用效益分析

费用效益分析，又称国民经济分析、经济分析，是环境影响经济评价中使用的另一个重要的经济评价方法。它是从全社会的角度，评价项目、规划或政策对整个社会的净贡献。它是对项目（可行性研究报告中的）财务分析的扩展和补充，是在财务分析的基础上，考虑项目等的外部费用（环境成本等），并对项目中涉及的税收、补贴、利息和价格等的性质重新界定和处理后，评价项目、规划或政策的可行性。

10.3.1 费用效益分析与财务分析的差别

费用效益分析和财务分析的主要不同有：

（1）分析的角度不同　财务分析，是从厂商（以盈利为目的的生产商品或劳务的经济单位）的角度出发，分析某一项目的赢利能力。费用效益分析则是从全社会的角度出发，分析某一项目对整个国民经济净贡献的大小。

（2）使用的价格不同　财务分析中所使用的价格，是预期的现实中要发生的价格；而费用效益分析中所使用的价格，则是反映整个社会资源供给与需求状况的均衡价格。

（3）对项目的外部影响的处理不同

财务分析只考虑厂商自身对某一项目方案的直接支出和收入；而费用效益分析除了考虑这些直接收支外，还要考虑该项目引起的间接的、未发生实际支付的效益和费用，如环境成本和环境效益。

（4）对税收、补贴等项目的处理不同　在费用效益分析中，补贴和税收不再被列入企业的收支项目中。

10.3.2 费用效益分析的步骤

费用效益分析有两个步骤：

第一步，基于财务分析中的现金流量表（财务现金流量表），编制用于费用效益分析的现金流量表（经济现金流量表）。实际上是按照费用效益分析和财务分析的差别，来调整财务现金流量表，使之成为经济现金流量表。要把估算出的环境成本（环境损害、外部费用）计入现金流出项，并把估算出的环境效益计入现金流入项。表 10-3-1 是经济现金流量表的一般结构。

表 10-3-1　经济现金流量表一般结构

编号	名称	建设期			投产期		生产期				合计
	年序号	1	2	3	4	5	6	7/8	9…23	24	25	
一、现金流入	1. 销售收入				50	60	80	80…	80…	80	80	
	2. 回收固定资产残值										20	
	3. 回收流动资金										20	
	4. 项目外部收益				8	8	8	8…	8…	8	8	
	流入合计				58	68	88	88…	88…	88	128	
二、现金流出	1. 固定资产投资	7	20	5								
	2. 流动资金				10	10						
	3. 经营成本				20	20	20	20…	20…	20	20	
	4. 土地费用	1	1	1	1	1	1	1…	1…	1	1	
	5. 项目外部费用	10	10	10	10	10	10	10…	10…	10	10	
	流出合计	18	31	16	41	41	31	31…	31…	31	31	
三、净现金流量		−18	−31	−16	17	27	57	57…	57…	57	97	

注：计算指标，1. 经济内部收益率，%；2. 经济净现值（$r=12\%$）。

第二步，计算项目可行性指标。

在费用效益分析中，判断项目的可行性，有两个最重要的判定指标：经济净现值、经济内部收益率。

10.3.3 环境影响经济损益分析的步骤

理论上，环境影响的经济损益分析有以下四个步骤来进行，在实际中有些步骤可以合并操作：

① 筛选环境影响；
② 量化环境影响；
③ 评估环境影响的货币化价值；
④ 将货币化的环境影响价值纳入项目的经济分析。

第一步：环境影响的筛选

需要筛选环境影响，因为并不是所有环境影响都需要或可能进行经济评价。一般从以下四个方面来筛选环境影响：

筛选1（S1）：影响是否是内部的或已被控制？

环境影响的经济评价只考虑项目的外部影响，即未被纳入项目财务核算的影响。内部影响将被排除，内部环境影响是已被纳入项目的财务核算的影响。环境影响的经济评价也只考虑项目未被控制的影响。按项目设计已被环境保护措施治理掉的影响也将被排除，因为计算已被控制的环境影响的价值在这里是毫无意义的。

筛选2（S2）：影响是小的或不重要的？

项目造成的环境影响通常是众多的、方方面面的，其中小的、轻微的环境影响将不再被量化和货币化。损益分析部分只关注大的、重要的环境影响。环境影响的大小轻重，需要评价者做出判断。

筛选3（S3）：影响是否不确定或过于敏感？

有些影响可能是比较大的，但也许这些环境影响本身是否发生存在很大的不确定性，或人们对该影响的认识存在较大的分歧，这样的影响将被排除。另外，对有些环境影响的评估可能涉及政治、军事禁区，在政治上过于敏感，这些影响也将不再进一步做经济评价。

筛选4（S4）：影响能否被量化和货币化？

由于认识上的限制、时间限制、数据限制、评估技术上的限制或者预算限制，有些大的环境影响难以定量化，有的环境影响难以货币化，这些影响将被筛选出去，不再对它们进行经济评价。例如，一片森林破坏引起当地社区在文化、心理或精神上的损失很可能是巨大的，但因为太难以量化，所以不再对此进行经济评价。

经过筛选过程后，全部环境影响将被分成三大类：一类环境影响是被剔除、不再做任何评价分析的影响，如那些内部的环境影响、小的环境影响以及能被控制的影响等；另一类环境影响是需要做定性说明的影响，如那些大的但可能很不确定的影响、显著但难以量化的影响等；最后一类环境影响就是那些需要并且能够量化和货币化的影响。

第二步：环境影响的量化

环境影响的量化，应该在环评的前面阶段已经完成。但是：①环境影响的已有量化方式，不一定适合于进行下一步的价值评估。如对健康的影响，可能被量化为健康风险水平的变化，而不是死亡率、发病率的变化。②在许多情况下，前部分环评报告只给出项目排放污染物（如 SO_2、TSP、COD）的数量或浓度，而不是这些污染物对受体影响的大小。

第三步：环境影响的价值评估

价值评估是对量化的环境影响进行货币化的过程。这是损益分析部分中最关键的一步，也是环境影响经济评价的核心。具体的环境价值评估方法，即前述的"环境价值及其评估方法"。

第四步：将环境影响货币化价值纳入项目经济分析

环境影响经济评价的最后一步，是要将环境影响的货币化价值纳入项目的整体经济分析（费用效益分析）当中去，以判断项目的这些环境影响将在多大程度上影响项目、规划或政策的可行性。

需要对项目进行费用效益分析（经济分析），其中关键是将估算出的环境影响价值（环境成本或环境效益）纳入经济现金流量表。

计算出项目的经济净现值和经济内部收益率后，可以做出判断：将环境影响的价值纳入项目经济分析后计算出的净现值和内部收益率，是否显著改变了项目可行性报告中财务分析得出的项目评价指标？在多大程度上改变了原有的可行性评价指标？将环境成本纳入项目的经济分析后，是否使得项目变得不可行了？以此判断项目的环境影响在多大程度上影响了项目的可行性。

在费用效益分析之后，通常需要做一个敏感性分析，分析项目的可行性对项目环境计划执行情况的敏感性、对环境成本变动幅度的敏感性、对贴现率选择的敏感性等。

第 11 章

环境管理与监测计划

11.1 环境管理

建设项目的环境管理同其生产、技术以及质量等专项管理一样，是建设单位管理的一个重要组成部分。实践证明，建设单位应把环境管理工作纳入日常的生产管理之中，并设置专门的环境管理部门及责任人，明确其职责，以确保各项环保制度、办法的贯彻执行，保证"清洁生产、污染治理、监测计划"等措施的落实。

11.1.1 环境管理的目的

环境管理的目的是对损害环境质量的人为活动施加影响，以协调经济与环境的关系，达到既发展经济满足人类的需要，又不超出环境质量的限值，是建设和谐、可持续发展社会的基础。环境管理是企业管理的一项重要内容，加强环境监督管理力度，尽可能减少"三废"排放数量，提高资源的合理利用率，把对环境的不良影响减小到最低限度，是企业实现环境、生产、经济协调持续发展的重要措施。

11.1.2 环境管理的必要性

随着我国环保法规的完善及执法力度的加大，环境污染问题将极大地影响建设单位的生存与发展，因此环境管理应作为建设单位管理工作中的重要组成部分。加强建设单位的环境管理对实现经济与环境的持续发展具有重要意义。

为将建设项目给环境带来的不利影响控制在最小限度，除建设项目本身配套的污染防治措施之外，建设单位的环境管理则是控制污染物排放和保证污染治理设施正常运转的有力措施，也是建设项目满足环境保护目标的基本保障。因此，建设单位应积极并主动地预防和治理污染，将环境管理工作纳入正常生产管理计划，提高全体员工的环境意识，避免因管理不善而可能产生的环境风险。

环境影响评价应针对建设项目存在的主要环境问题，提出相应的环境管理与监控计划，为建设单位内部设立环保机构、制定环境管理制度和环境监测计划提供依据。使建设单位在当地生态环境行政主管部门的指导下，根据当地环境功能所规定的质量要求，通过建设单位内部行之有效的管理，使各污染物实现达标排放，并满足总量控制要求。

11.1.3　环境管理机构及职责

11.1.3.1　环境管理机构

建设单位应设置专门的环境管理部门，并配备专职的管理人员，组成上下结合、三层一体的环境管理机构和组织体系，做好项目施工期及建成后日常环境管理工作。

11.1.3.2　环境管理职责

建设单位的管理职责主要包括：

① 贯彻执行环评中明确的和本项目相关的各项环境保护政策、法规和标准。

② 制定建设单位各部门环境保护管理职责条例；制定环保设施及污染物排放管理监督办法；建立环境及污染源监测与统计；组织各项监测工作，接受行政主管部门指导；建立环保工作目标考核制度。

③ 负责编制并实施环境保护计划，维护各措施的正常运行，落实各项监测计划，开展日常环境保护工作。

④ 根据政府及环保部门提出的环境保护要求（如总量控制指标、达标排放等），制订实施计划；做好污染物控制，确保环保设施正常运行，并配合当地环保部门及环境监测部门的工作。

⑤ 建立健全环境保护管理制度，做好各有关环保工作的资料收集、整理、记录、建档、宣传等工作，定时编制并提交项目环境管理工作报告。

⑥ 负责并监督环境保护工作，定期进行环保安全检查，发现环境问题及时上报、及时处理；并负责调查出现环境问题的原因，协助有关部门解决问题、处理好由环境问题所带来的纠纷等。

⑦ 监督检查各产污环节污染防治措施的落实及运行情况，保证各污染物达标排放。

⑧ 制订可行的应急计划，自行或委托编制突发环境影响事件应急预案，定期开展环境应急演练，确保生产事故或污染治理措施出现故障时不对环境造成严重污染。

⑨ 开展环保教育和专业培训，提高企业员工的环保素质；组织开展环保研究和学术交流，推广并应用先进环保技术。

⑩ 负责日常环境保护管理工作。

11.1.4　环境管理制度

11.1.4.1　环境管理制度建设要求

建设单位环境管理机构应制定各类环境保护规章制度、规定和技术规程，建立完善环保档案管理制度，包括各类环保文件、环保设施检修、运行台账等，如《环保设施管理程序》《危险废弃物处理和处置程序》《废水处理和处置程序》等。

11.1.4.2　施工期环境管理

① 建设单位与施工单位需签订工程建设期间的环境污染控制合同，或在签订的工程承包合同中，需包括有关工程施工期环境保护条款、工程施工过程中的生态环境保护措施、施工期环境污染控制措施、污染物排放管理、施工人员环保教育及相关奖惩条款。

② 施工单位应提高环保意识，加强施工现场和驻地的环境管理，合理安排施工计划，切实做到组织计划严谨，文明施工；环保措施逐项落实到位，环保工程与主体工程同时实

施、同时运行，环保工程费用专款专用，不偷工减料，延误工期。同时需设立环境监督小组，配合环境主管部门监督建设单位和施工单位落实施工过程中的环保要求及环保措施。

③ 施工单位应严格遵守环保法律法规，特别注意工程施工中对生态环境的保护，尽可能保护好项目区土壤、植被、弃土、弃渣须运至设计中指定地点弃置，严禁随意堆置、侵占河道，防止对地表水环境产生影响，并对施工区及周边地区所产生的环境质量问题负责。

④ 各施工现场、施工单位驻地及其他施工临时设施，应加强环境管理，施工污水避免无组织排放，尽可能集中排放至指定地点；扬尘大的工地应采取降尘措施，工程施工完毕后，施工单位及时清理和恢复施工现场，妥善处理生活垃圾与施工弃渣，减少扬尘。

⑤ 认真落实各项生态恢复补偿措施，做好工程各项环保设施的施工管理与验收，保证环保工程质量，真正做到环保工程"三同时"。

⑥ 施工单位应编制安全生产计划（HSE 计划），文明施工，优化施工现场的场容场貌，严格执行操作与安全规程。

11.1.4.3 营运期环境管理

由建设单位分管环保工作的负责人负责环保指标的落实，将环保指标逐级分解到班组、个人，下属具体负责其附属环保设备的运转和维护，确保其正常运转和达标排放，充分发挥其作用；配合地方环保部门监测部门进行日常环境监测，记录并及时上报污染源及环保措施运转状态。

在项目营运期全过程中，应以《中华人民共和国环境保护法》及相关环保法律、法规为依据，通过对项目前后的环境审核，设定环境方针，建立环境目标和指标，设计环境方案，以达到清洁生产的良好效果，求得环境长远持久的发展。应建立以下环境管理制度：

① 内部环境审核制度；
② 清洁生产教育及培训制度；
③ 建立环境目标和确定指标制度；
④ 内部环境管理监督、检查制度。

针对不同工作阶段，制订环境管理工作计划。建设项目环境管理工作计划见表 11-1-1。

表 11-1-1　环境管理工作计划

阶段	环境管理工作主要内容
管理机构职能	根据国家建设项目环境管理规定,认真落实各项环保手续,完成各级主管部门对本企业提出的环境管理要求,对本企业内部各项管理计划的执行及完成情况进行监督、控制,确保环境管理工作真正发挥作用
设计阶段	① 委托设计单位对项目的环保工作进行设计，与主体工程同步进行； ② 协助设计单位弄清楚区域现阶段的环境问题； ③ 污染防治设施的污染防治效率要达到相应标准； ④ 在设计中落实环境影响报告书中提出的环保对策措施
施工阶段	① 严格执行"三同时"制度； ② 按照环评报告中提出的要求，制订出建设项目施工措施实施计划表，并与当地环保部门签订落实计划内的目标责任书； ③ 认真监督主体工程与环保设施的同步建设，并建设环保设施施工进度档案，确保环保工作的正常运行； ④ 施工噪声与振动要符合《中华人民共和国环境噪声污染防治法》有关规定，不得干扰周围群众的正常生活和工作； ⑤ 施工中造成的地表破坏、土地和植物毁坏应在竣工后及时恢复； ⑥ 设立基建期环境监测制度，监督环保工程的实施情况，施工阶段的环保工程进展情况和环保投资落实情况定期(每季度)向环保主管部门汇报一次

续表

阶段	环境管理工作主要内容
营运期	① 严格执行各项生产及环境管理制度,保证生产的正常进行; ② 设立环保设施运行卡,对环保设施定期进行检查、维护,做到勤查、勤记、勤养护,按照监测计划定期组织进行污染源监测,对不达标的环保设施立即寻找原因、及时处理; ③ 不断加强技术培训,组织企业内部之间的技术交流,提高业务水平,保持企业内部职工素质稳定; ④ 重视群众监督作用,提高企业职工环境意识,鼓励职工及外部人员对生产状况提出意见,并通过积极吸收宝贵意见,提高企业环境管理水平; ⑤ 积极配合环保部门的检查、验收

11.1.4.4 环境管理相关制度

建设单位应建立健全环境管理相关制度体系,将环保工作纳入考核体系,确保在日常运行中将环保目标落到实处。

(1)"三同时"制度 根据《建设项目环境保护管理条例》,建设项目需要配套建设的环境保护设施,必须与主体工程同时设计、同时施工、同时投产使用。建设项目配套建设的环境保护设施经验收合格,方可投入生产或者使用。建设项目竣工后,建设单位应当按照国务院环境保护行政主管部门规定的标准和程序,对配套建设的环境保护设施进行验收,编制验收报告。建设单位在环境保护设施验收过程中,应当如实查验、监测、记载建设项目环境保护设施的建设和调试情况,不得弄虚作假,验收报告应依法向社会公开。

(2)排污许可证制度 建设单位应当在项目投入生产或使用并产生实际排污行为之前申请领取排污许可证。依法按照排污许可证申请与核发技术规范提交排污许可申请,申报排放污染物种类、排放浓度等,测算并申报污染物排放量。建设单位应当严格执行排污许可证的规定,禁止无证排污或不按证排污。

(3)环境管理台账制度 根据《排污单位环境管理台账及排污许可证执行报告技术规范 总则(试行)》(HJ 944—2018),排污单位应建立环境管理台账制度,对自行监测、污染物排放及落实各项环境管理等进行记录,包括电子报告书和书面报告两种。建设单位需完善记录制度和档案保存制度,有利于环境管理质量的追踪和持续改进;环境管理台账主要记录内容包括基本信息、实验设施运行和维护管理信息、危险废物进出台账、污染防治设施运行管理信息、污染物监测台账和资料信息,以及其他环境管理信息和档案资料等。

(4)污染治理设施管理制度 建设项目建成后,必须确保污染处理设施长期、稳定、有效地运行,不得擅自拆除或者闲置污染处理设施,不得故意不正常使用污染处理设施。污染处理设施的管理必须与生产经营活动一起纳入单位日常管理工作的范畴,落实责任人、操作人员、维修人员、运行经费、设备的备品备件、化学药品和其他原辅材料。同时要建立岗位责任制、制定操作规程、建立管理台账。

(5)报告制度 执行月报制度。月报内容主要为污染治理设施的运行情况、污染物排放情况以及污染事故或污染纠纷等。建设项目环境保护相关的所有记录、台账及污染物排放监测资料、环境管理档案资料等应妥善保存并定期上报,发现污染因子超标,要在监测数据出来后以书面形式上报公司管理层,快速果断地采取应对措施。

建设单位应定期向属地生态环境部门报告污染治理设施运行情况、污染物排放情况以及污染事故、污染纠纷等情况,便于政府部门及时了解污染动态,以利于采取相应的对策措施。建设项目的性质、规模、地点、生产工艺和环境保护措施等发生变动的,必须向环保部门报告，并履行相关手续，如发生重大变动并且可能导致环境影响显著变化（特别是不利环境影响加重）的，应当重新报批环评。

（6）环保奖惩制度　建设单位应加强宣传教育，提高员工的污染隐患意识和环境风险意识；制订员工参与环保技术培训的计划，提高员工技术素质水平；设立岗位实责制，制定严格的奖、罚制度。建议建设单位设置环境保护奖励条例，纳入人员考核体系。对爱护环保设施、节能降耗、改善环境者实行奖励；对环保观念淡薄、不按环保管理要求，造成环保设施损坏、环境污染及资源和能源浪费者一律处以重罚。

（7）信息公开制度　建设单位在环境影响评价文件编制和审批、排污许可证申请、竣工环保验收、正常运行等各阶段均应按照有关要求，通过网站或者其他便于公众知悉的方式，依法向社会公开拟建项目污染物排放清单，明确污染物排放的管理要求。包括建设项目组成及原辅材料组分要求，建设项目拟采取的环境保护措施及主要运行参数，排放的污染物种类、排放浓度和总量指标，排污口信息，执行的环境标准，环境风险防范措施以及环境监测等相关内容。

11.1.4.5　环境资金落实

建设单位应制订环境保护设施和措施的建设、运行及维护费用保障计划，保证环境影响评价文件提出的各项环保投资以及项目运营期的环保设施运行管理费用等落实到位，确保各项环保设施达到设计规定的效率和效果。

11.2　环境监测计划

环境监测是建设项目环境保护措施中一个重要的环节和技术支持，其目的在于：
① 暴露项目在施工中存在的施工扬尘、施工废水等环境污染问题，以便及时处理；
② 检查、跟踪项目建设以及投运过程中各项环保措施的实施情况和效果，掌握环境质量的变化动态；
③ 了解项目环境工程设施的运行状况，确保设施的正常运行；
④ 了解项目有关的环境质量监控实施情况；
⑤ 为改善项目周围区域环境质量提供技术支持。

根据《建设项目环境影响评价技术导则　总纲》（HJ 2.1—2016）中 9.4，环境监测计划应包括污染源监测计划和环境质量监测计划，内容包括监测因子、监测网点布设、监测频次、监测数据采集与处理、采样分析方法等，明确自行监测计划内容。

a. 污染源监测包括对污染源（包括废气、废水、噪声、固体废物等）以及各类污染治理设施的运转进行定期或不定期监测，明确在线监测设备的布设和监测因子。

b. 根据建设项目环境影响特征、影响范围和影响程度，结合环境保护目标分布，制定环境质量定点监测或定期跟踪监测方案。

c. 对以生态影响为主的建设项目应提出生态监测方案。

d. 对存在较大潜在人群健康风险的建设项目，应提出环境跟踪监测计划。

建设项目环境监测计划的实施一般会委托有 CMA（中国计量认证）资质的监测单位进行监测。按照建设阶段主要分为施工期环境监测计划、运行期环境监测计划和退役环境监测计划等。

11.2.1 施工期环境监测计划

对于施工期较长的建设项目(高速公路、核电厂等),应制订施工期环境监测计划,对施工区域周边环境空气、地表水环境、地下水环境、土壤环境和声环境等进行监测。及时暴露项目在施工中存在的污染问题,以便及时处理。

中华人民共和国交通运输部曾于2015年9月23日颁布过《施工期环境监测技术规范》(JT/T 1016.1—2015),但于2018年2月26日废止,目前有部分省市自行颁布了地方标准,如山东省于2019年5月29日颁布了《核电厂施工期环境监测技术规范》(DB 37/T 3547—2019),山西省于2014年12月31日颁布了《高速公路施工期环境监测技术规范》(DB14/T 1035—2014),江西省于2019年3月13日颁布了《高速公路环境监测技术规范第1部分:施工期环境质量监测》(DB36/T 1122.1—2019)等,在环境影响评价实际工作中可根据实际情况加以引用或执行。下面以某高速公路项目为例,施工期环境监测计划见表11-2-1。

表 11-2-1 某高速公路项目施工期环境监测计划一览表

监测项目		监测地点	监测项目	监测时间、频次	说明	实施单位
地表水		涉及穿越工程的地表水体上下游各100m	pH、COD、BOD_5、NH_3-N、TP、TN、SS、石油类	桥梁施工期监测1次/月,每次3天	监测断面设置及采样方法按国家标准执行	环境监测单位、工程监测单位、建设单位等
环境空气		路基施工现场边界、拌和站场界	TSP	2次/年,连续监测20h以上	施工场地、拌和站下风向设监测点,并同时在上风向100m处设比较监测点	
声环境		道路沿线200m内有施工场地的敏感目标区	L_{Aeq}	4次/年,每次监测1昼夜	选取附近有昼夜间施工作业的点附近的敏感点监测	
生态监测	临时用地植被恢复	在每个施工生产生活区、每条临时施工道路各设1个监测点	恢复植被的成活率、覆盖率、生物量	竣工以后连续3年	若发现植株死亡或覆盖率未达预计目标,需尽快补植	
	野生动物	在主体工程区、临时占地区周围采取样线法进行监测	野生动物的种类、分布、数量、活动规律	施工期每年监测1~2次,运行期连续监测3年	—	
事故性监测		事故发生地点	根据事故性质、事故影响的大小,视具体情况监测			

11.2.2 运行期环境监测计划

针对建设项目环境污染的特点,营运期可自设环境监测机构,亦可委托建设项目当地有CMA(中国计量认证)资质的监测单位进行。环境监测应按国家和地方的环保要求进行,应采用国家规定的标准监测方法,并应按照规定,定期向有关环境保护主管部门上报监测结果。

根据建设项目所属行业和排污特点,采用《排污许可证申请与核发技术规范 总则》(HJ 942—2018)及其所属行业的排污许可证申请与核发技术规范、《排污单位自行监测技术指南 总则》(HJ 819—2017)及其所属行业的排污单位自行监测技术指南、国家和地方颁布的污染物综合排放标准和行业排放标准等规定的相关要求,同时兼顾拟建项目污染源和项目区域环境特点,制订运行期环境监测计划并开展环境质量及污染源监测工作。

环境监测的主要原则是控制和监测建设项目各污染物达标及排放情况,保证监测质量和技术数据的代表性和可靠性，对波动幅度大和经常超标的污染物及新发生的污染物应加强监测，按要求增加监测次数，并及时上报有关环境监测部门。同时监督生产安全运行，为控制污染和净化环境提供依据。

排污单位应按照规定设置满足开展监测所需要的监测设施。废水排放口，废气（采样）监测平台、监测断面和监测孔的设置应符合监测规范要求。监测平台应便于开展监测活动，应能保证监测人员的安全。下面以某垃圾焚烧项目为例，运行期环境监测计划见表11-2-2。

表11-2-2 某垃圾焚烧项目运行期环境监测计划一览表

类别	装置	污染源	排放口类型	监测点位	监测因子	监测频次	控制标准
废气	焚烧炉	焚烧炉烟气	主要排放口	焚烧炉烟气口	颗粒物、HCl、SO_2、NO_x、CO、烟气参数（炉内CO浓度、温度、压力、流速/流量、湿度、含氧量），同步监测炉膛DCS温度，直接测量温度与活性炭使用量	自动监测	《生活垃圾焚烧污染控制标准》（GB 18485—2014）及其修改单
					汞及其化合物（以Hg计），镉、铊及其化合物（以Cd+Tl计），锑、砷、铅、铬、钴、铜、锰、镍及其化合物（以Sb+As+Pb+Cr+Co+Cu+Mn+Ni计）	1次/月	
					二噁英	1次/年	
	除臭系统	垃圾仓、渗滤液处理站	一般排放口	除臭系统排放口	H_2S、NH_3、CH_3-SH、臭气浓度、颗粒物	1次/季度	《恶臭污染物排放标准》（GB 14554—93）
		厂界无组织	—	厂界			
废水	渗滤液废水处理系统		进、出口		pH、色度、浊度、SS（悬浮物）、COD_{Cr}、BOD_5、溶解氧、氨氮、磷酸盐、总磷、溶解性总固体、总硬度、总碱度、高锰酸盐指数、硫酸盐、粪大肠菌群、石油类、挥发酚、硫化物、氟化物、阴离子表面活性剂、总汞、总镉、总铬、六价铬、总砷、总铅、总镍、铁、锰、石油类	至少每月一次	《生活垃圾填埋场污染控制标准》（GB 16889—2008）等标准
			—	出口	COD、氨氮、SS	在线监测	
噪声	高噪声设备		—	厂界	等效连续A声级	1次/季度	《工业企业厂界环境噪声排放标准》（GB 12348—2008）
固废	炉渣			炉渣贮存	热灼减率	1次/周	《生活垃圾焚烧污染控制标准》（GB 18485—2014）及其修改单
	飞灰稳定物			飞灰固化	固化飞灰浸出液，含水率，浸出液中汞、铜、锌、铅、镉、铍、钡、镍、砷、总铬、六价铬、硒	每批次	《生活垃圾填埋场污染控制标准》（GB 16889—2008）
					二噁英	每季度	

11.2.3 退役环境监测计划

对于垃圾填埋场、矿山开采配套废石场、选矿厂配套尾矿库、放射性矿冶设施等建设项目在利用寿命终了或因其他原因停止服役后,需对其后续治理过程中产生的废水、废气、固体废物以及对周边空气、地表水、地下水、土壤等环境要素制订监测计划。

按照相对应的技术规范和监测要求,说明退役治理过程中开展监测工作的目的和监测原则,给出退役治理过程中的检测项目及布点情况,说明退役终态流出物监测和环境监测布点原则、要求,给出监测介质、监测项目和监测布点,开展环境现状监测和污染源监测。

对于退役后需要长期进行监护的,应说明开展长期监护的目的和监护责任主体及职责,说明监护人员和物质、设备的配备情况,给出退役治理完成后开展长期监护的基本原则和要求,说明监护内容,给出相应的监护方式和频次。给出事故情况下开展环境应急监测和跟踪监测的要求。下面以某放射性废物焚烧站退役项目为例,退役环境监测计划见表 11-2-3。

表 11-2-3 某放射性废物焚烧站退役项目退役环境监测计划一览表

监测类别	监测地点		监测项目	监测方法	说明
退役期间辐射监测	辐射工作场所	表面污染监测	放射性气溶胶浓度监测	设备、容器表面、地面、墙面用表面污染仪直接测量;工作人员手脚表面采用α、β手脚表面污染测量仪直接测量	依据《辐射环境监测技术规范》等规范
		外照射监测		采用便携式χ、γ剂量仪直接测量	
	工作人员	个人剂量监测	外照射监测	配备热释光个人剂量计、个人剂量报警仪,监测个人外照射剂量	
			内照射监测	测量工作现场空气气溶胶浓度	
			手脚表面沾污监测	污染测量仪直接监测	
	移动通风净化装置过滤器排气口	切割作业	气态流出物(切割产生的放射性气溶胶)	移动通风净化装置过滤器后排气口设取样点。取样分析监测放射性U活度浓度	
	固体废物包装	退役过程废弃的工作服、口罩等可燃固体	表面污染监测	包装后采用α、β表面污染仪进行整体表面污染监测	
		废金属	表面污染监测及γ剂量率监测	清洗去污和装入标准钢箱后进行包装α、β表面污染监测及γ剂量率监测	
		其他废物	表面污染及外照射剂量监测	装入200L钢桶,运输前对其表面污染及外照射剂量水平进行监测	
	周围环境监测	环境空气中的气溶胶、大气沉降物、土壤及有关植物	α、β放射性以及铀含量	采用表面污染测量仪、6150AD/t剂量率检测仪、TLD热释光个人剂量计和气溶胶取样器采样及监测	
退役终态监测及长期监测	项目厂址		α、β表面污染水平、γ剂量率和厂房内气溶胶	采用表面污染测量仪、6150AD/t剂量率检测仪、TLD热释光个人剂量计和气溶胶取样器等定期监测	
	项目周围		土壤和环境空气γ剂量率		

11.2.4 应急监测计划

对于建设项目可能引发的环境风险事故,需制订应急监测计划。主要由建设单位配备专业队伍负责对事故现场进行侦察监测，配备一定的现场事故监测设备，及时准确地发现事故灾害，并对事故性质、参数预后果进行评估，为指挥部门提供决策依据。

事故应急监测根据建设项目突发环境影响事件应急预案所确定应急监测计划进行监测。鉴于突发性污染事故存在众多不确定性，故应急监测布点可根据突发污染事故的具体情况及时调整。下面以某化工厂为例，应急监测计划见表11-2-4。

表 11-2-4 某化工厂应急监测计划

事故类型	应急监测因子	监测点位	应急监测布点原则	应急监测频次	应急监测方法
环境空气污染事故	CO、苯、硫化氢、氨、氯气等有毒有害气体	事故发生地	应尽可能在事故发生地就近采样，并以事故地点为中心，根据事故发生地的地理特点、当时盛行风向以及其他自然条件，在事故发生地下风向（污染物漂移云团经过的路径）影响区域、洼地或低洼位置，按一定间隔的圆形布点采样，并根据污染物的特点在不同高度采样，同时在事故点的上风向适当位置布设对照点。采样过程中应注意风向的变化，及时调整采样点的位置	初始加密(6 次/d)监测，随着污染物浓度的下降逐渐降低频次	泵吸式便携一氧化碳检测报警仪、便携式气相色谱快速测定仪、便携式硫化氢快速检测仪、氨快速检测仪和氯气便携式气体检测仪等
		事故发生地周围居民区等敏感区域		初始加密(6 次/d)监测，随着污染物浓度的下降逐渐降低频次	
		事故发生地下风向		4 次/d 或与事故发生地同频次（应急期间）	
		事故发生地上风向对照点		3 次/d（应急期间）	
地表水环境污染事故	pH、苯系物、甲醇、氰化物、COD等有毒有害废水污染物	事故发生地河流及其下游	① 监测点位以事故发生地为主，根据水流方向、扩散速度（或流速）和现场具体情况（如地形地貌等）进行布点采样，同时应测定流量。② 对厂区周边河流监测应在事故发生地、事故发生地的下游布设若干点，同时在事故发生地的上游一定距离处布设对照断面（点）。如河流流速极小或基本静止，可根据污染物的特性在不同水层采样；在事故影响区域内饮用水和农灌区取水口必须设置采样断面（点）	初始加密(4 次/d)监测，随着污染物浓度的下降逐渐降低频次	便携式 pH 计、快速检测方法、甲醇快速检测仪、氰化物快速检测仪和便携式 COD 检测仪等

11.3 污染物排放管理要求

11.3.1 污染物排放管理的依据

现阶段对污染物排放管理主要依据《排污许可管理办法（试行）》和《排污许可管理条例》的要求施行。

《排污许可管理条例》是国务院颁布实施的行政法规，《排污许可管理办法（试行）》是生态环境部颁布实施的部门规章，因为行政法规的法律效应高于部门规章，所以《排污许可管理条例》的法律地位和法律效力是高于《排污许可管理办法（试行）》的，两者内容不一致的部分应按照《排污许可管理条例》执行。具体内容见表 11-3-1。

表 11-3-1 《排污许可管理条例》与《排污许可管理办法（试行）》排污许可内容差异一览表

类别	《排污许可管理条例》	《排污许可管理办法（试行）》	执行建议
污染治理设施编码	未对此内容作出相关的规定	生态环境部对实施排污许可管理的排污单位及其生产设施、污染防治设施和排放口实行统一编码管理	排污单位申请排污许可证时，应按《排污许可管理办法（试行）》执行
自行监测方案	明确排污许可证的申请材料中需要提供：自行监测方案，自行监测方案的监测点位、指标、频次等符合国家自行监测规范，未规定自行监测方案具体内容	排污单位在申请排污许可证时，应当按照自行监测技术指南，编制自行监测方案	排污单位应执行《排污许可管理条例》规定，自行监测方案编制按照《排污许可管理办法（试行）》规定执行
	增加以信函方式提交排污许可证申请表；不再要求《排污许可管理办法（试行）》中同时提交电子申请表和印制的书面申请材料	排污单位应当在全国排污许可证管理信息平台上填报并提交排污许可证申请，同时向核发环保部门提交通过全国排污许可证管理信息平台印制的书面申请材料	执行《排污许可管理条例》规定
	明确对排污许可证申请表的一般规定，取消《排污许可管理办法（试行）》中提交承诺书的规定，对申请材料的特殊规定在第九条中针对不同情形进行明确	申请延续排污许可证的材料包含由排污单位法定代表人或者主要负责人签字或者盖章的承诺书	执行《排污许可管理条例》规定
排污许可证有效期	排污许可证有效期为 5 年。排污许可证有效期届满，排污单位需要继续排放污染物的，应当于排污许可证有效期届满 60 日前向审批部门提出申请。审批部门应当自受理申请之日起 20 日内完成审查；对符合条件的予以延续，对不符合条件的不予延续并书面说明理由。针对排污许可证有效、延续及变更事项进行了明确；统一规定了排污许可证的有效期为 5 年	排污许可证自作出许可决定之日起生效。首次发放的排污许可证有效期为三年，延续换发的排污许可证有效期为五年	执行《排污许可管理条例》规定
	应当在排污许可证届满 60 日前向审批部门提出申请	应当在排污许可证届满 30 个工作日前向原核发环保部门提出申请	执行《排污许可管理条例》规定
排污口规范化管理	排污单位应当按照生态环境主管部门的规定建设规范化污染物排放口，并设置标志牌。污染物排放口位置和数量、污染物排放方式和排放去向应当与排污许可证规定相符。实施新建、改建、扩建项目和技术改造的排污单位，应当在建设污染防治设施的同时，建设规范化污染物排放口	未对此项内容作出规定	执行《排污许可管理条例》规定
自动监测	实行排污许可重点管理的排污单位，应当依法安装、使用、维护污染物排放自动监测设备，并与生态环境主管部门的监控设备联网。排污单位发现污染物排放自动监测设备传输数据异常的，应当及时报告生态环境主管部门，并进行检查、修复	实施排污许可重点管理的排污单位，应按照排污许可证规定安装自动监测设备，并与环境保护主管部门的监控设备联网	执行《排污许可管理条例》规定
	对自动监测设备传输数据异常情况作了补充，提出及时报告生态环境主管部门，并进行检查、修复的要求	未对此项内容作出规定	执行《排污许可管理条例》规定

续表

类别	《排污许可管理条例》	《排污许可管理办法(试行)》	执行建议
管理台账记录要求	环境管理台账记录保存期限不得少于5年。排污单位发现污染物排放超过污染物排放标准等异常情况时,应当立即采取措施消除、减轻危害后果,如实进行环境管理台账记录,并报告生态环境主管部门,说明原因。超过污染物排放标准等异常情况下的污染物排放计入排污单位的污染物排放量	台账记录保存期限不少于三年,污染防治设施运行情况及管理信息发生异常情况的,应当记录原因和采取的措施。排污单位发生本办法第三十五条第一款第二、三项或者第三十七条第四款第二项规定的异常情况,及时报告核发环保部门,且主动采取措施消除或者减轻违法行为危害后果的,县级以上环境保护主管部门应当依据《中华人民共和国行政处罚法》相关规定从轻处罚	执行《排污许可管理条例》规定
	针对超标排放等异常情况,应当立即采取措施消除、减轻危害后果,并报告生态环境主管部门,说明原因。针对超过污染物排放标准等异常情况的,将污染物排放计入排污单位的污染物排放量	发生超标排放情况的,应当记录超标原因和采取的措施	执行《排污许可管理条例》规定

综上所述,《排污许可管理办法(试行)》(2018年1月10日环境保护部令第48号)和《排污许可管理条例》的要求目前存在差异部分,在《排污许可管理办法(试行)》废止或修订前,与《排污许可管理条例》不一致的规定,建设单位应当按《排污许可管理条例》执行;《排污许可管理条例》中未明确作出规定且与排污许可制执行程序有关的内容,或者《排污许可管理条例》明确授权国务院生态环境主管部门负责的内容,建设单位应按照《排污许可管理办法(试行)》执行。排污许可的分类、申报、核发、换证等污染物排放管理的具体要求如下:

① 根据污染物产生量、排放量、对环境的影响程度等因素,对照实行排污许可管理的排污单位范围、实施步骤和管理类别名录,明确建设单位实行重点管理还是简化管理。

② 通过全国排污许可证管理信息平台提交排污许可证申请表,若建设项目属于实行排污许可重点管理、城镇和工业污水集中处理设施和排放重点污染物的新建、改建、扩建项目以及实施技术改造项目的,还需按照《排污许可管理条例》第八条的要求,提交相应文件。

③ 等待审批部门颁发排污许可证。对于具备符合条件要求的排污单位,审批部门应当自受理申请之日起20日内对实行排污许可简化管理的排污单位作出审批决定。而对于实行排污许可重点管理的排污单位,审批部门应当自受理申请之日起30日内作出审批决定;需要进行现场核查的,应当自受理申请之日起45日内作出审批决定。建设单位收到审批部门通过全国排污许可证管理信息平台生成的统一的排污许可证编号。

④ 排污许可证有效期届满,排污单位需要继续排放污染物的,应当于排污许可证有效期届满60日前向审批部门提出申请。排污单位变更名称、住所、法定代表人或者主要负责人的,应当自变更之日起30日内,向审批部门申请办理排污许可证变更手续。

⑤ 在排污许可证有效期内,排污单位有《排污许可管理条例》第十五条情形之一的,应当重新申请取得排污许可证。

⑥ 排污单位在日常生产中应该按照《排污许可管理条例》第三章排污管理的要求执行,并配合生态环境主管部门监督检查,若排放的污染物排放浓度超过许可排放浓度,主动向生态环境主管部门提交排污许可证、环境管理台账记录、排污许可证执行报告、自行监测数据等相关材料以备核查,必要时配合生态环境主管部门组织开展现场监测。

⑦ 对违反《排污许可管理条例》和《排污许可管理办法(试行)》相关规定的，排污单位需依据相应条款承担罚款、相关负责人员处分、限制生产、停产整治、停业、关闭、撤销或吊销排污许可证等处罚措施，承担法律责任。

11.3.2 排污口管理

11.3.2.1 排污口标志管理

根据《环境保护图形标志—排放口（源）》（GB 15562.1—1995）、《环境保护图形标志—固体废物贮存（处置）场》（GB 15562.2—1995）等标准要求，建设单位应在废气、废水排放口，固废贮存场所分别设置环境保护图形标志牌，便于污染源监督管理及常规监测工作的进行，具体见表 11-3-2。

表 11-3-2 厂区排污口图形标志一览表

序号	要求	排放部位			
		废气排放口	废水排放口	危险固废	噪声
1	图形符号				
2	背景颜色	危险固废黄色，其他绿色			
3	图形颜色	危险固废黑色，其他白色			

排污口标志牌应设在醒目处，设置高度为上边缘距地面约 2m。建设单位应当每年对标志牌进行一次检查和维护，确保标志牌清晰完整。

11.3.2.2 排污口规范化管理

根据《排污口规范化整治技术要求（试行）》（环监〔1996〕470 号）的要求，建设单位应当对排污口进行以下规范化管理。

① 废气排放口要求。有组织排放的废气排气筒应设置便于采样、监测的采样口。采样口的设置应符合《污染源监测技术规范》要求。无组织排放有毒有害气体的，应加装引风装置，进行收集、处理，并设置采样点。

② 固体废物贮存、堆放场要求。一般固体废物应设置专用贮存、堆放场地。易造成二次扬尘的贮存、堆放场地，应采取不定时喷洒等防治措施。有毒有害固体废物等危险废物，应设置专用堆放场地，并必须有防扬散、防流失、防渗漏等防治措施，且加强危险固废收集、贮存、运输、利用、处置各环节的全过程监管。

③ 固定噪声排放源要求。噪声源情况，可采取减振降噪、吸声处理降噪、隔声处理降噪等措施，使其达到功能区标准要求。在固定噪声源厂界噪声敏感且对外界影响最大处设置该噪声源的监测点。

11.3.3 环境信息公开

建设单位在履行日常的污染物排放管理责任中，还需开展环境信息公开工作。根据《企业事业单位环境信息公开办法》（环境保护部令第 31 号），"企业事业单位应当按照强制公开和自愿公开相结合的原则，及时、如实地公开其环境信息""企业事业单位应当建立健全本单位环境信息公开制度，指定机构负责本单位环境信息公开日常工作"。若企业被列入重点排污单位名录，需公开如下内容。

① 基础信息，包括单位名称、组织机构代码、法定代表人、生产地址、联系方式，以及生产经营和管理服务的主要内容、产品及规模；

② 排污信息，包括主要污染物及特征污染物的名称、排放方式、排放口数量和分布情况、排放浓度和总量、超标情况，以及执行的污染物排放标准、核定的排放总量；

③ 防治污染设施的建设和运行情况；

④ 建设项目环境影响评价及其他环境保护行政许可情况；

⑤ 突发环境事件应急预案；

⑥ 其他应当公开的环境信息；

⑦ 列入国家重点监控企业名单的重点排污单位还应当公开其环境自行监测方案。

重点排污单位应当通过其网站、企业事业单位环境信息公开平台或者当地报刊等便于公众知晓的方式公开环境信息，同时可以采取以下一种或者几种方式予以公开：

① 公告或者公开发行的信息专刊；

② 广播、电视等新闻媒体；

③ 信息公开服务、监督热线电话；

④ 本单位的资料索取点、信息公开栏、信息亭、电子屏幕、电子触摸屏等场所或者设施；

⑤ 其他便于公众及时、准确获得信息的方式。

第12章

环境影响评价结论

12.1 评价结论编制要求

环境影响评价报告书的结论就是全部评价工作的结论，应该在概括和总结全部评价工作的基础之上，准确、简洁、客观地总结建设项目实施过程中各个阶段的生产、生活活动与当地环境的关系，明确给出一般情况下和特定情况下的环境影响，采取的环境保护措施，并从环境保护的角度进行分析，得出建设项目是否可行的结论。编写评价结论应该与编写报告书其他部分一样，最好采取分条叙述的形式，方便阅读。

12.2 评价结论编制内容

环境影响评价报告书结论一般应包括以下内容：

① 概括地描述环境现状，同时要说明环境中现已存在的主要环境质量问题，例如某污染物浓度超过了标准、某些重要的生态破坏现象等。

② 简要说明建设项目的影响源及污染源状况。根据评价中工程分析结果，简单明了地说明建设项目的影响源和污染源的位置、数量，污染物的种类、数量、排放浓度与排放量、排放方式等。

③ 概括总结环境影响的预测和评价结果。结论中要明确说明建设项目实施过程各阶段在不同时期对环境的影响及其评价，特别要说明叠加背景值后的影响。

④ 对环保措施的改进建议。环境影响评价报告书中如有专门章节评述环保措施（包括污染防治措施、环境管理措施、环境监测措施等）时，结论中应有该章节的总结。如报告书中没有专门章节时，在结论中应简单评述拟采用的环保措施。同时还应结合环保措施的改进与执行，说明建设项目在实施过程的各不同阶段，能否满足环境质量要求的具体情况。

⑤ 更重要的是对项目建设环境可行性的结论。要从与国家产业政策、环境保护政策、生态保护和建设规划的一致性，选址或选线与相关规划的相容性，清洁生产水平，环境保护措施，达标排放和污染物排放总量控制，公众意见等方面给出环境影响评价的综合结论。

12.3 评价结论专题小结与建议

环境影响评价结论除了包括上述内容外，还应包括环境影响评价专题小结与建议。

(1)"工程分析"专题小结与建议要点

① 本专题"小结"要点

a. 项目建设单位、建设地点、建设性质、建设周期、建设投资和构成,以及其他经济技术情况;

b. 建设项目的产业及技术政策符合性、相关规划的相容性和拟选厂址(线)可行性;

c. 建设项目在拟选厂址(线)的合理生产规模与产品结构;

d. 建设项目原辅材料及水、动力消耗情况;

e. 项目最佳总图布置和储运方案;

f. 筛选确定的主要污染源与污染因子;

g. 项目施工建设期、投产运营期、退役期等不同时期污染物产排情况;

h. 项目不同时期污染源和污染物削减与治理措施及其效果;

i. 可能产生的事故特征与防范措施建议;

j. 必须确保的环保措施项目和投资。

② 本专题"建议"要点

a. 关于合理的产品结构与生产规模的建议。合理的产品结构和生产规模可以有效地降低单位污染物的处理成本,提高企业的经济效益,有效地降低建设项目对周围环境的不利影响。

b. 优化总图布置的建议。充分利用自然条件,合理布置建设项目中的各功能区(构筑物),可以有效减少建设项目污染物无组织排放、各功能区间的交叉污染及减轻对周围环境的不良影响,降低环保投资。

c. 节约用地的建议。根据各构筑物工艺特点和结构要求,做到合理布置,有效利用土地。

d. 可燃气体平衡和回收利用措施建议。可燃气体排到环境中,不仅浪费资源,而且对大气环境有不良影响,因此,必须考虑对这些气体进行回收利用。根据可燃气体的物料衡算,可以计算出这些可燃气体的排放量,为回收利用措施的选择提供基础数据。

e. 用水平衡及节水措施建议。根据水平衡图,充分考虑废水回用,减少废水排放,节约水资源。

f. 废渣综合利用建议。根据固体废物的特性,选择有效的方法,进行合理的综合利用。

g. 污染物排放方式的改进建议。污染物的排放方式直接关系到污染物对环境的影响,通过对排放方式的改进往往可以有效地降低污染物对环境的不利影响。

h. 环保设备选型和实用参数建议。根据污染物的排放浓度和排放规律,以及排放标准的基本要求,结合对现有资料的全面分析,提出污染物的处理工艺和基本工艺参数方面的建议。

i. 其他重要建议。针对具体工程特征,提出与工程密切相关的、有较大影响的其他建议,如施工方式、施工时间、工艺改进、产品包装及运输等方面。

(2)"环境现状调查与评价"专题小结要点

① 环境现状调查的对象、范围;

② 评价区内主要污染源及主要污染物,以及治理、排放情况;

③ 评价区内主要环境和生态问题,及其危害和成因;

④ 评价区内环境空气、地表水、地下水、环境噪声、土壤、生态等环境要素的质量现状;

⑤ 评价区内环境保护敏感目标类别、性质、分布情况及受污染情况。

(3)"环境影响预测与评价"专题小结与建议要点

① 本专题"小结"要点

a. 建设项目不同时期对评价区各环境要素质量影响的预测及评价结果，明确污染超标情况及受影响区域范围、环境保护目标情况；

b. 事故状态和非正常工况下，污染物排放对评价区环境质量的影响预测及评价结果，明确污染物事故排放和非正常排放发生的概率及发生时受污染影响的情况（超标区域、超标面积、超标程度、受影响对象的受影响程度等）。

② 本专题"建议"要点

a. 进一步减少污染源污染物排放的建议。根据项目污染源分布和拟采取的污染物控制削减措施情况，结合污染影响预测与评价结果，提出进一步采取或改进削减污染源污染排放（包括有组织排放、无组织排放、事故排放、非正常排放）措施的建议。

b. 提出保护环境敏感目标的对策与建议。根据评价区内环境保护目标的敏感程度、保护目标类型及分布情况，结合影响预测评价结果，提出保护环境敏感目标的具体可行的建议。

c. 提出防止现有环境问题恶化和引发新的环境问题的对策建议。根据预测结果和环境现状，提出有针对性并且可行的防止区域现有环境恶化以及防止新的环境问题产生的对策建议。

(4)"清洁生产分析与评价"专题小结与建议要点

① 本专题"小结"要点

a. 根据清洁生产分析结果，给出该项目实施以后所能达到的清洁生产水平结论；

b. 项目所采用的主要清洁生产方案（技术）以及清洁生产的效果；

c. 持续清洁生产技术方案。

② 本专题"建议"要点：通过项目清洁生产水平分析，根据项目从产品方案、生产规模、生产工艺、设施与设备、污染物产生与排放、废弃物及资源综合利用、生产管理等方面存在的问题，瞄准行业清洁生产先进水平，并结合本项目的实际情况，提出项目清洁生产改进措施与建议和持续清洁生产技术方案。

(5)"环境风险评价"专题小结与建议编制要点

① 本专题"小结"要点

a. 项目危害识别及风险源项分析结果，明确项目重大风险源及其风险源源强参数；

b. 风险影响预测结果，明确风险发生后受影响区域以及事故风险持续时间、人群生命健康受危害程度等；

c. 根据风险评价结果，给出本项目的风险可接受程度。

② 本专题"建议"要点

a. 提出项目实施过程中防止环境风险发生的工程措施建议；

b. 提出降低项目实施过程环境风险发生概率的管理措施建议；

c. 提出环境风险发生过程中减少人群健康危害及其他损失的建议。

(6)"环境保护措施技术经济可行性论证"专题小结与建议编制要点

① 本专题"小结"要点

a. 项目施工建设期拟采取的防止或减轻环境污染和生态破坏的工程与措施，以及这些工程措施是否可行的结论；

b. 项目运营期拟采取的水、气、声、渣等的污染防治工艺路线、工程措施及其在技术、经济方面是否可行的结论。

② 本专题"建议"要点

a. 完善项目施工期污染防治工程和管理措施方面的对策与建议；

b. 完善项目运营期污染防治工程和管理措施方面的对策与建议。

(7) "环境经济损益分析"专题小结与建议编制要点

① 本专题"小结"要点

a. 项目实施后环境经济损益分析的内容与方法；

b. 项目实施后评价区环境损益分析结论；

c. 项目实施后评价区经济与社会损益情况结论；

d. 项目实施后评价区环境、经济与社会复合系统的整体损益情况结论。

② 本专题"建议"要点

a. 提出项目实施后减少评价区环境、经济和社会损失的对策与建议；

b. 提出项目实施后增加评价区环境、经济和社会各环节受益的对策与建议。

(8) "总量控制分析"专题小结与建议编制要点

① 本专题"小结"要点

a. 与项目有关的区域污染物总量控制因子及总量控制情况分析结论；

b. 项目需要进行总量控制的因子及其所需总量指标的来源；

c. 项目本身所需污染物总量与区域剩余总量控制指标的比例，明确项目污染物总量控制目标是否符合当地污染物总量控制要求。

② 本专题"建议"要点：提出本项目实施后总量控制因子及控制指标的建议。

(9) "环境监测与管理"专题小结与建议编制要点

① 本专题"小结"要点

a. 项目实施后环境监测与管理机构及其构成、主要职能；

b. 对项目施工期及运营期实施环境管理的制度构成；

c. 对项目施工期及运营期实施环境监测的主要仪器设备配套，以及监测机构的人员配备要求等；

d. 需要进行日常监测的常规因子和项目特征因子以及监测要求。

② 本专题"建议"要点

a. 提出完善项目环境管理方面的建议（包括管理机构、管理结构、管理制度、机构职责、硬件配备等）；

b. 提出完善项目环境监测方面的建议（包括监测机构、质量控制、仪器设备、监测结果统计等）。

(10) "公众参与"专题小结与建议编制要点

① 本专题"小结"要点

a. 项目公众参与的内容与方式；

b. 公众关注的相关问题以及项目公众参与调查意见归纳整理结果；

c. 对公众意见的处理结果，以及公众是否同意项目建设的明确意见。

② 本专题"建议"要点：根据公众参与调查结果，提出有效解决公众关心、关注的与本项目有关的环境问题方面的建议。

第 13 章

规划环境影响评价

13.1 基本概念

规划环境影响评价是指在规划编制阶段,对规划实施后可能造成的环境影响进行分析、预测和评估,提出预防或者减轻不良环境影响的对策和措施,进行跟踪监测的方法与制度。规划环境影响评价是环境影响评价在规划层次的应用,是一种在规划层次及早协调环境与发展关系的决策与规划手段,隶属于战略环境影响评价范畴。

根据《中华人民共和国环境影响评价法》,国务院有关部门、设区的市级以上地方人民政府及其有关部门,对其组织编制的土地利用的有关规划,区域、流域、海域的建设、开发利用规划,应当在规划编制过程中组织进行环境影响评价,编写该规划有关环境影响的篇章或者说明,并作为规划草案的组成部分一并报送规划审批机关。国务院有关部门、设区的市级以上地方人民政府及其有关部门,对其组织编制的工业、农业、畜牧业、林业、能源、水利、交通、城市建设、旅游、自然资源开发的有关专项规划,应当在该专项规划草案上报审批前,组织进行环境影响评价,并向审批该专项规划的机关提出环境影响报告书。

为全面提高规划环境影响评价的有效性,强化空间和总量管理、生态环境准入清单的管理,规划环境影响评价全过程应在"三线一单"的环境准入管控体系下实施。"三线一单"是指生态保护红线、环境质量底线、资源利用上线和生态环境准入清单。

生态保护红线指在生态空间范围内具有特殊重要生态功能、必须强制性严格保护的区域,是保障和维护国家生态安全的底线和生命线,通常包括具有重要水源涵养、生物多样性维护、水土保持、防风固沙、海岸生态稳定等功能的生态功能重要区域,以及水土流失、土地沙化、石漠化、盐渍化等生态环境敏感脆弱区域。

环境质量底线指按照水、大气、土壤环境质量不断优化的原则,结合环境质量现状和相关规划、功能区划要求,考虑环境质量改善潜力,确定的分区域分阶段环境质量目标及相应的环境管控、污染物排放控制等要求。

资源利用上线是以保障生态安全和改善环境质量为目的,结合自然资源开发管控,提出的分区域分阶段的资源开发利用总量、强度、效率等管控要求。

生态环境准入清单指基于环境管控单元,统筹考虑生态保护红线、环境质量底线、资源利用上线的管控要求,以清单形式提出的空间布局、污染物排放、环境风险防控、资源开发利用等方面的生态环境准入要求。

13.2 评价原则和方法

13.2.1 评价目的

规划环境影响评价以改善环境质量和保障生态安全为目标，论证规划方案的生态环境合理性和环境效益，提出规划优化调整建议；明确不良生态环境影响的减缓措施，提出生态环境保护建议和管控要求，为规划决策和规划实施过程中的生态环境管理提供依据。

13.2.2 评价原则

（1）早期介入、过程互动　规划环境影响评价应在规划编制的早期阶段介入，在规划前期研究和方案编制、论证、审定等关键环节和过程中充分互动，不断优化规划方案，提高环境合理性。

（2）统筹衔接、分类指导　规划环境影响评价工作应突出不同类型、不同层级规划及其环境影响的特点，充分衔接"三线一单"成果，分类指导规划所包含建设项目的布局和生态环境准入。

（3）客观评价、结论科学　规划环境影响评价应依据现有知识水平和技术条件对规划实施可能产生的不良环境影响的范围和程度进行客观分析，评价方法应成熟可靠，数据资料应完整可信，结论建议应具体明确且具有可操作性。

13.2.3 评价范围

规划环境影响评价应按照规划实施的时间维度和可能影响的空间尺度来界定评价范围。在时间维度上，应包括整个规划期，并根据规划方案的内容、年限等选择评价的重点时段。在空间尺度上，应包括规划空间范围以及可能受到规划实施影响的周边区域。周边区域确定应考虑各环境要素评价范围，兼顾区域流域污染物传输扩散特征、生态系统完整性和行政边界。

13.2.4 评价流程

13.2.4.1 工作流程

规划环境影响评价应在规划编制的早期阶段介入，并与规划编制、论证及审定等关键环节和过程充分互动，互动内容一般包括：

① 在规划前期阶段，同步开展规划环评工作。通过对规划内容的分析，收集与规划相关的法律法规、环境政策等，收集上层位规划和规划所在区域战略环评及"三线一单"成果，对规划区域及可能受影响的区域进行现场踏勘，收集相关基础数据资料，初步调查环境敏感区情况，识别规划实施的主要环境影响，分析提出规划实施的资源、生态、环境制约因素，反馈给规划编制机关。

② 在规划方案编制阶段，完成现状调查与评价，提出环境影响评价指标体系，分析、预测和评价拟定规划方案实施的资源、生态、环境影响，并将评价结果和结论反馈给规划编制机关，作为方案比选和优化的参考和依据。

③ 在规划的审定阶段，进一步论证拟推荐的规划方案的环境合理性，形成必要的优化调整建议，反馈给规划编制机关。针对推荐的规划方案提出不良环境影响减缓措施和环境影响跟踪评价计划，编制环境影响报告书。如果拟选定的规划方案在资源、生态、环境方面难

以承载，或者可能造成重大不良生态环境影响且无法提出切实可行的预防或减缓对策和措施，或者根据现有的数据资料和专家知识对可能产生的不良生态环境影响的程度、范围等无法做出科学判断，应向规划编制机关提出对规划方案做出重大修改的建议并说明理由。

④ 规划环境影响报告书审查会后，应根据审查小组提出的修改意见和审查意见对报告书进行修改完善。

⑤ 在规划报送审批前，应将环境影响评价文件及其审查意见正式提交给规划编制机关。

13.2.4.2 技术流程

规划环境影响评价的技术流程见图13-2-1。

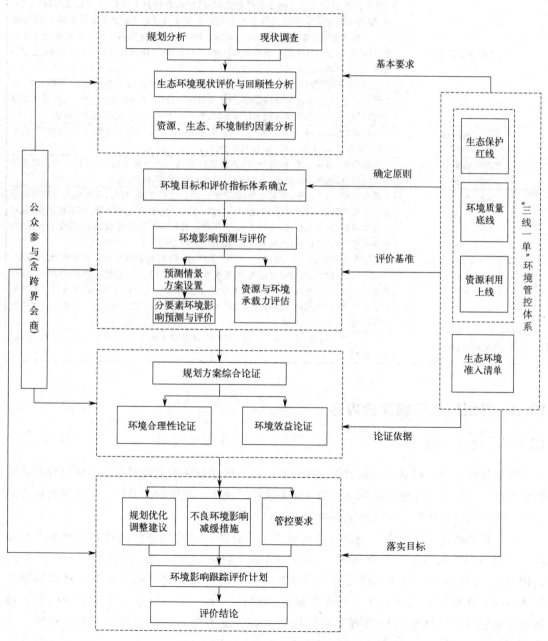

图13-2-1 规划环境影响评价技术流程

13.2.5 评价方法

规划环境影响评价各工作环节常用方法见表13-2-1。开展具体评价工作时可根据需要选用，也可选用其他已广泛应用、可验证的技术方法。

表 13-2-1　规划环境影响评价的常用方法

评价环节	可采用的主要方式和方法
规划分析	核查表、叠图分析、矩阵分析、专家咨询（如智暴法、德尔斐法等）、情景分析、类比分析、系统分析
现状调查与评价	（1）现状调查：资料收集、现场踏勘、环境监测、生态调查、问卷调查、访谈、座谈会。环境要素的调查方式和监测方法可参考《环境影响评价技术导则 大气环境》（HJ 2.2）、《环境影响评价技术导则 地表水环境》（HJ 2.3）、《环境影响评价技术导则 声环境》（HJ 2.4）、《环境影响评价技术导则 生态影响》（HJ 19）、《环境影响评价技术导则 地下水环境》（HJ 610）、《区域生物多样性评价标准》（HJ 623）、《环境影响评价技术导则 土壤环境》（HJ 964）有关监测规范执行。 （2）现状分析与评价：专家咨询、指数（单指数、综合指数）法、类比分析、叠图分析、生态学分析法（生态系统健康评价法、生物多样性评价法、生态机理分析法、生态系统服务功能评价方法、生态环境敏感性评价方法、景观生态学法等）、灰色系统分析法
环境影响识别与评价指标确定	核查表、矩阵分析、网络分析、系统流图、叠图分析、灰色系统分析法、层次分析、情景分析、专家咨询、类比分析、压力-状态-响应分析
规划实施生态环境压力分析	专家咨询、情景分析、负荷分析（估算单位国内生产总值物耗、能耗和污染物排放量等）、趋势分析、弹性系数法、类比分析、对比分析、供需平衡分析
环境影响预测与评价	类比分析、对比分析、负荷分析（估算单位国内生产总值、物耗、能耗和污染物排放量等）、弹性系数法、趋势分析、系统动力学法、投入产出分析、供需平衡分析、数值模拟、环境经济学分析（影子价格、支付意愿、费用效益分析等）、综合指数法、生态学分析法、灰色系统分析法、叠图分析、情景分析、相关性分析、剂量-反应关系评价。 环境要素影响预测与评价的方式和方法可参考《环境影响评价技术导则 大气环境》（HJ 2.2）、《环境影响评价技术导则 地表水环境》（HJ 2.3）、《环境影响评价技术导则 声环境》（HJ 2.4）、《环境影响评价技术导则 生态影响》（HJ 19）、《环境影响评价技术导则 地下水环境》（HJ 610）、《区域生物多样性评价标准》（HJ 623）、《环境影响评价技术导则 土壤环境》（HJ 964）执行
环境风险评价	灰色系统分析法、模糊数学法、数值模拟、风险概率统计、事件树分析、生态学分析法、类比分析

13.3　规划环境影响评价内容

13.3.1　规划分析

规划分析包括规划概述和规划协调性分析。规划概述应明确可能对生态环境造成影响的规划内容；规划协调性分析应明确规划与相关法律、法规、政策的相符性，以及规划在空间布局、资源保护与利用、生态环境保护等方面的冲突和矛盾。

（1）规划概述　介绍规划编制背景和定位，结合图、表梳理分析规划的空间范围和布局，规划不同阶段目标、发展规模、布局、结构（包括产业结构、能源结构、资源利用结构等）、建设时序、配套基础设施等可能对生态环境造成影响的规划内容，梳理规划的环境目标、环境污染治理要求、环保基础设施建设、生态保护与建设等方面的内容。如规划方案包含的具体建设项目有明确的规划内容，应说明其建设时段、内容、规模、选址等。

(2) 规划协调性分析　依据规划的内容，筛选出与本规划相关的生态环境保护法律法规、环境经济政策、环境技术政策、资源利用和产业政策，分析本规划与其相关要求的符合性；分析规划规模、布局、结构等规划内容与上层位规划、区域"三线一单"管控要求、战略或规划环评成果的符合性，识别并明确在空间布局以及资源保护与利用、生态环境保护等方面的冲突和矛盾；筛选出在评价范围内与本规划同层位的自然资源开发利用或生态环境保护相关规划，分析与同层位规划在关键资源利用和生态环境保护等方面的协调性，明确规划与同层位规划间的冲突和矛盾。

13.3.2　现状调查与评价

要求开展资源利用和生态环境现状调查、环境影响回顾性分析，明确评价区域资源利用水平和生态功能、环境质量现状、污染物排放状况，分析主要生态环境问题及成因，梳理规划实施的资源、生态、环境制约因素。

13.3.2.1　现状调查

调查应包括自然地理状况、环境质量现状、生态状况及生态功能、环境敏感区和重点生态功能区、资源利用现状、社会经济概况、环保基础设施建设及运行情况等内容。实际工作中应根据规划环境影响特点和区域生态环境保护要求，从表13-3-1中选择相应内容开展调查和资料收集，并附相应图件。

表13-3-1　资源、生态、环境现状调查内容

调查要素		主要调查内容
自然地理状况		地形地貌，河流、湖泊(水库)、海湾的水文状况，水文地质状况，气候与气象特征等
环境质量现状	地表水环境	① 水功能区划、海洋功能区划、近岸海域环境功能区划、保护目标及各功能区水质达标情况； ② 主要水污染因子和特征污染因子、水环境控制单元主要污染物排放现状、环境质量改善目标要求； ③ 地表水控制断面位置及达标情况、主要水污染源分布和污染贡献率(包括工业、农业、生活污染源和移动源)、单位国内生产总值废水及主要水污染物排放量； ④ 附水功能区划图、控制断面位置图、海洋功能区划图、近岸海域环境功能区划图、水环境控制单元图、主要水污染源排放口分布图和现状监测点位图
	地下水环境	① 环境水文地质条件，包括含(隔)水层结构及分布特征、地下水补径排条件、地下水流场等； ② 地下水利用现状，地下水水质达标情况，主要污染因子和特征污染因子； ③ 附环境水文地质相关图件、现状监测点位图
	大气环境	① 大气环境功能区划、保护目标及各功能区环境空气质量达标情况； ② 主要大气污染因子和特征污染因子、大气环境控制单元主要污染物排放现状、环境质量改善目标要求； ③ 主要大气污染源分布和污染贡献率(包括工业、农业和生活污染源)、单位国内生产总值主要大气污染物排放量； ④ 附大气环境功能区划图、大气环境管控分区图、重点污染源分布图和现状监测点位图
	声环境	声环境功能区划、保护目标及各功能区声环境质量达标情况，附声环境功能区划图和现状监测点位图
	土壤环境	① 土壤主要理化特征，主要土壤污染因子和特征污染因子，土壤中污染物含量，土壤污染风险防控区及防控目标，附土壤现状监测点位图； ② 海洋沉积物质量达标情况

续表

调查要素		主要调查内容
生态状况及生态功能		① 生态保护红线与管控要求； ② 生态功能区划、主体功能区划； ③ 生态系统的类型（森林、草原、荒漠、冻原、湿地、水域、海洋、农田、城镇等）及其结构、功能和过程； ④ 植物区系与主要植被类型，珍稀、濒危、特有、狭域野生动植物的种类、分布和生境状况； ⑤ 主要生态问题的类型、成因、空间分布、发生特点等； ⑥ 附生态保护红线图、生态空间图、重点生态功能区划图及野生动植物分布图等
环境敏感区和重点生态功能区		① 环境敏感区的类型、分布、范围、敏感性（或保护级别）、主要保护对象及相关环境保护要求等，与规划布局空间位置关系，附相关图件； ② 重点生态功能区的类型、分布、范围和生态功能，与规划布局空间位置关系，附相关图件
资源利用现状	土地资源	主要用地类型、面积及其分布，土地资源利用上线及开发利用状况，土地资源重点管控区，附土地利用现状图
	水资源	水资源总量、时空分布，水资源利用上线及开发利用状况和耗用状况（包括地表水和地下水），海水与再生水利用状况，水资源重点管控区，附有关的水系图及水文地质相关图件
	能源	能源利用上线及能源消费总量、能源结构及利用效率
	矿产资源	矿产资源类型与储量、生产和消费总量、资源利用效率等，附矿产资源分布图
	旅游资源	旅游资源和景观资源的地理位置、范围和开发利用状况等，附相关图件
	岸线和滩涂资源	滩涂、岸线资源及其利用状况，附相关图件
	重要生物资源	重要生物资源（如林地资源、草地资源、渔业资源、海洋生物资源）和其他对区域经济社会发展有重要价值的资源地理分布、储量及其开发利用状况，附相关图件
其他	固体废物	固体废物（一般工业固体废物、一般农业固体废物、危险废物、生活垃圾）产生量及单位国内生产总值固体废物产生量，危险废物的产生量、产生源分布等
社会经济概况		评价范围内的人口规模、分布，经济规模与增长率，交通运输结构、空间布局等；重点关注评价区域的产业结构、主导产业及其布局，重大基础设施布局及建设情况等，附相应图件
环保基础设施建设及运行情况		评价范围内的污水处理设施（含管网）规模、分布，处理能力和处理工艺、服务范围；集中供热、供气情况；大气、水、土壤污染综合治理情况；区域噪声污染控制情况；一般工业固体废物与危险废物利用处置方式和利用处置设施情况（包括规模、分布、处理能力、处理工艺、服务范围和服务年限等）；现有生态保护工程及实施效果；环保投诉情况等

现状调查应立足于收集和利用评价范围内已有的常规现状资料，并说明资料来源和有效性。有常规监测资料的区域，资料原则上包括近 5 年或更长时间段的资料，能够说明各项调查内容的现状和变化趋势。对其中的环境监测数据，应给出监测点位名称、监测点位分布图、监测因子、监测时段、监测频次及监测周期等，分析说明监测点位的代表性。

当已有资料不能满足评价要求，或评价范围内有需要特别保护的环境敏感区时，可利用相关研究成果，必要时进行补充调查或监测，补充调查样点或监测点位应具有针对性和代表性。

13.3.2.2 现状评价与回顾性分析

（1）资源利用现状评价 资源利用现状评价应明确与规划实施相关的自然资源、能源种类，结合区域资源禀赋及其合理利用水平或上线要求，分析区域水资源、土地资源、能源等各类资源利用的现状水平和变化趋势。

（2）环境与生态现状评价

① 结合各类环境功能区划及其目标质量要求，评价区域水、大气、土壤、声等环境要

素的质量现状和演变趋势,明确主要污染因子和特征污染因子,并分析其主要来源;分析区域环境质量达标情况、主要环境敏感区保护等方面存在的问题及成因,明确需解决的主要环境问题。

② 结合区域生态系统的结构与功能状况,评价生态系统的重要性和敏感性,分析生态状况和演变趋势及驱动因子。当评价区域涉及环境敏感区和重点生态功能区时,应分析其生态现状、保护现状和存在的问题等;当评价区域涉及受保护的关键物种时,应分析该物种种群与重要生境的保护现状和存在问题。明确需解决的主要生态保护和修复问题。

(3) 环境影响回顾性分析　结合上一轮规划实施情况或区域发展历程,分析区域生态环境演变趋势和现状生态环境问题与上一轮规划实施或发展历程的关系,调查分析上一轮规划环评及审查意见落实情况和环境保护措施的效果,提出本次评价应重点关注的生态环境问题及解决途径。

13.3.2.3 制约因素分析

分析评价区域资源利用水平、生态状况、环境质量等现状与区域资源利用上线、生态保护红线、环境质量底线等管控要求间的关系,明确提出规划实施的资源、生态、环境制约因素。

13.3.3 环境影响识别与评价指标体系构建

依据规划内容,识别规划实施可能产生的资源、生态、环境影响,初步判断影响的性质、范围和程度,确定评价重点,明确环境目标,建立评价的指标体系。

13.3.3.1 环境影响识别

① 根据规划方案的内容、年限,识别和分析评价期内规划实施对资源、生态、环境造成影响的途径、方式,以及影响的性质、范围和程度,识别规划实施可能产生的主要生态环境影响和风险。

② 对于可能产生具有易生物蓄积、长期接触对人群和生物产生危害作用的无机和有机污染物、放射性污染物、微生物等的规划,还应识别规划实施产生的污染物与人体接触的途径以及可能造成的人群健康风险。

③ 对资源、生态、环境要素的重大不良影响,可从规划实施是否导致区域环境质量下降和生态功能丧失、资源利用冲突加剧、人居环境明显恶化等三个方面进行分析与判断。

④ 通过环境影响识别,筛选出受规划实施影响显著的资源、生态、环境要素,作为环境影响预测与评价的重点。

13.3.3.2 环境目标与评价指标确定

(1) 确定环境目标　分析国家和区域可持续发展战略、生态环境保护法规与政策、资源利用法规与政策等的目标及要求,重点依据评价范围涉及的生态环境保护规划、生态建设规划以及其他相关生态环境保护管理规定,结合规划协调性分析结论,衔接区域"三线一单"成果,设定各评价时段有关生态功能保护、环境质量改善、污染防治、资源开发利用等的具体目标及要求。

(2) 建立评价指标体系　结合规划实施的资源、生态、环境等制约因素,从环境质量、生态保护、资源利用、污染排放、风险防控、环境管理等方面构建评价指标体系。评价指标应符合评价区域生态环境特征，体现环境质量和生态功能不断改善的要求，体现规划的属性特点及其主要环境影响特征。

（3）确定评价指标值　评价指标应易于统计、比较和量化，指标值符合相关产业政策、生态环境保护政策、相关标准中规定的限值要求，如国内政策、标准中没有相应的规定，也可参考国际标准来确定；对于不易量化的指标可参考相关研究成果或经过专家论证，给出半定量的指标值或定性说明。

13.3.4　环境影响预测与评价

环境影响预测与评价主要针对环境影响识别出的资源、生态、环境要素，开展多情景的影响预测与评价，一般包括预测情景设置、规划实施生态环境压力分析，环境质量、生态功能的影响预测与评价，对环境敏感区和重点生态功能区的影响预测与评价，环境风险预测与评价，资源与环境承载力评估等内容。环境影响预测与评价应给出规划实施对评价区域资源、生态、环境的影响程度和范围，叠加环境质量、生态功能和资源利用现状，分析规划实施后能否满足环境目标要求，评估区域资源与环境承载能力。环境影响预测与评价应充分考虑不同层级和属性规划的环境影响特征以及决策需求，采用定性和定量相结合的方式开展评价。对主要环境要素的影响预测和评价可参考相应的环境影响评价技术导则来进行。

13.3.4.1　预测情景设置

环境影响预测与评价应结合规划所依托的资源环境和基础设施建设条件、区域生态功能维护和环境质量改善要求等，从规划规模、布局、结构、建设时序等方面，设置多种情景开展预测与评价。

13.3.4.2　规划实施生态环境压力分析

① 依据环境现状评价和回顾性分析结果，考虑技术进步等因素，估算不同情景下水、土地、能源等规划实施支撑性资源的需求量和主要污染物（包括常规污染物和特征污染物）的产生量、排放量。

② 依据生态现状评价和回顾性分析结果，考虑生态系统演变规律及生态保护修复等因素，评估不同情景下主要生态因子（如生物量、植被覆盖度/率、重要生境面积等）的变化量。

13.3.4.3　影响预测与评价

（1）水环境影响预测与评价　预测不同情景下规划实施导致的区域水资源、水文情势、海洋水文动力环境和冲淤环境、地下水补径排状况等的变化，分析主要污染物对地表水和地下水、近岸海域水环境质量的影响，明确影响的范围和程度，评价水环境质量的变化能否满足环境目标要求，绘制必要的预测与评价图件。

（2）大气环境影响预测与评价　预测不同情景下规划实施产生的大气污染物对环境空气质量的影响，明确影响范围和程度，评价大气环境质量的变化能否满足环境目标要求，绘制必要的预测与评价图件。

（3）土壤环境影响预测与评价　预测不同情景下规划实施的土壤环境风险，评价土壤环境的变化能否满足相应环境管控要求，绘制必要的预测与评价图件。

（4）声环境影响预测与评价　预测不同情景下规划实施对声环境质量的影响，明确影响范围、程度，评价声环境质量的变化能否满足相应的功能区目标，绘制必要的预测与评价图件。

（5）生态影响预测与评价　预测不同情景下规划实施对生态系统结构、功能的影响范围和程度，评价规划实施对生物多样性和生态系统完整性的影响，绘制必要的预测与评价图件。

（6）环境敏感区影响预测与评价　预测不同情景下规划实施对评价范围内生态保护红线、自然保护区等环境敏感区的影响，评价其是否符合相应的保护和管控要求，绘制必要的预测与评价图件。

（7）人群健康风险分析　对可能产生具有易生物蓄积、长期接触对人群和生物产生危害作用的无机和有机污染物、放射性污染物、微生物等的规划，根据上述特定污染物的环境影响范围，估算暴露人群数量和暴露水平，开展人群健康风险分析。

（8）环境风险预测与评价　对于涉及重大环境风险源的规划，应进行风险源及源强、风险源叠加、风险源与受体响应关系等方面的分析，开展环境风险评价。

13.3.4.4　资源与环境承载力评估

（1）资源与环境承载力分析　分析规划实施支撑性资源（水资源、土地资源、能源等）可利用（配置）上线和规划实施主要环境影响要素（大气、水等）污染物允许排放量，结合现状利用和排放量、区域削减量，分析各评价时段剩余可利用的资源量和剩余污染物允许排放量。

（2）资源与环境承载状态评估　根据规划实施新增资源消耗量和污染物排放量，分析规划实施对各评价时段剩余可利用资源量和剩余污染物允许排放量的占用情况，评估资源与环境对规划实施的承载状态。

13.3.5　规划方案综合论证和优化调整建议

以改善环境质量和保障生态安全为核心，综合环境影响预测与评价结果，论证规划目标、规模、布局、结构等规划内容的环境合理性以及评价设定的环境目标的可达性，分析判定规划实施的重大资源、生态、环境制约的程度、范围、方式等，提出规划方案的优化调整建议并推荐环境可行的规划方案。如果规划方案优化调整后资源、生态、环境仍难以承载，不能满足资源利用上线和环境质量底线要求，应提出规划方案的重大调整建议。

13.3.5.1　规划方案综合论证

规划方案的综合论证包括环境合理性论证和环境效益论证两部分内容。前者从规划实施对资源、生态、环境综合影响的角度，论证规划内容的合理性；后者从规划实施对区域经济、社会与环境发挥的作用，以及协调当前利益与长远利益之间关系的角度，论证规划方案的合理性。

（1）规划方案的环境合理性论证

① 基于区域环境保护目标以及"三线一单"要求，结合规划协调性分析结论，论证规划目标与发展定位的环境合理性。

② 基于环境影响预测与评价和资源与环境承载力评估结论，结合资源利用上线和环境质量底线等要求，论证规划规模和建设时序的环境合理性。

③ 基于规划布局与生态保护红线、重点生态功能区、其他环境敏感区的空间位置关系

和对以上区域的影响预测结果，结合环境风险评价的结论，论证规划布局的环境合理性。

④ 基于环境影响预测与评价和资源与环境承载力评估结论，结合区域环境管理和循环经济发展要求，以及规划重点产业的环境准入条件和清洁生产水平，论证规划用地结构、能源结构、产业结构的环境合理性。

⑤ 基于规划实施环境影响预测与评价结果，结合生态环境保护措施的经济技术可行性、有效性，论证环境目标的可达性。

(2) 规划方案的环境效益论证　分析规划实施在维护生态功能、改善环境质量、提高资源利用效率、减少温室气体排放、保障人居安全、优化区域空间格局和产业结构等方面的环境效益。

(3) 不同类型规划方案综合论证重点　规划方案的综合论证应针对不同类型和不同层级规划的环境影响特点，选择论证方向，突出重点。

① 对于资源能源消耗量大、污染物排放量高的行业规划，重点从流域和区域资源利用上线、环境质量底线对规划实施的约束，规划实施可能对环境质量的影响程度，环境风险，人群健康风险等方面，论述规划拟定的发展规模、布局（及选址）和产业结构的环境合理性。

② 对于土地利用的有关规划和区域、流域、海域的建设、开发利用规划，农业、畜牧业、林业、能源、水利、旅游、自然资源开发专项规划，重点从流域或区域生态保护红线、资源利用上线对规划实施的约束，以及规划实施对生态系统及环境敏感区、重点生态功能区结构、功能的影响和生态风险等角度，论述规划方案的环境合理性。

③ 对于公路、铁路、城市轨道交通、航运等交通类规划，重点从规划实施对生态系统结构、功能所造成的影响，规划布局与评价区域生态保护红线、重点生态功能区、其他环境敏感区的协调性等方面，论述规划布局（及选线、选址）的环境合理性。

④ 对于产业园区等规划，重点从区域资源利用上线、环境质量底线对规划实施的约束，规划及包括的交通运输实施可能对环境质量的影响程度以及环境风险与人群健康风险等方面，综合论述规划规模、布局、结构、建设时序以及规划环境基础设施、重大建设项目的环境合理性。

⑤ 对于城市规划、国民经济与社会发展规划等综合类规划，重点从区域资源利用上线、生态保护红线、环境质量底线对规划实施的约束，城市环境基础设施对规划实施的支撑能力、规划及相关交通运输实施对改善环境质量、优化城市生态格局、提高资源利用效率的作用等方面，综合论述规划方案的环境合理性。

13.3.5.2　规划方案的优化调整建议

① 根据规划方案的环境合理性和环境效益论证结果，对规划内容提出明确的、具有可操作性的优化调整建议，特别是出现以下情形时：

a. 规划的主要目标、发展定位不符合上层位主体功能区规划、区域"三线一单"等要求。

b. 规划空间布局和包含的具体建设项目选址、选线不符合生态保护红线、重点生态功能区，以及其他环境敏感区的保护要求。

c. 规划开发活动或包含的具体建设项目不满足区域生态环境准入清单要求、属于国家明令禁止的产业类型或不符合国家产业政策、环境保护政策。

d. 规划方案中配套的生态保护、污染防治和风险防控措施实施后，区域的资源、生态、环境承载力仍无法支撑规划实施,环境质量无法满足评价目标,或仍可能造成重大的生态破坏和环境污染,或仍存在显著的环境风险。

e. 规划方案中有依据现有科学水平和技术条件,无法或难以对其产生的不良环境影响的程度或范围作出科学、准确判断的内容。

② 应明确优化调整后的规划布局、规模、结构、建设时序,给出相应的优化调整图、表,说明优化调整后的规划方案具备资源、生态和环境方面的可支撑性。

③ 将优化调整后的规划方案,作为评价推荐的规划方案。

④ 说明规划环评与规划编制的互动过程、互动内容和各时段向规划编制机关反馈的建议及其被采纳情况等互动结果。

13.3.6 环境影响减缓对策和措施

规划的环境影响减缓对策和措施是针对评价推荐的规划方案实施后可能产生的不良环境影响,在充分评估规划方案中已明确的环境污染防治、生态保护、资源能源增效等相关措施的基础上,提出的环境保护方案和管控要求。

环境影响减缓对策和措施应具有针对性和可操作性,能够指导规划实施中的生态环境保护工作,有效预防重大不良生态环境影响的产生,并促进环境目标在相应的规划期限内可以实现。

环境影响减缓对策和措施一般包括生态环境保护方案和管控要求。主要内容包括:

① 提出现有生态环境问题解决方案,规划区域整体性污染治理、生态修复与建设、生态补偿等环境保护方案,以及与周边区域开展联防联控等预防和减缓环境影响的对策措施。

② 提出规划区域资源能源可持续开发利用、环境质量改善等目标、指标性管控要求。

③ 对于产业园区等规划,从空间布局约束、污染物排放管控、环境风险防控、资源开发利用等方面,以清单方式列出生态环境准入要求,成果形式见表13-3-2。

表 13-3-2 生态环境准入清单内容

清单类型	准入内容
空间布局约束	① 针对生态保护红线,明确不符合生态功能定位的各类禁止开发活动。 ② 针对生态保护红线外的生态空间,明确应避免损害其生态服务功能和生态产品质量的开发建设活动。 ③ 针对大气、水等重点管控单元,开发建设活动避免降低管控单元环境质量,避免环境风险,管控单元外新建、改扩建污染型项目,需划定缓冲区域
污染物排放管控	① 如果区域环境质量不达标,现有污染源提出削减计划,严格控制新增污染物排放的开发建设活动,新建、改扩建项目应提出更加严格的污染物排放控制要求;如果区域未完成环境质量改善目标,禁止新增重点污染物排放的建设项目。 ② 如果区域环境质量达标,新建、改扩建项目保证区域环境质量维持基本稳定
环境风险防控	针对涉及易导致环境风险的有毒有害和易燃易爆物质的生产、使用、排放、贮运等新建、改扩建项目,提出禁止准入要求或限制性准入条件以及环境风险防控措施
资源开发利用要求	① 执行区域已确定的土地、水、能源等主要资源能源可开发利用总量。 ② 针对新建、改扩建项目,明确单位面积产值、单位产值水耗、用水效率、单位产值能耗等限制性准入要求。 ③ 对于取水总量已超过控制指标的地区,提出禁止高耗水产业准入的要求;对于地下水禁止开采区或者限制开采区,提出禁止新增、限制地下水开发的准入要求。 ④ 针对高污染燃料禁燃区,禁止新建、改扩建采用高污染燃料的项目和设施

13.3.7 规划所包含建设项目环评要求

规划方案中包含具体的建设项目，应针对建设项目所属行业特点及其环境影响特征，提出建设项目环境影响评价的重点内容和基本要求，并依据规划环评的主要评价结论提出建设项目的生态环境准入要求（包括选址或选线、规模、资源利用效率、污染物排放管控、环境风险防控和生态保护要求等）、污染防治措施建设要求等。

对于符合规划环评环境管控要求和生态环境准入清单的具体建设项目，应将规划环评结论作为重要依据，其环评文件中选址选线、规模分析内容可适当简化。当规划环评资源、环境现状调查与评价结果仍具有时效性时，规划所包含的建设项目环评文件中现状调查与评价内容可适当简化。

13.3.8 环境影响跟踪评价计划

结合规划实施的主要生态环境影响，拟订跟踪评价计划，监测和调查规划实施对区域环境质量、生态功能、资源利用等的实际影响，以及不良生态环境影响减缓措施的有效性。

跟踪评价取得的数据、资料和结果应能够说明规划实施带来的生态环境质量实际变化，反映规划优化调整建议、环境管控要求和生态环境准入清单等对策措施的执行效果，并为后续规划实施、调整、修编，完善生态环境管理方案和加强相关建设项目环境管理等提供依据。

跟踪评价计划应包括工作目的、监测方案、调查方法、评价重点、执行单位、实施安排等内容。主要包括：

① 明确需重点调查、监测、评价的资源生态环境要素，提出具体监测计划及评价指标，以及相应的监测点位、频次、周期等。

② 提出调查和分析规划优化调整建议、环境影响减缓措施、环境管控要求、生态环境准入清单落实情况和执行效果的具体内容和要求，明确分析和评价不良生态环境影响预防和减缓措施有效性的监测要求和评价准则。

③ 提出规划实施对区域环境质量、生态功能、资源利用等的阶段性综合影响，环境影响减缓措施和环境管控要求的执行效果，后续规划实施调整建议等跟踪评价结论的内容和要求。

13.3.9 公众参与和会商意见处理

收集整理公众意见和会商意见，对于已采纳的，应在环境影响评价文件中明确说明修改的具体内容；对于未采纳的，应说明理由。

13.3.10 评价结论

评价结论是对全部评价工作内容和成果的归纳总结，应文字简洁、观点鲜明、逻辑清晰、结论明确。

在评价结论中应明确以下内容：

① 区域生态保护红线、环境质量底线、资源利用上线，区域环境质量现状和演变趋势，资源利用现状和演变趋势，生态状况和演变趋势，区域主要生态环境问题、资源利用和保护

问题及成因，规划实施的资源、生态、环境制约因素。

② 规划实施对生态、环境影响的程度和范围，区域水、土地、能源等各类资源要素和大气、水等环境要素对规划实施的承载能力，规划实施可能产生的环境风险，规划实施环境目标可达性分析结论。

③ 规划的协调性分析结论，规划方案的环境合理性和环境效益论证结论，规划优化调整建议等。

④ 减缓不良环境影响的生态环境保护方案和管控要求。

⑤ 规划包含的具体建设项目环境影响评价的重点内容和简化建议等。

⑥ 规划实施环境影响跟踪评价计划的主要内容和要求。

⑦ 公众意见、会商意见的回复和采纳情况。

13.4 规划环境影响评价文件的编制要求

规划环境影响评价文件应图文并茂、数据翔实、论据充分、结构完整、重点突出、结论和建议明确。

13.4.1 环境影响报告书的主要内容

① 总则。概述任务由来，明确评价依据、评价目的与原则、评价范围、评价重点、执行的环境标准、评价流程等。

② 规划分析。介绍规划不同阶段目标、发展规模、布局、结构、建设时序，以及规划包含的具体建设项目的建设计划等可能对生态环境造成影响的规划内容；给出规划与法规政策、上层位规划、区域"三线一单"管控要求、同层位规划在环境目标、生态保护、资源利用等方面的符合性和协调性分析结论，重点明确规划之间的冲突与矛盾。

③ 现状调查与评价。通过调查评价区域资源利用状况、环境质量现状、生态状况及生态功能等，说明评价区域内的环境敏感区、重点生态功能区的分布情况及其保护要求，分析区域水资源、土地资源、能源等各类自然资源现状利用水平和变化趋势，评价区域环境质量达标情况和演变趋势，区域生态系统结构与功能状况和演变趋势，明确区域主要生态环境问题、资源利用和保护问题及成因。对已开发区域进行环境影响回顾性分析，说明区域生态环境问题与上一轮规划实施的关系。明确提出规划实施的资源、生态、环境制约因素。

④ 环境影响识别与评价指标体系构建。识别规划实施可能影响的资源、生态、环境要素及其范围和程度，确定不同规划时段的环境目标，建立评价指标体系，给出评价指标值。

⑤ 环境影响预测与评价。设置多种预测情景，估算不同情景下规划实施对各类支撑性资源的需求量和主要污染物的产生量、排放量，以及主要生态因子的变化量。预测与评价不同情景下规划实施对生态系统结构和功能、环境质量、环境敏感区的影响范围与程度，明确规划实施后能否满足环境目标的要求。根据不同类型规划及其环境影响特点，开展人群健康风险分析、环境风险预测与评价。评价区域资源与环境对规划实施的承载能力。

⑥ 规划方案综合论证和优化调整建议。根据规划环境目标可达性论证规划的目标、规

模、布局、结构等规划内容的环境合理性，以及规划实施的环境效益。介绍规划环评与规划编制互动情况。明确规划方案的优化调整建议，并给出调整后的规划布局、结构、规模、建设时序。

⑦ 环境影响减缓对策和措施。给出减缓不良生态环境影响的环境保护方案和管控要求。

⑧ 如规划方案中包含具体的建设项目，应给出重大建设项目环境影响评价的重点内容要求和简化建议。

⑨ 环境影响跟踪评价计划。说明拟定的跟踪监测与评价计划。

⑩ 说明公众意见、会商意见回复和采纳情况。

⑪ 评价结论。归纳总结评价工作成果，明确规划方案的环境合理性，以及优化调整建议和调整后的规划方案。

13.4.2 环境影响报告书中图件的要求

① 规划环境影响评价文件中图件一般包括规划概述相关图件，环境现状和区域规划相关图件，现状评价、环境影响评价、规划优化调整、环境管控、跟踪评价计划等成果图件。

② 成果图件应包含地理信息、数据信息，依法需要保密的除外。

③ 报告书应包含的成果图件及格式、内容要求见表13-4-1和表13-4-2。实际工作中应根据规划环境影响特点和区域环境保护要求，选取提交相应图件。

表13-4-1 基础图件要求

	图件名称	图件和属性数据要求	图件类型
规划数据	规划范围图	规划范围(面积)	面状矢量图
	规划布局图	规划空间布局、各分区范围(面积)；规划不同时期线路走向(针对轨道交通等线性规划)	面状矢量图或线状矢量图
	规划区土地利用规划图	规划范围内各地块规划用地类型(用地类型名称、面积)	面状矢量图
环境现状和区域规划数据	生态保护红线分布图	评价范围内各生态保护红线区范围(红线区名称、面积)	面状矢量图
	环境管控单元图	评价范围内大气、水、土壤等环境管控单元图(管控单元名称、面积)	面状矢量图
	全国/省级主体功能区规划图	评价范围内全国/省级主体功能区范围(主体功能区类型名称)	
	全国/省级生态功能区划图	评价范围内全国/省级生态功能区范围(生态功能区类型名称)	
	城市大气环境功能区划图	评价范围内大气环境功能区范围(功能区类型和保护目标)	
	城市声环境功能区划图	评价范围内声环境功能区范围(功能区类型和保护目标)	
	城市水环境功能区划图	评价范围内水环境功能区范围(功能区类型和保护目标)	
	土地利用现状和规划图	规划所在市(县)土地利用现状和规划(用地类型)	
	城市总体规划图	规划所在市(县)城市总体规划(各功能分区名称)	
	环境质量(水、大气、噪声、土壤)点位图	评价范围内环境质量(水、大气、噪声、土壤)监测点位置(监测点经纬度、监测时间、监测数据、达标情况)	
	主要污染源(水、大气、土壤)分布图	评价范围内水、大气、土壤主要污染源位置(污染物种类、排放量、达标情况)	
	其他环境敏感区分布图	评价范围内自然保护区、风景名胜区、森林公园等除生态保护红线外其他环境敏感区范围(名称、级别、面积、主要保护对象和保护要求)	
	珍稀、濒危野生动植物分布图	评价范围内珍稀、濒危野生动植物分布位置(名称、保护级别)	

表 13-4-2　评价图件要求

图件名称		图件和属性数据要求	图件类型
现状评价成果	规划布局与生态保护红线区位置关系图	规划功能分区或具体建设项目与生态保护红线位置关系（最小直线距离或重叠范围和面积）	
	规划布局与除生态保护红线外其他环境敏感区位置关系图	规划功能分区或具体建设项目与除生态保护红线外其他环境敏感区位置关系（最小直线距离或重叠范围和面积）	
	规划区与全国/省级主体功能区叠图	规划区所处主体功能区位置（功能区名称）	
	规划区与全国/省级生态功能区叠图	规划区所处生态功能区位置（功能区名称）	
	环境质量评价结果图	评价范围内各环境功能区达标情况	
	生态系统演变评价结果图	评价范围内生态系统演变情况，如土地利用变化情况、水土流失变化情况等（评价时段、变化范围和面积等）	
	环境质量变化评价结果图	评价范围内环境质量变化情况（评价时段、各环境功能区环境质量变好或恶化）	
环境影响评价成果	水环境影响评价结果图	规划实施后水环境影响范围和程度（各规划期水环境影响范围、面积或长度，规划实施后各环境功能区达标情况）	
	大气环境影响评价结果图	规划实施后大气环境影响范围和程度（各规划期大气环境影响范围、面积，规划实施后各环境功能区达标情况）	
	土壤环境影响评价结果图	规划实施后土壤环境影响范围和程度（各规划期土壤环境影响范围、面积）	
	噪声环境影响评价结果图	规划实施后噪声环境影响范围和程度（各规划期噪声环境影响范围、面积，规划实施后各环境功能区达标情况）	
规划优化调整成果	规划布局优化调整成果图	规划布局调整前后对比（边界变化情况、面积变化情况）	面状矢量图
	规划规模优化调整成果图	规划规模调整前后对比（各规划期规模变化情况，对应规划内容建设时序调整情况）	面状矢量图
环境管控成果	环境管控成果图	规划范围内环境管控单元划分结果（各管控单元空间范围、面积，管控要求、生态环境准入清单）	面状矢量图
跟踪评价计划成果	监测点位布局图	跟踪监测方案提出的大气、水、土壤、生态等跟踪监测点位分布情况（位置、监测频率、监测内容）	点状矢量图

13.4.3　规划环境影响篇章（或说明）的主要内容

① 环境影响分析依据。重点明确与规划相关的法律法规、政策、规划和环境目标、标准。

② 现状调查与评价。通过调查评价区域资源利用状况、环境质量现状、生态状况及生态功能等，分析区域水资源、土地资源、能源等各类资源现状利用水平，评价区域环境质量达标情况和演变趋势，区域生态系统结构与功能状况和演变趋势等，明确区域主要生态环境问题、资源利用和保护问题及成因。明确提出规划实施的资源、生态、环境制约因素。

③ 环境影响预测与评价。分析规划与相关法律法规、政策、上层位规划和同层位规划在环境目标、生态保护、资源利用等方面的符合性和协调性。预测与评价规划实施对生态系统结构和功能、环境质量、环境敏感区的影响范围与程度。根据规划类型及其环境影响特点，开展环境风险预测与评价。评价区域资源与环境对规划实施的承载能力，以及环境目标的可达性。给出规划方案的环境合理性论证结果。

④ 环境影响减缓措施。给出减缓不良生态环境影响的环境保护方案和环境管控要求。针对主要环境影响提出跟踪监测和评价计划。

⑤ 根据评价需要，在篇章（或说明）中附必要的图、表。

思考题

1. 简述大气环境影响预测步骤。

2. 某城市远郊区有一高架源，烟囱几何高度100m，实际排烟率为20m³/s，烟气出口温度200℃，在有风不稳定条件下，环境温度10℃，大气压力1000hPa，10m高度处风速2.0m/s的情况下，烟囱的有效源高是多少？

3. 城市工业区一点源，排放的主要污染物为 SO_2，其排放量为200g/s，烟囱几何高度100m，求在大气稳定度等级为不稳定，10m高度处风速2.0m/s，烟囱有效源高为200m情况下，下风向800m处的地面轴线浓度（扩散参数可不考虑取样时间的变化）。

4. 向一条河流稳定排放污水，污水排放量 $Q_p = 0.2 m^3/s$，COD浓度为50mg/L，河流流量 $Q_h = 5.8 m^3/s$，河水平均流速 $u = 0.3 m/s$，COD本底浓度10mg/L，COD降解的速率常数 $K_1 = 0.2 d^{-1}$，假设污水进入河流后立即与河水均匀混合，下游无支流汇入，也无其他排污口，试求排放点下游5km处的COD浓度。

5. 一条稳态河流流经一个村庄，河流流量 $Q_h = 280 m^3/s$，平均流速 $u = 0.2 m/s$，COD本底浓度为18mg/L，NH_3-N本底浓度为0.8mg/L。村中一村办企业向河流稳定排放污水，废水排放量 $Q_p = 0.5 m^3/s$，COD浓度148mg/L，氨氮浓度12mg/L。在其下游10km处有一支流汇入，支流流量 $Q_h = 70 m^3/s$，COD本底浓度为12mg/L，NH_3-N本底浓度为0.1mg/L。河水COD降解的速率常数 $K_1 = 0.2 d^{-1}$，NH_3-N降解的速率常数 $K_1 = 0.15 d^{-1}$，假定下游再无支流，也无其他排污口，试问距离村庄下游25km处的水质是否能达到地表水Ⅲ类水体要求。

6. 拟建一个化工厂，其废水排入工厂边的一条河流，已知污水与河水在排放口下游1.5km处完全混合，在这个位置 $BOD_5 = 7.8 mg/L$，$DO = 5.6 mg/L$，河流的平均流速为1.5m/s，在完全混合断面的下游25km处是渔业用水的引水源，河流的 $K_1 = 0.35 d^{-1}$，$K_2 = 0.5 d^{-1}$，若从 BOD_5、DO的浓度分析，该厂的废水排放对下游的渔业用水有何影响？（水温为20℃）。

7. 锅炉房2m处测得的噪声为80dB，距居民楼16m；冷却塔5m处测得的噪声为80dB，距居民楼20m。求二设备噪声对居民楼的共同影响。

8. 某热电厂排汽筒（直径1m）排出蒸汽产生噪声，距排汽筒2m处测得噪声为80dB，排汽筒距居民楼12m，排汽筒噪声在居民楼处是否超标（标准为60dB）？如果超标，应至少距离居民楼多少米？

9. 简述固体废物的分类和对环境的影响。

10. 垃圾填埋场环境影响评价包括哪些主要内容？

11. 简述土壤环境影响评价的工作程序。

参考文献

[1] 李爱贞,周兆驹,林国栋,等.环境影响评价实用技术指南[M].2版.北京:机械工业出版社,2012.
[2] 朱世云,林春绵.环境影响评价[M].2版.北京:化学工业出版社,2013.
[3] 韩香云,陈天明.环境影响评价[M].北京:化学工业出版社,2013.
[4] 吴春山,成岳.环境影响评价[M].3版.武汉:华中科技大学出版社,2020.
[5] 生态环境部环境工程评估中心.环境影响评价技术方法[M].北京:中国环境科学出版社,2021.
[6] 生态环境部环境工程评估中心.环境影响评价技术导则与标准[M].北京:中国环境科学出版社,2022.
[7] 国家环境保护总局环境影响评价管理司.环境影响评价岗位培训教材[M].北京:化学工业出版社,2006.
[8] 何德文.环境影响评价[M].2版.北京:科学出版社,2021.
[9] 刘晓冰.环境影响评价(修订版)[M].北京:中国环境科学出版社,2010.
[10] 解彦刚,何春晓.环境影响评价[M].北京:化学工业出版社,2010.
[11] 李勇,李一平,陈德强.环境影响评价[M].南京:河海大学出版社,2012.
[12] 叶文虎,张勇.环境管理学[M].3版.北京:高等教育出版社,2013.
[13] 李有,刘文霞,吴娟.环境影响评价实用教程[M].北京:化学工业出版社,2014.
[14] 李淑芹,孟宪林.环境影响评价[M].2版.北京:化学工业出版社,2018.
[15] 何德文,李铌,柴立元.环境影响评价[M].北京:科学出版社,2008.
[16] 张永春,等.有害废物生态风险评价[M].北京:中国环境科学出版社,2002.
[17] 胡二邦.环境风险评价实用技术、方法和案例[M].北京:中国环境科学出版社,2009.
[18] 白志鹏,王珺.环境管理学[M].北京:化学工业出版社,2007.
[19] 吴宗之,高进东,魏利军,等.危险评价方法及其应用[M].北京:冶金工业出版社,2006:105-167.
[20] 郭振仁,张剑鸣,李玟禧,等.突发性环境污染事件防范与应急[M].北京:中国环境科学出版社,2009.
[21] 朱俊,周树勋,陈通.建立环境风险防范体系,加强对环境风险的管理[J].环境污染与防治,2007,29(5):387-388.